U0815393

高职高专园林工程技术专业系列规划教材

GAOZHI GAOZHUAN YUANLIN GONGCHENG JISHU ZHUANYE XILIE GUIHUA JIAOCAI

园林花卉

郭淑英　朱志国　主　编

周余华　宋满坡　何书萱　副主编

中国电力出版社

www.cepp.com.cn

本教材是高职高专园林工程技术专业系列规划教材之一，是根据高等职业院校园林工程类专业人才培养目标的要求，从生产实际角度构建的内容体系。全书内容包括园林花卉基础知识、园林花卉繁殖技术、设施花卉栽培与养护、露地花卉栽培与养护、园林花卉应用五大知识模块。本书在编写过程中，以兼顾知识的系统性和强化技能的实用性为宗旨，注重与花卉园艺工考级标准相结合。教材每一章附有技能训练要求、小结和复习思考题，并配有花卉识别光盘。本教材适用于高职高专院校及相关培训机构的园林工程、园林技术、园艺技术等专业教学、职业培训及相关技术人员参考使用。

图书在版编目（CIP）数据

园林花卉/郭淑英，朱志国主编. —北京：中国电力出版社，2009.7（2018.5重印）

（高职高专园林工程技术专业系列规划教材）

ISBN 978-7-5083-8745-1

Ⅰ.园… Ⅱ.①郭…②朱… Ⅲ.花卉—观赏园艺—高等学校：技术学校—教材 Ⅳ.S68

中国版本图书馆CIP数据核字（2009）第068697号

中国电力出版社出版、发行

北京市东城区北京站西街19号 100005 http://www.cepp.sgcc.com.cn

责任编辑：周娟华 责任印制：杨晓东 责任校对：太兴华

三河市航远印刷有限公司印刷·各地新华书店经售

2009年7月第1版·2018年5月第7次印刷

787mm×1092mm 1/16·20印张·496千字

定价：45.00元（1CD）

版 权 专 有　侵 权 必 究

本书如有印装质量问题，我社发行部负责退换

前　言

园林花卉栽培是高等职业教育园林工程专业学生必须掌握的技能。本教材以职业能力培养为重点，编写内容充分体现基于工作过程的课程设计理念，注重应用性知识，突出技能训练。教材编写过程中打破了以往园林花卉栽培教材的编写格局，大胆调整了重点章节，以工学结合为途径，体现“任务驱动、产教合一”的人才培养模式，突出知识的应用性，使本课程教学内容与岗位工作内容相一致。

全书分为5篇，共14章，包括园林花卉基础知识、园林花卉繁殖技术、设施花卉栽培与养护、露地花卉栽培与养护、园林花卉应用。每一章包括知识要点介绍、学习目标要求、技能训练要求、本章小结、复习思考题等部分，切实符合高职教育特色，适合高职院校师生教与学；在各论部分配有花卉彩色插图，使教材更加生动，加强学生对花卉的感性认识，激发学生的学习兴趣。本书在编写内容上，围绕培养目标，紧密结合花卉园艺工职业技术岗位标准要求，注重与花卉园艺工考级标准相结合。

为了帮助学生识别园林花卉种类，教材配备了园林花卉识别光盘，供教师教学和学生学习时使用。

本教材由郭淑英、朱志国担任主编，周余华、宋满坡、何书萱任副主编，李竹英、田云芳、郭春梅等参编。由郭淑英同志统稿。

本教材各单元编写具体分工如下：前言、第3篇第3章的3.2、3.6、第4篇的第2章、第4章、附录由郭淑英（唐山职业技术学院）编写；第1篇的第2章、第2篇由朱志国（芜湖职业技术学院）编写；第1篇的第1章、第3篇的第1章、第3章的3.1由宋满坡编写（河南农业职业学院）；第3篇的第2章、第5篇的第1章由周余华（江苏农林职业技术学院）编写；第1篇的第3章、第3篇第3章的3.3由田云芳（郑州师专）编写；第3篇的3.4由郭春梅（杭州职业技术学院 ）编写；第3篇第3章的3.5、第4篇的第3章、第5篇的第2章由李竹英（玉溪农业职业技术学院）编写；第4篇的第1章、各章实训由何书萱（山西林业职业技术学院）编写。全书由唐山职业技术学院马金贵副教授审稿。

本书在编写过程中得到编者所在院校的大力支持。本书编写中曾参考过有关单位和学者的文献资料，在此一并致以衷心的感谢。

由于编者水平有限，教材中难免存在缺点和错误，恳请读者批评指正。

编　者

目　录

前言

第1篇　园林花卉基础知识

第1章　园林花卉的含义及发展状况 …… 1
1.1　园林花卉的含义与研究内容 …… 1
1.2　花卉在园林中的作用 …… 2
1.3　园林花卉产业发展状况 …… 3
【技能训练】 …… 5
【本章小结】 …… 6
【复习思考题】 …… 6
第2章　园林花卉分类 …… 7
2.1　根据花卉的生物学习性分类 …… 7
2.2　按观赏部位分类 …… 9
2.3　按开花季节分类 …… 9
2.4　按栽培方式分类 …… 10
【技能训练】 …… 10
【本章小结】 …… 11
【复习思考题】 …… 11
第3章　花卉栽培与环境因子 …… 13
3.1　花卉与温度 …… 13
3.2　花卉与光照 …… 15
3.3　花卉与水分 …… 17
3.4　花卉与土壤 …… 18
3.5　花卉与气体 …… 19
【本章小结】 …… 21
【复习思考题】 …… 21

第2篇　园林花卉繁殖技术

第1章　有性繁殖 …… 22
1.1　种子的采收与贮藏技术 …… 22
1.2　播种技术 …… 25

【技能训练】…… 29
【本章小结】…… 31
【复习思考题】…… 31
第 2 章　无性繁殖 …… 32
2.1　分生繁殖…… 32
2.2　扦插繁殖…… 34
2.3　嫁接繁殖…… 39
2.4　压条繁殖…… 42
2.5　组织培养繁殖…… 44
【技能训练】…… 52
【本章小结】…… 57
【复习思考题】…… 58

第3篇　设施花卉栽培与养护

第 1 章　园林花卉栽培设施 …… 59
1.1　温室的建造与管理…… 59
1.2　其他类型保护地…… 67
1.3　花卉栽培容器…… 68
【技能训练】…… 71
【本章小结】…… 71
【复习思考题】…… 72
第 2 章　园林花卉的花期调控 …… 73
2.1　调控花期的途径…… 73
2.2　处理前的准备工作…… 74
2.3　调控花期的方法…… 75
2.4　主要花卉花期调控实例…… 78
【技能训练】…… 79
【本章小结】…… 80
【复习思考题】…… 81
第 3 章　盆花栽培与养护 …… 82
3.1　花卉盆栽概述…… 82
3.2　室内盆栽观花花卉…… 88
3.3　室内盆栽观叶花卉 …… 124
3.4　室内盆栽观果花卉 …… 152
3.5　兰科花卉 …… 158
3.6　仙人掌和多浆植物 …… 176
【技能训练】…… 192

【本章小结】 …… 195
【复习思考题】 …… 196

第4篇 露地花卉栽培与养护

第1章 一二年生露地花卉 …… 197
1.1 概述 …… 197
1.2 常见一二年生露地花卉栽培技术 …… 200
【技能训练】 …… 213
【本章小结】 …… 215
【复习思考题】 …… 216
第2章 露地宿根花卉 …… 217
2.1 露地宿根花卉概述 …… 217
2.2 常见露地宿根花卉栽培技术 …… 219
【技能训练】 …… 244
【本章小结】 …… 245
【复习思考题】 …… 246
第3章 球根花卉 …… 247
3.1 球根花卉概述 …… 247
3.2 常见球根花卉栽培技术 …… 250
【技能训练】 …… 262
【本章小结】 …… 263
【复习思考题】 …… 263
第4章 水生花卉 …… 264
4.1 水生花卉概述 …… 264
4.2 常见水生花卉栽培技术 …… 265
【本章小结】 …… 275
【复习思考题】 …… 275

第5篇 园林花卉应用

第1章 园林花卉在室外环境中的应用 …… 276
1.1 花坛 …… 276
1.2 花境设计 …… 283
1.3 花台 …… 288
1.4 篱垣及棚架 …… 288
1.5 水面绿化 …… 288
1.6 垂直绿化 …… 289

【技能训练】 …… 289
【本章小结】 …… 291
【复习思考题】 …… 291
第 2 章　园林花卉在室内环境中的应用 …… 292
2.1　居室花卉布置 …… 292
2.2　花卉租摆 …… 295
【技能训练】 …… 298
【本章小结】 …… 299
【复习思考题】 …… 300
附录　花卉园艺工国家职业标准 …… 301
参考文献 …… 309

第1篇　园林花卉基础知识

第1章　园林花卉的含义及发展状况

【知识要点】 园林花卉的含义及园林花卉在园林中的主要作用。园林花卉产业发展状况。

【学习目标】 通过本章的学习，理解花卉的含义以及在园林中的作用。了解国内外园林花卉栽培应用发展状况。

1.1　园林花卉的含义与研究内容

1.1.1　园林花卉的含义

狭义的花卉是指具有观赏价值的草本植物，如菊花、芍药、凤仙花、大丽花等。随着花卉生产的发展，花卉的范围不断扩大。凡是具有一定观赏价值，达到观花、观果、观叶、观茎和观姿的目的，并能美化环境，丰富人们文化生活的草本、木本、藤本等植物统称为花卉。因此，除了草本花卉以外，灌木如月季、牡丹、扶桑等；乔木如玉兰、火炬树、樱花等；藤本如常春藤、凌霄、紫藤等；地被植物如麦冬等，都可归入花卉的范畴。

园林花卉是指适用于园林和环境绿化、美化的观赏植物，包括一些野生和栽培品种。广义的园林花卉又称园林植物，包括观花乔灌木、其他观赏乔灌木、观赏竹和观赏针叶树等木本及其他草本植物；狭义的园林花卉仅指草本花卉。

1.1.2　花卉栽培方式

花卉栽培是指以花卉为主要生产对象，以获取经济效益和美化环境为主要目的，所从事的育苗、栽培、养护管理、销售等一系列生产活动。花卉栽培根据应用目的不同，分为生产栽培和观赏栽培两大类。

生产栽培。以商品化生产为目的，如生产切花、盆花、种苗与种球等，从栽培、采收到包装完全商品化，进入市场流通为社会提供消费的栽培方式，称为生产栽培。这类栽培要求有规范的栽培技术和现代化的、完善的生产设施，有一定的生产规模，它所生产的商品必须标准化、商品化，能进入国内和国际市场的贸易流通，获取较高的经济效益。这是我国花卉产业的主流方向。

观赏栽培。以观赏为目的，利用花卉的花色、花型进行园林绿化配置，美化、绿化环境的栽培方式，称为观赏栽培。这类栽培主要是露地花卉栽培，也包括盆花、鲜切花的观赏应用，意义在于美化环境，丰富生活，净化空气，促进人们的身心健康。观赏栽培不仅在城市日益广泛深入，栽培技术和绿化、美化档次在不断提高，而且在农村也渐趋普及和重视。

本课程以狭义的园林花卉为主要对象，除草本花卉外，还包括了少量常用室内绿化用的木本植物。主要介绍园林花卉分类、生物学特性、花卉繁殖技术、花期调控技术、花卉栽培管理技术、花卉应用技术等，强调科学性和艺术性的结合。

1.2 花卉在园林中的作用

园林花卉种类、品种繁多；突出的特点在于色彩艳丽，丰富多彩；它们低矮，柔弱，美丽，是人居环境中不可缺少的植物，和我们人类更为接近，其在园林中的主要作用如下：

1.2.1 生态作用

园林花卉是人工植物群落的构成成分之一，与园林树木以一定比例配合，形成生态效益好的人工植物群落，从而起保护和改善环境的作用。花卉植物具有调节温度、湿度、防尘、防噪，吸收有害气体，净化空气，提高空气质量，防止水土流失和调节生态平衡等方面的作用。

1.2.2 美化作用

花卉在美化环境中有重要的作用。花卉是环境中具有生命的色彩，也是自然色彩的主要来源，使季相更丰富，在园林中常为视觉焦点，用于重点绿化地段，起画龙点睛的作用。

园林花卉可形成独特的园林景观。园林花卉美丽的色彩和细腻的质感，使其形成细致景观，常常作前景或近景，形成美丽的色彩景观。低矮的园林花卉可以丰富树木的下层空间，出现在俯视视觉中，又不紧贴地面，具有较高的亲人性。适时更换，其颜色和形体的不断变化，可以带来活跃的气氛，打破环境中的庄严或沉闷感。

园林花卉应用方便。花卉个体小，生态习性差异大，受地域限制小，除露地栽培外，还可进行盆栽。花卉花期调控相对容易，可根据需要调控开花时间，很快便可形成漂亮的植物景观，所以在园林绿地中常用来布置花坛、花境、花台、花丛等，以创造优美的工作、休息环境，增进身心健康，提高人们的生活质量。特别是一些大型的节日和庆典活动，园林花卉的布置和装饰常为庆祝活动增添了更加欢快和热烈的气氛。

1.2.3 经济中的作用

花卉产业是一项新兴产业，具有很大的发展潜力。花卉业的崛起，给国民生产创造了越来越重要的经济价值。我国的花卉生产，据不完全统计，2007年销售总额已达613.7亿元，鲜切花、盆花一部分供应国内宾馆、饭店、商店、写字楼、家庭的消费，一部分鲜切花、种苗、种球还出口创汇。如上海、山东潍坊、青岛等地生产大批量的菊花出口日本；昆明的鲜切花出口泰国、马来西亚、新加坡；漳州的水仙出口东南亚等。除此之外，花卉产业的开发，还带动了花卉容器（花盆、花瓶、花盘）、工具、肥料、农药、运输、保鲜、销售等行业的发展。

1.2.4 文化生活中的作用

随着城市化的发展，人们亲近大自然的欲望越来越迫切。用花草树木美化环境、装点生活，已成为一种时尚。

除了公共绿地需要绿化、美化之外，随着人们生活水平的提高，对切花、盆花的需要也日益增加。居室的绿化与美化、会场的布置、亲朋交往、典礼剪彩、婚丧礼仪、外事活动等，无不需用大量的鲜花。花卉是最美丽的自然产物，不仅给人们以美的感受，也是精神文明的象征。

园林植物色彩变化丰富，时迁景变，不仅具有美学的意义，还能使人的神经系统得到休息，给人们创造安静舒适的休息环境，供广大人民工作之余享受。

园林植物还能给人以音乐美的享受。如松涛，如同潮水澎湃，万马奔腾。竹韵，芭蕉听雨如窃窃私语，加上鸟语虫鸣组成天然的交响乐，供人们享受。

园林植物的优美姿态和生活习性，常使人浮想联翩，成为“人类化的自然”。如人们常用松树比喻坚定不屈的品格，用梅花比喻不畏艰险、谦虚谨慎的品格等。

1.3 园林花卉产业发展状况

1.3.1 我国花卉产业发展现状

我国的花卉产业自20世纪80年代起步到现在，经过20多年的发展，目前已成为世界花卉种植面积最大的国家。2007年我国花卉生产总面积为75万公顷，比2006年的72.2万公顷略有增加；花卉销售总额613.7亿元，较2006年的556.2亿元增加了10.3%，增幅明显。尤为可喜的是：2007年我国花卉栽培面积大幅度提高，这标志着我国发展现代花卉业的步伐在加快。随着经济全球化的逐步深入，我国与国际花卉界的联系和交流日益广泛，多种形式的国际贸易比以往更加活跃，更多的企业走出国门将产品打入国际市场，目前我国对80多个国家（地区）出口花卉，花卉年出口额稳步增长，2005年超过1.5亿美元。全国重点花卉产区有近十个省区种植面积在2万公顷以上，其中，5万公顷以上的省有河南、江苏、浙江、广东四省，2万公顷以上的有河北、山东、湖南、甘肃等省。目前，全国已有花卉从业人员440万人，花农125万户。花卉企业6.4万个，其中大中型花卉企业8334个，全国有各类花卉市场2586个，花店2万多个。

1.3.2 我国花卉产业发展存在的主要问题

生产面积增长过快，品种结构不合理。花卉种植面积快速增长是成绩，亦是问题。如从2000年到2005年，花卉生产呈超常发展态势，全国花卉生产面积增加了66万公顷，是2000年总面积的5.4倍。种植面积的过快增长并不能完全带来经济效益的同步增长，导致花卉大宗产品生产能力过剩，高档产品生产能力不足，大部分产品附加值低，单位面积效益不高。

花卉科研开发和新品种培育滞后。由于基础较差，资金投入不足，我国花卉资源开发和科研创新能力较弱，新品种培育成果少，部分地区存在着花卉生产科技含量不高，产量低、质量差、花色品种单调，产品缺乏市场竞争力。另外，对新品种知识产权保护不力，缺乏具有自主知识产权的花卉品种和品牌产品，出现新品种育种难、保护更难的局面，致使新品种和高档花卉的种子、种苗、种球主要依赖进口，产业后劲不足。

市场流通体系不健全。我国花卉流通体系存在的主要问题是市场信息传递缓慢，市场管理规则不健全，市场管理方式落后，缺乏有效的市场调控机制，缺乏有效的政策、法规和标准，造成市场无序竞争，制约了国内市场的升级。花卉产业链配套不完善，市场基础设施建设滞后，流通环节缺少必要的包装、运输、保鲜等配套设施，花卉产品流通损耗大、流通环节多、时间长、成本高，产前、产中、产后服务跟不上，产品质量难以保证。国际贸易中缺乏畅通的绿色通道，进出口手续繁杂，多部门审批，物流渠道不畅导致企业支付费用过大，花卉进出口受到限制，制约了我国花卉产品顺利进入国际市场。

1.3.3 我国花卉行业的发展前景

1. 花卉是大有潜力的朝阳产业

我国花卉消费绝大多数属于集团消费和节假日消费，全国城镇人口年平均消费鲜切花 3 枝，按全国人口计算人均消费不到 1 枝，个人消费人均不到 2 元。如果我国人均鲜花消费能力提高到人均 5 元，仅国内个人年消费总值就增加 37 亿元以上，所以国内花卉市场的潜力巨大。

2. 小城镇建设为花卉业提供了较大的发展空间

全国范围内的城市与小城镇建设将掀起城市绿化、美化的热潮。以广西为例，按照规划，“十五”末广西的城镇化水平将由目前的 23%提高到 31%，届时城市建成区绿化覆盖率、绿地率、人均公共绿地面积将分别达到 36%、30%和 10m^2。这为花卉业提供了较大的产业发展空间。

3. 国际花市的活跃为我国花卉业开辟了另一增长点

目前，国际花卉市场异常活跃，近几年行业产值（包括鲜切花、盆花、盆景、绿化苗木、草皮等）每年以 10%以上的速度递增。就鲜花消费来说，世界人均年消费额为 3 美元，西欧、北美人均年花卉消费额在 100 美元左右。我国也已跻身世界花卉生产和消费大国行列，特别是我国的盆景和珍稀花卉在国际市场上十分抢手，出口前景广阔，近 10 年来，我国花卉出口创汇额达 2.6 亿元以上，以后，随着我国花卉产品的品质、规模等不断提高，花卉出口业还将呈不断增长趋势。

1.3.4 国外花卉产业发展现状

花卉是世界各国农业中唯一不受农产品配额限制和 21 世纪最有希望的农业产业和环境产业之一，被誉为“朝阳产业”。花卉产品逐渐成为国际贸易的大宗商品。随着品种的改进，包装、保鲜技术的应用和运输条件的改善，花卉市场日趋国际化。花卉生产专业化、管理现代化、产品系列化、周年供应等已成为花卉生产发展的主要特色。在国际花卉出口贸易方面，发达国家占绝对优势，约占世界出口销售总额的 80%，而发展中国家仅占 20%。世界最大的花卉出口国是荷兰，约占出口额的59%；哥伦比亚位居第二，占10%左右；以色列占6%。其次是丹麦、比利时、意大利、美国等。盆花出口，荷兰占48%，丹麦占16%，法国占15%，比利时占10%，意大利占4%。在国际花卉进口贸易方面，主要也是发达国家领先。世界最大的花卉进口国是德国，其次是法国、英国、美国和日本。

世界花卉生产发展的趋势：

1. 扩大面积，向发展中国家转移

随着花卉需求量的增加，世界花卉种植面积在不断扩大。为了降低生产成本，花卉生产基地正向气候条件优越，有产业政策扶持的发展中国家和地区转移。如哥伦比亚、新加坡、泰国等已成为新兴花卉生产和出口大国。随着社会经济和文化水平的迅速提高，亚洲将成为花卉消费的巨大潜在市场，特别是中国，花卉的生产水平和消费水平都在不断提高。

2. 追求精品，创造品牌

由于消费水平的提高和全球花卉热的形成，特别是许多发展中国家花卉业的兴起，导致了花卉业的激烈竞争，这就使花卉企业要充分发挥自身的优势，生产出精品和拳头产品，以使其在竞争中立于不败之地。

3. 鲜切花市场需求逐年增加，前景看好

鲜切花占世界花卉销售总额的60%，是花卉生产的主力军。国际市场对月季、菊花、香石竹、满天星、唐菖蒲、非洲菊、百合及相应的配叶植物的需求量逐年增加。

4. 观叶植物发展迅速

随着城镇高层住宅的修建，室内装饰条件的提高，室内观叶植物普遍受到人们的喜爱。如一些喜阴或耐阴的万年青、豆瓣绿、秋海棠、花叶芋、龟背竹、观赏凤梨、绿萝、竹芋等越来越受到人们的青睐。

【技能训练】

实训 园林花卉应用情况调查

一、实训目的

1. 通过实地调查，使学生了解花卉在本地区园林中的应用情况。

2. 初步了解花卉在园林中的应用形式及特点，初步识别本地区常用园林花卉种类。

二、材料及用具

1. 材料。本地区园林中的花卉材料。

2. 用具。皮尺、钢卷尺、铅笔、笔记本。

三、内容与方法

全班划分成若干小组，每小组按实训内容要求到本地各园林绿地（城市广场、街头绿地、公园、植物园等）进行调查、测量、访问，将调查资料和测量结果整理成报告。调查要点如下：

1. 本市自然环境情况，包括城市的自然地理位置、气象、土壤、污染情况等。

2. 本市园林花卉应用情况（花坛、花镜、花钵、会场布置等）。

3. 草本花卉、草坪及地被植物。
4. 本地特色树种、引进树种。

四、实习报告

1. 总结花卉在园林绿地中的应用形式。
2. 整理所见花卉植物种类名录。

【本章小结】

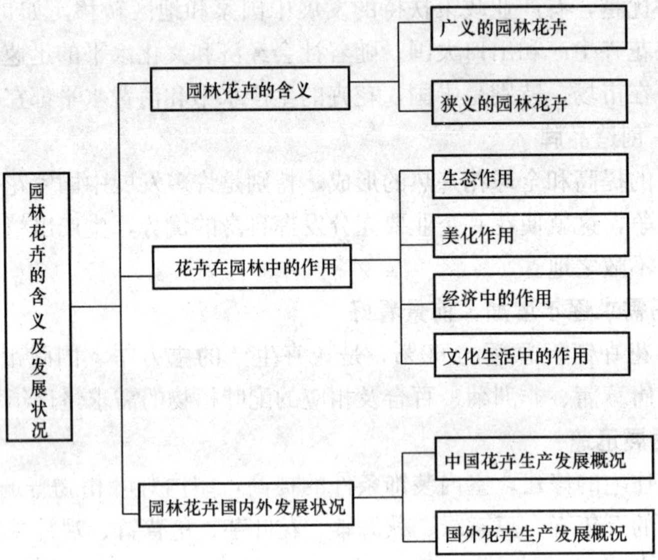

【复习思考题】

1. 如何理解园林花卉的含义？
2. 说明园林花卉在园林中的主要作用。
3. 我国花卉发展现状有哪些特点？国外花卉发展现状有哪些特点？
4. 你所在地区或城市园林花卉生产应用现状如何？怎么才能更好发展？

第2章 园林花卉分类

【知识要点】 花卉按生物学习性分类法；花卉按观赏部位分类法；花卉开花季节分类法；花卉按栽培方式分类的方法。

【学习目标】

知识目标：通过本章的学习，具有花卉按生物学习性、观赏特性、开花季节、栽培方式分类的理解能力，并熟悉一年生花卉、二年生花卉、宿根花卉、球根花卉、水生花卉、乔木花卉、灌木花卉、藤本花卉的形态及特点。

技能目标：会进行常见花卉的分类识别，正确识别本地常见花卉200种。

2.1 根据花卉的生物学习性分类

2.1.1 一二年生花卉

1. 一年生花卉

从播种到开花、结实、死亡在一个生长季节内完成，即通常在春天播种、夏秋开花、结实后就会自然死亡，故又称春播花卉。这类花卉多属阳性植物，生长必须有充足的阳光，若光照不足，易导致生长发育不良、徒长而不易开花。耐寒性差，耐高温能力强，大多数原产热带或亚热带。如万寿菊、孔雀草、矮牵牛、一串红、鸡冠花、百日草、翠菊、凤仙花、半支莲等。

2. 二年生花卉

从播种到开花、结实、死亡在两个生长季内完成，即在秋天播种、幼苗越冬、第二年春夏开花、结实后就会自然死亡，故又称秋播花卉。二年生花卉多为长日照花卉，耐寒性较强，耐高温能力差，多原产温带或寒冷地区。如三色堇、金盏菊、羽衣甘蓝、雏菊、金鱼草等。

一二年生花卉寿命虽短，但开花色彩鲜艳美丽，开花繁茂整齐，装饰效果好，是园林绿化中花坛、花镜、花丛等常用的花卉。

3. 宿根花卉

宿根花卉指个体寿命超过两年，可以多次开花结实，入冬后根系在土壤中宿存越冬，第二年春天萌芽生长开花的一类花卉。这类花卉有喜光照充足的阳性植物，也有喜散射光的阴性植物。季节性的温度变化及光照的长短，对宿根花卉的生长发育影响极为明显。如菊花、芍药、萱草、鸢尾、玉簪、蜀葵、耧斗菜、桔梗、麦冬等。

宿根花卉在园林用途上，可以盆栽或用来布置庭园、花坛，也可以做切花及插花材料。

4. 球根花卉

球根花卉是地下部分（根或茎）变态肥大，以其贮藏养分、水分渡过休眠期的多年生草本花卉。按形态特征又分为五类。

（1）球茎类

球茎类是指地下茎膨大呈球形或扁球形，内部实质，质地坚硬，表面有环状节痕，顶端有肥大的顶芽，侧芽不发达的花卉。如唐菖蒲、仙客来、小苍兰、香雪兰、番红花等。

(2) 鳞茎类

鳞茎类是指地下茎极度短缩，形成扁平的鳞茎盘，在鳞茎盘上有许多肥厚鳞片相互抱合而成的花卉。如水仙、朱顶红、郁金香、百合等。

(3) 块茎类

块茎类是指地下茎膨大呈块状或条状，外形不规则，表面无环状节痕，新芽着生在块茎的芽眼上的花卉。如马蹄莲、彩叶芋、大岩桐等。

(4) 根茎类

根茎类是指地下茎膨大呈根状，茎肉质有分支，有明显的节间，每节有侧芽和根的花卉。如美人蕉、鸢尾、荷花、睡莲等。

(5) 块根类

块根类是指地下根膨大呈块状，芽着生在根颈处，根系从块根的末端生出。如大丽花、花毛茛等。

5. 水生花卉

常年生长在水中、湿地或沼泽地中的多年生花卉。按其生态分为：

(1) 挺水花卉

根生长在水下泥中，茎叶挺出水面。如荷花、千屈菜等。

(2) 浮水花卉

根生长在水下泥中，叶面浮于水面或略高于水面。如睡莲、王莲等。

(3) 漂浮花卉

根伸展于水中，叶浮于水面，随水漂浮流动，在水浅处可生根于泥中。如浮萍、凤眼莲等。

6. 多浆多肉植物

又称多汁植物，植株的茎、叶肥厚多汁，茎部多变态成扇形、片状、球状、柱状等，部分种类的叶退化成刺状。具有发达的贮水组织，抗干旱、抗高温能力很强。因其形态奇特，种类繁多，体态清雅，花色艳丽多姿，颇富趣味性，具有很高的观赏价值。如仙人掌类，虎刺梅、生石花、金琥、仙人球、金琥、昙花、芦荟、条纹十二卷、长寿花、青锁龙、石莲花、虎尾兰、虎刺梅、蟹爪兰、仙人指、令箭荷花、山影拳等。

7. 兰科花卉

兰科花卉属于多年生草本花卉，地生或附生，因其种类繁多，在栽培中有独特的要求，将其单独列为一类。从植物形态上兰科花卉分为地生兰类和附生兰类。

地生兰多数原产我国亚热带和温带地区，生长在地上，花序通常直立或斜上生长。如春兰、蕙兰、建兰、墨兰、寒兰等。

附生兰多数原产热带雨林中，植株呈攀缘状，花序弯曲或下垂。如蝴蝶兰、石斛兰、万带兰等。

2.1.2 木本花卉

1. 落叶木本花卉

(1) 落叶灌木类：如月季、牡丹、迎春、绣线菊、贴梗海棠等。

（2）落叶乔木类：如梅花、碧桃、樱花、石榴、紫薇、海棠等。

（3）落叶藤本类：如紫藤、凌霄、木香、爬墙虎（地锦）等。

2. 常绿木本花卉

（1）常绿灌木：如杜鹃、栀子花、山茶、茉莉花、米兰、含笑等。

（2）常绿乔木：如桂花、白兰花、广玉兰、橡皮树、棕榈等。

（3）常绿藤本：如常春藤、龙吐珠、络石等。

2.2　按观赏部位分类

1. 观花花卉

以观花为主的花卉，主要欣赏其色、香、姿、韵。如火炬花、白玉兰、杜鹃、金鱼草、月季、牡丹、山茶、鸢尾、虞美人、菊花、风信子、荷花、非洲菊、霞草、飞燕草、晚香玉等。

2. 观叶花卉

以观叶为主的花卉，其叶形奇特，或带彩色条斑，富于变化，具有很高的观赏价值。如苏铁、龟背竹、绿萝、万年青、印度橡皮树、金边吊兰、花叶芋、彩叶草、旱伞草、蕨类等。

3. 观茎花卉

这类花卉的茎、枝奇特或叶常发生变态，茎形态奇特、独具风姿，具有独特的观赏价值。如文竹、仙人掌、佛肚竹、光棍树、山影拳、龙骨、霸王鞭等。

4. 观果花卉

观赏果形、果色为主的花卉。这类花卉果实累累、形态奇特、色彩艳丽、挂果时间长。如金橘、火棘、佛手、石榴、乳茄、冬珊瑚、南天竺等。

5. 其他

有些花卉的其他部位或器官具有观赏价值，如马蹄莲观赏其色彩美丽、形态奇特的苞片；海葱则观赏其硕大的绿色鳞茎。

2.3　按开花季节分类

1. 春花类

春花类指 2～4 月期间盛开的花卉。如郁金香、虞美人、牡丹花、报春花、梅花、山茶等。

2. 夏花类

夏花类指 5～7 月期间盛开的花卉。如荷花、石榴花、紫茉莉、金鱼草、月季花、凤仙花、茉莉花等。

3. 秋花类

秋花类指 8～10 月期间盛开的花卉。如菊花、大丽花、万寿菊、桂花等。

4. 冬花类

冬花类指 11 月至次年 1 月期间盛开的花卉。因冬季严寒，长江中下游地区露地栽培的花卉花朵能盛放的种类稀少，常用观叶花卉取而代之，如羽衣甘蓝、红叶甜菜。温室内开花的有多花报春、仙客来、一品红、鹤望兰等。

2.4 按栽培方式分类

1. 露地栽培花卉

露地栽培花卉指在自然条件下生长发育的花卉。这类花卉适宜栽培于露地，由于园地土壤水分、养分、温度等因素达到自然平衡，光照又比较充足，因此表现出枝壮叶茂，花大色艳。这类花卉管理比较简单，只需要在生育期间定期浇水、施肥，定期进行中耕、除草。

2. 温室栽培花卉

温室栽培花卉指必须在温室栽培或越冬养护的花卉。这类花卉通常栽植于花盆或花钵中，用人工配制的培养土作栽培基质，温度、光照及湿度可人为调控。栽培温室花卉养护管理要细致，否则会导致生长发育不良。

3. 切花栽培花卉

利用保护地栽培，进行定植、肥水管理统一，采收相对集中的栽培方式，是国际花卉生产栽培的主要部分。

4. 无土栽培花卉

运用营养液、水或基质代替土壤的栽培方式。

5. 促成及抑制栽培

运用人为的技术，提前或延后开花的栽培生产方式。

【技能训练】

实训 园林花卉种类识别

一、目的要求

通过对花卉的分类、识别和不同生态环境下生长发育状况观察，使学生能按照园林花卉类别识别花卉；能鉴别常见相似园林花卉，从而指导花卉生产和为园林应用服务。

二、原理

花卉种属繁多，由于原产地和遗传基础的不同，形成了不同的生态习性和生长发育特点，但从生活型、栽培方式或应用特点等不同角度来看，某些花卉有共同的特性或相似的用途，这是对花卉进行各种不同分类的基础。

三、实训地点

校内外花卉实训基地。

四、材料与用具

记录板、扩大镜、卷尺、《花卉识别手册》等。

五、方法与步骤（可分数次进行）

1. 由教师指导识别 300～500 种或品种，并按生活型、栽培方式、观赏特性等进行分类。

2. 学生 3～5 人一组，通过观察分析并对照识别手册或相关专业书籍，记载花卉主要观赏部位的形态，并记忆花卉中名和学名，归纳其所属类别。

3. 观察不同生长条件或栽培方式下花卉生长发育表现，了解各类花卉的生态习性。

六、实训报告

每次重点识别园林花卉 10～20 种，按多种分类法分类，并填写表 1-2-1。

表 1-2-1　　**花卉分类与识别记载表**

序　号	花卉名称	类　别	茎、叶的特征	备　注

【本章小结】

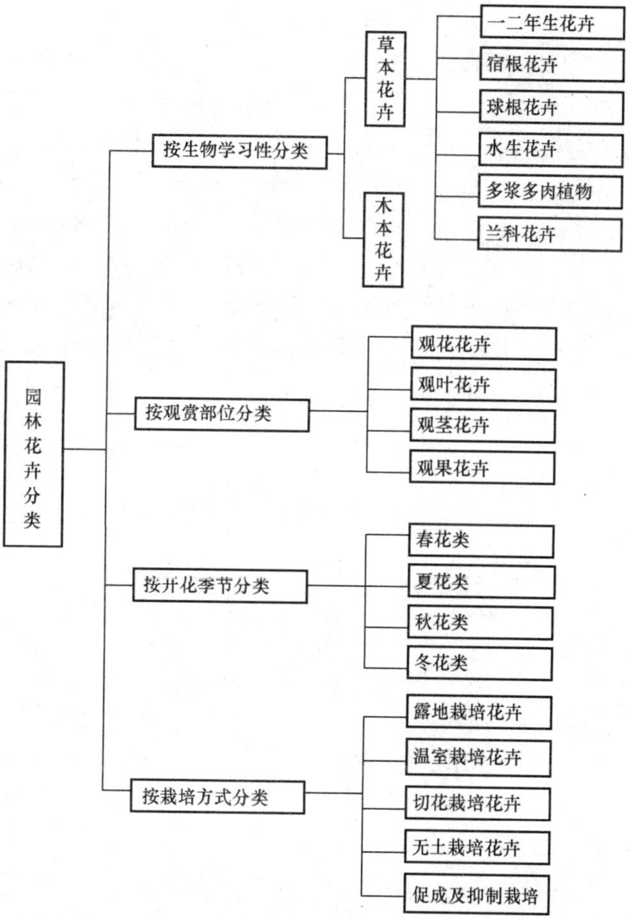

【复习思考题】

一、名词解释

一年生花卉、二年生花卉、宿根花卉、球根花卉、水生花卉、多肉多浆花卉。

二、问答题

1. 根据花卉的生物学习性将花卉分为哪几类，各举例说明。
2. 球根花卉根据地下部分膨大类型分为哪几大类？各举出 3 种以上例子。
3. 按花卉观赏部位可分为哪几大类？各举出 3 种以上例子。
4. 按栽培方式花卉分为哪几类？详细叙述并举例。

第3章　花卉栽培与环境因子

【知识要点】 影响花卉生长发育的主要生态因子：温度、光照、水分、土壤、气体等因子对园林花卉生长发育的影响。

【学习目标】

知识目标：通过本章的学习，主要了解花卉发育所需要的环境因素，掌握花卉生长发育对环境的需求。

能力目标：能根据花卉对环境的要求对花卉进行管理。

花卉与其他生物一样，不能离开环境而独立存在。花卉的生长发育除决定于自身的遗传特性外，还与外界环境因子有关，花卉栽培的关键就是人为创造适宜的环境条件使之适应。

3.1　花卉与温度

3.1.1　花卉对温度的要求

温度是影响观赏植物的重要因素之一，它影响着植物的地理分布、制约着生长发育的速度及体内的生化代谢等一系列生理机制。每一种花卉的生长发育，对温度都有一定的要求，都有温度的“三基点”，即最低温度、最适温度和最高温度。由于原产地不同，观赏植物对温度的要求有很大差异，如原产热带的花卉，生长的基点温度较高，一般在18℃左右；而原产温带地区的花卉，生长的基点温度较低，一般在10℃左右；原产亚热带地区的花卉，基点温度介于二者之间，一般在15℃、16℃开始生长。这里所说的最适温度，是指在这个温度下，植物不仅生长快，而且生长健壮、不徒长。一般来说，花卉的最适生长温度为25℃左右，在最低温度到最适温度范围内，随着温度升高生长加快，而当超过最适温度后，随着温度升高生长速度反而下降。

由于原产地气候条件不同，不同花卉耐寒力有很大差别，通常按耐寒力不同，将花卉分为以下三类：

1. 耐寒性花卉

耐寒性花卉大多原产温带或寒带地区，主要包括露地二年生花卉、部分宿根花卉、部分球根花卉等。此类花卉抗寒力强，能耐零下5～10℃低温，甚至在更低温度下亦能安全越冬。在我国北方大部分地区可露地生长，不需保护地，如二年生花卉中的三色堇、雏菊、羽衣甘蓝、矢车菊、金鱼草、蛇目菊、金光菊等；多年生花卉如蜀葵、玉簪、一枝黄花、耧斗菜、荷兰菊、菊花、郁金香、风信子等。

2. 半耐寒性花卉

半耐寒性花卉大多原产温带南缘和亚热带北缘地区，耐寒力介于耐寒性花卉与不耐寒性花卉之间，通常能忍受较轻微霜冻，在长江流域可安全越冬。但因种类不同，耐寒力也有较大差异，部分种类在长江流域或淮河以北不能露地越冬，而有些种类则有较强耐寒力，华北地区通过适当保护，可安全越冬。常见种类有紫罗兰、金盏菊、桂竹香、鸢尾、石蒜、水仙、万年青、葱兰、香樟、广玉兰、梅花、桂花、南天竹等。此类植物在北方引种栽培时，应注意引种试验，选择适宜的小气候和抗寒品种，冬季要有针对性地加以保护，其中一些种类如广玉兰、香樟、夹竹桃等更应慎重。

3. 不耐寒性花卉

不耐寒性花卉多原产热带、亚热带地区，包括一年生花卉、春植球根花卉、不耐寒的多年生常绿草本和木本温室花卉。生长期间要求高温，不能忍受0℃以下温度，甚至在5℃或更高温度下即停止生长或死亡。这些花卉中一年生及多年生作一年生栽培的种类，其生长发育在一年中的无霜期进行，春季晚霜后播种，秋末早霜到来前死亡，如鸡冠花、万寿菊、一串红、紫茉莉、麦秆菊、翠菊、矮牵牛、美女樱等；春植球根花卉也属不耐寒性花卉，如唐菖蒲、美人蕉、晚香玉、大丽花等，在寒冷地区为防冬季冻害，需于秋季采收，贮藏越冬；不耐寒的多年生草本或木本花卉，在北方需保护地越冬，称为温室花卉。

3.1.2 温度对花卉生长发育的影响

1. 温度与生长

温度不仅影响花卉种类的地理分布，还影响各种花卉生长发育的不同阶段和时期。一年生花卉，种子萌发可在较高温度下进行，而幼苗期要求温度较低，以后随着植株的生长发育，对温度的要求逐渐提高。二年生花卉，种子萌发在较低温度下进行，幼苗期要求温度更低，以利于通过春化阶段，开花结实时，则要求稍高的温度。栽培中为使花卉生长迅速，还需要一定的昼夜温差，一般热带植物的昼夜温差为3～6℃，温带植物为5～7℃，而仙人掌类则为10℃以上。昼夜温差有一适宜范围，并非越大越好，否则对植物的生长不利。

2. 温度与花芽分化和发育

花芽分化和发育是植物生长发育的重要阶段，温度对花芽分化和发育起着重要作用。花卉种类不同，花芽分化发育所要求的适温也不同，大体上有以下情况：

(1) 高温下进行花芽分化。许多花木类如杜鹃、山茶、梅和樱花等，是在6～8月气温高达25℃以上时进行花芽分化，入秋后，植物体进入休眠状态，经过一定低温后结束或打破休眠而开花。许多球根花卉的花芽分化也在夏季较高温度下进行，如唐菖蒲、晚香玉、美人蕉等春植球根花卉，在夏季生长期进行花芽分化；而郁金香、风信子等秋植球根花卉于夏季休眠期进行花芽分化。

(2) 低温下进行花芽分化。许多原产温带中北部的花卉以及各地的高山花卉，多要求在20℃以下较凉爽气候条件下进行花芽分化，如八仙花、卡特兰属、石斛属的某些种类在13℃左右和短日照条件下促进花芽分化；许多秋播草花如金盏菊、雏菊等，也要在低温下进行花芽分化。

温度对于分化后花芽的发育也有很大影响，有些植物种类花芽分化温度较高，而花芽发育则需一段低温过程，如一些春花类木本花卉。又如郁金香20℃左右处理20～25d促进花芽分化，其后在2～9℃下处理50～60d，促进花芽发育，再用10～15℃进行处理促其生根。

3. 极端温度对花卉的伤害

在花卉生长发育过程中，突然的高温或低温，会打乱其体内正常的生理生化过程而造成伤害，严重时会导致死亡。

(1) 低温对植物的伤害。有寒害和冻害。寒害，又称冷害，指0℃以上的低温对植物造成的伤害。多发生于原产热带和亚热带南部地区喜温的花卉。冻害是指0℃以下的低温对植物造成的伤害。不同植物对低温的抵抗力不同，同一植物在不同的生长发育时期，对低温的忍受能力也有很大差别。休眠种子的抗寒力最高，休眠植株的抗寒力也较高，而生长中的植株抗寒力明显下降。经过秋季和初冬冷凉气候的锻炼，可以增强植株忍受低温的能力。因此，植株的耐寒力除了与本身遗传因素有关外，在一定程度上是在外界环境条件作用下获得的。

增强花卉耐寒力是一项重要工作，在温室或温床中培育的盆花或幼苗，在移植露地前，必须加强通风，逐渐降温以提高其对低温的抵抗能力。增加磷钾肥，减少氮的施用，是增强花卉抗寒力的措施之一。常用的简单防寒措施是于地面覆盖秫秸、落叶、塑料薄膜、设置风障等。

(2) 高温对植物的伤害。当温度超过植物生长的最适温度时，植物生长速度反而下降，如继续升高，则植株生长不良甚至死亡。一般当气温达35～40℃时，很多植物生长缓慢甚至停滞，当气温高达45～50℃时，除少数原产热带干旱地区的多浆植物外，绝大多数植物会死亡。为防止高温对植物的伤害，应经常保持土壤湿润，以促进蒸腾作用的进行，使植物体内温度降低。在栽培过程中常采取灌溉、松土、叶面喷水、设置阴棚等措施以免除或降低高温对植物的伤害。

3.2 花卉与光照

光是影响园林花卉生长发育最重要的生态因子之一。它不仅为光合作用提供能量，还作为一种外部信号调节植物生长发育。我们从光照强度、光质、光照长度三个方面分析光对花卉生长发育的影响。

3.2.1 光照强度对花卉的影响

光照强度常依地理位置、地势高低以及云量、雨量的不同而变化；随纬度的增加而减弱，随海拔的升高而增强；一年中以夏季光照最强，冬季光照最弱；一天中以中午光照最强，早晚光照最弱。光照强度不同，不仅直接影响光合作用的强度，而且影响到植物体一系列形态和解剖上的变化，如叶片的大小和厚薄，茎的粗细、节间的长短，叶片结构与花色浓淡等。依对光照强度的要求不同，可将花卉分为以下几类：

1. 阳性花卉

阳性花卉是指必须在全光照下才能生长良好的花卉。大部分观花花卉、大部分宿根、球根花卉和部分木本、观叶、水生花卉、多浆植物属于此类。如：一二年生花卉中的金盏菊、万寿菊；宿根花卉中的五色梅、八仙花、叶子花；球根花卉中的百合、唐菖蒲；木本中的紫薇、樱花、月季；观叶中的变叶木、苏铁；水生花卉中的睡莲；多浆植物中的仙人掌。

2. 阴性花卉

阴性花卉要求适度蔽阴方能生长良好，不能忍受强烈的直射光线，生长期间一般要求50%～80%蔽阴度的环境条件，在植物自然群落中，常处于中下层，或生长在潮湿背阴处。如兰科植物、蕨类植物以及苦苣苔科、凤梨科、姜科、天南星科、秋海棠科等植物，都为阴性花卉，许多观叶植物也属此类。

3. 耐阴花卉

耐阴花卉对光照强度的要求介于阳性花卉与阴性花卉之间，对光照的适应范围较大，一般喜阳光充足，但也能忍受适当的蔽阴，如萱草、耧斗菜、桔梗等。

光照强弱对花蕾开放时间也有很大影响。如牵牛花、亚麻在晨曦开放；半支莲、酢浆草在强光下开花；睡莲午后开放；月见草、晚香玉、紫茉莉在傍晚盛开；昙花在深夜开放。绝大多数花卉晨开夜闭。

3.2.2 光照长度对花卉的影响

地球上每日光照时间的长短，随纬度、季节而不同，光照长度是植物赖以开花的重要因子。各种不同长短的昼夜交替，对植物开花结实的影响称为光周期现象。根据花卉对光周期的不同反应分为长日照花卉、短日照花卉、日照中性花卉三类。

1. 长日照花卉

长日照花卉是指在其生长过程中，要求经历一段白昼长于一定的临界值（临界日长）、黑夜短于一定长度的时期才能开花的花卉。延长光照时间，缩短黑暗时间，可以提早成花。许多晚春与初夏开花的花卉属于长日照花卉。

2. 短日照花卉

短日照花卉是指在其生长过程中，要求一段白昼短于一定长度、黑夜长于一定长度（临界暗期）的时期才能开花的花卉。延长暗期，有利于成花。一些温带地区晚秋开花的花卉如一品红、秋菊、叶子花等属于短日照花卉。

3. 日照中性花卉

日照中性花卉也称日长钝感花卉。这类花卉成花对昼夜长短无严格要求，只要其他条件适合，在不同的日照长度下均可开花。这类花卉种类最多。

3.2.3 光质对花卉的影响

光质即光的组成，是指具有不同波长的太阳光谱成分，太阳光波长范围主要在150～4000nm之间，其中可见光波长范围在380～760nm之间，占全部太阳光辐射的52%，不可见光中，红外线占43%，紫外线占5%。

不同光谱成分对植物生长发育的作用不同。在可见光范围内，大部分光波能被绿色植物吸收利用，其中红光吸收利用最多，其次是蓝紫光。绿光大部分被叶子所透射或反射，很少被吸收利用。红橙光具有最大的光合活性，有利于碳水化合物的形成；青、蓝、紫光能抑制植物的伸长，使植物形体矮小，并能促进花青素的形成，也是支配细胞分化的最重要的光线；不可见光中的紫外线也能抑制茎的伸长和促进花青素的形成。在自然界中，高山花卉一般都具有茎秆短矮，叶面缩小，茎叶富含花青素，花色鲜艳等特征，这除了与高山低温有关外，也与高山上蓝、紫、青等短波光以及紫外线较多密切相关。

另外，光对花卉种子的萌发有不同的影响，有些花卉的种子，曝光时发芽比黑暗中发芽的效果好，一般称为好光性种子，如报春花、秋海棠等，这些好光性种子，播种后不必覆土或稍覆土即可。另一种称为嫌光性种子，这类种子播种后必须覆土，否则不会发芽。

3.3 花卉与水分

水是植物体的重要组成部分，植物的一切生命活动都必须有水分的参加，如光合作用、呼吸作用、蒸腾作用、矿质营养的吸收、运转与合成等。环境中影响花卉生长发育的水分主要是空气湿度和土壤水分。

3.3.1 花卉对水分的要求

植物种类不同，需水量差异很大，这与不同植物原产地雨量及分布状况不同有关。通常依据花卉对水分的要求不同分为旱生花卉、湿生花卉、中生花卉、水生花卉四大类。

1. 旱生花卉

旱生花卉指能长期忍受干旱而生长发育良好的花卉类型。本类花卉多见于雨量稀少的荒漠地区和干燥的草原上。旱生花卉在系统发育过程中形成了在生理和形态方面适应干旱的特征，如叶片变小或退化成刺状、毛状或肉质化；表皮角质层加厚，气孔下陷；叶片质地硬而革质，有光泽或具有绒毛；细胞液浓度与渗透压增大等，由此大大减少了植物体内水分的蒸腾，同时这类花卉一般都具有发达的根系，更增加了其抵御干旱的能力。如仙人掌科、景天科、番杏科以及大戟科等多浆植物。

2. 湿生花卉

该类花卉耐旱性弱，需要生长在潮湿环境中，在干旱或中等湿度环境下生长不良或枯死。其特点是通气组织发达、渗透压较低，根系不发达，控制蒸腾作用的结构弱，叶片薄而软。如一些热带兰、蕨类、凤梨科、天南星科、秋海棠类、湿生鸢尾类等花卉。

3. 中生花卉

这类花卉适于生长在干湿适中的环境中，对水分要求介于旱生花卉与湿生花卉之间。有些种类偏向于旱生植物特征，喜中性偏干燥环境；有些种类偏向于湿生植物特征，喜中性偏湿环境。绝大部分露地花卉属于此类。

4. 水生花卉

水生花卉是指常年生活在水中或在其生命周期内某段时间生活在水中的花卉。水生花卉的植物体全部或大部分浸没在水中，一般不能脱离水湿环境。其根系不发达，输导组织衰退，植物体表面几乎都有吸收功能，机械组织弱化，细胞渗透压很低，一般不超过 1MPa。由于水中光照较弱、氧气较少，因此水生花卉的沉水叶叶片通常柔软，小而薄，有的还裂成线状，以扩大与外界的接触面；在结构上，叶内没有栅栏组织和海绵组织的分化，茎、叶各部分都含有叶绿体，植物体内有很大的细胞间隙或发达的通气组织。通常根据其生活方式和形态的不同而分为挺水花卉、浮叶花卉、漂浮花卉、沉水花卉四大类。

3.3.2 花卉在不同生长期对水分的要求

同种花卉在不同生长期对水分的需要量不同。种子发芽时，需要较多水分，以利于胚根抽出。幼苗期根系弱小，在土壤中分布较浅，抗旱力极弱，必须经常保持土壤湿润。成长期植株抗旱能力虽有所增强，但若要生长旺盛，必须给予适当水分。花卉在生长过程中，一般要求较高的空气湿度，但湿度太大往往会导致植株徒长。开花结实时要求空气湿度相对较小，否则会影响开花和受精。种子成熟时，要求空气比较干燥。

同一植物的不同发育阶段对水分的需要量也不一样，特别是植物由营养生长向花芽分化期转化的时候，水分供应情况非常重要。控制对花卉水分的供给，以控制营养生长，促进花芽分化，这在花卉栽培中应用很普遍。梅花和碧桃在7、8月份“扣水”就是控制水分的供给，致使新梢顶端自然干梢，叶面卷曲，停止生长，而转向花芽分化。

在花卉栽培过程中，当水分供应不足时，叶片与叶柄皱缩下垂，出现萎蔫现象。多数草本花卉在干旱时，植株各部分木质化程度增加，叶面粗糙、失去光泽。相反，水分过多，使土壤空气不足，根系正常生理活动受到抑制，影响水分、养分的吸收，严重时会使根系窒息死亡。另外，水分过多会导致叶色发黄，植株徒长，易倒伏，易受病菌侵害。因此，过干或过湿均不利于花卉正常生长发育。

3.4 花卉与土壤

土壤是花卉进行生命活动的场所，花卉从土壤中吸收生长发育所需的营养元素、水分和氧气。土壤的种类很多，理化特性不同，肥力状况、土壤微生物不同，形成了不同的地下环境。土壤物理特性（土壤质地、土壤温度、土壤水分等）和土壤化学特性（土壤酸碱度pH值、土壤氧化还原电位Eh）以及土壤有机质、土壤微生物等是花卉地下根系环境的主要因子，因此影响着花卉的生长发育。

适宜花卉生长发育的土壤因花卉种类和花卉不同生长发育阶段而异。一般含有丰富的腐殖质，保水保肥力强，排水好，通气性好，适宜的酸碱度，是园林花卉适育的栽培土壤。

3.4.1 土壤质地与花卉的关系

土壤矿物质为组成土壤的基本物质，其含量不同、颗粒大小不同所形成的土壤质地也不同，通常按照矿物质颗粒直径大小将土壤分为砂土类、黏土类和壤土类三种。

1. 砂土类

土壤质地较粗，含砂粒较多，土粒间隙大，土壤疏松，通透性强，排水良好，但保水性差，易干旱；土温受环境影响较大，昼夜温差大；有机质含量少，分解快，肥劲强但肥力短，常用作培养土的配制成分和改良黏土的成分，也常用作扦插、播种基质或栽培耐旱花卉。

2. 黏土类

土壤质地较细，土粒间隙小，干燥时板结，水分过多又太黏。含矿质元素和有机质较多，保水保肥能力强且肥效长久。但通透性差，排水不良，土壤昼夜温差小，早春土温上升慢，花卉生长较迟缓，尤其不利于幼苗生长。除少数喜黏性土的花卉外，绝大部分花卉不适应此类土壤，常需与其他土壤或基质配合使用。

3. 壤土类

土壤质地均匀，土粒大小适中，性状介于砂土与黏土之间，有机质含量较多，土温比较稳定，既有较好的通气排水能力，又能保水保肥，对植物生长有利，能满足大多数花卉的要求。

土壤内水分和空气的多少主要与土壤质地和结构有关。而土壤中水分的多少与花卉的生长发育密切相关，含水量过高时，土壤空隙全为水分所占据，根系因得不到氧气而腐烂，严重时导致叶片失绿，植株死亡。一定限度的水分亏缺，迫使根系向深层土壤发展，同时又有充足的氧气供应，所以常使根系发达。在黏重土壤生长的花卉，夏季常因水分过多，根系供氧不足而造成生理干旱。

3.4.2 土壤pH值与花卉的关系

土壤pH值多在4～9之间。土壤酸碱度与土壤理化性质及微生物活动有关，它影响着土壤有机物与矿物质的分解和利用。土壤酸碱度对植物的影响往往是间接的，如在碱性土壤中，植物对铁元素吸收困难，常造成喜酸性植物出现缺绿症。

土壤反应有酸性、中性、碱性三种。过强的酸性或碱性均对植物生长不利，甚至造成死亡。各种花卉对土壤酸碱度适应力有较大差异，大多数要求中性或弱酸性土壤，只有少数能适应强酸性（pH值为4.5～5.5）和碱性（pH值为7.5～8.0）土壤。依花卉对土壤酸度的要求，可分为三类：

1. 酸性土花卉

这类花卉是指在呈或轻或重的酸性土壤上生长良好的花卉。土壤pH值在6.5以下。又因花卉种类不同，对酸性要求差异较大，如凤梨科植物、蕨类植物、兰科植物以及栀子花、山茶、杜鹃花等对酸性要求严格，而仙客来、朱顶红、秋海棠、柑橘、棕榈等相对要求不严。

2. 中性土花卉

这类花卉是指在中性土壤上生长良好的花卉。土壤pH值在6.5～7.5之间，绝大多数花卉均属于此类。

3. 碱性土花卉

这类花卉是指能耐pH为7.5以上土壤的花卉，如石竹、香豌豆、非洲菊、天竺葵等。

3.5 花卉与气体

花卉生长发育过程受气体成分的影响，其中氧气和二氧化碳是必不可少的。在正常环境中，空气成分主要是氧气（21%）、二氧化碳（0.03%）、氮气（78%）和微量的其他气体。在这样的环境中，花卉可以正常生长发育。

1. 氧气

植物在生命活动过程中随时随地进行着呼吸作用，呼吸作用在正常情况下总是需要氧气的。在一般栽培条件下，不会出现氧气供应不足的现象。但如果土壤过于紧实或表土板结时，会影响气体交换，使土壤板结层以下二氧化碳大量积累，氧气含量不足，有氧呼吸困难，无氧呼吸增加，产生大量乙醇等有毒物质，使植物中毒甚至死亡。因此，必须加强土壤耕作层的管理，采取增强土壤通透性的技术措施，如改良土壤，经常进行松土、换盆等。

花卉种子萌发对氧气有一定要求，大多数种子萌发需要较高的氧分，如翠菊、波斯菊等种子浸种时间过长，往往因为缺氧而不能发芽。但有些花卉种子，如矮牵牛、睡莲、荷花、王莲等能在含氧量极低的水中发芽。

2. 二氧化碳

二氧化碳是花卉进行光合作用的必需原料之一。花卉所需要的二氧化碳除了来自流动空气外，还有的来自土壤等。大气中的二氧化碳含量通常为0.03%。试验证明，随着空气中二氧化碳浓度的增加，花卉光合作用增强。但当二氧化碳体积浓度达2%～5%时，光合作用受到抑制，当体积浓度达到10%时，对花卉有严重的危害。

在新鲜厩肥或堆肥过多的情况下，温室或温床中的二氧化碳含量往往会达到1%～2%，使花卉枝叶和根系的呼吸作用不能正常进行。因此对温室、温床进行通风换气，提高室内温度，改善室内光照条件，经常进行松土、扦盆等均可提高花卉光合作用，减少二氧化碳过量所造成的危害。

3. 氨气

在保护地栽培中，由于大量施肥，常会导致氨气的大量积累，氨气含量过多，对花卉生长不利。当空气中氨含量达到0.1%～0.6%时，就会发生叶缘烧伤现象；若含量达到4%，经24h，植株即中毒死亡。施用尿素也会产生氨气，最好在施肥后盖土或浇水，以避免氨害发生。

4. 二氧化硫

在温室栽培中，由于加温设施的不当，会放出一定量的二氧化硫。当空气中的二氧化硫体积浓度达0.002%时，就会造成花卉叶片脱落。二氧化硫对花卉的伤害，首先是从叶片气孔周围的细胞开始，然后逐渐扩散到海绵组织，进而危害栅栏组织，使细胞叶绿体破坏，组织脱水坏死。防止二氧化硫危害，首先应对工厂区的污染进行治理。温室中应防止火道冒烟，将炉灶与栽培室分开，另开小窗放烟。

5. 氟化氢

氟化氢是氟化物中毒性最强、排放量最大的一种，主要来源于炼铝厂、磷肥厂及搪瓷厂等厂矿区。它首先危害植株幼芽或幼叶，使叶尖和叶缘出现淡褐色至暗褐色病斑，并向内部扩散，以后出现萎蔫现象。氟化氢还能导致植株矮化、早期落叶、落花和不结实。对氟化氢抗性较强的花卉主要有棕榈、凤尾兰、大丽花、一品红、天竺葵、万寿菊、倒挂金钟、山茶、秋海棠等。而郁金香、唐菖蒲、万年青、杜鹃等对氟化氢抗性较弱。

6. 氯气和氯化氢

氯气和氯化氢浓度较高时，对植株极易产生危害，症状与二氧化硫相似，但受伤组织与健康组织之间常无明显界限。毒害症状也大多出现在生理旺盛的叶片上，而下部老叶和顶端新叶受害较少。常见的抗氯气和氯化氢的花木有矮牵牛、凤尾兰、紫薇、龙柏、刺槐、夹竹桃、广玉兰、丁香等。

上述这些有毒气体有时也能从工厂排出的废水中散出，它们对人畜都极为有害，除环保部门应积极开展防烟，防尘以及污水回收等工作外，园林部门选育抗有毒气体及烟尘的观赏植物，为人类创造优良的生活环境。

【本章小结】

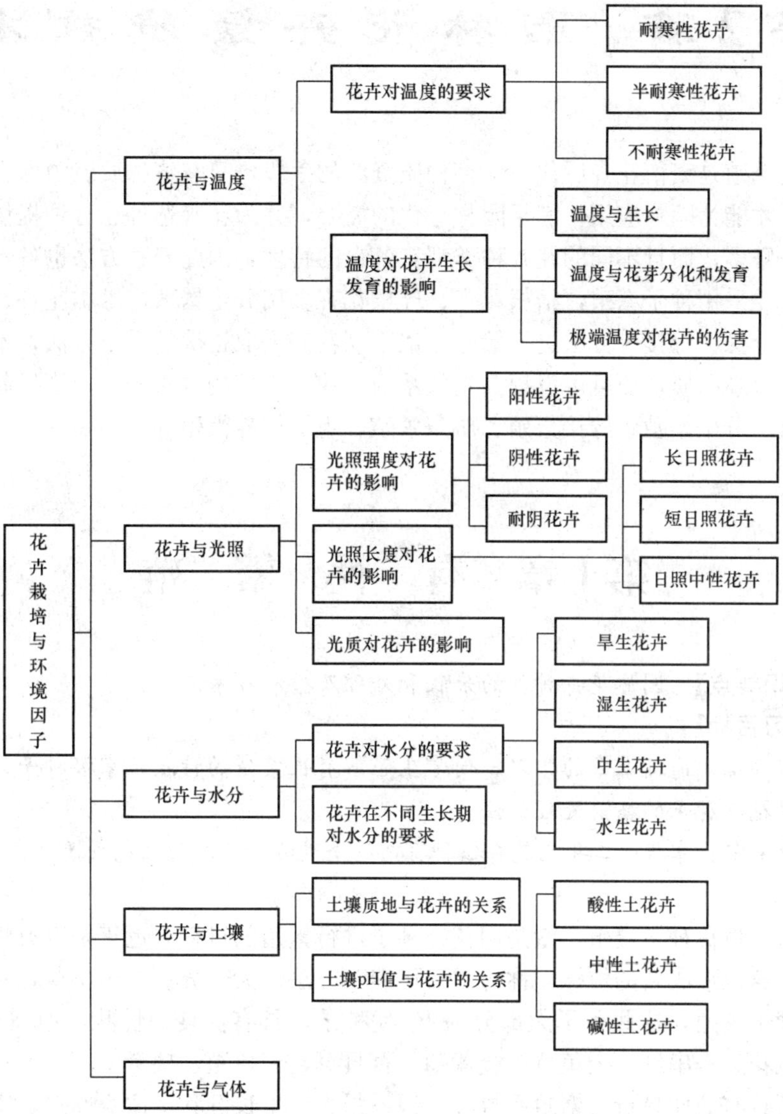

【复习思考题】

一、名词解释

寒害、阳性花卉、长日照花卉、短日照花卉、旱生花卉、湿生花卉。

二、问答题

1. 花卉种类不同，花芽分化和发育所要求的温度也不同，大体上有哪两种情况？
2. 光照长度对花卉的影响有哪些？
3. 同一种花卉在不同生长时期对水分有何要求？
4. 土壤的哪些性质影响花卉生长发育？
5. 空气中气体对花卉有何影响？

第2篇 园林花卉繁殖技术

园林花卉繁殖是繁衍花卉后代，保存种质资源的手段，只有将种质资源保存下来，繁殖一定的数量。才能为园林应用，满足园林绿化的需要，并为花卉选种、育种提供条件。由于园林花卉种类繁多，而且不同的花卉种类都有各自的特性，因此繁殖方法也各不相同。如一二年生花卉主要采用种子繁殖，宿根花卉、球根花卉多用分生繁殖，木本花卉、多浆多肉植物则用扦插、分株、嫁接等方法进行繁殖。依不同花卉采取正确的繁殖方法，不仅可以使幼苗生长健壮、提高品质，而且可以提高繁殖系数。花卉繁殖的方法较多，概括起来有播种繁殖、扦插繁殖、分生繁殖、嫁接繁殖、压条繁殖、组织培养繁殖等。

第1章 有性繁殖

【知识要点】 园林花卉种子的采收和处理及播种技术。

【学习目标】

知识目标： 通过本章的学习，使学生了解有性繁殖的特点，掌握种子的品质因素，了解花卉种子的播前处理方法。

能力目标： 掌握一二年生花卉播种育苗的全过程，并能独立完成播种育苗工作。

有性繁殖，也称种子繁殖，就是用花卉种子进行繁殖的过程。近年来也有将种子中的胚取出，进行培养以形成新的植株，称为“胚培养”方法。大部分一二年生草花和部分多年生草花常采用种子繁殖，这些种子大部分为 F_1 代种子，具有优良的性状，但需要每年制种。如翠菊、鸡冠花、一串红、金鱼草、金盏菊、百日草、三色堇、矮牵牛等。

有性繁殖具有简便易行、繁殖系数大、根系强大、生长健壮、适应性强、实生幼苗生长势旺盛，寿命长；且种子易于携带、流通、保存和交换等优点。但有性繁殖容易产生变异，往往不能保持母本的优良特性，且由种子繁殖的植株从种子繁殖到开花、结实或达到一定规格的商品植株所需时间较长。

1.1 种子的采收与贮藏技术

1.1.1 种子的采收与处理

1. 种子的品质

种子是花卉栽培的最基础材料，优良种子是花卉栽培成功的重要保证，品质恶劣的种子常致生产失败。园林花卉生产中选用的种子应具备的特征如下：

（1）颗粒饱满，发育充实。外形粒大而饱满，有光泽，重量足，种胚发育健全。充实而粒大的种子所含养分较多，具有较高的发芽势和发芽率。

（2）发芽率高，富有活力。新采收的种子，其发芽率及发芽势均较高，所长出的幼苗，多半生长强健。陈旧的种子，发芽率及发芽势均较低。因而应充分了解不同花卉种子的寿命，花卉种类不同，其种子寿命差别也较大，要确保种子富有生活力。

（3）品种纯正。花卉种子形状各异，如球形（紫茉莉）、卵形（金鱼草）、椭圆形（秋海棠）、倒卵形（三色堇）、肾形（鸡冠花）、扁平状（紫罗兰）、舟形（金盏菊）等，通过种子的形状可以确认品种。另外在种子采收、处理去杂、晾干、装袋贮藏整个过程中，要标明品种、处理方法、采收日期、贮藏温度、贮藏地点等，以确保品种正确无误。品种不正确或品种混杂的种子，虽栽培管理再细致，植株生长强健，也无法满足花卉应用的一定要求，常使栽培工作全部失败。

（4）纯洁、纯净。花卉种子中，常混入植株器官的碎片，如核、叶、萼片、果梗以及石块尘土、杂草等夹杂物；这样在播种时就不易算出确实的播种量；如混入杂草种子时，不仅增加除草工作，而且外来种子还带有引入新杂草种子的危险。

（5）无病虫害。种子是传播病害及虫害的重要媒介，种子上常附有各种病菌及虫卵，贮藏前要杀菌消毒，检验检疫，不能通过种子传播病虫害。

2. 种子的采集

（1）选择留种母株。留种母株必须选择特别健壮、发育良好、能体现品种特性而无病虫害的植株。要在始花期开始选择，以后要进行精细栽培管理。大面积栽培则需要专门开辟留种地。留种地一般要选阳光充足、土壤肥沃、排水良好的地块，并要精耕细作，加强水、肥管理。为避免品种间机械或生物混杂，种植时在品种与品种之间应留一定的间隔距离，对一些亲缘关系较近的异花授粉的花卉，种与种之间也要留一定的间隔距离，并经常进行严格的检查、鉴定，淘汰劣变植株。

（2）种子采收。各种花卉种子必须等到籽粒充分成熟后才能采收。花卉种子的成熟度决定着种子的生命力，因而在采收前首先要鉴定种子的成熟度。花卉的种子多数是陆续成熟，可进行分批采收。果实成熟后自然开裂，种子自行飞落的品种，如一串红、凤仙花等，可在采种前用纸袋套在花梗上，剪下花梗，使种子落在袋中。果实成熟较一致、种子不散落的品种，如桂竹香、石竹等，可以在全株种子大部分成熟时将果枝剪下，或及时修剪采收。采种应在晴天、无风的早晨进行。同一植株上选择早开花枝条所结的种子，其中以生在主干或主枝上的种子为好，对于晚开的花朵及柔弱侧枝上花朵所结的种子，一般不宜留种。

3. 种子的处理

种子采收后，往往带有一些杂质，如果皮、果肉、草籽等，不易贮藏，必须经过干燥、脱粒、净种、分级等步骤，才能符合贮藏、运输、商品化的要求。

对于干果类种子（如菊科花卉的种子）和球果类（如松柏）可用干燥脱粒法获得，对采收的干果和球果可用人工干燥法和自然干燥法获取种子。对于肉质果类（如茄科、仙人掌类果实）因果肉中含有较多的果胶及糖类，容易腐烂，滋生霉菌，并加深种子的休眠，可采用清水浸泡数日，用木棒冲捣使之与果肉分离，洗净后取出种子，阴干即可。

种子脱粒后，需要净种，清除杂质及瘪种，以提高种子的纯度，生产上常用风选、筛选、水选等方法，根据种子和杂质重量不同、体积不同或比重不同的原理，除去种子中含有的杂质。

种子经过净种处理后，应按种子的大小或轻重进行分级，分级用不同孔径的筛子进行筛选分级。对于同一批种子，种子越饱满，出苗率越高，幼苗就越健壮，且出苗整齐。

1.1.2 种子的寿命与贮藏

1. 影响种子寿命的因素

种子的寿命是指种子的生命力在一定环境条件下能保持的期限。生产上将种子发芽率降低到原发芽率的50%时的时间判定为种子的寿命。种子寿命长短的差异很大（见表2-1-1），有的寿命仅几个月，有的则长达数年。花卉的种子在适宜的条件下，其寿命在1年以内的，称为短寿命种子，如非洲菊只有6个月左右；在2～4年之内的称为中寿命种子，如菊花、天人菊；而在5年以上的称为长寿命种子，如满天星、桂竹香、荷花等。一般情况下，在热带及亚热带地区，种子生命力容易丧失，在北方寒冷高燥地区，寿命较长。了解花卉种子的寿命，不论在花卉栽培以及种子贮藏、采收和交换上，都具有重要的意义。种子的寿命决定于种子的内在因素和贮藏种子的环境条件。

表2-1-1　常见花卉种子的保存年限

花卉名称	保存时间/年	花卉名称	保存时间/年	花卉名称	保存时间/年
菊花	3～5	凤仙花	5～8	百合	1～3
蛇目菊	3～4	牵牛花	3	茑萝	4～5
报春花	2～5	鸢尾	2	一串红	1～2
万寿菊	4～5	长春花	2～3	矢车菊	2～5
金莲花	2	鸡冠花	4～5	千日红	3～5
美女樱	2～3	波斯菊	3～4	大岩桐	2～3
三色堇	2～3	大丽花	5	麦秆菊	2～3
毛地黄	2～3	紫罗兰	4	薰衣草	2～3
花菱草	2～3	矮牵牛	3～5	耧斗菜	2
蕨类	3～4	福禄考	1～1	藏报春	2～3
天人菊	2～3	半枝莲	3～4	含羞草	2～3
天竺葵	3	百日草	2～3	勿忘我	2～3
彩叶草	5	藿香蓟	2～3	木樨草	3～4
仙客来	2～3	桂竹香	5	宿根羽扇豆	5
蜀葵	5	瓜叶菊	3～4	地肤	2
金鱼草	3～5	醉蝶花	2～3	五色梅	1～2
雏菊	2～3	石竹	3～5	观赏茄	4～5
翠菊	2	香石竹	4～5	蒲包花	2～3
金盏菊	3～4				

（1）影响种子寿命的内在因素。花卉的种类不同，寿命长短差别比较大。除了遗传因素外，还取决于种子成熟度、种子营养状况、机械损伤、冻害、种子含水量及外界环境条件等均影响种子寿命，其中以种子含水量和贮藏温度为主要因素。大多数种子含水量在5%～6%间寿命最长。

（2）影响种子寿命的环境条件。

1）湿度。种子经过充分干燥，贮藏在低温条件下，可以延长寿命。对于多数草花来说，贮藏时相对湿度维持在30%～60%为宜。

2）温度。低温可以抑制种子的呼吸作用、延长其寿命。干燥种子在低温条件下，能较长时期保持生活力。多数花卉种子在干燥密封后，贮存于1～5℃的低温为宜。在高温条件下贮藏，则容易降低发芽率和发芽质量，缩短种子寿命。

3）氧气。可促进种子的呼吸作用，降低氧气含量能延长种子的寿命。

2. 种子贮藏的方法

良好的种子贮藏环境是低温干燥，最大限度地降低种子的生理活动，减少种子内的有机物消耗。对于不同的种子采用不同的贮藏方法，常见的有以下几种方法：

（1）干燥贮藏法。耐干燥的一二年生草花种子，在充分干燥后，放进纸袋或纸箱中保存。适宜次年就播种的，短期保存。

（2）干燥密闭法。把上述充分干燥的种子，装入罐或瓶一类容器中，密封起来放在冷凉处保存。稍长一段保存时间，种子质量仍然较好。

（3）低温贮藏法。把充分干燥的种子，置于1～5℃的低温条件下贮藏。可以较长时间保存种子。

（4）层积贮藏法。某些花卉的种实，较长期地置于干燥条件下容易丧失发芽力，可采用层积法。休眠的种子用这种方法处理，可以促进发芽。

（5）水藏法。某些水生花卉的种子，如睡莲、王莲等必须贮藏于水中才能保持其发芽力。

1.2 播种技术

1.2.1 花卉种子萌发条件及播种前种子处理

一般花卉的健康种子在适宜的水分、温度和氧气的条件下都能顺利萌发，有部分花卉的种子要求光照感应或者打破休眠才能萌发。

1. 种子发芽所需要的条件

（1）足够的水分。种子萌发需要吸收充足的水分。种皮吸水后软化、破裂，种子膨胀，呼吸强度增大，各种酶的活性也随之加强，蛋白质及淀粉等贮藏物进行分解、转化，被分解的营养物质输送到胚，使胚开始生长。

播种前的种子处理很多情况就是为了促进吸水，以利萌发。

（2）适宜的温度。花卉种子萌发的适宜温度，依种类及原产地的不同而有差异。温度过低不能萌发，温度过高引起腐烂。通常原产热带的花卉需要温度较高，而亚热带及温带者次之，原产温带北部的花卉则需要一定的低温才易萌发。原产温带的一二年生花卉萌芽适温为20～25℃，萌芽适温较高的可达25～30℃，如鸡冠花、半支莲等，适于春播；也有一些种类适温为15～20℃，如金色草、三色堇等，适于秋播。一般来说，花卉种子的萌发适温比其生育适温高3～5℃。

（3）充足的氧气。种子萌发时呼吸强度会增强，这就需要有足够的氧气供应。因此，氧气是花卉种子萌发的条件之一，供氧不足会妨碍种子萌发。在播种、浸种和催芽过程中，要注意氧气的调节，使种子顺利发芽。但对于水生花卉来说，只需少量氧气就可满足种子萌发需要。

（4）光照。大多数花卉的种子，只要有足够的水分、适宜的温度和一定的氧气就可以发芽，对光照不敏感。但有些花卉种子萌发受光照影响，必须在一定的光照下才能发芽，如报春花、毛地黄等。

2. 花卉播种前的种子处理

种子处理可以促使种子早发芽，出苗整齐，由于各种园林植物种子大小、种皮的厚薄、本身的性状不同，应采用不同的处理方法区别对待。种子处理的方式有浸种催芽、挫伤种皮、剥壳、化学药剂处理、层积处理等。

（1）浸种催芽。浸种是使种子在短期吸足萌动所需全部水量的一种技术处理措施。浸种时间的长短取决于种粒的大小和种子吸水的快慢。用温水浸种较冷水好，时间也短。如冷水浸种，以不超过一昼夜为好。一般在种子膨胀后即可将其捞出装入小布袋内，保持潮湿，进行催芽，至种子萌芽时，即行播种。催芽是在浸种的基础上，人工控制适宜的温湿度和供应充足的氧气，使种子露白发芽的措施。

（2）挫伤种皮。对于种皮厚硬的种子，种皮坚硬不易透水、透气，发芽困难，如荷花、美人蕉等，可在种子近脐处将种皮挫伤，用温水浸泡后再播种，可促进发芽。

（3）剥壳。对于果壳坚硬不易发芽的种子，如黄花夹竹桃等，需剥去果壳后再播种。

（4）化学药剂处理。又称为药剂浸种，用强酸强碱如浓硫酸或苛性钠处理种子，可软化种皮，改善种皮的通透性，再用清水洗净后播种。处理的时间从几分钟到几小时不等，视种皮的坚硬程度及透性强弱而异，注意所选用药剂、浓度、浸泡时间及浸后种子清洗。

（5）层积处理。把花卉种子分层埋入湿润的素沙里，一层种子一层湿沙堆积，在室外经冬季冷冻，种子休眠即被破除。也可在控温条件下完成。经层积处理后即可取出，筛去沙土，或直接播种，或催芽后再播。层积处理的适温为1～10℃，多数植物以3～5℃最好。一般植物需层积1～6个月。如杜鹃、榆叶梅需30～40d，海棠需50～60d，桃、李、梅等需70～90d，腊梅、白玉兰需三个月以上。

1.2.2 播种时期

播种时期应根据花卉的生长发育特性、计划供花时间以及环境条件与控制程度而定。即根据需要和其本身的生物学特性，选择播种期，并根据环境条件灵活掌握，适时播种，不但出苗整齐，发芽率高，而且能满足不同时期花卉应用的需要。

1. 露地一年生花卉

其耐寒力比较弱，遇霜而死，原则上在春季气温回升，平均气温稳定在花卉种子发芽的最低温度以上时播种。一般北方在4月上旬至5月上旬，中原地区则在3月上旬至4月上旬，华南多在2月下旬至3月上旬播种。另外可根据市场需要，如为了提早开花或在一定的节日用花，常在保护地中播种，如在温室、温床及冷床中提早或延迟播种育苗。

2. 露地二年生花卉

为耐寒性花卉，种子宜在较低温度下发芽，温度过高，反而不易发芽。原则上秋播，一般在气温降至30℃以下时争取早播。通常北方地区在8月底至9月初播种，在南方为9月下旬至于10月上旬播种。在冬季寒冷季节，二年生花卉常需防寒越冬或作一年生栽培。

3. 露地宿根花卉

播种期根据花卉耐寒力强弱而定。耐寒性宿根花卉因耐寒力较强，春播、夏播或秋播均可，以种子成熟后随采随播为佳。一些要求低温与湿润条件完成休眠的种子，如芍药、鸢尾等必须秋播。不耐寒的宿根花卉适宜春播，或种子成熟后即播。

4. 露地木本花卉

这类花木种子大多是大粒种子，如杏、女贞、白蜡、梅花、桃花等，大多在9月上旬至10月下旬进行秋播，可在田间通过春化阶段，第二年出苗整齐。不可播种过早，否则秋季气温高，种子当年发芽，容易受冻害。如经过层积处理的种子，可在春季播种，在土壤表层解冻后马上播种，使苗木在伏天到来之前木质化，以免多雨和高温造成幼苗枯萎。

5. 温室花卉

温室花卉大多是热带、亚热带地区常绿植物，如仙人掌类、常绿观叶类。种子萌发主要受温度影响。在温室内，受季节性气候条件的影响较小，因此播种期没有严格的季节限制，播种工作一年四季均可进行，常随市场所需要的花期安排播种时间。大多数种类在春季，即1～4月播种，少数种类如瓜叶菊、蒲包花、仙客来等通常在7～9月播种。温室播种尽可能保持相对恒温，如昼夜温差过大，往往造成播种失败。

1.2.3 播种方法

1. 床播

（1）苗床准备。露地播种前，先选择地势高燥、平坦、背风、向阳的地方设置苗床，土壤要疏松肥沃，既利于排水，又有一定的蓄水能力。经翻整后耙细、去除杂物，施入适量腐熟的有机肥，然后再耙细、整平、作畦，床宽一般为1.2m左右。

（2）播种。根据种类及种子大小，可采取点播、条播或撒播。点播也称穴播，用于大粒种子，以一定株行距开穴将种子播下，每穴2～4粒。一般种子可用条播。撒播则用于大量而较粗放的种类，一般与一定量的细沙混匀后再播，将种子均匀地撒于床面。条播管理方便，通风透光好，有利生长；撒播出苗量大，占面积小，但在除草时费劳力较多。

播种量应根据种子的发芽率、气候、栽培条件、管理技术及幼苗的生长速度而定。如温暖、地肥沃、种子发芽率高、幼苗生长快、成株大的情况下，播种宜稀；反之播种密度宜大些。总之，播种要均匀，稀密要适度，幼苗才能健壮生长。

播种深度，取决于种子的大小。覆土过厚，空气不足，种子不易出土，即使萌发出苗，也因嫩茎伸长，消耗养分过多，导致生长势变弱；覆土过薄，种子吸水不足，不利于萌发。通常大粒种子覆土深度为种子直径的2～3倍，小粒种子以不见种子为度，十分细小的种子，不必覆土，只需覆草保湿。

（3）覆盖与镇压。播种后一般多用平板将床面压实，用木制滚筒滚压，使种子与土壤紧密接触，便于种子从土壤中吸收水分而发芽。苗床镇压后可覆草，以保持土壤水分，防止雨水或浇灌时冲刷，致使种子暴露而影响发芽，同时也可减少杂草生长。

（4）浇水。镇压覆盖后，需立即浇水，特别是浸水处理过的种子，必须立即浇水。浇水可用细眼喷壶，或自动喷雾机喷雾，使整个苗床吸透水。也可覆盖塑料地膜保湿，待种子发芽后及时揭去。

2. 盆播

一般温室花卉种子、细小种子和珍贵种子，都用浅盆播种。

（1）盆、土准备。通常用直径30cm，深度为10cm的播种盆或木箱，装好播种用培养土，以富含腐殖质的砂质壤土为宜。一般配比为：

大粒种子：腐叶土∶河沙∶田园土＝5∶1∶4；

中粒种子：腐叶土∶河沙∶田园土＝4∶2∶4；

细小种子：腐叶土∶河沙∶田园土＝5∶3∶2。

（2）播种。盆土填入后，用木条将土面压实刮平，使土面距盆口约1cm即可播种。小粒、微粒种子掺土或细沙均匀撒播，大中粒种子可点播。播后用细筛视种子大小覆土。厚度约为种子大小的2～3倍。秋海棠、大岩桐等细小种子，覆土宜薄，以不见种子为度。

（3）盆底浸水法。用浸水法将播种盆置于水槽中，下面垫一倒置空盆，水分由底部向上渗透，直浸至整个上面湿润为止。然后将盆面盖以玻璃、报纸等，以减少水分的蒸发。多数种子宜在暗处发芽，用报纸覆盖放置在庇阴处；像报春花等好光性种子，可用玻璃覆盖在盆面。

（4）播后管理。应注意维持盆土的湿润，干燥时仍然用盆底浸水给水。种子出苗后立即揭去覆盖物，并移到通风透气处，逐步见光。当长出1、2片真叶时用细眼喷壶浇水，并视苗的密度及时间苗，当长出3、4片真叶时可分盆移栽。

3. 直播

对一些不耐移栽的花卉，如牵牛花、虞美人、霞草等，直接播种到园林中的花坛、花镜应用地，不再移栽。

播种后进行适当的覆盖遮阴，以防止蒸发过快，使土壤始终保持湿润，促进种子萌发。对于小粒种子，播种后如基质变干，最好能用喷雾器喷水，切不可采用洒水法。待种子发芽后，逐渐增强光照，及时间苗。

4. 穴盘播种

穴盘育苗是一种采用一次成苗的容器进行种子播种及无土栽培的育苗技术，是目前国外工厂化专业育苗采用的最重要的栽培手段，也是花卉苗木生产中的现代产业化技术。

（1）穴苗盘的选择。市场上穴盘的种类比较多，一般有 72 穴、128 穴、288 穴、392 穴等类型。根据所育的品种、计划培育成品苗的大小选用适宜大小的穴盘。

（2）穴盘育苗的基质。穴盘育苗采用的基质主要有泥炭土、蛭石、珍珠岩等。

（3）播种和催芽。播种采用机器或人工播种，一穴一粒种子，种子发芽率要求在 98%以上。花卉生产中大量播种时，常在农场配有专门的发芽室，配有加温设备，可以精确地控制温度、湿度和光照，为种子萌发创造最佳条件。播种后将穴盘移入发芽室，待出苗后移回温室。长到一定大小时移栽到大一号的穴盘中，一直到出售或应用。

【技能训练】

实训一　常见花卉种子的采收与识别

一、目的要求

使学生熟悉常见花卉种子的形态特征，掌握花卉种子的采收方法。

二、材料用具

1. 材料。常见花卉如万寿菊、矮牵牛、一串红、鸡冠花、凤仙花、三色堇、金盏菊、君子兰、天门冬等的结实植株及常见花卉种子。

2. 用具。修枝剪、布袋、纸袋、天平、镊子、放大镜、盛物盘、铅笔、笔记本等。

三、方法步骤

（一）种子采收

在花圃内选择品种纯正的优良母株，根据其种子成熟的特点进行适时采收。

1. 干果类种子。干果类种子如蒴果、蓇葖果、荚果、角果等，果实成熟后自然开裂散出种子，在种实充分成熟即将开裂或脱落前分批陆续采收。如矮牵牛、一串红、凤仙花、三色堇等花卉的种子。

万寿菊、鸡冠花等成熟后果实不开裂、种子不散落的种类，可在全株大部分种子成熟时，整株刈割或将整个花序剪下来采集种子。

2. 肉质果类种子。肉质果如浆果、核果、梨果等成熟时果皮含水多，成熟后自母体脱落或逐渐腐烂。这类果实在果实变色、变软时及时采收，过熟会自然脱落或遭鸟虫啄食。如君子兰、天门冬的种子。

注意事项：

（1）种子采收可根据种子成熟时间分数次进行。

（2）具体采种时按品种、花色、花期等分别采收。

（3）采回的种子立即进行晾晒、脱粒、去杂，然后编号登记，包装贮藏。

（二）种子识别

1. 教师现场讲解常见花卉种子的形态特征及识别方法。

2. 学生对照实物观察种子的大小、形状、色泽、表面附属物等，熟悉种子的形态特征，识别花卉种子。

四、实训报告

1. 自制表格填写 5～10 种花卉种子或果实的采收方法。

2. 记录所识别花卉种子的形态特征。

实训二 花卉播种技术

一、目的要求

使学生掌握花卉播种育苗基质配制、播种技术及播后管理方法。

二、材料用具

1. 材料。一串红、万寿菊、矮牵牛等草花种子，泥炭土、蛭石、珍珠岩、河沙等基质。

2. 用具。播种盆、育苗盘、穴盘、筛子、花铲、喷壶。

三、方法步骤

1. 基质配制。将泥炭土、蛭石、珍珠岩或泥炭土、蛭石、河沙按 2∶1∶1 或泥炭土、蛭石 2∶1 比例配好，过孔径 0.5cm 筛，备用。

2. 装基质。将配好的基质装入播种盆、育苗盘及穴盘中。注意下部装筛出的大粒基质，上部 1/3 装过筛后的细粒基质。基质填入后，用木条或刮板将土面压实刮平，使土面距盆沿约 2～3cm。

3. 浇水。将装好基质的播种盆、育苗盘及穴盘，用细喷头喷水，直到盆底排水孔有水渗出，或用“浸盆法”给水。

4. 播种

(1) 将一串红、万寿菊的种子按每盆 1.5～2g 的量均匀撒在播种盆或育苗盘中，覆土，厚度为种子粒径的 2 倍左右。或用镊子夹取一串红、万寿菊的种子，植入穴盘中，每穴 1 粒，深度 0.3～0.5cm。

(2) 将矮牵牛种子混入 10 倍左右河沙，均匀撒在播种盆或育苗盘内，不覆土。

5. 播后管理。播种后盆面覆盖塑料膜保湿，每天通风一次，发现基质表面缺水时要及时补充水分。注意补水时要用喷雾法或浸盆法。大部分种子出芽后要揭掉塑料膜，逐渐移于光照充足处。待两片子叶完全展开并长出 1、2 片真叶时进行分苗。

四、实训报告

1. 记录播种育苗过程。

2. 观察种子出苗情况，填写表 2-1-2。

表 2-1-2 草花播种育苗过程记录表

种　名	播种日期	开始发芽日期	80%发芽日期	真叶出现日期	分苗日期

【本章小结】

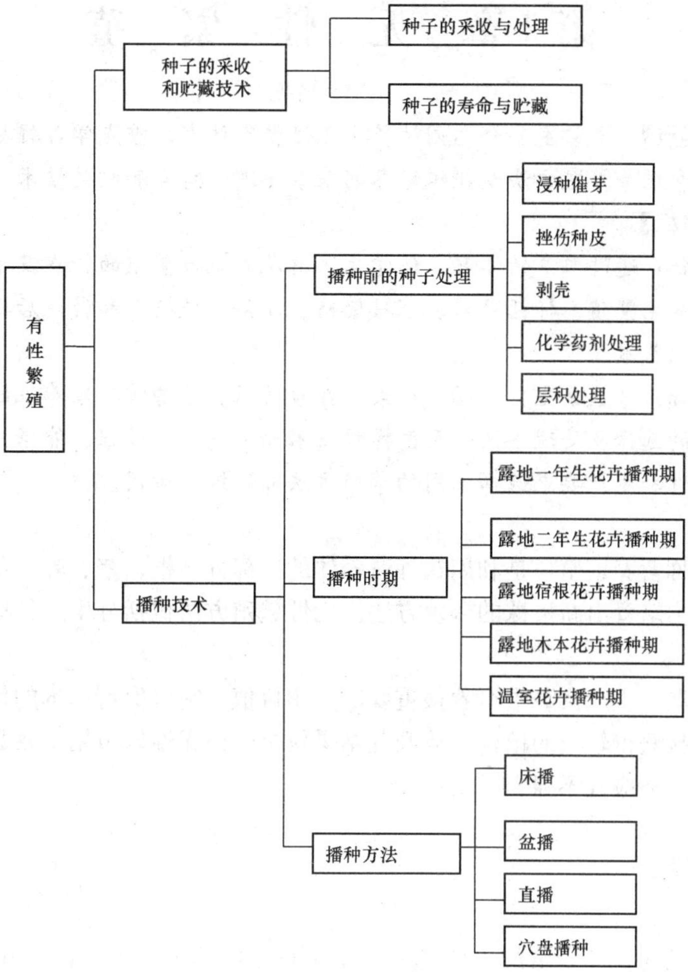

【复习思考题】

1. 常用的种子处理方法有哪些？
2. 花卉繁殖的方法有哪些？有性繁殖有什么优缺点？
3. 优质的花卉种子应具备怎样的品质？园林花卉生产和栽培中种子的贮藏方法有哪些？
4. 花卉种子萌发所需要的条件是什么？
5. 播种前种子处理方法有哪些？

第2章 无 性 繁 殖

【知识要点】 本章主要介绍园林花卉无性繁育技术，重点学习扦插繁殖、分生繁殖、嫁接和压条繁殖方法及组织培养的基本原理、特点和相关技术。

【学习目标】

知识目标：通过本章的学习，使学生了解花卉无性繁殖的特点及常用类型，掌握园林花卉分生繁殖、扦插繁殖、嫁接繁殖、压条繁殖技术和繁殖后期的管理。掌握组织培养的基本原理。

能力目标：掌握分生、扦插、压条、嫁接技术。熟练掌握培养基的配制操作过程、外植体的选择及处理方法，无菌操作技术和培养基本过程。能根据具体花卉种类、具体条件和生产要求选择不同的繁殖方法并能综合运用。

无性繁殖也称营养繁殖，是利用花卉营养体的一部分（根、茎、叶、芽等）为材料，根据植物的再生能力培育出新植株的繁殖方法。无性繁殖方法包括分生、扦插、嫁接、压条等方法。

无性繁殖在花卉生产实践中有着很重要的实用价值。它可保持母本的优良特性，不必经历幼年期，可直接获得较大的植株，故开花结果较早。但无性繁殖繁殖系数小，植株根系发育较差、分布浅，适应性不强。

2.1 分生繁殖

分生繁殖是植物营养繁殖的方法之一，是指将植物体上生长出的幼小的植物体分离出来，或将植物体营养器官的一部分如吸芽、珠芽、长匍茎、变态茎等与母株分离，另行栽植而形成独立植株的繁殖方法。所产生的新植株能保持母株遗传性状，方法简便、易于成活、成苗较快；但繁殖系数较低，且切面较大，易感染病毒等病害。

分生繁殖主要包括以下几类：

2.1.1 分株繁殖

分株繁殖是指将母株根际或地下茎发生的萌蘖切下另行栽植，培育独立生活的新株的方法。它多用于宿根和易萌发根蘖的花卉以及丛生灌木，如芍药、兰花、牡丹、玉簪、南天竹等。分株繁殖成苗快，但繁殖量受限制。

一般在春、秋两季进行。露地花卉中春天开花类如芍药、牡丹，在秋天进行。夏秋开花类如玉簪、菊花等在春天进行。温室花卉如君子兰、非洲菊等春秋均可，但仍以春季出室时，结合换盆进行较多。

分株繁殖可以不将母株掘起，只在其四周、两侧或一侧将土挖开，用铲或手分出一些带

二、三枝条的小丛，栽植于盆中或地上。

1. 宿根类的花卉的分株繁殖

宿根花卉地栽3、4年或盆栽2、3年后，丛株过大，需要重新种植或翻盆，可以在春、秋两季结合换盆进行分株。将母株掘起或倒盆后，用手或利刀从根部将植株分开，一般分成2、3丛，分割的每一部分都要带根，然后单独种植或上盆，如鸢尾、春兰等。

2. 丛生型及萌蘖类灌木的分株繁殖

一些丛生型的灌木花卉，在秋季或早春掘起株丛，一般可分2、3株种植；另一类是易于产生根蘖的花卉，可将母株旁抽生的根蘖，带根割下来，另行种植，成为一个新植株。如蜡梅、珍珠梅、迎春、竹、月季等。

2.1.2 分球繁殖

大部分球根类花卉的地下部分分生能力都很强，每年都能长出一些新的球根。将球根类花卉在老球上边或侧面长出的新球（子球），将其分离栽培，或将老球分裂培育成新株的方法称为分球繁殖。

分球繁殖一般在春、秋两季进行，春植球根如唐菖蒲、晚香玉等，秋季挖取晾干，再将新球与子球分开，分别贮藏。秋植球根如郁金香、风信子等，夏季挖取晾晒，再将大、小球分开分别贮藏。

1. 自然分球法

利用球根自然分生的能力，分离栽种新的球根。适用此方法的花卉有郁金香、风信子、水仙、百合、唐菖蒲等。球根大的当年可以开花，小的一般要培养2～3年才能开花。

2. 人工分球法

有些花卉自然分球率低或不能收到效果，需要人工分球繁殖。

挖空法：用于鳞茎类花卉种类。将母球充分干燥，在球底部挖掉全球的1/4～1/3，去掉中心芽，栽植于适宜环境中培养，在鳞片切口处发生许多小球。此法产生小球量多，但小，繁殖时间长。

分割法：将球茎分割成多个小块，每块带芽眼，分别栽植，新芽萌发后，地下形成新的球茎，也需要培养几年才能开花。

伤痕法：球成熟后，先将球底削平，再在球底交叉切入2、3刀，小球即在伤口处发生，此法所得球较少，但球大。

2.1.3 其他分生繁殖方法

1. 分吸芽

分吸芽为某些植物根际或地上茎叶腋间自然发生的短缩、肥厚呈莲座状的短枝。其下部可自然生根，可从母株上分离而另行栽植。在根际发生吸芽的有芦荟、景天等；地上茎叶腋间发生吸芽的有菠萝等。

2. 分珠芽及零余子

这是某些植物所具有的特殊形式的芽，百合科的一些花卉都具有，如卷丹珠芽生于叶腋间，观赏葱类珠芽生于花序中，薯蓣类特殊芽呈鳞茎状或块茎状，称零余子。珠芽及零余子脱离母株后自然落地即可生根。

3. 分走茎

自叶丛抽出的节间较长的茎（长匍茎）。节上着生叶、花和不定根，也能产生幼小植株。分离小植株另行栽植即可形成新株。以走茎繁殖的植物有草莓、虎耳草、吊兰等。匍匐茎与走茎相似，但节间稍短，横走地面并在节处生不定根和芽，多见于禾本科的草坪植物，如狗牙根等。

2.2 扦插繁殖

2.2.1 扦插的概念及成活的原理

扦插繁殖指切取花卉根、茎、叶的一部分，插入不同的基质中，在适宜条件下，使之生根发芽而长成新植株的方法。用这种方法培养的植株比播种苗生长快，开花时间早，短时间内可育成多数较大的苗，能保持原有品种的优良特性。但扦插苗无主根，根系较播种苗弱，多为浅根。

扦插成活的原理主要是利用植物营养器官的再生能力，可发生不定芽和不定根，从而形成新植株。当根、茎、叶脱离母株时，植物的再生能力就会充分表现出来，从根上长出茎叶，从茎上长出根，从叶上长出茎和根。当枝条脱离母体后，枝条内的形成层、次生韧皮部和髓等幼嫩组织，在适宜的条件下，恢复分裂能力，形成不定根，从而长成独立的新植株。用根作插条，由根的皮层薄壁细胞长出不定芽而长成独立植株。

2.2.2 扦插生根的环境条件

1. 温度

因花卉的种类不同，要求不同的扦插温度，其适宜温度大致与其发芽温度相同。多数花卉的软材扦插宜在20～25℃之间进行；热带植物可在25～30℃进行；耐寒性花卉可稍低。基质温度（底温）需稍高于气温3～6℃，因基质温度（底温）高于气温时，可促使根的发生；气温低则有抑制枝叶生长的作用，因而特制的扦插床及扦插箱均有增高底温的设备。

2. 湿度

插穗在湿润的基质中才能生根，基质中适宜水分的含量，依植物种类的不同而不同，通常以50%～60%的土壤含水量为适度。水分过多常导致插穗腐烂。扦插初期，水分较多则愈合组织易于形成，愈合组织形成后，应减少水分。为避免插穗枝叶中水分的过分蒸腾，要求保持较高的空气湿度，通常以80%～90%的相对湿度为宜。

3. 光照

软材扦插一般都带有顶芽和叶片，并在日光下进行光合作用，从而产生生长素并促进生根。但强烈的日光也对插穗成活不利，因此在扦插初期应适度遮阴。一些试验证明，夜间增加光照有利于插穗成活，在扦插床（箱）上面可装置电灯，以增加夜间照明。日光灯光度较强，而温度低，不致使气温增高，更适于扦插用。

4. 氧气

当愈合组织及新根发生时，呼吸作用增强，因此要求扦插基质具备供氧的有利条件；扦插不宜过深，愈深则氧气愈少，通常靠盆边扦插者容易生根，即因氧气供应较多之故。理想的扦插基质既能经常保持湿润，又可做到通气良好，因此河沙、泥炭、珍珠岩及其他轻松土壤可作为适宜的扦插基质。

2.2.3 扦插的种类及方法

通常依选取花卉材料的不同、插穗成熟度的不一而将扦插分为如下种类：叶插（全叶插、片叶插）、茎插（芽叶插、半软材扦插、软材扦插、硬材扦插）、根插。

1. 叶插

叶插用于能自叶上发生不定芽及不定根的种类。凡能进行叶插的花卉，大都具有粗壮的叶柄，叶脉或肥厚之叶片。叶插须选取发育充实的叶片，在设备良好的繁殖床内进行，以维持适宜的温度及湿度，才能获得良好的效果。

（1）全叶插。以完整叶片为插穗。依扦插位置分为两种，一种为平置法，另一种为直插法。

平置法：切去叶柄，将叶片平铺于沙面上，以铁针或竹针固定于沙面上，下面与沙面紧接，保持较高的空气湿度，约一个月幼苗从叶脉伤口处萌发（图2-2-1）。如大叶落地生根从叶缘处产生幼小植株，蟆叶秋海棠和彩纹秋海棠自叶片基部或叶脉处产生植株。

直插法：也称叶柄插法，将叶柄插入沙中，叶片立于面上，叶柄基部就发生不定芽。大岩桐进行叶插时，首先在叶柄基部发生小块茎，之后发生根与芽。非洲紫罗兰、豆瓣绿、球兰、虎尾兰等可用此法繁殖。

（2）片叶插。将一个叶片分切为数块，分别进行扦插，使每块叶片上形成不定芽，下部生根。应注意：在用叶段扦插时叶片上下不可颠倒。适宜此法的花卉有蟆叶秋海棠、大岩桐、八仙花等。将蟆叶秋海棠叶柄剪去，按主脉分布情况，分切为数块，使每块上都有一块主脉，再剪去叶缘较薄的部分，以减少蒸发，然后将其下端插入沙中，不久就从叶脉基部发生幼小植株。大岩桐也可采用片叶插，即在各对侧脉下方自主脉处切开，再切去叶脉下方较薄部分，分别把每块叶片下端插入沙中，在主脉下端可生出幼小植株（图2-2-2）。

2. 茎插

茎插可以在露地进行，也可在室内进行。露地扦插可以利用露地床插进行大量繁殖，依季节及种类的不同，可以覆盖塑料棚保温或阴棚遮光，以利成活。少量繁殖时或寒冷季节也可以在室内采用扣瓶扦插、大盆密插及水插等方法。应依花卉种类、繁殖数量以及季节的不同采用不同的扦插方法。

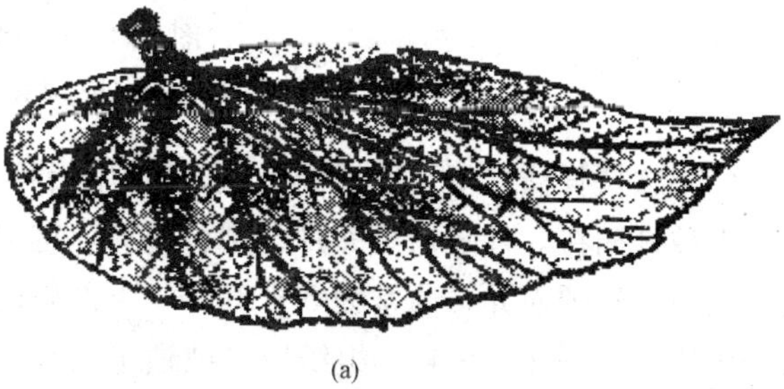
(a)

(b)

图2-2-1 全叶插（平置法）

（a）刻伤叶脉；（b）生出新芽

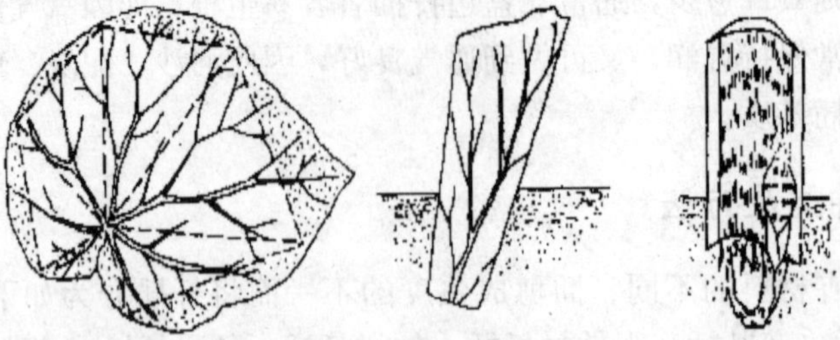

图 2-2-2　片叶插

(1) 单芽插。它是以一芽一叶及其着生处茎或茎的一部分作为插条的方法，主要用于叶插易生根但不易长芽的种类，如菊花、橡皮树、龟背竹等。单芽插在生长期进行。选取叶片成熟、腋芽饱满的枝条，削成每段只带一叶一芽的插穗，将插穗直插基质中，露出芽尖或将插穗平插基质中只露出叶片（图 2-2-3）。

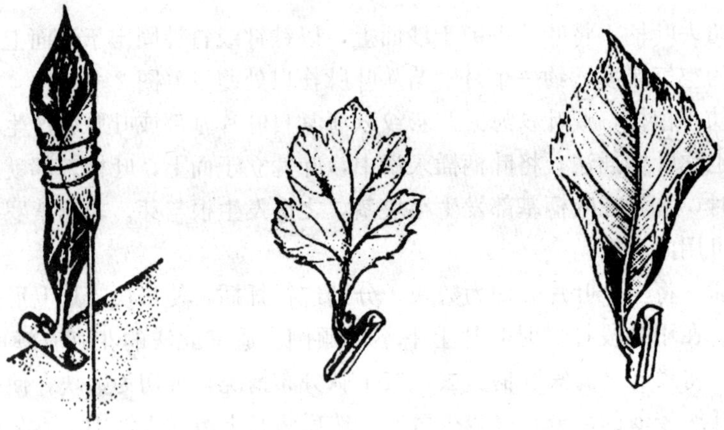

(a)　(b)　(c)

图 2-2-3　单芽插

(a) 橡皮树；(b) 菊花；(c) 八仙花

(2) 软枝扦插（生长期扦插）。它是指用当年生长发育充实的嫩枝扦插，多用于草本花卉。嫩枝扦插在 5 月下旬至 9 月份都可进行，选取枝梢部分为插穗，长度依花卉种类、节间长度及组织软硬而异，通常为 5～10cm，下部斜削或平削，摘除下部叶片，垂直插入准备好的繁殖床中（图 2-2-4）。组织以老熟适中为宜，过于柔嫩易腐烂，过老则生根缓慢，若来自生长健壮或年龄较幼的母本枝条，生根率较高。软枝扦插必须保留一部分叶片，若去掉全部叶片则难生根。对叶片较大的种类，为避免水分蒸发过多，可剪掉叶片的一部分。切口位置宜靠近节下方，切口以平剪、光滑为好。多汁液花卉种类应使切口干燥后扦插，以防腐烂。

(3) 半软材扦插。在木本花卉中，常采用半软材扦插。插穗应选取较充实的部分，如枝梢过嫩时，可弃去枝梢部分，保留下段枝条备用。花谢 1 周左右，选取腋芽饱满、叶片发育正常、无病虫害的枝条，剪成 5～10cm 枝段，每段 3～5 个芽，插穗插入前可先用插条相当粗细的木棒插一孔洞，把插穗放入空洞压实即可，如月季等。

（4）硬枝扦插（休眠期扦插）。它是以生长成熟的休眠枝作为插条的繁殖方法，多用于园林落叶木本花卉的育苗。硬枝扦插多在早春芽萌动前及秋季后进行。选健壮植株上当年生或二年生粗壮枝条，舍弃顶稍不充实部分，取其中段，剪成10～15cm长。枝条上端削成平口，削口应在剪口芽上方0.5cm左右；下端平削或斜削，削口应在剪口下方0.5cm左右。最好是一刀削平，切忌损伤剪口芽。枝条剪好后，垂直插入准备好的苗床（图2-2-5）。春插可浅些，深则易烂；秋插可深些，浅则易冻。如木槿、紫薇、紫藤、迎春等多用这种方法。

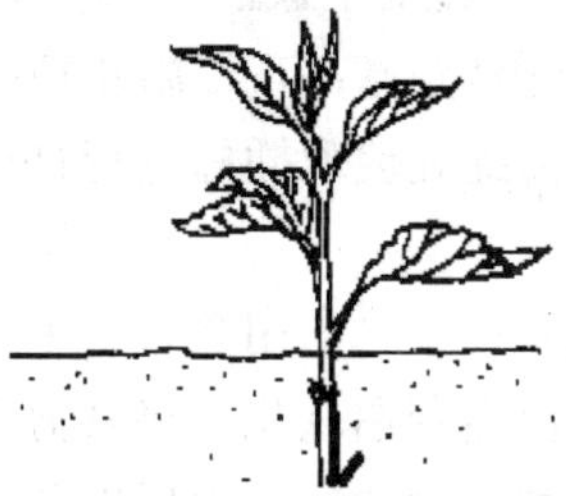

图2-2-4 软枝扦插

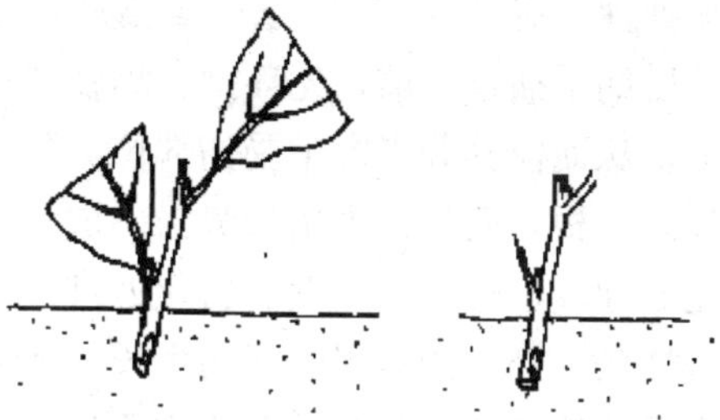

图2-2-5 硬枝扦插

3. 根插

有些宿根花卉能从根上产生不定芽形成幼株，可采用根插繁殖。可用根插的花卉大多具有粗壮的根，粗度不应小于2mm，同种花卉，较粗较长者含营养物质多，也易成活。晚秋或早春均可进行根插，也可在秋季掘起母株，贮藏根系过冬，至来年春季扦插。冬季也可在温室或温床内进行。如芍药、紫苑、凌霄、垂盆草等。芍药、凌霄等有粗大的根，可选其粗壮的，剪成5～10cm左右一段作为插穗，全部埋入床内，或顶梢露出土面即可，垂盆草等细小的肉质草本植物之根，可以切成2cm左右的小段，用撒播的方法撒于床面后覆土（图2-2-6）。

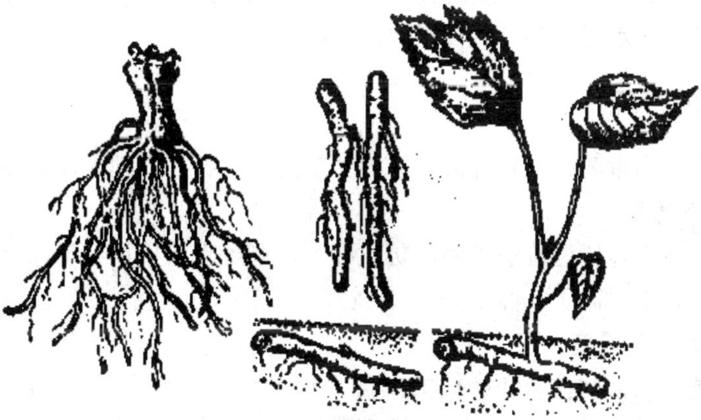

图2-2-6 根插

2.2.4 促进生根的方法

因花卉种类的不同，对各种处理也有不同的反应。同种花卉的不同品种，对一些药剂的反应也不同，这是由于年龄不同、枝条发育阶段不一、母株的营养条件及扦插时期等方面也有差异之故。促进插穗生根的方法较多，现简略介绍如下：

1. 药剂处理法

这种方法用植物生长素（激素）进行处理，在生产上已广泛应用，常用的有吲哚乙酸、吲哚丁酸及萘乙酸三种。对于茎插均有显著作用，但对根插及叶插效果不明显，处理后常抑制不定芽的发生。

2. 物理处理法

物理处理法很多，有机械处理、软化处理、干燥处理、热水处理等。

（1）机械处理。有环状剥皮、刻伤或缢伤等方法，用于较难生根的木本植物的硬枝扦插，即在生长后期采插条之前，先环割、刻伤或用麻绳捆扎枝条基部，以阻止枝条上部养分向下转移运输，从而使养分集中于受伤部位。到休眠期再由此处剪取插穗进行扦插。由于养分充足，不仅易生根，而且苗木生长势强、成活率也高。

（2）软化处理。也称黄化处理、白化处理。同样在采取插条之前用黑布、不透水的黑纸或泥土等封裹枝条，经过约 3 周时间的生长，遮光的枝条就会变白软化，将其剪下扦插，较易生根。因为黑暗使枝条内所含的营养物质发生了变化，如抑制愈合组织形成的根发生的色素、油脂、樟脑、松脂等含量降低，而促进生长素含量增高了。同时黑暗还可以延迟芽组织的发育，促进根组织的生长。采用软化处理要注意：软化处理只对部分花卉种类有效，只对正在生长的枝条有效。

（3）干燥处理。针对枝条含水、汁液丰富的种类，采下插条后宜事先置阴处晾干，或在切口蘸上草木灰或木炭粉、干灰、干土或插入其中待浆汁收干后再扦插。否则插条基部易腐烂或因导管被堵塞而不能吸引水分、矿质，因而不能生根。处理后的插条在扦插过程中不浇水，只在叶面喷雾保湿即可。

（4）热水处理。这种处理是指将插条下部在温水中浸泡后再进行扦插，可以促进生根。此法适用于枝条中含有抑制生根物质的种类。如松科植物枝条中含有妨碍伤口愈合和抑制生根的松脂，将插条用温水浸泡 2h 后可取得显著效果。

2.2.5 扦插后的管理

扦插后的管理较为重要，也是扦插成活的关键之一。扦插管理需注意以下问题：

1. 土温要高于气温

北方的硬枝插在室外要搭盖小拱棚，防止冻害；调解土壤墒情，提高土温，促进插穗基本愈伤组织的形成，土温高于气温 3～6℃最适宜。

2. 保持较高的空气湿度

扦插初期，硬枝插、软枝插和叶插的插穗无根，靠自身平衡水分，需 90%左右的相对空气湿度。气温上升后，及时遮阳以防止插穗蒸发失水，影响成活。

3. 由弱到强的光照

扦插后，逐渐增加光照，加强叶片的光合作用，尽快产生愈伤组织而生根。

4. 及时通风透气

随着根的发生，应及时通风透气，以增加根部的氧气，促使生根快、生根多。

2.3 嫁接繁殖

2.3.1 嫁接的概念及成活原理

嫁接是用植物营养器官的一部分，移接于另一植物体上，使之形成新的个体，称为嫁接。用于嫁接的枝条称接穗，所用的芽称接芽，被嫁接的植株称砧木，接活后的苗称为嫁接苗。一些扦插不易成活以及不容易产生种子的重瓣花品种，多采用此法。例如山茶、白兰、月季、梅花等。同实生苗相比，这种方法培育的苗木可提早开花，提高花木的适应性和抗逆性，进行品种复壮，并能保持接穗的优良品质。

嫁接成活的原理，是具有亲和力的两株植物间在结合处的形成层，产生愈合现象，使导管、筛管互通，以形成一个新个体。砧木吸收的养分及水分输送给接穗，接穗又把同化后的物质输送到砧木，形成共生关系。因此，嫁接成活的关键是形成层细胞、薄壁细胞的再生能力和砧木与接穗的亲和力强。

2.3.2 砧木和接穗的选择

1. 砧木的选择

（1）砧木要选择与接穗具有较强的亲和力。一般同一无性系间的嫁接都能成功，而且是亲和的；同种的不同品种或不同无性系间也总是成功的，但偶有不亲和而失败；同属植物的亲和力较强，如梅花嫁接在杏砧、野梅砧、山桃、毛桃等均可成活；同科异属间在某些种属间也能成活，如仙人掌科的许多属间，桂花与女贞属间，菊花与蒿属间等都易嫁接成活。不同科之间尚无真正嫁接成功的例证。

（2）对栽培地区、气候、土壤等环境条件的适应能力强。如毛桃耐湿性强，但抗寒性较弱，而山桃则相反。因此嫁接梅花时南方选用毛桃，北方则选用山桃。

（3）对接穗优良性状的表现无不良影响。对接穗的生长、开花、结果、寿命等能产生积极的影响。如把梅花接在杏砧上要比接在山桃和毛桃上寿命长，但开花较晚。

（4）来源丰富，易于大量繁殖。如西鹃所用映山红或毛鹃砧木，来源广泛，可满足嫁接需要。

（5）1～2年生、1～3cm粗、生长健壮的实生苗。抗性强、生长健壮、适应本地环境的种类。

2. 接穗的采取

采穗母株要求品种正确，表现优良，观赏价值高，且性状稳定。接穗应选取母株树冠外围，尤其是向阳面的生长旺盛、发育充实、无病虫害、粗细均匀、节间短的一年生枝条或当年生枝条，以树冠中、上部枝条为好，过嫩不成熟，过老基部芽体不饱满。芽接时接穗适宜在生长期树液流动旺盛的夏秋季采取，采取当年生新梢作接穗，此时接穗腋芽发育充实饱满，且砧穗容易离皮，宜随采随接。枝接一般在休眠期采取接穗，以春季芽尚未萌动、树液已开始流动、细胞分裂活跃时为最适宜，采取一年生枝条作接穗。

2.3.3 嫁接技术

根据各种不同的植物特征、不同时期、采用不同的嫁接方法，主要有枝接和芽接两大类。

1. 枝接

枝接是以枝条为接穗的嫁接方法。

(1) 切接。适于砧木较接穗粗的情况。通常在春季嫁接，这时接口容易愈合，嫁接成活率高。选定砧木，在距地面 5cm 处平截去上部，削平，然后在砧木横截面一侧稍带木质部，露出形成层，纵向切下约 3～4cm；接穗枝条的一端削成长 2～3cm 长的平行切面，在其对侧基部斜削一短斜面，接穗上要保持 2、3 个完整饱满的芽，将接穗插入砧木的切口中，对准形成层，再用塑料膜带扎紧密封接口即可（图 2-2-7）。

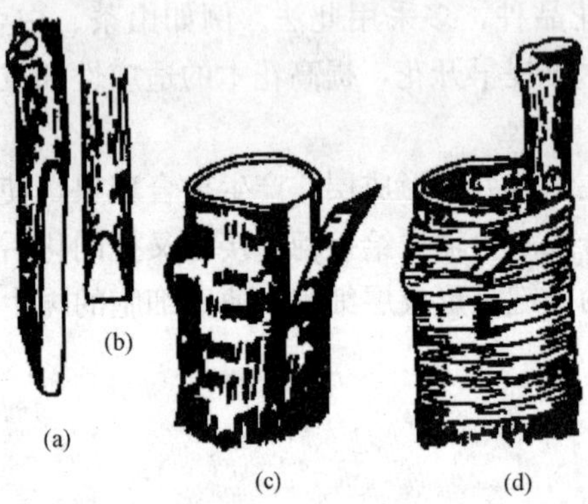

图 2-2-7 切接

(a)、(b) 削接穗；(c) 切砧木；(d) 绑扎

(2) 劈接。开花乔木的嫁接用此法较多，适于砧木粗大的母株，选用砧木粗度是接穗的 2～5 倍。接法类似于切接，砧木去顶后在横切面的中央垂直下刀，接穗下部两侧的削面长短一致，削成 3～4cm 的楔形，上部留有 2、3 个芽。然后将接穗插入切好的砧木内，为提高成活率，常用两个接穗分别插入切口的两侧，使接穗外侧的形成层和砧木一侧的形成层对准，最后扎紧即可（图 2-2-8）。

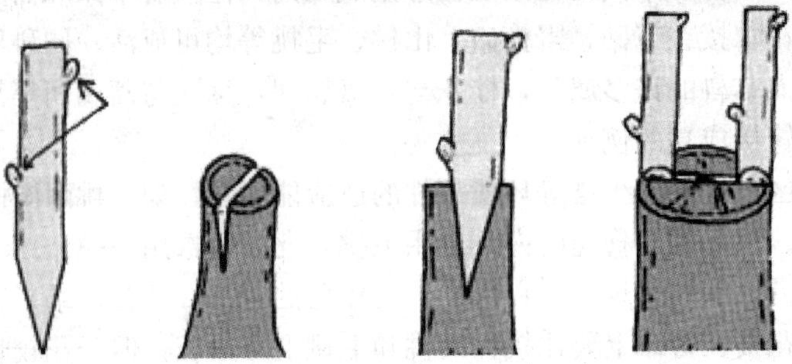

图 2-2-8 劈接

(3) 靠接。它用于亲和力较差，嫁接不容易成活的植株，砧木接穗粗度宜相近。靠接应在生长旺季进行，先把培育好的一二年生砧木移植到用于嫁接的母株附近，选择母株上与砧木粗细相当的枝条，将砧木与接穗两者枝条结合处各削去等长的切口，深至近中部，然后使两者形成层密切结合，如两者切口宽度不等时，应使一侧形成层密接。待愈合再削去砧木的头，并将接穗自接口下方剪离母体。

2. 芽接

芽接是用芽作为接穗的嫁接方法。在夏秋季皮层易剥离时进行。

(1) T 字形芽接。嫁接点尽量低一些，最好接在砧木干基距地面 2～3cm 处，即将枝条中部各饱满的侧芽，剪去叶片，保存叶柄，连同枝条的皮层削成芽片，长约 2cm，连同叶柄一起取下（一般不带木质部，如月季）。然后将砧木嫁接部位光滑处横切一刀，深达木质部，再从切口中间向下纵切一刀长约 3cm，使其呈 T 字形，用芽接刀轻轻把皮剥开，将盾形芽片插入T字口内，紧贴形成层，用拨开的皮层合拢包住芽片，用塑料膜带扎紧，露出芽及叶柄（图2-2-9）。

（2）嵌芽接。在砧穗不易离皮时用此方法。从芽的上方0.5～1cm处下刀，斜切入木质部少许，向下切过芽眼至芽下0.5～0.8cm处，取下芽片。接着在砧木适当部位切与芽片大小相应的切口，并将切开的部位切取上端1/3～1/2，留下大部分供夹合芽片，将芽片插入切口对齐形成层，芽片上端露一点砧木皮层用塑料膜带扎紧（图2-2-10）。

图2-2-9 T字形芽接

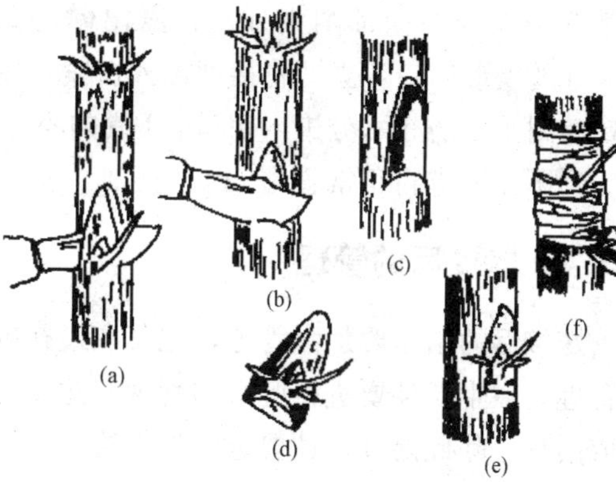

图2-2-10 嵌芽接

（a）、（b）削接穗；（c）、（d）取芽片；（e）贴芽片；（f）绑扎

3. 髓心接

髓心接是接穗和砧木以髓心愈合而成的嫁接方法。一般常用于仙人掌类花卉。在生长旺盛的条件下，全年都可进行，在温室内和热带地区不受时间限制。与其他嫁接不同之处是只需髓心对齐，使维管束相接即可（图2-2-11）。

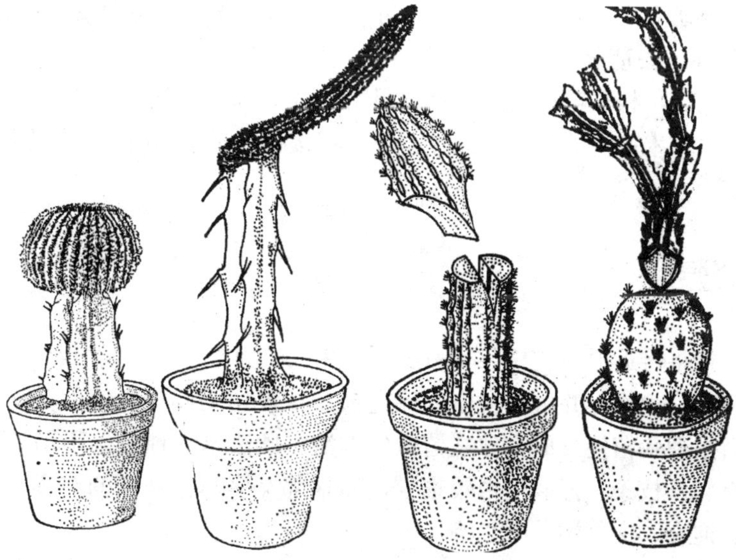

图2-2-11 髓心接

(1) 仙人球嫁接。以一般仙人球或三棱箭（量天尺）作为砧木，观赏价值高的仙人球为接穗。先用利刀在砧木上端适当高度切平，再把四周的皮肉呈30°角向外向下削掉，露出髓心。然后把接穗基部平整的切掉1/3，也削成一个平面，并按照钻木的方法将接穗边缘向上向外斜削一圈，露出髓心。然后把接穗和砧木的髓心对接在一起，使中间髓心对齐。最后用细绳绑扎固定。放置半阴干燥处，1周内不浇水。保持一定的空气湿度，防止伤口干燥。

(2) 蟹爪莲嫁接。以仙人掌或三棱箭为砧木，蟹爪莲为接穗。先用利刀在砧木的适当高度平削一刀，露出髓心部分。蟹爪莲接穗要采集生长成熟、色泽鲜绿肥厚的2、3节分枝，在基部1cm处两面都削去外皮，露出髓心。在砧木切面中心的髓心部位切一深度1.5～2.0cm的楔形切口，立即将接穗插入挤紧，用仙人掌针刺将髓心穿透固定。髓心切口处用溶解蜡汁封平，防止水分进入切口。1周内不浇水。保持一定的空气湿度，当蟹爪莲嫁接成活后移到阳光下进行正常管理。

2.3.4 嫁接后的管理

嫁接后的苗木要加强管理，尤其在最初的一段时间，都应有温度、空气湿度、光照的正常管理，在生长期要进行肥水的管理，注意防治病虫害，不能忽视某一方面，保证花卉嫁接的成活率。除此之外，还要进行如下管理。

1. 检查成活

枝接一般在接后3～4周检查成活，如接穗已萌发，接穗鲜绿，则已成活。芽接1周后检查成活情况，如用手触动芽片上保留的叶柄，如一触即落，并且芽片皮色正常，表明已成活，否则芽片已死亡，应换方向补接。

2. 松绑

嫁接成活后，枝接的接穗成活1个月后，可松绑，一般不宜太早，否则接穗愈合不牢固，受风吹易脱落，也不易过迟，否则绑扎处出现溢伤影响生长。芽接一般在9月进行，成活后腋芽当年不再萌发，因此可不将绑扎物除掉，待来年早春接芽萌发后再解除。

3. 剪砧、抹芽、去萌蘖

剪砧视情况而定，枝接苗成活后当年就可剪砧，大部分芽接苗可在抽穗当年分1、2次剪砧。抹芽除打去砧木孳生的大量萌芽外，还应将接穗上过多的萌芽、根蘖一并剪去，以保证养分集中供应。

2.4 压条繁殖

压条繁殖是指将接近地面的枝条（一般要选用成熟而健壮的1～2年生枝条），在其适当的部位将枝条环剥、刻伤，并可结合生根促进剂涂抹被切伤部分，然后将该部位埋入土中，后待枝条生根后重新栽植使其成为独立植株的方法。此法是一种枝条不切离母体的扦插法，多用于一些具有较长枝条、扦插生根较难较慢而根部又多丛生枝条的花卉，如桂花、蜡梅、白兰花、结香、迎春、夹竹桃、米兰等。

压条繁殖由于枝条木质部仍与母株相连，可以不断得到水分和矿质营养，枝条不会因失水而干枯，因此是一种安全可靠的繁殖方法。它的优点是成活率高、成苗快、开花早，能保持原有品种的特性，不需要特殊的养护，但缺点是占地较多，成苗量少。压条方法较多，主要有以下几种。

2.4.1 单枝压条

取接近地面的枝条，作为压条材料，在压条部位的节下予以刻伤，或作环状剥皮，然后曲枝压入土中，枝条顶端露出地面，以竹钩固定，覆土 10～20cm 并压紧，待刻伤部位生根后切离母体另行栽植（图 2-2-12），如腊梅、迎春、栀子、夹竹桃等。

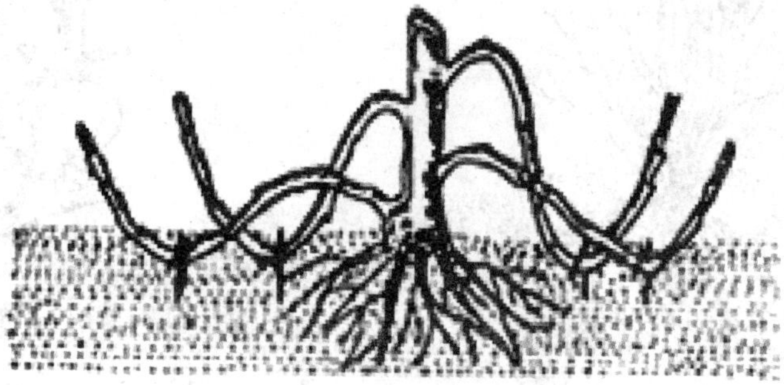

图 2-2-12 单枝压条

2.4.2 波状压条

适用于枝条长而柔软的种类，将植株枝条弯曲牵引到地面，在枝条上切伤数处，每处都弯曲后埋入土中。待生根后，分别切开移植即成为数个独立的新个体（图 2-2-13），如紫藤、常春藤、凌霄等。

图 2-2-13 波状压条

2.4.3 堆土压条

堆土压条多用于根蘖多的直立性的花灌木，在丛生枝条的基部近地面处刻伤，然后在其周围培土，枝条不需压弯即可使其长出新根，生根后，分别移栽（图 2-2-14），如杜鹃、牡丹、柳杉等。

2.4.4 高空压条

高空压条多用于植株较直立，枝条坚硬而不易弯曲，又不易发生根蘖的种类，在当年生的枝条中，选取成熟健壮、芽饱满的枝条进行环状剥皮，外套塑料袋或容器（竹筒、瓦盆等）包住环剥处，环剥的下部用绳扎紧，内填湿润的苔藓土，然后将上口也扎紧。一个月左右生新根后剪下，解除包扎物另行栽植使成为一个独立的植株（图 2-2-15）。如山茶、龙血树、橡皮树等。

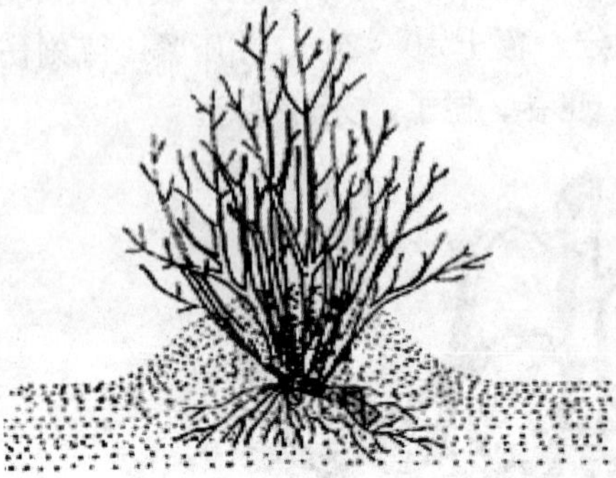

图 2-2-14　堆土压条

图 2-2-15　高空压条

2.5　组织培养繁殖

植物组织培养是指在无菌条件下，将离体的植物器官、组织、细胞或原生质体，培养在人工配制的培养基上，人为控制培养条件，使其生长、分化、增殖，发育成完整植株的过程。由于组织培养是在脱离植物母体的条件下进行的，所以也称为离体培养，在花卉栽培中应用广泛。

（1）花卉优良品种的快速繁殖。尽管分株、扦插、嫁接等方法具有保持品种特性的特点，但繁殖系数小，不能满足大批量繁殖的需要。组培繁殖则能把年繁殖系数提高到几十万乃至数百万。在生产上将培育成功的新品种或引进的名特优新品种，采用花卉的根、茎、叶、花、种子等进行组培快繁，经过一年内繁殖可形成无性繁殖系统工程，达到工厂化生产。如切花月季新品种采用组培快繁手段繁殖，短期内得到大量种苗，及时供应产业化栽培。兰花的传统栽培一年内得到的植株很少，用 1 个兰花茎尖，一年内可快繁 300 万株小苗，而且品种性状一致、长势一致、开花一致等。

（2）脱毒苗的快速繁殖。采用茎尖组培可以去除病毒（脱毒）。其原理是在染病毒植株体内，病毒分布并不均等。在植株生长点的细胞分生区内无维管束，病毒扩散慢，加之植物细胞不断分裂增生，所以病毒含量低，在茎尖几乎检测不出病毒。目前，鲜切花的产业发展迅速，由于种苗带毒造成切花质量差、价位低，影响了产业效益。采用茎尖脱毒而快速繁殖脱毒苗，及时供应生产基地，扭转了劣苗劣质劣价的局面，提高了产业开发的经济效益。应用于脱毒苗快繁的鲜切花有 300 余种，如菊花、香石竹、月季、唐菖蒲、非洲菊、勿忘我、马蹄莲、百合等。

2.5.1　培养基及其制备

培养基是提供植物生长发育所需各种养分的介质。在离体培养条件下，不同植物以及同种植物不同部位的组织细胞对营养要求不同，只有满足了它们各自的特殊要求，才能更好的生长发育。因此，植物组织培养所选用的培养基是组织培养能否成功的关键技术，根据培养的植物种类和部位，选择合适的培养基。

1. 培养基的成分

培养基的成分主要包括水、无机盐、有机物、植物激素、培养物的支持材料五大类。

(1) 水分。水是植物原生质体的组成成分，也是一切代谢过程的介质和溶媒。配制培养基时选用蒸馏水或去离子水，不但可以保持培养基配制的准确性。另外，也有利于减少在贮藏过程中发霉变质，延长培养基母液的贮藏时间。大规模生产时，配制培养基可用自来水代替蒸馏水。但在少量实验上尽量用蒸馏水，以防成分的变化引起不良效果。

(2) 无机盐。根据植物对无机盐需求量的多少，可分为大量元素和微量元素。

1) 大量元素。主要有 N、P、K、Ca、Mg、S 等它们是植物细胞中构成核酸、蛋白质、酶系、叶绿素以及生物膜所必不可少的营养元素。

2) 微量元素。主要有 Fe、Mn、Cu、Mo、Zn、Co、B 等。它们用量虽少，但对植物细胞的生命活动却有着十分重要的作用。其中 Fe 是用量较多的一种微量元素，是一些氧化酶、细胞色素氧化酶、过氧化氢酶等的组成成分。同时，它又是叶绿素形成的必要条件。培养基中的铁对胚的形成、芽的分化和幼苗转绿有促进作用。在制作培养基时不用 $Fe_2(SO_4)_3$ 和 $FeCl_3$，而用$FeSO_4 \cdot 7H_2O$ 和 Na_2-EDTA 结合成螯合物使用。B、Mn、Zn、Cu、Mo、Co 等，也是植物组织培养中不可缺少的元素，缺少这些物质会导致生长发育异常现象。

(3) 有机化合物。

1) 糖类。糖类提供外植体生长发育所需的碳源、能量，使培养基维持一定的渗透压。蔗糖是最常用的糖类，可支持许多植物材料良好生长。其使用浓度一般为 2%～5%，常用为 3%，即配制 1L 培养基称取 30g 蔗糖，但在胚培养时采用 4%～15%高浓度。因蔗糖对胚状体的发育起着重要作用，在大规模生产时，可用食用白糖代替。

2) 维生素类。完整植株在生长过程中能自身合成各种维生素，可满足自身各种代谢活动的需要。但在数量上还明显不足，需要另加一至数种维生素，才能维持正常生长。常用的维生素有 VB_1、VB_6、VB_3 (烟酸) 等，一般用量为 0.1～1.0mg/L，有时用量较高。VB_1 对愈伤组织的产生和生活力有重要作用；VB_6 能促进根的生长，在低浓度的细胞分裂素下，特别需要添加 VB_1、VB_6 才能促进根的生长；VB_3 与植物代谢和胚的发育有一定关系。

3) 肌醇。肌醇又叫环己六醇，它本身没有促进生长的作用，但能够促进糖类物质的相互转化和活性物质作用的发挥，以及能够促进愈伤组织的生长、胚状体和芽的形成，对组织和细胞的繁殖、分化也有促进作用。另外，对细胞壁的形成也有作用。但肌醇的用量过多，则会加速外植体的褐化。肌醇用量一般为 100mg/L。

4) 氨基酸。氨基酸是良好的有机氮源，可直接被细胞吸收利用，在培养基中含有无机氮的情况下，更能发挥其作用。常用的氨基酸有甘氨酸、谷氨酸、半胱氨酸以及多种氨基酸的混合物（如水解乳蛋白和水解酪蛋白）等。

5) 天然有机复合物。组织培养所用的天然有机复合物的成分比较复杂，大多含氨基酸、激素等一些活性物质，因而能明显促进细胞和组织的增殖与分化，尤其是对一些难以培养的材料有特殊作用。常用的天然有机复合物有椰乳、香蕉泥、马铃薯提取物、酵母提取液、苹果汁、番茄汁等。由于这些复合物营养非常丰富，所以培养基配制和接种时一定要十分小心。如椰乳是椰子的液体胚乳，它是使用最多、效果最大的一种天然复合物，一般使用浓度在10%～20%，与其果实成熟度及产地关系也很大，它在愈伤组织和细胞培养中有促进作用；香蕉泥用量为150～200mL/L，用黄熟的小香蕉，加入培养基后变为紫色，对pH值的缓冲作用大，主要在兰花的组织培养中应用；马铃薯去掉皮和芽后，加水煮30min，再经过过滤，取其滤液使用，用量为150～200g/L，对pH值缓冲作用也大。

（4）植物激素。植物激素是培养基的关键性物质，对植物组织培养起着决定性的作用。

1）生长素类。常用的有IAA、IBA、NAA、2，4-D，主要用于诱导愈伤组织形成，诱导根的分化和促进细胞分裂、伸长生长。在促进生长方面，根对生长素最敏感，在极低的浓度下就可促进生长，其次是茎和芽。

2）细胞分裂素类。常见的有6-BA、KT、ZT等，主要用于诱导芽的分化促进侧芽萌发生长，细胞分裂素与生长素相互作用，当组织内细胞分裂素/生长素的比值高时，诱导愈伤组织或器官分化出不定芽，促进细胞分裂与扩大，抑制根的分化。因此，细胞分裂素多用于诱导不定芽的分化、茎、苗的增殖，而避免在生根培养时使用。

（5）琼脂。琼脂是一种由海藻中提取的高分子碳水化合物，本身并不提供给培养物任何营养。它是固体培养时最好的固化剂。琼脂能溶解在热水中，成为溶胶，冷却至40℃即凝固为固体状凝胶。琼脂的用量在6～10g/L之间，若浓度太高，培养基就会变得很硬，营养物质难以扩散到培养的组织中去。若浓度过低，凝固性不好。

2. 培养基的配制

（1）母液的配制。在组织培养的过程中，配制培养基是日常必做的工作。通常先将各种药品配制成浓缩一定倍数的母液（又称为浓缩贮备液）。以MS培养基为例，配制各种母液和1L培养基所需各种母液的吸取量（见表2-2-1）。

1）大量元素母液的配制。大量元素母液可配成浓度10倍母液，用感量0.01g的天平按表2-2-1称取药品，分别加蒸馏水溶解后，再用磁力搅拌器搅拌，促进溶解。注意Ca^{2+}和PO_4^{3-}易发生沉淀。一般先将前4种药物溶解混合后，倒入1000mL容量瓶中，再加入$CaCl_2 \cdot 2H_2O$溶液，最后再加水定容至刻度，成为10倍母液。

2）微量元素母液的配制。可配成浓度100倍母液，用感量0.000 1g分析天平按表准确称取药品后，分别溶解，混合后加水定容至1000mL。

3）铁盐母液的配制。可配成100倍的母液，按表称取药品，可加热溶解，混合后加水定容至1000mL。

4）有机物母液。可配成50倍的母液，按表分别称取药品，溶解，混合后加水定容至500mL。

5）激素母液的配制。每种激素必须单独配成母液，浓度一般配成1mg/mL。用时根据需要取用。因为激素用量较少，一次可配成50mL或100mL。另外，多数激素难溶于水，要先溶于可溶物质，然后才能加水定容。可采取以下方法配制。

将NAA、IAA、IBA称取量，先溶于少量的95%的酒精中。再加水定容到一定浓度。

将6-BA、KT、ZT称取量，先溶于少量1mol/L的HCl中再加水定容。

2，4-D可用少量1mol/L NaOH溶解后，再加水定容到一定浓度。

配制好的母液瓶上应分别贴上标签，注明母液名称、配制倍数、日期及配1L培养基时应取的量。将各母液瓶放入普通冰箱内临时保存或低温冰箱内长期低温（1～5℃）保存备用。

表 2-2-1　　MS 培养基母液的配制

化合物名称	原配方量/mg	扩大倍数	称取量/mg	母液体积/mL	1L 培养基应称取量/mL	母液名称
NH_4NO_3	1650	10	16 500	1000	100	大量元素母液
KNO_3	1900	10	19 000			
$CaCl_2 \cdot 2H_2O$	440	10	4400			
$MgSO_4 \cdot 7H_2O$	370	10	3700			
KH_2PO4	170	10	1700			
$MnSO_4 \cdot 4H_2O$	22.3	100	2230	1000	10	微量元素母液
$ZnSO_4 \cdot 7H_2O$	8.6	100	860			
$CoCl_2 \cdot 6H_2O$	0.025	100	2.5			
$CuSO_4 \cdot 5H_2O$	0.025	100	2.5			
H_3BO_3	6.2	100	620			
$Na_2MoO_4 \cdot 2H_2O$	0.25	100	25			
KI	0.83	100	83			
$FeSO_4 \cdot 7H_2O$	27.8	100	2780	1000	10	铁盐母液
Na_2－EDTA	37.3	100	3730			
烟酸（V_{PP}）	0.5	50	25	500	10	有机物母液
盐酸吡哆醇（VB_6）	0.5	50	25			
盐酸硫胺素（VB_1）	0.1	50	5			
肌醇	100	50	5000			
甘氨酸	2	50	100			

（2）培养基的配制。配制 1L 培养基按表用量筒称取大量元素母液 100mL，用专一对应的移液管分别吸取微量元素母液 10mL、铁盐母液 10mL、有机物母液 10mL，按配方称取一定浓度激素母液形成药剂混合液。

将不锈钢锅加入一定量水，加入琼脂 7g 加热溶解，边加热边搅拌，防止糊底，旺火煮开，再用温火加热，直至琼脂全部融化为止。加入 30g 蔗糖溶解后，加入药剂混合液，再加蒸馏水定容至刻度。立即用 0.1M 的 NaOH 或 HCl 调节 pH 值。然后分装于容器中。配制流程如图 2-2-16 所示。

大量元素＋微量元素＋铁盐＋有机化合物→药剂混合液
↓
水＋琼脂＋蔗糖→加入药剂混合液→加水定容→pH 调整
↓
三角瓶→洗净→干燥→分装→封口
↓
高压蒸汽灭菌

图 2-2-16　培养基配制流程图

配制的培养基要趁热分装，100mL 的容器约装入 30～40mL 培养基，即 1L 培养基约分装 35 瓶左右。分装时不要把培养基弄到瓶壁上，以免落菌污染。装后封口准备灭菌。灭菌时打开锅盖，加水至水位线。把已装好培养基的三角瓶，连同蒸馏水及接种用具等放入高压灭菌锅内，装时不要过分倾斜培养基，以免弄到瓶口上或流出。然后盖上锅盖，对角旋紧螺丝，接通电源加热，当升至0.5Pa时，打开放气阀排尽冷空气，回“0”后关闭放气阀。当温度上升至121℃时，维持20min。灭菌后当气压回“0”后打开锅盖，取出培养基使其冷却。准备接种转苗。

2.5.2 外植体的选择与处理

1. 外植体的选择

植物组织培养的成败除与培养基、培养条件的正确选择有关外，另一个重要因素就是外植体选择是否适宜，以及对其处理的方法是否得当，这直接关系到组织培养的难易程度和培养方向。外植体是指植物组织培养中的各种接种材料，包括植物体的各种器官、组织、细胞和原生质体等。一般多选择茎段、茎尖、叶片、花药等作为组培快繁的外植体。选择外植体主要从植物的基因型、生理状态、取材季节、取材部位等考虑。

（1）植物基因型。组织培养的难易程度与植物的基因型相关。一般来说，草本植物易于木本植物；双子叶植物易于单子叶植物。因此，选取优良的或具有一定代表性的基因型，可以提高组织培养的成功率，增加其实用价值。

（2）生理状态。外植体的生理状态和发育年龄直接影响植物离体培养过程中的形态发生。越幼嫩、年限越短的组织越具有较高的形态发生能力，组织培养越易成功。生长健壮的器官或组织代谢旺盛，再生能力强，培养容易成功。

（3）取材季节。外植体最好在其生长开始的季节选取，若在生长末期或已经进入休眠期选取，则外植体会对诱导反应迟钝或无反应。如百合鳞片外植体，春、秋季取材容易形成小鳞茎，夏、冬季取材培养则难形成小鳞茎。

（4）取材部位。在确定取材部位时，一方面要考虑培养材料的来源是否有保证和容易成苗；另一方面要考虑经过脱分化产生的愈伤组织的培养途径是否会引起不良变异，丧失原品种的优良性状。对于培养较困难的植物，在培养材料较多的情况下，最好比较各部位的诱导及分化能力，既保质又保量。

（5）外植体大小。选择外植体的大小，应根据培养目的而定。如果是胚胎培养或脱除病毒，则外植体宜小；如果是进行快速繁殖，外植体宜大。但外植体过大，消毒往往不彻底，易造成污染；过小，则离体培养难于成活。一般外植体大小在0.5～1.0cm为宜。

2. 外植体的灭菌

从田间取回的离体材料，往往带有较多的泥土、杂菌，不宜直接接种，需要对材料进行预处理和必要的修整，去掉不需要的部分，并用软刷清除表面泥土、灰尘。然后将材料剪成小块或段，放入烧杯中，用干净纱布将杯口封住扎紧，将烧杯放置于水龙头下，让流水通过纱布，冲洗杯中的材料至干净。经过预处理的植物材料，其表面仍有很多细菌和真菌，因此还需进一步灭菌。常用于植物材料灭菌的灭菌剂如表2-2-2所示。常规的表面灭菌处理方法是把材料先用70%～75%的酒精浸泡材料30s，然后用0.1%升汞（氯化汞）浸泡3～10min，或在饱和漂白粉上清液浸泡10～30min，或在3%～10%次氯酸钠浸泡10～30min，取出后用无菌水冲洗干净。

表 2-2-2 灭菌剂的使用及其效果

灭菌剂	使用浓度（%）	灭菌时间/min	去除的难易	效果
酒精	70～75	0.2～2	易	好
过氧化氢	10～12	5～10	最易	好
漂白粉	饱和溶液	5～30	易	很好
次氯酸钙	9～10	5～30	易	很好
次氯酸钠	0.7～2	5～30	易	很好
氯化汞	0.1～1	3～10	较难	最好
抗菌素	4～50mg/L	30～60	中	较好

2.5.3 外植体的接种和培养

1. 外植体的接种——无菌操作

外植体的接种是指把经过表面灭菌后的植物材料在无菌环境中切割或分离出器官、组织或细胞等转入到无菌培养基上的过程，是组织培养过程中最后一个易于污染的环节，整个过程都是在无菌条件下进行的，所以又称为无菌操作。操作要领如下：

（1）每次接种或继代繁殖前应将已灭菌的培养基等摆放在超净工作台的台面，提前30min打开接种室顶部和超净工作台上的紫外线灯，照射20min，预先对接种室消毒。

（2）操作人员进入接种室前，用肥皂水和清水洗净双手，在缓冲间换上经过消毒的工作服和拖鞋，并戴上工作帽和口罩，随后打开超净台的照明灯。

（3）开始接种前，用70%酒精浸泡过的酒精棉球擦拭手，然后按一定顺序和方向擦拭超净工作台台面。

（4）备一消毒过的培养皿，内放经过高压灭菌的滤纸片。解剖刀、医用剪刀、镊子、解剖针等接种用具应预先浸泡于95%的酒精内，置于超净工作台的右侧。

（5）接种前先点燃酒精灯，然后将解剖刀、镊子、剪刀等在火焰上方灼烧，放置于培养皿或器械架上备用。

（6）在备好的培养皿内的滤纸上切割外植体至合适大小。用于微茎尖剥离的解剖镜，应事先用70%酒精棉球擦拭显微镜台表面进行消毒。

（7）接种。将三角瓶倾斜拿握，打开瓶盖前，先在酒精灯火焰上方烤一下瓶口，然后打开瓶盖，另一只手拿镊子尽快夹持外植体插入或平放在培养基上。每切割一次材料，解剖刀、镊子等都要重新放回酒精内浸泡，并取出灼烧后斜放在培养皿或器械架上。

（8）封口。接种后，旋转培养瓶口火焰灭菌数秒钟后，迅速用瓶盖封严。

除上述常规操作步骤以外，切记无论是打开瓶盖，还是接种材料，所有的操作过程均应保持瓶口在操作台面上，且不远离酒精灯。操作人员操作过程中不准讲话，防止呼吸、说话或咳嗽所引起的污染，头部不要探入超净工作台内，手及手臂尽量避免或减少从培养皿上方经过，离开超净工作台后再接种时要重新擦手。同时防止交叉污染。具体做到以下几点：①接种材料灭菌后要用无菌滤纸吸干水分，并剪除触及培养皿外沿或伸出培养皿外的接种材料；②修剪后的外植体不能重叠放置；③切割完一瓶母种材料或无菌滤纸较湿、有较多破损之处时应及时更换滤纸；④接种工具不能碰到台面、管（瓶）的外壁、棉塞或薄膜；⑤接种工具要全面充分灼烧，手握的部位不能靠前。

2. 外植体的培养

接种后应送到培养室去培养。培养室的培养条件要根据植物对环境条件的不同需求进行调控。其中最主要的是光照、温度、湿度、氧气和培养基的 pH 值等。

（1）温度。温度不仅影响植物组织培养育苗的生长速度，也影响其分化增殖以及器官建成等发育进程。大多数植物组织培养的最适宜温度在 23～27℃之间。但是不同植物组织培养的最适宜温度不同，如百合的最适宜温度是 20℃，月季是 25～27℃。培养室一般所用的温度是 25±2℃。

（2）光照。光照对植物组培的影响主要表现在光照时间、光照强度及光质三个方面，它对细胞增殖、器官分化、光合作用等均有影响。普通培养室要求每天光照 12～16h，光照度 1000～5000lx。如果培养材料要求在黑暗中生长，可用铝箔或者适合的黑色材料，如黑色的棉布，包裹在容器的周围，或置于暗室中培养。

（3）湿度。湿度包括培养容器内和环境的湿度条件。容器内湿度条件常可保证 100%；环境的相对湿度常随季节和天气而有很大变动，一般要求 70%～80%的相对湿度，常用加湿器或经常洒水的方法来调节湿度。湿度过低，则培养基丧失大量水分，导致培养基各种成分浓度的改变和渗透压的升高，进而影响组织培养的正常进行。而湿度过高时，易引起杂菌滋长，导致污染。

3. 培养程序

（1）初代培养。也称为诱导培养，是指在组培过程中最初建立的外植体无菌培养阶段，即无菌接种完成后，外植体在适宜的光、温、气等条件下被诱导成无菌短枝（或称茎梢）、不定芽（丛生芽）、胚状体或原球茎的过程。由于外植体的来源复杂，又携带较多杂菌，因此初代培养一般比较困难。

（2）继代培养。通过初代培养所获得的不定芽、无菌茎梢、胚状体或原球茎等无菌材料被称为中间繁殖体。中间繁殖体由于数量有限，所以需要将他们切割、分离后转移到新的培养基中培养增殖，这个过程称为继代培养。一般情况下，一个月内增殖 4 倍，如果不污染又及时转接继代，能从 1 株生长繁殖材料，将它分接为 4 株，经过 1 个月时间的培养，这 4 株材料各自再分接 4 株，共 16 株，第 2 个月末获 64 株。

（3）壮苗与生根培养。试管苗在培养生根前需壮苗，提高试管苗的健康程度，移植后易成活。当丛生芽苗增殖到一定数量后要分离成单苗转入生根培养基进行生根诱导。一般认为矿质元素含量高，有利于茎叶生长，较低时有利于生根。所以生根培养基多采用 1/2 MS 或者 1/4 MS 培养基。另外，培养基要去掉全部细胞分裂素，并加入适量的生长素（NAA、IBA 等）。因植物种类不同，一般 2～4d 即可见根原基发生，约 7～10d 左右长出 1～5 条白色的根，逐渐伸长并长出侧根和根毛。当洁白的生长正常的根长约 1cm 时即可驯化移栽。

2.5.4 试管苗的驯化移栽

1. 试管苗的特点

由于试管苗长期生长在试管或三角瓶的培养器皿中，与外界环境隔离，形成了一个独特的生态系统，这个生态系统与外界环境条件相比是在无菌、有营养供给、适宜光照和温度、近 100%的相对湿度环境条件下生长的，即高温、恒温、高湿、弱光和无菌。在生理、形态等方面都与自然条件生长的正常小苗有着很大的差异。与常规苗相比具有如下特点：①试管苗生长细弱，茎叶表面角质层不发达；②试管苗茎叶呈绿色，但叶绿体的光合作用较差；③试管苗的叶片气孔数目少，活性差；④试管苗根的吸收功能弱；⑤对逆境的适应性和抵抗能力差。所以必须通过驯化炼苗，例如通过控水、减肥、增光、降温等措施，使它们逐渐地适应外界环境，从而使生理、形态、组织上发生相应的变化，使之更适合于自然环境，只有这样才能保证试管苗顺利移栽成功。

2. 试管苗驯化与移栽

(1) 移栽用基质和容器。适合于栽种试管苗的基质要具备透气性、保湿性好和一定的肥力，容易灭菌处理，并不利于杂菌滋生的特点，一般可选用珍珠岩、蛭石、沙子等。为了增加黏着力和一定的肥力，可配合草炭土或腐殖土。配时需按比例搭配，一般用珍珠岩、蛭石、草炭土或腐殖土比例为 1∶1∶0.5，也可用沙子、草炭土或腐殖土为 1∶1。这些介质在使用前应高压灭菌，或用至少 3h 烘烤来消灭其中的微生物。要根据不同植物的栽培习性来进行配制，这样才能获得满意的栽培效果。栽培容器可用软塑料钵，也可用育苗盘。前者占地大，耗用大量基质，但幼苗不用再移，后者需要二次移苗，但省空间、省基质。

(2) 试管苗的驯化。驯化的目的是人为创设一种由试管苗生境逐渐向自然环境过渡的条件，促进试管苗在形态、结构、生理方面向正常苗转化，使之更能适应外界环境，从而提高试管苗移栽的成活率。根据试管苗的特点及其生境与田间环境差异，驯化原则应从光、温、气、湿及有无杂菌等环境要素考虑。前期以创设与试管苗原来生境相似的条件，后期则创设与自然环境相似的条件，以利试管苗在形态结构及生理功能方面顺利发生向适应外界环境的转化。驯化的方法：移栽前可将培养物不开口移到自然光照下锻炼2～3d，让试管苗接受强光的照射，使其长得壮实起来，然后再开口炼苗 1～2d，经受较低湿度的处理，转向有菌环境，这样幼苗周围的环境就会逐步与自然环境相似，以适应将来自然湿度的条件。

(3) 移栽和幼苗的管理。从试管中取出发根的小苗，用自来水洗掉根部粘着的培养基，要全部除去，以防残留培养基滋生杂菌。栽植时用一个筷子粗的竹签在基质中插一小孔，然后将小苗插入，栽后把苗周围基质压实。注意幼苗较嫩，防止弄伤，栽前基质要浇透水。栽后轻浇薄水，保证空气湿度达 90%以上。

1) 保持小苗的水分供需平衡。在移栽后 5～7d 内，应给予较高的空气湿度条件，使叶面的水分蒸发减少，尽量接近培养瓶的条件，让小苗始终保持挺拔的状态。保持小苗水分供需平衡，首先培养基质要浇透水，所放置的床面也要浇湿，然后搭设小拱棚，以减少水分的蒸发，并且初期要常喷雾处理，保持拱棚薄膜上有水珠出现。当 5～7d 后，发现小苗有生长趋势，可逐渐降低湿度，减少喷水次数，将拱棚两端打开通风，使小苗适应湿度较小的条件。约 15d 以后揭去拱棚的薄膜，并给予水分控制，逐渐减少浇水，促进小苗长得粗壮。

2) 防止菌类滋生。由于试管苗原来的环境是无菌的，移出来以后难以保持完全无菌，因此，应尽量不使菌类大量滋生，以利成活。所以应对基质进行高压灭菌或烘烤灭菌。可以适当使用一定浓度的杀菌剂，以便有效地保护幼苗，如多菌灵、托布津，浓度 800～1000 倍，宜 7～10d 喷药一次。在移苗时尽量少伤苗，伤口过多，根损伤过多，都是造成死苗的原因。喷水时可加入 0.1%的尿素，或用 1/2MS 大量元素的水溶液作追肥，可加快苗的生长与成活。

3) 一定的温、光条件。试管苗移栽以后要保持一定的温、光条件，适宜的生根温度是

18～20℃，冬春季地温较低时，可用电热线来加温。温度过低会使幼苗生长迟缓，或不易成活；温度过高会使水分蒸发，从而使水分平衡受到破坏，并会促使菌类滋生。另外在光照管理的初期可用较弱的光照，如在小拱棚上加盖遮阳网或报纸等，以防阳光灼伤小苗和增加水分的蒸发。当小植株有了新的生长时，逐渐加强光照，后期可直接利用自然光照促进光合产物的积累，增强抗性，促其成活。

4）保持基质适当的通气性。要选择适当的颗粒状基质，保证良好的通气作用。在管理过程中不要浇水过多，过多的水应迅速沥除，以利根系呼吸。

综上所述，试管苗在移栽的过程中，注意保持水分平衡、选择适宜的介质、控制杂菌和适宜的光、温条件，随时观察天气变化和小苗生长状况，及时对病虫害进行防治。

【技能训练】

实训一　花卉的分株、分球繁殖技术

一、目的要求

使学生掌握花卉的分株、分球繁殖技术。

二、材料用具

1. 材料。萱草、鸢尾、万年青、美人蕉、大丽花、培养土、草木灰。

2. 用具。修枝剪、利刀、喷壶。

三、方法步骤

1. 分株（以萱草、鸢尾、万年青为例）

将萱草、鸢尾等待分株的母株从土中掘出或盆中脱出，抖去部分附土，用修枝剪剪去枯、残、病、老根，然后从根颈处顺根系自然分离的地方，用手掰开或用利刀切开，视植株大小分成2～3小丛，分别单独栽植或单独上盆栽植，栽植时尽量避免窝根。栽植完毕后，用喷壶充分浇水，置阴处数日缓苗，待其恢复生长后，再放于光照充足处。

2. 分球（以美人蕉、大丽花为例）

取出越冬贮藏的美人蕉根茎，用利刀分割为数块，每块带2～3个芽及少量须根，切口涂抹草木灰，分别栽植。大丽花的块根，仅根颈部位有芽，分割时用利刀从根颈处带1～2个芽切开，切口涂抹草木灰防腐，然后分别栽植。若根颈上的芽点不明显或不易辨认，可提前催芽，待发芽后再用上述方法分割。栽完后浇水，进行常规管理。

四、实训报告

记录分株、分球过程，调查分株、分球成活率。

实训二　花卉的扦插繁殖技术

一、目的要求

使学生掌握花卉枝插、叶插的繁殖技术和插后管理方法。

二、材料用具

1. 材料。彩叶草、冷水花、豆瓣绿、虎尾兰等草花；河沙、蛭石、珍珠岩等扦插基质。

2. 用具。修枝剪、喷壶、花盆。

三、方法步骤

1. 准备扦插基质。将河沙、蛭石、珍珠岩按 1∶1∶1，或河沙、蛭石 1∶1，或蛭石、珍珠岩 1∶1 的比例混拌均匀备用。

2. 选取扦插材料。根据需要选取彩叶草、冷水花、豆瓣绿、虎尾兰等草花，尽可能考虑生产需要。

3. 插穗剪取与扦插

(1) 枝插（以彩叶草、冷水花为例）。将彩叶草、冷水花的枝条，剪成 8～10cm 的插穗，切口平剪且光滑，位置靠近节下方。去除下部叶片，保留枝顶 2～4 片叶，插入花盆或苗床，扦插深度 2～3cm。

(2) 叶插（豆瓣绿、虎尾兰为例）。选取豆瓣绿的成熟叶片，保留叶柄，以完整叶片为插穗。将叶柄直接插入花盆或苗床，扦插深度 2cm 左右。

选取虎尾兰的健壮叶片，用枝剪截成 5～10cm 的叶段，按叶片原来上下方向插入花盆或苗床。扦插深度 2～3cm。

4. 插后管理。扦插后喷水、遮阳、喷洒消毒药物，注意协调基质中的水、气关系。

四、实训报告

1. 记录扦插操作步骤。

2. 填表 2-2-3 记录扦插成活率。

表 2-2-3 **扦插记录表**

种类名称	扦插日期	扦插株数	成活株数	成活率（%）	未成活原因

实训三 花卉的嫁接繁殖技术

一、目的要求

使学生掌握花卉嫁接繁殖的基本技术。

二、材料用具

1. 材料。可供嫁接的砧木（黄蒿、三棱箭、仙人掌等）和接穗（菊花、绯牡丹、蟹爪兰等），塑料条、小夹子、湿布等。

2. 用具。修枝剪、嫁接刀、盛穗容器。

三、方法步骤

1. 菊花嫁接

(1) 砧木选择与处理。选择可供嫁接的野生黄蒿苗，除去部分枝叶，保留嫁接用枝。

(2) 嫁接。用劈接法。先将黄蒿主茎从 10～15cm 处切断，保留 1、2 片叶子（待接口愈合后再摘去），用嫁接刀从切断面由上而下，纵切一刀；将菊花接穗修成楔形，插入黄蒿纵切口，使其形成层对齐，最后用塑料条绑扎。

注意黄蒿砧木与菊花接穗茎应粗细相近；砧穗切口要光滑平整，接触面要尽可能大。

2. 仙人掌类植物的嫁接

（1）平接。以三棱箭上嫁接绯牡丹为例。先用利刀将三棱箭从10～20cm处横截，并将棱柱的“肩部”切成斜面；绯牡丹的基部平切一刀，切面与砧木切面大小相近；髓部的中柱部分与砧木对齐接上去，用塑料条做纵向绑扎，使两者密接。最后在嫁接部位套袋防水。

（2）劈接。以仙人掌上嫁接蟹爪兰为例。先用利刀将砧木仙人掌从需要的高度横切去顶，再从切面中央垂直向下切一个1～2cm的裂缝；蟹爪兰下端两侧削平，略呈楔形；将接穗蟹爪兰插进砧木裂缝内，使接穗与砧木髓部的中柱部分密接，最后用竹针或小夹子等将两者固定。

四、实训报告

1. 记录嫁接操作过程。

2. 列表2-2-4调查嫁接成活率。

表2-2-4 嫁接记录表

砧 木	接 穗	嫁接方法	嫁接枝数	成活枝数	成活率（%）	未成活原因

备注：本实训可根据具体情况分数次进行。

实训四 组培快繁培养基的制备与消毒

一、目的要求

使学生掌握MS培养基的配制及制作技术。

二、用具材料

培养基药品、培养瓶、封口膜、量筒、托盘天平、不锈钢锅、电炉高压灭菌锅。

三、方法步骤

1. 母液的配制

称量与定容。分别称取大量元素、微量元素、铁盐、有机物的各种药品，按要求分别溶解定容1000mL。

（1）母液Ⅰ的配制。

1）称量。一般将大量元素配制成10倍的母液，称量各种化合物的用量应扩大10倍。用天平称取下列药品，分别放入烧杯；

NH_4NO_3	16.5g
KNO_3	19.0g
$MgSO_4 \cdot 7H_2O$	3.7g
KH_2PO_4	1.7g
$CaCl_2 \cdot 2H_2O$	4.4g

2）混合。用少量蒸馏水将药品分别溶解，然后依次混合。

3）定容。加蒸馏水定容至1000mL，成10倍液。

（2）母液Ⅱ的配制。

1）称量。用天平称取下列药品，分别放入烧杯；

Na_2-EDTA	3.73g
$FeSO_4 \cdot 7H_2O$	2.78g

2）混合。用少量蒸馏水将药品分别溶解后混合。

3）定容。加蒸馏水定容至1000mL，成100倍液。

（3）母液Ⅲ的配制。

1）称量。用天平称取下列药品，分别放入烧杯；

H_3BO_3	0.62g
$MnSO_4 \cdot 4H_2O$	2.23g
$ZnSO_4 \cdot 7H_2O$	0.86g
KI	0.083g
$NaMoO_4 \cdot 2H_2O$	0.025g
$CuSO_4 \cdot 5H_2O$	0.002 5g
$CoCl_2 \cdot 6H_2O$	0.002 5g

2）混合。用少量蒸馏水分别将药品溶解，然后依次混合。

3）定容。加蒸馏水定容至1000mL，成100倍液。

（4）母液Ⅳ的配制。

1）称量。用天平称取下列药品，分别放入烧杯；

肌醇	5.0g
甘氨酸	0.1g
烟酸	0.025g
VB_6	0.025g
VB_1	0.005g

2）混合。用少量蒸馏水分别将药品溶解，然后依次混合。

3）定容。加蒸馏水定容至500mL，成100倍液。

（5）生长调节物质母液的配制。

1）称量。用天平称取生长素（或细胞分裂素）50～100mg。

2）溶解。生长素（如IAA、IBA、NAA、2，4-D）可用少量95%的酒精或0.1mol/L的NaOH溶解，细胞分裂素（如KT、ZT、6-BA）可用0.1mol/L的HCl加热溶解。

3）定容。加蒸馏水定容至100mL，配制成浓度为0.5～1mg/mL的溶液。

2. 母液的保存

（1）装瓶。将配制好的母液分别倒入瓶中，母液瓶上贴好标签，注明母液号、配制倍数（或浓度）与配制日期。

（2）贮藏。将母液瓶贮放在冰箱内备用。

3. 培养基制备

（1）提取母液。按母液顺序和规定量，用吸管提取母液，放入盛有一定量蒸馏水的量筒：

母液Ⅰ	100mL
母液Ⅱ	10mL
母液Ⅲ	10mL

母液Ⅳ　　10mL

注意用于量取各种母液的吸管不能混用，如配方中需要添加植物生长调节剂，计算好添加量后一起量取。

(2) 加热熔解。先在锅内加700～800mL蒸馏水，然后加入琼脂，加热并不断搅拌，直至琼脂完全熔化，再加入蔗糖、母液混合液和生长调节剂原液。琼脂必须完全熔化，以免造成浓度不均匀。

(3) 定容。各种物质完全溶解，充分混合均匀后，加蒸馏水将培养基定容至1000mL。

(4) 调整pH值。用酸度计或pH试纸测试，用0.1mol/L的NaOH和0.1mol/L的HCl把培养基的pH值调整到5.6～5.8之间。

(5) 培养基分注。把配置好的培养基分注到培养瓶中，每瓶装20mL左右。分注后立即加盖，贴上标签，注明培养基的名称与配制时间等。

4. 培养基灭菌

把注入培养基的培养器皿、包扎好的玻璃器皿和金属器械，以及装有蒸馏水的玻璃瓶，放入高压灭菌锅。当压力升至0.5kg/cm^2（即49.0kPa）时，用镊子打开排气阀排出锅内的冷空气，然后关闭排气阀。当压力达1.1kg/cm^2（即108kPa），锅内的温度为121℃时，保持15～20min。最后切断电源（或热源），让灭菌器自然冷却。

四、实训报告

1. 将MS培养基制备技术及操作过程写出书面报告。
2. 列举培养基制备室和分装时的注意事项。

实训五　组培无菌接种与培养

一、目的要求

使学生了解掌握组培无菌接种技术及各阶段培养技术。

二、用具材料

草本花卉植物材料、超净工作台、培养基、酒精灯、接种镊子、接种剪刀等。

三、方法步骤

1. 用水和肥皂洗净双手，穿上消毒过的专用实验服、帽子与鞋子，进入接种室。
2. 用沾有70%的酒精的纱布擦拭双手和工作台。
3. 用沾有70%的酒精的纱布擦拭装有培养基的培养器皿，并放进工作台。
4. 把解剖刀、剪刀、镊子等器械浸泡在95%的酒精瓶中，并放进工作台。
5. 操作前20min打开超净工作台和紫外灯。20min后，关闭紫外灯。
6. 把培养材料放进70%的酒精中浸5～30s；再在0.1%的升汞（氯化汞$HgCl_2$）中浸泡5～10min，或在10%的漂白粉上清液中浸泡10～15min，浸泡时可进行搅动，使植物材料与灭菌剂有良好的接触；然后用无菌水冲洗3～5次。
7. 用火焰烧瓶口，转动瓶口使各部分都烧到，打开瓶口，再在火焰上消毒。
8. 取下接种器械，在火焰上充分燃烧消毒。
9. 把培养材料迅速植入培养瓶，盖好瓶口（每人接种5～10瓶）。操作期间应经常用

70%的酒精擦拭工作台和双手；接种器械应反复在95%的酒精中浸泡和在火焰上消毒。

10. 接种结束后，清理和关闭超净工作台。

11. 接种一周后，观察接种材料的污染情况，并分析污染原因。

四、实训报告

1. 写出无菌操作外植体接种及丛生芽的切割与转接技术书面报告。

2. 观察调查外植体及丛生芽切割转接无菌操作成活率。

【本章小结】

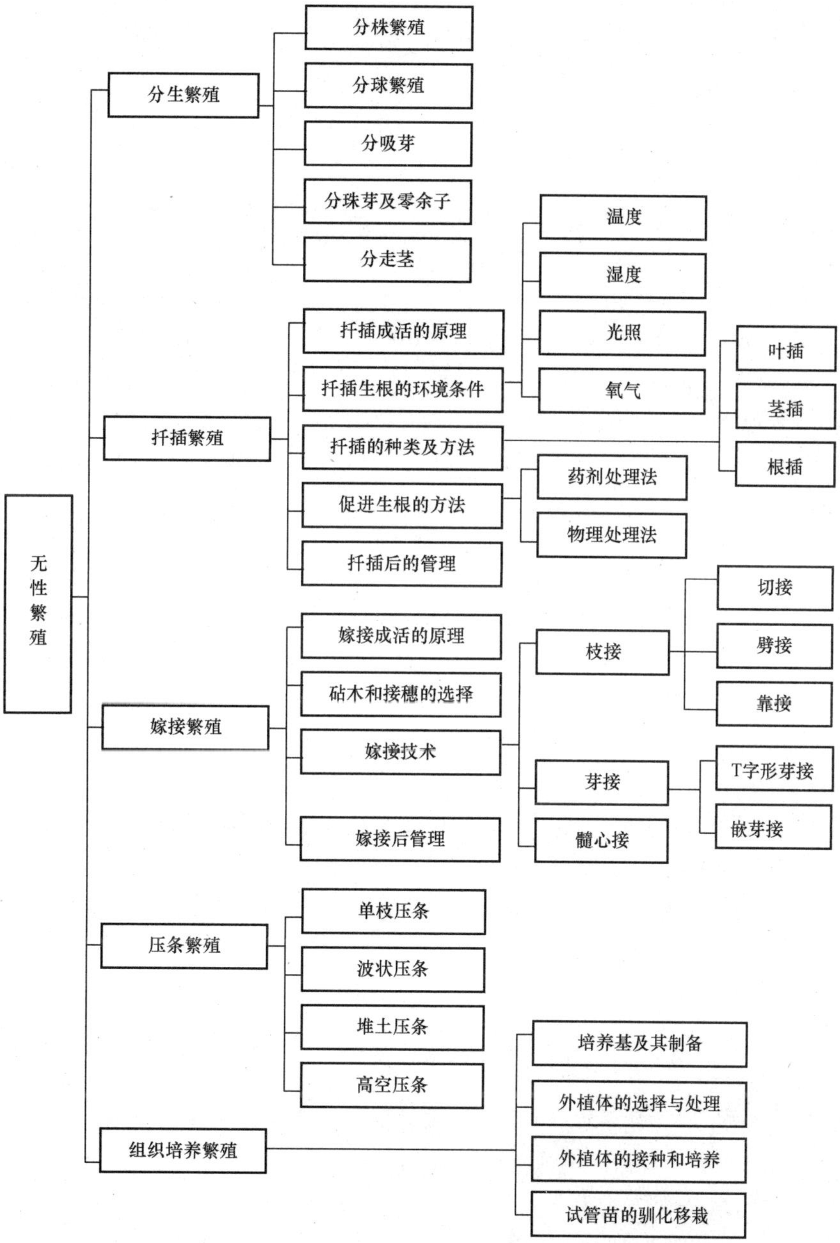

【复习思考题】

1. 园林花卉分生繁殖有哪些特点？分株和分球繁殖有何不同？那些花卉适于分生繁殖？
2. 花卉扦插繁殖的种类有哪些？促进扦插生根的方法有哪些？
3. 影响嫁接成活的因素有哪些？何谓关键技术？
4. 压条繁殖有何特点？其类型有哪些？
5. 花卉组织培养技术主要包括哪些环节？各环节主要工作内容是什么？
6. MS 培养基包括哪些基本成分？作用是什么？如何配制？

第3篇　设施花卉栽培与养护

第1章　园林花卉栽培设施

【知识要点】　本章主要对温室的类型、结构、特点及温室的设计建造及温室内部设备作了详细介绍，以使学生对常见温室结构及设计有更好的理解和掌握。此外，还对塑料大棚等其他园林花卉栽培设施进行了简要介绍。

【学习目标】

知识目标：了解温室的分类及其结构与性能。掌握温室设计的基本原理。

技能目标：能进行日光节能温室的设计。能选择正确的建设材料，注意经济实用。能进行温室管理（通风、遮阴、保温、加温、湿度管理等）。能熟练使用温室设施。

园林花卉栽培设施主要有温室、阴棚、风障、冷床、温床、冷窖、冷库等，其中温室尤为重要。另外，还包括其他一些栽培设施，如机械化、自动化设备、各种机具等。人们将以上栽培设施创造的栽培环境称为保护地，在保护地中进行的花卉栽培称为保护地栽培。

1.1　温室的建造与管理

温室是花卉栽培中最重要、最广泛的栽培设施，比其他栽培设施（如风障、冷床、温床、冷窖等）对环境因子的调控能力更强、更全面，并朝着智能化温室的方向发展。温室大型化、温室现代化、花卉生产工厂化已成为当今国际花卉栽培的主流。

1.1.1　温室的类型与结构

温室种类很多，通常依其应用目的、温度、栽培植物类型、结构形式、设置位置、温度来源、建筑材料和屋面覆盖材料等区分。

1. 依应用目的分类

（1）观赏温室。供展览、观赏之用，常收集色、香、姿俱佳的奇花异卉供观赏。一般建于公园、植物园内。温室外观要求高大、美观。

（2）栽培温室。以观赏植物生产栽培为主，建筑形式以符合栽培植物的需要和经济实用为原则，不追求外形的美观，而最大限度地利用室内场地栽培花卉。根据栽培花卉种类的不同可分为切花温室、盆花温室等。

（3）繁殖温室。供大规模地进行播种、扦插、嫁接等繁殖用。温室建筑多采用较低矮的半地下式，便于维持较高的湿度和稳定的温度环境。

(4) 促成温室。专供冬春促成栽培所用的温室。

(5) 人工气候室。应用自动调温、调湿的电脑装置和人工光源等，不受地区和季节的影响，供栽培花卉或从事科学研究之用。

2. 按温室温度分类

(1) 高温温室。室温保持在18～30℃之间，这种较高的温度能使热带花卉正常生长发育，也有利于花卉的促成栽培。

(2) 中温温室。室温控制在12～20℃，适宜养护亚热带植物，温室内有时设置苗床，供花卉播种、扦插等繁殖用。

(3) 低温温室。室温在5～15℃之间，供原产暖温带的常绿花卉越冬使用；不耐寒的宿根花卉和球根花卉的种球越冬用；也作耐寒性草花促成栽培。

3. 按建筑形式分类

(1) 单屋面温室。单屋面温室只有一个朝南的透光面，后墙及东西两侧的墙多为砖墙或土墙。结构简单，用料少。夜间便于覆盖保温，因此保温性能较好。

(2) 双屋面温室。又称等屋面温室、鞍形温室，一般南北延长，屋面则分东西向。这类温室内的光线充足，采光和温度较均匀。白天升温快，但散热也快，保温性能差，昼夜温差大，现多用薄膜或无纺布在温室内部设置两层保温幕来防寒保温。

(3) 不等屋面温室。温室屋顶具有两宽度不等的屋面，向南一面较宽，向北一面较窄，二者的比例为4∶3或3∶2。

(4) 拱形屋面温室。拱形屋面温室多用热镀锌钢材作为骨架，屋面呈拱形，南北向延长，东西向可建造成连栋型温室，屋面覆盖材料多为塑料薄膜，两侧或屋面上设有流动的通风装置。为增加保温性能，有的将拱形屋面设计成两层骨架，覆盖双层薄膜。有的采用双层充气薄膜，它质轻、保温性能好，比单层的节能40%～50%。

4. 按建筑材料分类

(1) 土温室。墙壁用泥土筑成，屋顶上面的主要材料也为泥土，其他各部分结构均为木材，采光面常用玻璃或塑料薄膜。

(2) 木结构温室。屋架及门窗等都为木制。木结构温室造价低，但使用几年后温室密闭度常降低。使用年限一般为10～15年。

(3) 钢结构温室。柱、屋架、门窗框等结构均为钢材制成，可建成大型温室。钢材坚固耐久，强度大，用料较细，支撑结构少，遮光面积小，能充分利用日光。但造价较高，容易生锈，一般可用20～25年。

(4) 钢木混合结构温室。除中柱、桁条及屋架用钢材外其他部分都为木制。由于温室主要结构应用钢材，因此可建一个较大的温室，使用年限也较久。

(5) 铝合金结构温室。结构轻，强度大，门窗及温室的结合部分密闭度高，能建大型温室。使用年限长，可用25～30年，但造价高，是目前大型现代温室的主要结构类型之一。

(6) 钢铝混合结构温室。柱、屋架等采用钢制异形管材结构，门窗框等与外部接触部分是铝合金构件。这种温室具有钢结构和铝合金结构二者的长处，造价比铝合金结构低，是大型现代化温室较理想的结构。

5. 依温室覆盖材料分类

（1）玻璃温室。以玻璃为覆盖材料。为防冰雹，可选用钢化玻璃。玻璃透光度大，使用年限久。

（2）塑料薄膜温室。以各种塑料薄膜为覆盖材料，用于日光温室及其他简易结构的温室，造价低，也便于用作临时性温室。形式多为半圆形或拱形，也有尖顶形的，单层或双层充气膜，后者的保温性能更好，但透光率较差。常用的塑料薄膜有聚乙烯膜（PC）、多层编织聚乙烯膜、聚氯乙烯膜（PVC）等。

（3）硬质塑料板温室。多为大型连栋温室。常用的硬质塑料板材主要有丙烯酸塑料板（Acrylic）、聚碳酸酯板（PC）、聚酯纤维玻璃（玻璃钢，FRP）、聚乙烯波浪板（PVC）。聚碳酸酯板是当前温室建造应用最广泛的覆盖材料。

此外，依温室相对于地面的位置可将其分为地上式温室、半地下式温室和地下式温室。

6. 日光温室结构

日光温室是适合我国北方的南向采光温室，它一般不需人工加温，能充分利用太阳辐射能，防寒保温好。性能良好的日光温室，在华北地区夜间最低可保持5℃以上。有时寒冬夜间突然大幅度降温或连续阴天室温过低时，可采用热风机或火炉补充热量。

日光温室多采用单屋面形式，呈东西向延伸。北面墙体内侧用24cm墙，外侧用12cm墙，或内外均用24cm墙，中间填充保温材料，东西隔热墙可稍薄，北墙外侧应培土防寒，四周设防寒沟，内充隔热物，减少外界地寒侵入室内。现介绍几种应用较多而又成熟的日光温室形式。

（1）山东寿光式日光温室。这种温室前坡较长，采光面大，增温效果好，后坡较短，增强保温性，晴天上午揭苫1h左右，可增加棚内温度10℃左右，夜间一般不低于8℃。

山东寿光式日光温室后墙高为1.5～2.5m，中柱高1.5～3.5m，前立柱高0.6～1.0m，跨度10～13m，这种类型的温室塑料顶面与地面夹角较小，冬季日光入射量少，但棚的跨度大，土地利用率高。此种日光温室适合于北纬38°以南，冬季太阳高度角大于28°的地区，适合于花卉的延迟和提前栽培。

（2）北方通用型日光温室。这种温室一般不设中柱、前柱。拱杆用圆钢或镀锌钢管制成，每间宽3～3.3m，每间设通风窗，后屋面多采用水泥盖板，通常设置烟道加温。跨度6～8m，后墙至背柱间距（包括烟道及人行道）1.2m，走道不下挖，前肩高0.8m，中肩高2～3m，后墙高1.5～2.0m，砖砌空心墙，厚约50cm，内填炉渣等保温材料。适于喜温花卉的栽培。

（3）全日光温室。在北方地区又称钢拱式日光温室、节能温室，主要利用太阳能作热源，近年来在北方发展很快。这种温室跨度5～7m，中高2.4～3m，后墙厚50～80cm，用砖砌成，高1.6～2.0m，钢筋骨架，拱架为单片桁架，上弦为14～16mm的圆钢，下弦为12～14mm的圆钢，中间为ϕ8～10钢筋作拉花，宽15～20cm。拱架上端搭在中柱上，下端固定在前端水泥预埋基础上。拱架间用3道单片桁架花梁横向拉接，以使整个骨架成为一个整体。温室后屋面可铺泡沫板和水泥板，抹草泥封盖防寒。后墙上每隔4～5m设通风口，有条件时可加设加温设备。此种温室为永久性建筑，坚固耐用，采光性好，通风方便，易操作，但造价较高。适于喜温盆花的栽培养护及鲜切花生产。

（4）连栋式温室。连栋式温室是由相等的双屋面或不等面温室借纵向侧柱或柱网连接起来，相互连通，可以连续搭接，形成室内串通的大型温室，又称为现代化温室。每栋可达数千至上万平方米，框架采用镀锌钢材，屋面用铝合金材料作桁条，覆盖物可采用玻璃、玻璃钢、塑料板材或塑料薄膜。冬季通过热水、蒸汽或热风加温，夏季采用通风与遮阳相结合的方法降温。整栋温室的加温、通风、遮阳和降温等工作可全部或部分由电脑控制。

这种温室具有层架结构简单，加温容易，湿度也易维持，便于机械化操作，利于温室内环境的自动化控制，适于花卉的工厂化生产，特别是鲜切花生产以及名优盆花的栽培养护。但光照稍差，空气流通不畅，造价高，维持费和能源消耗量大，生产出的商品花卉成本高。在目前我国经济水平还不十分发达的情况下，不宜过多发展。

1.1.2 温室设计建造

1. 温室设计的基本要求

（1）符合当地的气候条件。不同地区的气候条件差异很大，温室的性能只有符合使用地区的气候条件，才能充分发挥其作用。如在我国南方地区夏季潮湿闷热，若温室设计成无侧窗，用水帘加风机降温，则白天温度会很高，难以保持适宜的温度，花卉生长不良。

（2）满足栽培花卉的生态要求。温室设计是否科学实用，主要看它能否最大限度地满足栽培花卉的生态要求。也就是说，要求温室内的主要环境因子，如温度、湿度、光照、水分、空气等，都要适合栽培花卉的生态要求。不同花卉的生态习性不同，如仙人掌及其他多浆植物，多原产沙漠地区，喜强光，耐干旱；而蕨类植物，多生于阴湿环境，要求空气湿度大又适度蔽阴的环境。同时，花卉在不同生长发育阶段，对环境条件也有不同要求。因此，设计温室，除了了解温室设置地区的气候条件之外，还应熟悉花卉的生长发育对环境的要求，设计出既科学合理又经济实用的温室。

（3）地点选择。温室通常是一次建造，多年使用。因此，必须选择比较适宜的场所。

1）向阳避风。温室设置地点必须选择有充足的日光照射，不可有其他建筑物及树木遮光，以免室内光照不足。在温室或温室群的北面和西北面，最好有山或高大的建筑物及防风林，以防寒风侵袭，形成光明温暖的小气候环境。

2）地势高燥、土壤排水良好、无污染的地方。

3）水源便利、水质优良、供电正常、交通方便之处，以便于管理和运输。

（4）场地规划。在进行大规模花卉生产的情况下，对温室的排列和阴棚、温床、冷床等附属设备的设置及道路，应有全面合理的规划布局。温室的排列，首先要考虑不可相互遮光，在此前提下，温室间距越近越有利，不仅可节省建筑投资，节省用地面积，降低能源消耗，而且还便于管理，提高温室防风、保温能力。温室的合理间距取决于温室设置地的纬度和温室高度，当温室为东西向延长时，南北两排温室间的距离，通常为温室高度的2倍；当温室为南北向延长时，东西两排温室间的距离应为温室高度的2/3；当温室高度不等时，高的应设在北面，矮的设置在南面。工作室及锅炉房设置在温室北面或东西两侧。若要求温室内部设施完善，可采用连栋式温室，内部可分成独立单元，分别栽培不同的花卉。

2. 温室屋面角度的确定

太阳辐射能是温室热量的基本来源之一。温室屋面角度的确定是能否充分利用太阳辐射能和衡量温室性能优劣的重要条件，温室利用太阳能主要是通过南向倾斜的屋面取得的，以太阳光线与屋面交角 90°时，温室内获得的能量最大，以玻璃覆盖计算，约可获取太阳辐射能的 86.48%（其中 12%为玻璃吸收，1.52%为厚度消耗）；若交角为 45°时，一部分能量被反射掉（约占 4.5%），温室只获取太阳辐射能的 81.98%；若交角为 15°，30%的能量被反射掉，温室只获得 56.48%的能量。

温室获取太阳辐射能量的多少，取决于太阳的高度角和温室南向屋面的倾斜角度。从表 3-1-1 可见，太阳高度角一年中是不断变化的，而温室的利用多以冬季为主。在北半球，冬季以冬至的太阳角为最小，并且日照也最短，是一年中北半球获得太阳辐射能量最小的一天。通常确定南向屋面倾斜度以冬至中午太阳高度角作计算依据，如果这一天温室获得的能量能满足花卉生长发育的要求，则其他时间会更好，将更有利于温室内栽培花卉的生长。

表 3-1-1　　不同纬度各节气中午太阳高度角

季节	北纬						
	20°	25°	30°	35°	40°	45°	50°
立春	53.6°	48.6°	43.6°	38.6°	33.6°	28.6°	23.6°
春分	69.9°	64.9°	59.9°	54.9°	49.9°	44.9°	39.9°
立夏	86.3°	81.3°	76.3°	71.3°	66.3°	61.3°	56.3°
夏至	94.4°	89.4°	84.4°	79.4°	74.4°	69.4°	64.4°
立秋	86.4°	81.4°	76.4°	71.4°	66.4°	61.4°	56.4°
秋分	69.8°	64.8°	59.8°	54.8°	49.8°	44.8°	39.8°
立冬	53.6°	48.6°	43.6°	38.6°	33.6°	28.6°	23.6°
冬至	46.6°	41.6°	36.6°	31.6°	26.6°	21.6°	16.6°

由表 3-1-1 还可看出，不同纬度地区中午的太阳高度角是不同的，随着纬度的增高而减小。但就某一地区而言，某一季节南向屋面倾斜度越大，则与太阳光线的交角越大，温室内获得的辐射热量越多，见表 3-1-2。

表 3-1-2　　北京地区冬至中午玻璃屋面不同倾斜角度透过太阳辐射强度

温室南向屋面倾斜角度/(°)	0	3.4	13.4	23.4	33.4	43.4	53.4	63.4
太阳光投射屋面的角度/(°)	26.6	30	40	50	60	70	80	90
太阳辐射强度/J	1.60	1.76	2.30	2.72	3.10	3.27	3.52	3.56

表 3-1-2 说明，温室南向屋面倾斜角度不同，太阳的辐射强度有显著的差异。以太阳光投向屋面的入射角 90°时，太阳的辐射强度最大。以北京为例，冬至中午太阳高度角为 26.6°，入射角若为 90°，则玻璃屋面的倾斜度应为 63.4°，这在温室结构上是不可行的。既要尽量多地吸收太阳辐射能，又要符合工程结构的合理性，通常以入射角不小于 60°，南向玻璃屋面倾斜度不小于 33.4°为宜。其他纬度地区，可参照北京地区适当安排。

南北向延长的温室，屋面倾斜度的大小，中午前后与太阳辐射强度关系不大，因为不论倾斜角度大小，都相当于太阳投射在水平面上，这也正是东西向温室白天温度较南向采光温室偏低的原因，但是，此类温室为在白天尽可能多地吸收太阳辐射能，屋面倾斜度以 30°左右为佳。

3. 温室建造

(1) 建筑材料。日光温室的建筑材料有筑墙材料、前屋面骨架材料和后屋面的建筑材料。连栋式温室大多工厂化配套生产，组装构成，施工简单。生产栽培温室一般讲究实用，不图美观，就地取材，尽量降低造价，以最少的投资取得最大的效益。

山墙后墙最好用土打成或用草泥垛成，这样既不需购置材料，又具有较好的保温效果。若资金充足，也可选用黏土砖或空心砖筑墙。选择建筑材料，除了考虑墙体的强度及耐久性外，更重要的是保温性能。

后屋面大多为木结构，也有用钢筋混凝土预制件的。木结构由中柱、柁、檩构成骨架，铺草箔，抹草泥。钢筋混凝土预制件有预制柱和背檩，后屋面铺预制板。前者保温性能好，后者坚固耐久。

前屋面骨架大多用竹木支柱架横梁，用竹竿做拱杆，也有用钢筋或钢圆管构成骨架。近年来开发的抗碱玻璃纤维配低碱强水泥复合制品（GRC），它的特点是容重较轻，强度高，抗腐蚀，经久耐用。用它制作的拱架，前后屋面可连成一体，直接架在后墙上，下面无需再设支柱。GRC 骨架截面积较大，遮光较严重，但对冬季盆花生长影响不大。

(2) 覆盖材料。温室屋面常用塑料或玻璃覆盖。现大多采用塑料薄膜或塑料板材覆盖。

1）聚乙烯（PE）普通薄膜。该类薄膜透光性好，无增塑剂污染，吸尘轻，透光率下降缓慢，耐低温性强，低温脆化温度为－70℃，密度小；透光率较强，红外线透过率高达87%以上；其热导率较高，夜间保温性较差；透湿性差，易附着水滴；不耐日晒，高温软化温度为 50℃；延伸率达 400%；弹性差，不耐老化，一般只能连续使用 4～6 个月。这种薄膜只适用于春季花卉提早栽培，日光温室不宜选用。

2）聚氯乙烯（PVC）普通薄膜。这种薄膜新膜透光性好，但随时间的推移，增塑剂渗出，吸尘严重，且不易清洗，透光率锐减；红外线透过率比 PE 膜低 10%，夜间保温性好；高温软化温度为 100℃，耐高温日晒；弹性好，延伸率小（180%）；耐老化，可连续使用 1 年左右；易粘补；透湿率比 PE 膜好，雾滴较轻；耐低温性差，低温脆化温度为－50℃，硬化温度为－30℃；密度大。这种薄膜适于长期覆盖栽培。

3）聚乙烯（PE）长寿薄膜。又称 PE 防老化薄膜。在生产原料中按一定比例加入紫外线吸收剂、抗氧化剂等防老化剂，以克服普通薄膜不耐高温日晒、不耐老化的缺点，延长使用寿命，可连续使用两年以上。其他特点与 PE 普通薄膜相同，可用于北方寒冷地区长期覆盖栽培，但应注意清扫膜面灰尘，以保持较好的透光性。

4）聚氯乙烯（PVC）无滴膜。在 PVC 普通膜原料配方基础上，按一定比例加入表面活性剂（防雾剂），使薄膜的表面张力与水相同或接近，使薄膜下表面的凝聚水在膜面形成一层水膜，沿膜面流入低凹处，不滞留在膜的表面形成露珠。由于薄膜下表面不结露，可降低温室内的空气湿度，减轻由水滴侵染的花卉病害。水滴和雾气的减少，还避免了对阳光的漫射和吸热蒸发的耗能。所以，温室内光照增强，晴天升温快，对花卉的生长发育有利。最适于花卉的越冬栽培和鲜切花的周年生产。

5）塑料板材。一般有聚乙烯板和丙烯树脂板等类型，厚度为 2～3mm，有平板和波形板之分。丙烯树脂板具有优良的透光性，透光率高达 92%，紫外线透过率高于普通玻璃，红外线透过率也较高，但大于3μm以上的长波红外线几乎不能通过，因此，保温性好。但是耐冲击性和耐热性较差，使用寿命为5年。除普通丙烯树脂板外，还有丙烯硬质塑料板、玻璃纤维增强树脂板等，它们都具有轻质、透光性好的特点，使用年限均在7年以上。

利用塑料板材作温室覆盖材料最大的优点是一次建造，多年使用，省工，寿命长，其透光、保温等性能亦优于塑料薄膜，抗风、雪、雹能力强，但其价格高，目前尚不能被普遍接受。

（3）保温材料。温室的保温材料一般是指不透光覆盖物。常用的保温材料有草苫、纸被、棉被等。

1）草苫。多用稻草、蒲草或谷草编制而成。稻草苫应用最普遍，一般宽1.5～2.0m，厚5cm，长度应超过屋面1m以上，用5～8道茎打成。草苫材料来源方便，价格低廉，但保温性一般，寿命短，雨雪天易吸水变潮，降低保温性能，并增大重量，增加卷放难度。

2）纸被。是用4层牛皮纸缝制成与草苫大小相仿的一种保温覆盖材料。由于纸被有几个空气夹层，而且牛皮纸本身热导率低，热传导慢，可明显滞缓室内温度下降，一般能保温4～6.8℃，严寒季节纸被可弥补草苫保温能力的不足。

3）棉被。是用棉布（或包装用布）和棉絮缝制而成，保温性能好，其保温能力在高寒地区约为10℃，高于草苫、纸被的保温能力，但造价高，一次性投资大。

1.1.3　温室的内部设备

1. 植物台

植物台又称植台或台架，是放置盆花的台架，用于盆花的栽培，有平台和级台两种形式。平台常设于单屋面温室南侧或双屋面温室的两侧，在大型温室中也可设于温室中部。平台一般高80cm，宽80～100cm，若设于温室中部宽度可扩大到1.5～2m。级台可充分利用温室空间，台下可设水池、暖气管、或放置耐阴花卉等，通风良好，光照充足而均匀，适用于观赏温室，但管理不便，不适于大规模生产。

植物台的结构有木质、铁架木板及混凝土3种。前两种均由厚3cm，宽6～15cm的木板铺成，两板间留2～3cm的空隙以利排水。现代温室大多采用镀锌管制成活动的植物台，可大大提高温室的有效面积，节省室内道路所占的空间，减轻劳动强度，但投资较大。植物台间的道路一般宽70～80cm，观赏温室可略宽些。

2. 种植床

种植床又称栽培床，是温室内栽培花卉的设施，可用于月季、香石竹、菊花、紫罗兰、百合、鹤望兰等的切花栽培。与温室地面相平的称为地床，高出地面的称为高床。高床四周由砖或混凝土筑成，其中填入培养土（或基质）。种植床易于保持湿润，土壤不易干燥；土层深厚，花卉生长良好，更适于深根性及多年生花卉生长；设置简单，用材经济，投资少；管理方便，节省人力，但通风不良，日照差，难以严格控制土壤温度。这些缺点地床尤为甚。

3. 繁殖床

除繁殖温室内，在一些小规模生产栽培或教学科研栽培中，也常设置繁殖床。有的直接设置在加温管道上，有的采用电热线加温。以南向采光为主的温室，繁殖床多设于北墙，大小视需要而定，一般宽约1m，深40～50cm，其中填入基质即可。

4. 给水排水设备

水分是花卉生长的必需条件，花卉灌溉用水的温度应与室温相近。在一般的栽培温室中，大多设置水池或水箱，事先将水注入池中，以提高温度，并可以增加温室内的空气湿度。水池大小视生产需要而定，可设于温室中间或两端。现代化温室多采用滴灌或喷灌，在计算机的控制下，定时定量地供应花卉生长发育所需要的水分，并保持室内的空气湿度，尤其适用于对空气湿度要求大的蕨类、热带兰等专类温室，这样可增加温室利用面积，提高温室自动化程度，但需较高的智力和财力投入。温室的排水系统，除天沟落水槽外，可设立柱为排水管，室内设暗沟、暗井，以充分利用温室面积，并降低室内湿度，减少病害的发生。

5. 通风及降温设备

温室为了蓄热保温，均有良好的密闭条件，但密闭的同时造成高温、低二氧化碳浓度及有害气体的积累。因此，良好的温室应具有通风降温设备。

（1）自然通风。自然通风是利用温室内的门窗进行空气自然流通的一种通风形式。在温室设计时，一般能开启的门窗面积不应低于覆盖面积的25%～30%。自然通风可手工操作和机械自动控制。一般适于春秋降温排湿之用。

（2）强制通风。强制通风是用空气循环设备强制把温室内的空气排到室外的一种通风形式。大多应用于现代化温室内，由计算机自动控制。强制通风设备的配置，要根据室内的换气量和换气次数来确定。

（3）降温设备。一般用于现代化温室，除采用通风降温外，还装置喷雾、制冷设备进行降温。喷雾设备通常安装在温室上部，通过雾滴蒸发吸热降温。喷雾设备只适用于耐高空气湿度的花卉。制冷设备投资较高，一般用于人工气候室。

6. 加光、遮光设备

温室大多以自然光作为主要光源。为使不同生态环境的奇花异卉集于一地，如长日性花卉在短日照条件下生长，就需要在温室内设置灯源，以增强光照强度和延长光照时数；若短日性花卉在长日照条件下生长，则需要遮光设备，以缩短光照时数。遮光设备需要黑布、遮光膜、暗房和自动控光装置，暗房内最好设有便于移动的盆架。

7. 加温设备

温室加温的主要方法有热水、蒸汽、烟道、热风和电热等。

（1）热水加温。用锅炉加温使水达到一定的温度，然后经输水管道输入温室内的散热管，散发出热量，从而提高温室内的温度。热水加温一般将水加热至80℃左右即可。

（2）蒸汽加温。锅炉加温产生热蒸汽，然后通过蒸汽管道和散热管在温室内循环，散发出热量，维持室内温度。

热水或蒸汽加温所用的散热管，均采用排管或圆翼形管，有时也用暖气片。通常设置于温室内四周短墙上或植物台下，连栋式温室常置于两栋间结合部位。

（3）热风加温。又称暖风加温，是用风机将燃料燃烧产生的热空气输入温室，达到升温的一种加温方式。热风加温的设备通常有燃油热风机和燃气热风机。

热水加温、蒸汽加温及热风加温各有特点，其优缺点比较见表3-1-3。

表3-1-3 热水、蒸汽、热风加温方式比较

加温方式	优 点	缺 点	用 途
热 水	加温均匀，温室内温度变化小；温湿度易保持稳定；升温慢而柔和	配置输水管道投资大，冷却后不易迅速升温；热力不及蒸汽力大	适用于300m^2以下的温室
蒸 汽	升温迅速，室内湿度较热水加温低	装置费高；加温快，但散热也快；易受蒸汽伤害；蒸汽压力强，需要熟练的加温技术	各类温室均可使用
热 风	设备简单，可移动，投资少；传热快，热效率高；可降低温室空气湿度	大面积加温升温慢；易造成空气过分干燥；热量滞留温室上部，形成垂直温差	适于大棚及小型温室

(4) 烟道加温。此法构置简单易行，投资较小，燃料消耗少。但供热力小，室内温度不易调节均匀，空气较干燥，花卉生长不良，多用于较小的温室。

火炉通常设置于温室外间工作室内，挖深1.3～1.6m，设置炉身及炉炕，烟道设置于温室地面上。以南向采光为主的温室，烟道多设于南侧近墙处，双屋面温室则设于两侧墙壁内侧；若温室面积较大，可在温室中部增设烟道。烟道可采用瓦管或砖砌，以12m长为宜，否则会因气流缓慢导致火力不旺；若加高烟囱或装有鼓风机，烟道可适当加长。

要注意的问题是采用烟道加温，千万不可漏烟，否则，栽培的花卉会因烟气中过量的二氧化硫而受到伤害，造成生产损失。

8. 其他附带的建筑设施

(1) 工作房。花卉栽培有许多细致的室内工作，如盆花的翻盆、上盆与换盆，花卉的嫁接繁殖，切花的分级、包装，种子的分选等，均需在与温室相连的工作房中进行。

(2) 种子房。花卉种类繁多，每个种类又有不同的园艺品种及变种。根据种子贮藏的要求，设置种子房，以保持种子的生活力。种子房要求通风干燥，蔽阴冷凉，最好有空调设备，便于调节贮藏温度，还要设有装盛种子的容器、贮藏架等。

(3) 晒场。选择温室南侧空旷地，设一水泥地作为晒场。对盆花用土进行暴晒、消毒，以及进行种子采收后的晾晒与干燥等。

(4) 工具材料仓库。花卉栽培需要多种工具、机具设备及各种肥料、花盆等材料，都需井井有条地贮存于工具材料仓库中，以利生产所需。

1.2 其他类型保护地

1.2.1 阴棚

阴棚指用于遮阳栽培的设施，常用于夏季花卉的遮阳降温。阴棚形式多样，大致可分为永久性和临时性两类。永久性阴棚多设于温室近旁，用于温室花卉的夏季遮阳；临时性阴棚多用于露地繁殖床和切花栽培。在江南地区栽培杜鹃、兰花等喜阴植物时，也常设永久性阴棚。另外，阴棚还分为生产阴棚和展览阴棚。

永久性阴棚多设于温室近旁不积水又通风良好之处，一般高2～3m，用钢管或水泥柱构成。棚架过去多覆盖苇帘、竹帘等，现多采用遮阳网，遮光率视栽培花卉种类的需要而定。有的地方用葡萄、凌霄、蔷薇、蛇葡萄等攀缘植物作遮阳材料，这样既实用又有自然情趣，但需经常管理和修剪，以调整遮光率。为避免上、下午阳光从东或西面透入，在阴棚东西两端设倾斜的遮阳帘，遮阳帘下缘要距地表50cm以上，以利通风。阴棚宽度一般为6～7m，过窄遮阳效果不佳。盆花应置于花架或倒扣的花盆上，若放置于地面上，应铺以陶粒、炉渣或粗砂，以利排水，下雨时亦可免除污水溅污枝叶及花盆。

临时性阴棚较低矮，一般高50～100cm，上覆遮阳网，可覆2～3层，也可根据生产需要，逐渐减至1层，直至全部除去，以增加光照，促进植物生长发育。

1.2.2 塑料大棚

塑料大棚是指没有加温设备的塑料薄膜覆盖的大棚，是花卉栽培及养护的主要设施。

塑料大棚内的温度源于太阳辐射能。白天，太阳能提高了棚内温度；夜晚，土壤将白天贮存的热能释放出来，由于塑料薄膜覆盖，散热较慢，从而保持了大棚内的温度。但塑料薄膜夜间长波辐射量大，热量散失较多，常致使棚内温度过低。塑料大棚的保温性与其面积密切相关。面积越小，夜间越易于变冷，日较差越大；面积越大，温度变化缓慢，日较差越小，保温效果越好。

塑料大棚一般为南北向圆拱形结构，宽5～10m，长30～50m。骨架材料采用竹木、水泥柱、钢管等。工厂配套生产的组装式钢架塑料大棚通常宽6m，长30m，每座180m^2。塑料大棚在北方多用于花卉提前或延期栽培，在南方则用于花卉越冬栽培。

1.3 花卉栽培容器

1.3.1 花盆

花盆是重要的栽培器具，其种类很多，通常依质地及使用目的进行分类。

1. 依质地分类

（1）素烧盆。俗称瓦盆。用黏土烧制，有红盆和灰盆两种。素烧盆通气性能良好，符合根部呼吸生理要求，价格便宜，适宜种植各种花卉，但制作较为粗糙，易生青苔，色泽不佳，欠美观，且易碎，运输不便。素烧盆通常为圆形，大小规格不一，一般以口径作为计算标准。最常用的盆是其口径与盆高约相等。素烧盆易破碎，不适于栽植大型花木。通常盆底或两侧留有小洞孔，以排除多余水分。

（2）陶瓷盆。由高岭土制成。上釉的为瓷盆，不上釉的为陶盆。盆底或侧面有小洞，以利排水。作为水培者则无洞，如水仙盆等，瓷盆带有彩色绘画，外形美观，但通气透水性不良，不适于花卉栽培，一般作套盆或短期观赏用，适于室内装饰及展览。陶盆多为紫褐色或赭紫色，有一定的排水、通气性。陶瓷盆外形除圆形外，也有方形、菱形、六角形等式样。

（3）木盆或木桶。由木料与金属箍、竹箍或藤箍制造而成，形状上大下小，以圆形为主，也有方形或长方形的；盆的两侧设把手，以便搬动；盆下设短脚，或垫以砖或木块，以免盆底直接着地导致腐烂。用材宜选择质坚而不易腐烂的红松、栗杉木、柏木等，外部刷油漆，内面用防腐剂涂刷，盆底设排水孔。多用作栽植高大、浅根观赏花木，如棕榈、南洋杉、橡皮树、桂花等。

（4）紫砂盆。以江苏宜兴产品为最好，质地有紫砂、红砂、白砂、乌砂、春砂、梨皮砂等种类。形式多样，有圆、正方、长方、椭圆形、六角形、梅花形等，造型美观，外部常有刻字装饰。紫砂盆古朴大方，色彩调和，只是透气性能稍差，多用于室内名贵花卉以及盆景栽培。

（5）塑料盆。塑料盆可制成多种形式，色彩也极为丰富，其外形美观，轻便耐用，携带方便，但水分、空气流通不良，可通过改善培养土的物理性状，使之疏松通气，来克服此缺点。塑料花盆一般为圆形、高腰、矮三脚或无脚，底部或侧面留有孔眼，以利浇灌吸水及排水，也有不留孔作水培或套盆之用，在家庭或展览会上，在底部加一托盘以接溢出水。此外，还有用塑料花盆种植花卉，吊挂在室内作装饰，或在苗圃用软质塑料盆育苗，这样易于成活而使用方便。

随着塑料工业的发展和园艺设施的现代化，塑料盆的制作工艺和技术也越来越高，各种特殊用途的塑料盆在市场上也陆续出现。如带贮水盘塑料盆，也称营养自供盆或自供水花盆，盆体由上下两部分组成，上盆用于栽种植物，下盆盛水（或营养液），从上盆盆底引1～2根吸水物（如布条）通入下盆盆底，水通过毛细管作用源源不断进入上盆土中，供植物吸收利用。此外，还有带“陶架”的塑料盆、带水位显示器塑料盆，带内盆塑料盆、带托盘塑料盆、带吊钩塑料盆等造型丰富多彩的塑料容器。

（6）纸盆。仅供培养幼苗之用，特别适用于不耐移栽的花卉，如香豌豆、香矢车菊等。在定植露地前，先在温室内纸盆中进行育苗。

此外，还有金属盆、玻璃盆，多用于水培，种植水生花卉植物或实验室栽培。

2. 依使用目的分类

（1）水养盆。专用于水生花卉或水培花卉，盆底无排水孔，盆面阔大而较浅，如荷花盆。球根水养用盆多为陶制或瓷制的浅盆，如水仙盆，风信子也常采用特制的风信子瓶，专供水养之用。

（2）兰盆。专用于气生兰及附生的蕨类植物，其盆壁有各种形状的孔洞，以便空气流通，也常用各种形状的竹篮或竹框代替兰盆。

（3）盆景盆。有树桩盆景盆和水石盆两类。树桩盆底部有排水孔，形状多样，有方形、长方形、圆形、椭圆形、八角形、扇形、梅花形、菱形等，色彩丰富，古朴大方；水石盆底部无孔，均为浅口盆，形式以长方形和椭圆形为主。盆景盆的质地除泥、瓷、釉、紫砂外，还有水泥、石质等。石质其中以洁白、质细的汉白玉和大理石为上品，多用以制成长方形、椭圆形浅盆，适于水石盆景使用。

（4）花钵。花钵多由玻璃钢材料制成。一般口径较大，可制成各种美观的形式，如高脚状、正六边形、圆形等，多摆放于公共场所。

（5）育苗容器。花卉种苗生产中常用的育苗容器有穴盘、育苗盘、育苗钵等。

1）穴盘。穴盘是用塑料制成的蜂窝状的由同样规格的小孔组成的育苗容器。穴盘能保持花卉根系的完整性，节约生产时间，减少劳动力，提高生产的机械化程度，便于花卉种苗的大规模工厂化生产。市场上穴盘的种类较多，一般有72穴、128穴、288穴、392穴等，长、宽分别为550mm、280mm。穴盘孔数的选用与所育的品种、计划培育成品苗的大小有关。一般培育大苗用穴数少的穴盘，培育小苗则用穴数多的穴盘。为了降低生产成本，穴盘应尽量回收，并在下一次使用前进行清洗消毒。

2）育苗盘。育苗盘也叫催芽盘，多由塑料制成，也可以用木板制作。用育苗盘有很多优点，如对水分、温度、光照容易调节，便于种苗贮藏、运输等。

3）育苗钵。育苗钵是指培育小苗用的钵状容器，规格很多。按制作材料不同可划分为两类：一类是塑料育苗钵，由聚乙烯或聚氯乙烯制成，多为黑色，个别为其他颜色；另一类为有机质育苗钵，是以泥炭为主要原料制作的，还可用牛粪、锯末、黄泥土或草浆制作。这种容器质地疏松透气、透水，装满水后能在底部无孔情况下40～60min内全部渗出。由于钵体会在土壤中迅速降解，不影响根系生长，移植时育苗钵可与种苗同时栽入土中，不会伤根，无缓苗期，成苗率高，生长快。

1.3.2 花卉栽培常用的工具及材料

1. 浇水壶

浇水壶有喷壶和浇壶两种。喷壶用来为花卉枝叶除去灰尘，增加空气湿度。喷嘴有粗、细之分，可根据植物种类及生长发育阶段、生活习性灵活取用。浇壶不带喷嘴，直接将水浇在盆内，一般用来浇肥水。

2. 喷雾器

防虫防病时喷洒药液用，或用作给温室小苗喷雾，以增加湿度，或作根外施肥，喷洒叶面等。

3. 修枝剪

修枝剪用以整形修剪，以调整株形，或用作剪截插穗、接穗、砧木等。

4. 嫁接刀

嫁接刀用于嫁接繁殖，有切接刀和芽接刀之分。切接刀选用硬质钢材，是一种有柄的单面快刃小刀；芽接刀薄，刀柄另一端带一片树皮剥离器。

5. 遮阳网

遮阳网又称寒冷纱，是高强度、耐老化的新型网状塑料覆盖材料，具有遮光、降温、防雨、保湿、抗风及避虫防病等多种功能。生产中根据花卉种类选择不同规格的遮阳网，用于花卉覆盖栽培，借以调节、改善花卉的生长环境，实现优质花卉的生产目的。

6. 覆盖物

覆盖物用于冬季防寒，如用草帘、无纺布制成的保温被等覆盖温室，与屋面之间形成防热层，有效地保护室内温度，亦可用来覆盖冷床、温床等 。

7. 塑料薄膜

塑料薄膜主要用来覆盖温室。塑料薄膜质量轻、柔软、容易造形、价格低，适于大面积覆盖。其种类很多，有聚氯乙烯薄膜、聚乙烯薄膜、聚氟乙烯薄膜等，生产中应根据不同的温室和栽培的花卉采用不同的薄膜。

此外，花卉栽培过程中还需要竹竿、棕丝、铅丝、铁丝、塑料绳等用于绑扎支柱，还有各种标牌、温度计与湿度计等材料。

【技能训练】

实训　花卉栽培设施的参观与评价

一、实训目的

通过对花卉栽培设施（温室、塑料拱棚、阴棚）的参观、调查，进行类型识别并了解当地主要花卉栽培设计的结构特点和规格，了解各种栽培设施在当地的应用情况。

二、材料及用具

皮尺、钢卷尺等。

三、内容与方法

1. 全班划分成若干小组，每小组按实训内容要求到附近花卉种植基地、农业科技园区、科研单位及农村园艺植物种植区进行调查、测量、访问，将调查资料和测量结果，整理成报告。

2. 设施类型的识别。观察设施场地的选择、方位和规划情况，并结合当地气候特点、地理位置进行分析合理性及优缺点。

3. 测量几种园艺设施的结构、规格。

4. 日光温室的方位，长、宽、高，透明屋面及后屋面的角度、长度，墙体厚度和高度，门的位置和规格。

5. 大、中、小塑料拱棚的方位、规格和用材种类与规格。

6. 分析几种保护地设施结构原理的异同、结构性能的优缺点和节能的有效措施。

7. 各保护地设施在本地的主要栽培季节、周年利用情况以及节能的有效措施。

四、实训报告

1. 评价所参观花卉栽培设施的优缺点。

2. 总结温室环境的调控方法。

【本章小结】

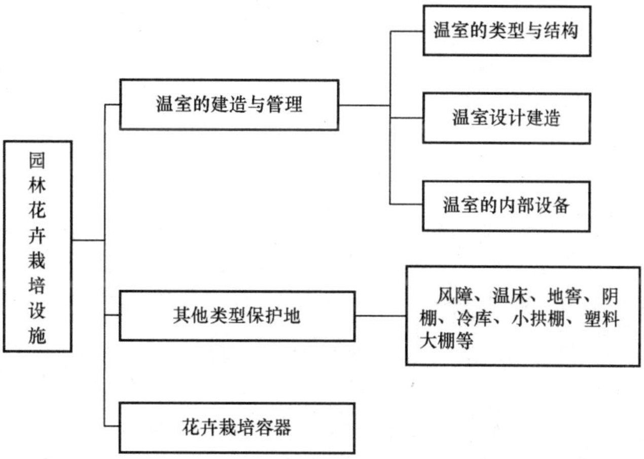

【复习思考题】

1. 在当地找几个温室，依据不同的分类标准对其进行分类。分析其使用目的和结构。
2. 温室建造设计时应注意哪些方面的问题?
3. 试比较几种温室覆盖材料的优缺点。
4. 比较温室和塑料大棚在结构上的区别。
5. 塑料大棚和温室相比，在环境条件控制方面有哪些异同?
6. 比较温室的几种加温方法的优缺点。
7. 结合生产调查花盆的种类，它们在使用效果上有何不同?
8. 你所在地区的温室状况如何? 你认为应采取哪些改进措施?
9. 结合当地气候条件，试设计年生产 10 万盆花卉的花卉生产设施。

第 2 章　园林花卉的花期调控

【知识要点】 本章主要对花期调控的技术途径、花期调控的主要方法进行了介绍，并介绍了几种花卉的具体调控实例。

【学习目标】

知识目标：通过本章的学习掌握开花调节的依据，了解开花调节的意义、技术途径。

技能目标：通过控制温度，能熟练进行牡丹、杜鹃等花期的调控。通过光照调节，能熟练进行对一品红、菊花等花期的调控。通过植物生长调节剂的使用，能对山茶、含笑等花卉进行花期调控。

植物花开花落有一定的季节性和时间性，如果让花卉随人意四季飘香，可采用促成或抑制的方法来控制花期。花期的调控技术又称催延花期，我国自古就有花期调控技术，有开出“不时之花”之记载。花期调节目的在于根据市场或应用需求按时提供产品，以丰富节日或经常的需要，人工调节花期，可缩短生产周期，加速土地利用周转率，准时供花，提高经济效益。

2.1　调控花期的途径

人们利用各种栽培技术，使花卉在自然花期之外，按照人们的意愿，定时开放，即所谓“催百花于片刻，聚四季于一时”。开花期比自然花期提早者，称促成栽培，比自然花期延迟者称抑制栽培。调控花期的主要途径有以下几方面。

1. 温度

温度是对花卉生长发育具有重大影响的因素，有的花卉由于温度太低不能开花，有的则要经过一个低温阶段才能开花，否则处于休眠状态，不开花。所以应根据不同情况，采取相应措施。

温度的作用主要有如下几个方面：

（1）打破休眠。增加休眠胚或生长点的活性，打破营养芽的自然休眠，使之萌发生长。

（2）春化作用。在花卉生活期的某一阶段，在一定的低温条件下，经过一定的时间，即可完成春化阶段，使花芽分化得以进行。

（3）花芽分化。花卉的花芽分化，要求一定的温度范围，只有在此温度范围内，花芽分化才能顺利进行，不同的花卉的适宜温度不同。

（4）花芽发育。有些花卉在花芽分化完成后，花芽即进入休眠状态，要进行必要的温度处理才能打破休眠而开花，花芽分化和花芽发育需要不同的温度条件。

（5）影响花茎的伸长。有些花卉的花茎需要一定的低温处理后，才能在较高的温度下伸长生长，如风信子、郁金香、君子兰、喇叭水仙等。也有一些花卉的春花作用需要低温，也是花茎的伸长所必需的，如小苍兰，球根鸢尾、麝香百合等。

由此可见，温度对打破休眠、春花作用、花芽分化、花芽发育、花茎伸长均有决定性作用。因此采取相应的温度处理，即可提前打破休眠，形成花芽，并加速花芽发育，提早开花，反之可延迟开花。

2. 光照

很多花卉是否开花，是由所接受的每天日照的长短来决定的。因此对于长日照花卉和短日照花卉，可人为控制日照时间，以提早开花，或延迟其花芽分化或花芽发育，调节花期。

3. 药剂处理

药主要用于打破球根花卉和花木类花卉的休眠，提早开花。常用的药剂主要为赤霉素（GA）类药剂。

4. 栽培措施处理

通过调节繁殖期或栽植期，采用修剪、摘心、施肥和控制水分等措施，可有效地调节花期。

2.2 处理前的准备工作

1. 花卉种类和品种的选择

根据用花时间，首先要选择适宜的花卉种类和品种。一方面选择的花卉应充分满足市场的需要，另一方面要选择在用花时间比较容易开花的、且不需过多复杂处理的花卉种类，以节约时间，降低成本。同种花卉的不同品种，对处理的反应也不同，甚至相差很大，如菊花的早花品种“南洋大白”短日照处理 50d 开花；而晚花品种“佛见笑”则要处理 65～70d 才能开花。为了提早开花，应选择早花品种，若延迟开花宜选择晚花品种。

2. 球根的成熟程度

球根花卉要促成栽培，需要促使球根提早成熟，球根的成熟程度对促成栽培的效果有很大影响，成熟度不高的球根，促成栽培的效果不佳。开花质量下降，甚至球根不能发芽生根。

3. 植株或球根大小

要选择生长健壮、能够开花的植株或球根。依据商品质量的要求，植株和球根必须达到一定的大小，经过处理后花的质量才有保证。如采用未经充分生长的植株进行处理，花的质量降低，不能满足花卉应用的需要。一些多年生花卉需要达到一定的年龄后才能开花，处理时要选择达到开花年龄的植株处理。如郁金香的球茎要达到 12g 以上、风信子鳞茎的直径要达到 8cm 以上才能开花。

4. 处理设备和栽培技术

要有完善的处理设备如控温设备、补光设备及控光设备等。精细的栽培管理也是十分必要的。

2.3　调控花期的方法

2.3.1　温度处理

1. 增加温度

对于高温下形成花芽的一些花卉，只要提高温度，在入冬前放入高温或中温温室培养，就能在需要开花时如期开放。秋播的大部分草花中的瓜叶菊、旱金莲、大岩桐及月季、茉莉、米兰等常采用这种方法催花。这种栽培方法叫“秋种冬花”。对于正在休眠越冬但花芽已形成的花卉，如牡丹、迎春、杜鹃、丁香、海棠、碧桃等一些春季开花的木本花卉，经霜雪后，移入室内，逐渐加温打破休眠，温度保持在 20～35℃，并经常喷雾，就能提前开花，将花期提前到春节前后。其他还有非洲菊、大丽花、美人蕉、象牙红、文殊兰等，都可用加温的方法来延长花期。

利用加温方法来催花，首先要预定花期，然后再根据花卉本身的习性来确定提前加温的时间。在将室温增加到 20～25℃湿度增加到 80%以上的环境下，牡丹经 30～35d 可以开花，杜鹃需 40～45d 开花，龙须海棠仅 10～15d 就能开花。有些花卉在适宜的温度下可连续生长开花不断。在自然条件下入秋后气温逐渐降低，于是生长发育停止而进入休眠或半休眠状态，如继续给它们保持适当的温度同时加强肥水管理，就能连续开花。如非洲菊、大丽花、美人蕉、非洲凌霄、木本象红等。

2. 降低温度

（1）延长休眠期。已经孕蕾的花卉，可用冷藏法延长休眠期，使其延迟 1～2 个月开花。冷藏温度以 2～5℃为宜。一些春季开花的花卉，春暖前将其移入 5℃的冷室，这适用于较耐寒、耐阴的晚花品种。注意水要少浇。在冷室中存放时间长短，要根据预定的开花时间和花卉习性来决定，一般需提前 30d 以上移到室外。出室后注意避风、遮阴，逐渐增加阳光。

（2）减缓生长延期开花。对一些含苞待放或开始进入初花期的花卉，可采用较低的温度、微弱的光照、减少水分等来延迟开花，这在菊花、月季、水仙、八仙花、天竺葵等花卉上应用。

（3）防暑降温使不耐高温的花卉在夏季开花。大部分花卉盛夏进入缓慢生长发育阶段，处于休眠、半休眠状态，因此多不开花，为此可从气温上改变，以使其开花不断。

（4）降低温度使提前度过休眠期。如要使牡丹在元旦开放，单纯进行高温处理达不到目的，要在秋季落叶后先进行 1 周的低温（0℃以下）处理，然后再移到中温和高温温室中催花。如要使其到国庆节开放则需要提前 50d 左右进行 2 周的低温（0℃以下）处理，然后再移到相当于春季的气温条件下并使温度逐渐升高。

2.3.2　光照处理

1. 长日照处理

长日照处理能促使长日照植物提前开花，延迟短日照植物花期。如对大丽花、唐菖蒲、晚香玉、瓜叶菊等一些必须在长日照条件下才能花芽分化的植物在冬季开花是完全必要的。

处理的方法是，在日落之后，用白炽灯、日光灯或弧光灯等照射花卉茎叶 3h 以上，每天光照延长 7～8h，保持 15h 左右的光照条件，温度保持在 10～18℃，就可提前开花。研究表明，如果在午夜前后使用上述灯光给予半小时左右的光照来打破黑暗，也同样能起到延长光照的长日照处理效果。相反，如果对短日照花卉进行长日照处理，可阻止其花芽的形成，达到推迟花期的目的。菊花切花栽培就是利用这个方法推迟花期，使之到元旦或春节开花，供应市场。将大菊系晚菊品种在其花芽未分化前，从 9 月初开始用人工补光，10 月 10 日停止，每天用 40W 日光灯距植株 60cm 延长光照 6h，保持 20℃左右，可延迟到元旦开花。如将长日照处理的时间延迟到 11 月中旬，则可在早春供应市场。

2. 短日照处理

短日照处理可使短日照植物提前开花，如菊花、叶子花、一品红、蟹爪兰等典型短日性花卉，只有短日照条件下进行花芽分化，在植株生长健壮后，每天只给 8～9h 光照，一般早上 9 点给光，下午 5 点闭光，处理 50～60d 后，即可提前开花。短日照处理的花卉植株，营养生长必须充分，满足枝条长短接近开花时的需要。施肥方面，停止施氮肥，增加磷、钾肥的供应。一般一品红于夏季进行遮光处理，9 月中旬以后日照时数以 9～10h 为宜。日照时数 11h 则苞片上稍见绿点。其界限日照时数为 12～12.5h。单瓣一品红 40 余天可开花，重瓣一品红处理时间稍长，处理时温度应在 15℃以上，要求阳光充足、通风良好，若低于 15℃，则生长发育不良，苞片叶发育不良，品质下降。为使一品红于“十一”国庆节开花，可于 7 月底每天给予 8～9h 的光照，一个月后形成花蕾，9 月下旬逐渐开放。

3. 昼夜颠倒法

昼夜颠倒法在昙花上得到应用。因为昙花总是在夜间开放，开花到凋零只 3～4 个小时，由此有“昙花一现”的说法。在实践上，当其花蕾长到 5cm 以上时，可白天放在暗室中遮光，夜间 7 点到次晨 6 点用 100W 强光照射，经 4～5d，颠倒昼夜处理，就可使其在白天开放。

2.3.3 光照与温度组合处理

在花卉的花期调控中，有时光照和温度中某一因子对打破休眠、生长、开花、花芽分化、花芽发育和开花起明显的支配作用。如紫罗兰的花芽分化期需要 15℃以下的低温处理，秋菊的花芽分化需要短日照条件，铃兰打破休眠需要 0℃的低温处理等。但多以两个处理因子为主，进行合理组合以促进或延迟开花。例如秋菊要求在短日照条件下花芽分化，但必须给予 15 ℃以上的温度，若低于 15℃，则花芽分化受阻。同时一个处理因子的变化，其他因子也随之而改变，才能达到预期的效果。如报春花以进行短日照处理，促进花芽分化，只有在 16～21℃时才有效。当温度降至 10℃时，则无论长日照或短日照下均可花芽分化，当温度升至 30℃，不管日照长短，均不花芽分化。再如仙人掌为多浆植物，也是短日照花卉，短日照处理，要求 17～18℃才能开花。温度达到 21～24℃，即使短日照也不开花，温度降至 12℃左右，长日照下也能开花。

2.3.4 栽培技术处理

1. 调节繁殖期和栽植期

（1）调节播种期。一二年生花卉大部分是以播种繁殖为主，用调节播种时间来控制花期是比较容易掌握的花期控制技术，关键问题是什么品种花卉在什么时期播种，从播种到开花需要多少天。这个问题解决了，只要是在预期开花时间之前，提前播种即可。如长春花从播种到开花大约是 80～100d，如果希望在“十一”开花，7 月初播种，即可按时开花。其他花卉可参考表 3-2-1。

表 3-2-1　几种花卉生物学特性一览表

序　号	品　种	发芽适温 /℃	发芽天数 /d	极限高温 /℃	极限低温 /℃	生长适温 /℃	光　照	生育期 /d
1	长春花	22～25	7～15	40	5	15～35	全	80～100
2	一串红	20～25	7～14	30	8	10～25	全	70～90
3	百日草	20～25	3～7	30	5	15～25	全	50～60
4	万寿菊	20～25	5～8	30	3	20～25	全	70～90
5	孔雀草	20～25	5～8	35	3	20～25	全	80～90
6	鸡冠花	25	8～10	40	8	20～30	全	70～80

(2) 调节栽植期。如需“十一”开花，可于 3 月下旬栽葱兰，5 月上旬栽植荷花（红千叶）；7 月中旬栽植晚香玉、唐菖蒲；7 月 25 日栽植美人蕉（上盆、剪除老叶、保护叶及幼芽）。

2. 其他栽培技术处理

(1) 修剪。为“十一”上市，早菊的晚花品种于 7 月 1～5 日、早花品种于 15～20 日修剪。荷兰菊于 3 月上盆后，修剪 2、3 次，最后一次于“十一”前 20d 进行。

(2) 摘心。一串红于“十一”前 25～30d 摘心。

(3) 摘叶。榆叶梅于 9 月 8～10 日摘除叶片，则 9 月底至 10 月上旬开花。

(4) 施肥。适当增施磷钾肥，控制氮肥，常常对花芽的发育起促进作用。

(5) 控制水分。人为控制水分，使植株落叶休眠，再于适当的时候给予水分供应，则可解除休眠，并发芽、生长、开花。牡丹、玉兰、丁香等木本花卉，可用这种方法在元旦或春节开花。在花期的控制过程中，常采用综合性技术措施处理，控制花期的效果更加显著。

2.3.5　应用植物生长调节物质

植物生长调节剂应用的特点：①相同的药剂对不同植物种类、品种的效应不同；②由于各种生长调节剂被吸收和在植物体内运输的特性不同，所以施用的方法也不同；③环境条件明显影响药剂施用效果；④多种植物生长调节剂组合应用时可能存在相互增效或相互拮抗作用。

植物生长调节剂在开花调节上的应用：①应用于促进诱导成花；②打破休眠促进开花；③代替低温促进开花；④防止莲座化，促进开花；⑤代替高温打破休眠和促进花芽分化；⑥促进生长；⑦促进矮化；⑧抑制顶端生长；⑨调节衰老与脱落。

1. 解除休眠提早开花

如可用赤霉素涂在牡丹的花芽上，可在早春或冬季催花时促使花芽在4～7d内萌动，方法是交将一个脱脂棉球安放在充实肥壮的花芽上，然后将准备催花的牡丹移入温度不高并有一定光照的室内，每天用500～1000mg/L的赤霉素将花芽上的棉球滴湿，直到开始萌动为止。

2. 加速生长促进开花

山茶花在自然条件下上半年进行营养生长，5月以后生长逐渐停止而转入花芽分化阶段，从花芽分化到分化完成大约需半年以上的时间，要想使它们尽早完成花芽分化而提前开花，可用500～1000mg/L的赤霉素点涂花蕾，每周两次，半个月后花芽将快速生长，同时结合喷雾来增加空气湿度，可望在当年开花。上述方法对含笑开花也有一定效果，并能使花梗伸长6cm以上，使花朵挺出叶腋间的叶丛，以提高观赏效果。仙客来花芽一般从9月份开始孕育，有的花梗在开花后常含在叶丛中。如用100mg/L低浓度的赤霉素向花芽上喷布，不但可以提早开花，还能使花梗加长。这种方法对君子兰叶里藏花和提早开花有一定效果。

3. 抑制花芽分化推迟花期

2.4-D对花芽分化和花蕾的发育有抑制作用。当未被处理的菊花盛开时用0.01mg/L2.4-D喷布的菊花呈初花状态；用0.1mg/L喷布的花蕾膨大而透色；用5mg/L喷过的花蕾尚小。

4. 加速发育来提早结果

用100mg/L的乙烯利来处理观果类花卉，可提高座果率和加快果实成熟。

2.4 主要花卉花期调控实例

1. 菊花

菊花为短日照植物，只有在短日照条件下才会花芽分化，因此可通过控制日照长短来控制花期。为此要在长日照条件开花，应进行短日照处理。预先把植株培育健壮，嫩枝长到9～12cm时，每天只给9～10h的光照，其余时间可用黑布或黑塑料薄膜等将植株罩起来（以早晚为宜，因中午过热）。短日照的有效感应在顶端，故上部一定要完全黑暗，基部则要求不严。约经30～40d处理，菊花即可形成花蕾，以后可去罩，并加强肥水管理。为了延迟开花，也可选择晚花品种，采用延长日照的方法，阻止花蕾的形成从而推迟开花。

2. 牡丹

要提前到春节开花，应选赵粉、玉楼春、桃花红等开花早而勤的品种，5～6年生、植株长势强的，落叶后，将牡丹上盆，尽量少伤根系，放在温度不高的地方，施肥一次，以后移入室温25℃左右的温室，每天在植株上喷水5～6次，出叶后只喷枝干。当花蕾现色时，转入低温温室，这样花期可保持20d左右。若要将牡丹的正常花期延迟，则可采用冷藏的方法延长其休眠期，温度保持0℃以上，室内要有弱光，每天照射3～4h。

3. 荷花

荷花大多在6～8月开花。为使在国庆节开花，可利用栽培到开花只要50d左右的早花品种，于7月中旬第二次翻缸栽植，这样就可在国庆开花。此外春季将种藕贮藏到5月中旬种植，并置于树阴下，以减少光照时间，也可使其延迟到国庆开花。晚花品种的新藕要在9月初形成，再将其栽在22℃以上室温的温室中，则荷花可在冬季开花。

4. 杜鹃

杜鹃在夏季进行花芽分化，为使其在冬季开花，可将其移至温室培养，控温20～25℃，并经常在枝叶上喷水，这样约一个半月可开出繁茂的花朵。如要在元旦开花，则进温室前，先经1～2周0℃左右的低温处理即可。为使杜鹃延迟开花，可让其一直处于低温状态，放在冷室，保温1～3℃，保存时间长时，室内要有灯光。存放时间以到所需开花前15～20d为宜。

5. 山茶花

山茶花可以用调节温度的方法来促进或延缓开花。为延迟开花，应选晚花品种，入库前整个植株要加以包扎防寒，放到2～3℃的冷库中，每天应见约6h的弱光，处理时间约一个月左右，可达到延迟开花的目的。春季开花种，满足低温要求后，只要加温就可提早开花。赤霉素处理提早开花技术，参照生长调节物质使用部分。

6. 一品红

一品红是典型的短日照植物，故通过调节光照时间的长短，就可达到控制花期的目的。如为使其在国庆开花，则可从8月上旬开始，以短日照处理约40d，即可在9月下旬显出美丽的红色苞片。若要在新年开花，则不必遮光，以后移入温室栽培，则苞片自然变红。要延迟花期时，可通过灯光加长光照时间达到目的。

7. 唐菖蒲

露地栽培时，为控制花期，应选择不同品种，采用分期播种的办法，可以做到6～11月初持续不断地开花。为使冬季和早春开花，则需采用控制光照和提高温度的办法。

【技能训练】

实训　一品红花期调控

一、目的要求

掌握一品红“十一”开花的花期调控技术和调控方案的制定。

二、材料用具

1. 材料。盆栽一品红。

2. 用具。黑色塑料布、竹竿、温度计、笔记本。

三、方法步骤

1. 搭建遮光棚架。

2. 选择健壮、株形饱满的重瓣一品红若干盆。

3. 确定花期调控日期：8月1日开始。

4. 每天17∶00到8∶00遮光处理，遮光必须严密，连续处理60d。

5. 温度控制：当温度超过35℃以上时，应加强管理，下午浇足水，并在地面喷水降温，

22：00后，打开棚架一部分，通风降温2～3h。

6. 处理期间适当增加施肥量，每周追肥1次。

四、实训报告

1. 设计一品红“十一”开花的调控方案。

2. 观察记载调控过程中的各种数据，并进行整理。

【本章小结】

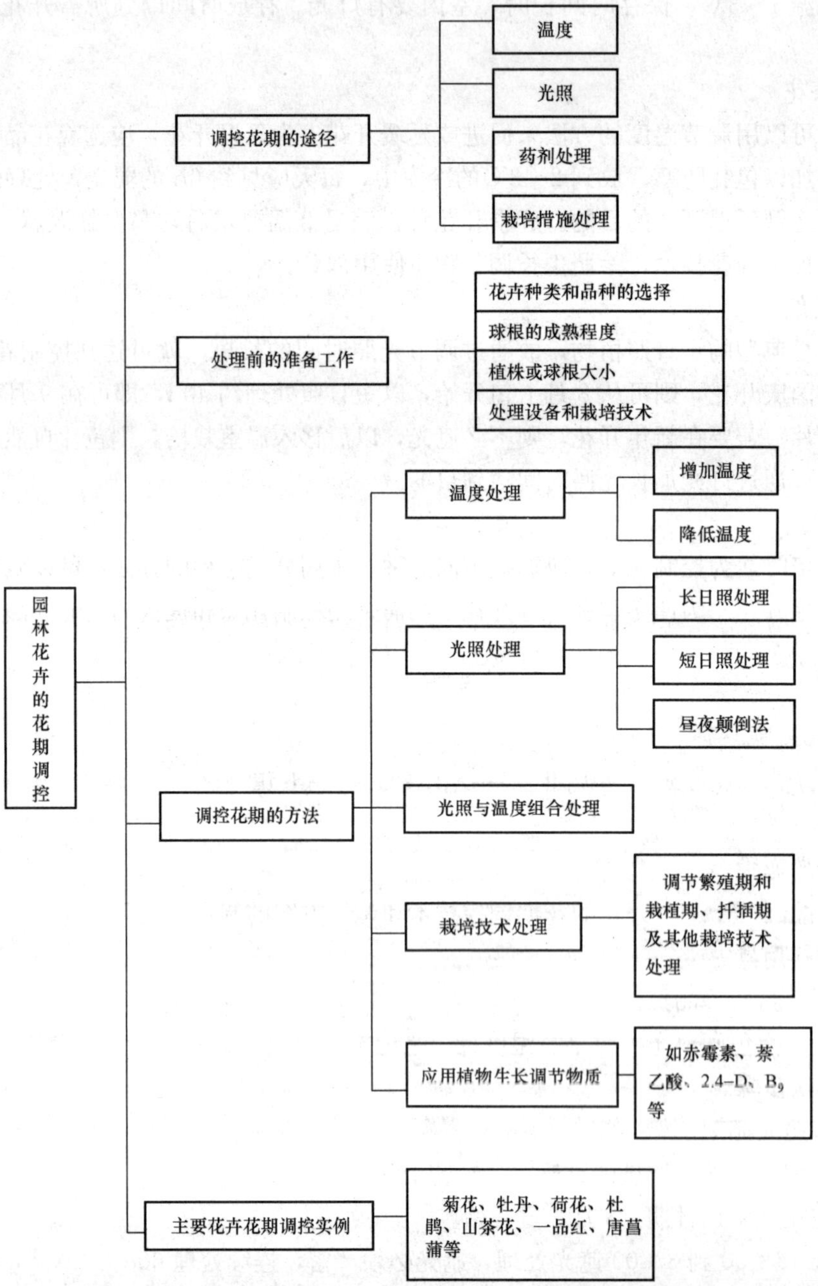

【复习思考题】

1. 花期调节有哪些意义？
2. 花期调节有哪些途径？
3. 花期控制前应具备哪些条件？
4. 在花期调节中，温度的主要作用是什么？举例说明。
5. 光周期处理的方法有哪些？
6. 植物生长调节剂应用有哪些特点？
7. 植物生长调节剂在开花调节上有哪些应用？

第3章 盆花栽培与养护

【知识要点】 本章主要介绍了花卉盆栽的特点、盆土的配制、上盆与换盆的目的及操作、盆栽花卉的水、肥管理等，主要介绍了21种观花草本花卉、22种观叶花卉、7种观果花卉、兰科花卉、仙人掌和多浆花卉的栽培技术。

【学习目标】

知识目标：通过本章的学习掌握盆栽花卉的栽培技术环节，掌握常见花卉的形态特征和生态习性及观赏应用特点。

技能目标：识别室内花卉100种。能熟练选择栽培基质与容器，并熟练进行盆土的配制。能熟练进行上盆与换盆操作，质量高、速度快。能进行常规养护管理，正确对盆花浇水、施肥等。

3.1 花卉盆栽概述

将花卉栽植于花盆的生产栽培方式，称花卉盆栽。花卉盆栽在我国具有悠久的历史，但在20世纪80年代以前，花卉盆栽常以自产自用为主，规模小、种类少，上市量不大。20世纪80年代后，盆花生产逐步走上规模化生产，成为我国花卉产业的主要生产部分，在岭南、闽南、江浙地区已有相当大的产业是花卉盆栽生产，如中国兰花、蝴蝶兰、大花蕙兰、丽格秋海棠、火鹤花、仙客来、报春花、杜鹃以及观叶植物等，“南花北调”已是花卉市场销售热点。20世纪90年代后期，由于国外先进栽培技术、先进设施及优良品种的引进，盆栽花卉的数量、品种和栽培技术等方面都有了较大的发展，盆栽花卉生产开始步入规模化和商品化时期。盆栽花卉在北方的冬季必须进温室保护栽培，也称温室花卉。

3.1.1 花卉盆栽的特点

(1) 盆栽花卉小巧玲珑，花冠紧凑，有利于搬移，随时布置室内外的花卉装饰。

(2) 花卉盆栽运输方便，能及时调节市场，南北东西方相互调用，提高市场的占有率。

(3) 花卉盆栽能多年生栽培，可连续多年观赏。

(4) 花卉盆栽对温度、光照要求严格，北方冬季需保护栽培，夏季需遮阳栽培。

(5) 花卉盆栽，花盆体积小，盆土及营养面积有限，必须配制培养土栽培。

(6) 花卉盆栽条件人为控制，要求栽培技术严格、细致，有利于促成栽培和抑制栽培。

(7) 花卉盆栽的容器效应，与露地栽培花卉相比，盆栽花卉在形态上表现出植株矮小、花冠紧凑、生长缓慢的特点。

3.1.2 培养土

盆栽花卉是花盆栽培，花盆容量限制了根的伸展，所以对培养土的要求严格，不能单纯使用田园土栽培。营养物质丰富、理化性能良好的培养土，才能满足花卉生长发育的要求，所以盆栽花卉必须用经过配制的培养土进行栽培。

1. 培养土的基本要求

（1）团粒结构良好，疏松透气，排水保水。盆土的团粒结构，就是腐殖质土黏着矿物质土，形成团粒结构。团粒内部有毛细管孔隙，可蓄水保肥，团粒之间又有较大的空隙，可以排水透气。团粒结构良好的盆土结构合理，水、肥、气三者相互协调。如果团粒结构不良，盆土就会黏重、板结，或者成粉末状阻塞孔隙，使水、气流畅不通，造成根部腐烂或干枯。为了使盆土结构良好，要在栽培土中掺入一定的砂、砻糠或炉渣灰，并要过筛，除去一部分粉末状细土，使浇水后表土不结皮，不易干燥，不龟裂。

（2）腐殖质丰富，肥效持久。腐殖质是动植物残体及排泄物经腐败变化后的有机物质，腐殖质含量丰富，在根系和微生物的共同作用下，分解出植物需要的各种营养元素，供植物吸收。腐殖质要充分腐熟，不能有恶臭味，能源源不断地供应养分，这样的盆土，肥效才能持久。

（3）酸碱度（pH）要适宜。不同的花卉对土壤酸碱度的要求不同。一般的培养土呈中性或微酸性，满足大多数花卉的生长要求。有的花卉适宜于酸性土壤，必须配制酸性培养土，否则影响花卉的营养吸收。

（4）不含杂菌，不污染环境。盆栽花卉大多在室内观赏，与人接触较近，因此，培养土内不能含有杂菌，并不能产生臭味或其他异味。

2. 培养土的配制

培养土的配制，就是将各种自然土料按照花卉所需的要求和营养比例进行调和、配制，使盆土透气、透水，又使养分中的氮、磷、钾及微量元素比例合理，以保证盆栽花卉正常生长发育。

花卉种类繁多，对培养土的要求各异，配制花卉的培养土，需根据花卉的生态习性、栽培目的和培养土材料的性质等因素灵活掌握。

（1）普通培养土的配制。

普通培养土是花卉盆栽必备的培养土，可用于多种花卉的栽培。一般盆栽花卉的普通培养土有以下3种。

疏松培养土：腐叶土6份、园土2份、河沙2份，混合配制。

中性培养土：腐叶土4份、园土4份、河沙2份，混合配制。

黏性培养土：腐叶土2份、园土6份、河沙2份，混合配制。

一二年生花卉的播种及幼苗移栽，宜选用疏松培养土，以后可逐渐增加园土的含量，定植时多选用中性培养土。

（2）各类花卉培养土的配制。

扦插成活苗上盆：2份粗珍珠岩、1份壤土、1份腐叶土（喜酸性植物可用山泥）。

移植小苗：1份蛭石、1份壤土、1份腐叶土。

一般盆栽：1份蛭石、2份壤土、1份腐殖质土、0.5份干燥腐熟厩肥。

较喜肥的盆花：2份蛭石、2份壤土、2份腐殖质土、0.5份干燥腐熟厩肥和适量骨粉。

木本花卉上盆：2份蛭石、2份壤土、2份泥炭、1份腐叶土、0.5份干燥腐熟厩肥。

仙人掌和多肉植物：2份蛭石、2份壤土、1份细碎盆粒、0.5份腐叶土、适量骨粉和石灰。

3. 培养土的消毒

培养土力求清洁，因土壤中常有病菌孢子、虫卵及杂草种子，培养土配制后，要经消毒后才能使用，消毒的方法有 3 种。

(1) 日光消毒。将配制好的培养土薄薄地摊在清洁的水泥地面上，曝晒 2d，用紫外线消毒，第 3d 加盖塑料薄膜提高盆土的温度，可杀死虫卵。这种消毒方法不严格，但有益的微生物和共生菌仍留在土壤中。兰花培养土多用此方法。

(2) 加热消毒。盆土的加热消毒有蒸汽、炒土、高压加热等方法。只要加热至 80℃，连续 30min，就能杀死虫卵和杂草种子。如加热温度过高或时间过长，容易杀灭有益微生物，影响其分解能力。

(3) 药物消毒。药物消毒主要用 5%福尔马林溶液和 0.5%高锰酸钾溶液。将配制的盆土摊在洁净地面上，每摊一层就喷一遍药，最后用塑料薄膜覆盖严密，密封 48h 后晾开，等气体挥发后再装土上盆。

4. 培养土的贮藏

培养土配制一次后剩余的需要贮藏以备随时应用。贮藏宜在室内设土壤仓库，不宜露天堆放，否则会因养分淋失和结构破坏而失去优良性质。贮藏前可稍干燥处理，防止变质，若露天堆放应注意防雨淋、日晒。

3.1.3 上盆、换盆与翻盆

1. 上盆

在盆花栽培中，将花苗从苗床或育苗器皿中取出移入花盆中的过程称上盆。

上盆前要选花盆，选择花盆有两个依据。一是根据植株大小或根系的多少来选用大小适当的花盆。做到小苗用小盆，大苗用大盆。小苗栽大盆既浪费土又造成“老小苗”，大苗栽小盆既有碍观瞻，又不利于植株生长；一般标准是容器上口的直径或周径应与植株冠幅的直径或周径接近相等。二是根据花卉种类选用合适的花盆，根系深的花卉要用深筒花盆，不耐水湿的花卉用大水孔的花盆。

花盆选好后，对新盆要“退火”，即新使用的瓦盆应先浸水，让盆壁充分吸水后再上盆栽苗，防止盆壁强烈吸水而损伤花卉根系；对旧盆要洗净，经过长期使用过的旧花盆，其盆底和盆壁都沾有泥土、肥料甚至青苔，透水和透气性能较差，并附有病原菌等，应清洗干净晒干后再用。

花卉上盆的操作过程：首先选择适宜的花盆，在盆底用两块瓦片斜搭成拱桥形，保持排水孔的面积不致减少，形成“盖而不堵，挡而不死”的状态，或用 1～2 层塑料窗纱盖住排水孔，以防小虫钻入、粗根穿出和盆土流失。然后把较粗的培养土放在底层，并放入马蹄片或粪干等迟效肥料，再用细培养土盖住肥料。上盆时先将盆底处盆土向中央拢起成小丘状，使根系均匀分布在小丘坡四周；再将花苗放在盆中央使苗株直立，四周加土将根系全部埋入，并轻提植株使根系舒展，然后用手轻压根部盆土，使土粒与根系密切接触，栽植深度以维持原状为准；最后加培养土至盆口 3cm 处留出浇水空间。

新上盆的盆花其盆土很松，要用喷壶洒水或浸盆法供水。花卉上盆后的第一次浇水称作

“定根水”，要浇足浇透，以利于花卉成活，栽大苗时经常要浇2次水，以使干土吸足水分。刚上盆的盆花应摆放在蔽阴处缓苗，然后逐步给予光照，待枝叶挺立舒展恢复生机后，再进行正常的养护管理。

2. 换盆与翻盆

花苗在花盆中生长了一段时间以后，植株长大，需将花苗脱出换栽入较大的花盆中，这个过程称换盆。有时花苗植株虽未长大，但因盆土板结、养分不足等原因，需将花苗脱出修整根系，重换培养土，增施基肥，再栽回原盆（或同样大小的新盆），这个过程称翻盆。

各类花卉的盆栽过程均应换盆或翻盆。如一二生草花从小苗至成苗应换盆2～3次，宿根、球根花卉成苗后1年换盆1次，木本花卉小苗每年换盆1次，木本花卉大苗2～3年换盆或翻盆1次。

换盆或翻盆的时间多在春季进行。多年生花卉和木本花卉也可在秋冬停止生长时进行；观叶植物宜在空气湿度较大的春夏进行；观花花卉除花期不宜换盆外，其他时间均可进行。换盆时需加入一些培养土或加施基肥，老植株需修整根系。

换盆时需待盆土略干，如果是小型容器可用左手放在盆土上面，两指夹住植株，将花盆反扣，用右手掌拍打盆沿，用手指或小木棍捅入容器底部排水孔将植株连盆土顶出。大型容器脱盆时，可将容器放倒后滚动几圈，然后一人把住盆沿，另一人握住树干向外拉拽，土团便可脱盆。植株脱盆后，根据植株种类和翻盆换土后生机恢复难易，用手或竹签剔除部分盆土，然后修剪枝叶和根系，再栽入盆中，栽植过程和上盆过程类似。但由于成苗根系较多，易出现根部土壤不易充实的情况，可用手指轻拨根部，使土粒漏至根下。换盆后先放入阴棚养护，待恢复后再移至正常环境中。

翻盆时，应抖掉大部分旧土，如根系已长满，将外围宿土抖掉后，修剪根系。有的多年生老株根团抱合很紧，可用利刀将根团削掉1/3，但根团中央的护心土必须保留。然后将植株栽入花盆。翻盆后先放入阴棚养护，以防凋萎。

3.1.4 盆花的浇水

1. 盆花浇水的原则

盆花浇水的原则是“见干见湿、不干不浇、浇必浇透、浇透不浇漏”。目的是即使盆花根系吸收到水分，又使盆土有充足的氧气。此外，还应根据花卉的不同种类、不同生育期和不同季节而采取不同的浇水措施。有些花卉（喜阴湿的天南星科和蕨类植物）对水分要求较高，栽培过程“宁湿勿干”；有些花卉（多浆花卉）则应“宁干勿湿”；有些花卉（兰花）要求有较高的空气湿度，盆栽场地应经常向地面或空间喷水、洒水。花卉的幼苗期需水量较少，应少水勤浇；旺盛生长期消耗水量大，应浇透水；现蕾到盛花期应有充足的水分；开花时不应向花朵上喷水；结实期或休眠期则应减少浇水或停止浇水。就季节而言，春季气温逐渐转暖，盆花浇水次数应逐渐增多，通常草本花卉每天浇水1次，木本花卉2天浇水1次；夏秋季节天气炎热，蒸发量大，每天浇水1～2次；冬季气温低，减少浇水量或不浇水。

另外，有些植物对水湿特别敏感，浇水不慎就会影响生长或开花结实，甚至造成死亡。如大岩桐、荷包花、秋海棠等的叶片淋水后往往腐烂；仙客来球茎顶部的叶芽以及非洲菊的花芽淋水后都会腐烂而枯萎；兰科花卉在分株后，于新根长出之前，如遇大水也会腐烂。四季秋海棠、大岩桐等，生长慢，需水少，必须用盆浸法或细孔喷壶喷水。

2. 盆花浇水的方式

(1) 浇水。用浇壶或水管放水淋浇盆土，这是最常用的浇水方式。浇水时要求浇到土中，渗透盆土。掌握“见干见湿”的浇水原则。

(2) 喷水。用喷壶或胶管喷枪向花苗植株和枝叶喷水雾的浇水方式。喷水不但供给植株可吸收的水分，而且能起到提高空气湿度和冲洗灰尘的作用。一些花卉的生长阶段要求土壤水分不能太多，而枝叶表面则要求湿润，可采用喷水而不用浇水。一些生长缓慢的花卉或在遮阳棚内养护的树桩材料，及热带、亚热带盆花等都以喷水为好。

(3) 找水。在花场中寻找缺水的盆花进行浇水的方式称为找水。如早晨浇过水后，中午10～12时左右检查，太干的盆花再找水1次，可避免过长时间失水造成伤害。

(4) 放水。是指结合追肥对盆花加大浇水量的方式。在傍晚施肥后，次日清晨应再浇水1次。

(5) 勒水。对水分过多的盆花停止供水，并松盆土或脱出盆散发水分的措施称为勒水。连阴久雨或平时浇水量过大时应勒水，以促进土壤通气，利于根系生长。

(6) 扣水。用湿润土上盆、换盆或翻盆，不再浇水，使盆花进行干旱锻炼的方式称扣水。翻盆换土时修根较重，不耐水湿的植物可采用湿土上盆，不浇水，每天只对枝叶表面喷水，有利于土壤通气，促进根系生长。有时采取扣水措施可促进花芽分化，如梅花、叶子花等木本花卉。

3.1.5 盆花的施肥

盆花的施肥也是盆花栽培与养护的成败关键。

1. 施肥的原则和注意事项

(1) 施肥的种类和施肥量应根据花卉的种类、观赏目的及花卉的不同生长发育阶段而定。苗期需要氮肥较多，花芽分化和孕蕾阶段则需较多的磷肥和钾肥。观叶花卉不能缺氮，观茎花卉不能缺钾，观花和观果花卉不能缺磷，有的还需补充微量元素如硼等，而需酸性土的花卉则需补充一些可吸收的铁等。

(2) 肥料必须充分腐熟，否则会发热和产生氨等有害气体而伤根，同时会招致生蛆和散放臭气，有碍卫生。施肥时浓度不宜过大，以薄肥勤施为原则。有机液肥施用浓度不宜超过5%；一般化肥施用浓度不宜超过0.5%；过磷酸钙追肥时浓度可达1%～2%。

(3) 不宜长期单一施用某种化学肥料，以防缺素症的发生。配合施用时要考虑到混用后的肥效和酸碱度。

(4) 肥料的酸碱度关系到养花的成败，尤其对喜酸性土花卉更为重要。人粪尿和未充分腐熟的堆肥、厩肥、马蹄片、碳酸氢铵、草木灰等都呈碱性反应，不宜施用，而应施用麻酱渣、硫酸铵、磷酸二氢钾和鸡鸭粪等。

温室花卉几乎全部要求酸性、微酸性土壤，如白兰、栀子、山茶、八仙花、茉莉等。为了解决水、培养土及用肥的偏碱性问题，各地都采取了一些措施，其中以“矾肥水”效果较好，使用也普遍。其配制方法是将黑矾（硫酸亚铁）2.5～3kg、豆饼5～6kg、粪10～15kg、水200～300kg放在缸内混合，在日光下暴晒20d，或密闭一段时间，至全部腐熟呈黑色液体时，即可用其上部澄清液与水按 1∶1 的比例配合施用。施肥次数及用量依植物而定，如河南鄢陵对山茶花在春节花后即施矾肥水，此后渐增次数，5～6 月间每月可施 4～5 次，9 月后停止，叶浓绿，花艳而多，效果较好。

（5）施肥应在晴天进行，夏季应避免中午施肥，最好在傍晚进行。为防止肥料在土表结皮，施肥前预先签盆松土，便于液肥下渗。

2. 施肥的方法

（1）基肥。盆花在施用有机肥时，应和培养土混合均匀。在用马蹄片作基肥时，可将其置于盆底或盆土四周。在栽培水生花卉时，基肥都不和盆土相混，而将其平铺在盆土下层，再用土将肥和根隔开。

（2）追肥。在盆内不宜追施干肥，因为盆土内根系稠密，不易将干肥翻入土内，同时还经常造成盆土表面结成粪皮，以致发霉散发出臭气，使盆花无法陈设；再者，在盆表撒施化肥又因为浓度难以掌握，而常使根系脱水受害，故一般都追施液肥。常用的如饼肥，用豆饼 1 份、加水 5 份、加过磷酸钙 5 份，腐熟后为原液。对生长强健、喜肥植物稀释 10 倍，木本花卉稀释 20～30 倍，兰科植物等稀释 100～200 倍使用。月季喜鱼内脏腐熟水，茉莉喜米泔水，而山茶等则喜矾肥水，但均不宜施用过多或过浓。

（3）根外施肥。将很稀的肥水喷在植物根部以外的绿色体上，叫根外施肥。根外施肥仅作为一种辅助的施肥方法。目前常用的是一些无机化肥和微量元素，常把它们稀释到 0.1%～0.5%的浓度，然后用喷雾器喷到叶片的背面及未开花的幼小花蕾上，可快速吸收，效果好。喷时注意不要在烈日下进行，因为此时叶片气孔大多关闭不利吸收，且液肥内水分蒸发快而失去肥效。尿素、磷酸二氢钾、硼酸等都适用于根外追肥，还可加入一些微量元素或混入一些杀虫、杀菌剂，结合病虫害防治进行。过磷酸钙施用前先用 10 倍的清水浸泡一昼夜，然后取上面的澄清液再加入 50～100 倍水稀释后喷施。

3. 施肥的次数和时间

盆花的施肥在一年中可分为三个阶段。基肥应在春季出室结合翻盆换土时施用；第二阶段是在生长旺盛季节和花芽分化期至孕蕾期进行追肥，根据植株的大小，着花的多少及耐肥力的强弱，可每隔 6～15d 追施一次；第三阶段在进入温室前进行，但要区别对待，对一些入室后仅仅为了越冬贮藏的花卉不必追肥，而对一些需要在温室催花以供元旦或春节使用的盆花，则应在入室后至开花前继续追肥。

在一年中，春末夏初花卉生长迅速，同时进行花芽分化和孕蕾，因此是追肥的主要时期。一些秋季大量开花的花卉，它们的花芽分化大多从立秋开始，因此从 9 月上旬开始应加强追肥。夏季伏天和冬季温室养护阶段，多数花卉处于休眠或半休眠状态，必须停止追肥，否则会造成根系发霉腐烂。

3.1.6　盆花的其他养护

1. 转盆

在光线强弱不均的花场或日光温室中盆栽花卉时，因花苗向光性的作用而偏方向生长，以至生长不良或降低观赏效果。所以在这些场所盆栽花卉时应经常转动花盆的方位，这个过程称转盆。有些花卉（仙客来、瓜叶菊、杜鹃花、茶花）如果不经常转盆，就会出现枯叶、偏头甚至死苗现象。一般来说，每隔 10d 转盆一次。但有些植株，如蟹爪兰、一品红等，转盆可能会影响生长开花，应谨慎对待，尽量摆放在四面见光或三面见光的位置上。另外，仙人球、山影拳等，尽管不表达向光性，当阳光过强或过弱时，隔一段时间转盆一次，以免阳面灼伤而阴面色泽暗淡。

2. 松盆

经历一段时间栽植后，培养土由于浇水沉降等，会逐渐变得致密，影响根系气体交换。松盆即疏松板结的土面让其空气流通，植株生长良好，同时可除去土面的青苔和杂草。

3.2 室内盆栽观花花卉

3.2.1 报春花属 *Primula*

别名：樱草

科属：报春花科，报春花属

报春花属植物在世界上栽培很广，历史亦较久远，在全世界约有 500 种，我国约有 390 种，云南是其分布中心。报春花属花卉，近年来发展很快，已成为当前一类重要的园林花卉。中名报春和学名 Primula，均含有早花的意思。早春开花为本属植物的重要特性。

报春花为报春花科多年生草本植物，常作一二年生栽培。叶基生，有柄或无柄，全缘或分裂；花通常 2 型，伞形花序或头状花序，有时单生或成总状花序；萼管状、钟状或漏斗状，5 裂；花冠漏斗状或高脚碟状，长于花萼，5 裂片。

1. 园林中常见种类

(1) 报春花 (*P. malacoides*)。又名小樱草，七重楼，原产云贵，园艺品种繁多。叶长卵形。轮伞花序 5～7 层，宝塔形层层升高，有香气，花白、粉红、深红及紫黑色。

(2) 藏报春 (*P. sinensis*)。又名中国樱草，原产四川、湖北等地。根系粗壮。全株布满腺毛和刚毛。叶大，椭圆形或卵状心脏形，叶柄长于叶片。轮伞花序 2～3 层，各有 6～19 朵小花，花冠高脚碟状，淡红色。

(3) 鄂报春 (*P. obconica*)。又名四季樱草、球头樱草，原产西南。叶椭圆形或近圆形。花葶多数自基部抽出，伞形花序高出叶面，园艺品种花色丰富，色彩鲜明，既有单瓣，又有重瓣型。为冷室冬季早春盆花，现广泛栽种于世界各地，在昆明全年开花不辍，故又名四季报春。

(4) 欧洲报春 (*P. vulgalis*)。商业上常用 *P. acaulis* 来指园艺变种群，原产西欧和南欧，现代园艺品种除单瓣、重瓣外，还有套瓣。花色丰富，性耐寒，在西欧可露地越冬，为早春花坛优良品种，也可盆栽，是畅销的年宵花之一。

(5) 多花报春 (*P. polyantha*)。别名西洋樱草，是欧洲报春与其他报春的杂交种，株高 30cm。叶倒卵圆形，叶基渐狭与有翼之叶柄相连。伞形花序多数丛生，花有红、粉红、黄、茧、褐、白及青铜等色。花期冬春季节。

2. 欧洲报春的栽培

现今市场栽培及销售主要为欧洲报春、四季报春及多花报春，其中欧洲报春占绝大多数（图 3-3-1）。

(1) 生态习性。欧洲报春喜温凉、湿润环境和排水良好且富含腐殖质的土壤，不耐高温和强直射光，室外应放在阴凉处，室内可放在通风光亮处。生长适宜温度13～18℃，冬天5℃左右即可越冬，空气湿度在50%左右。播种到开花时间为18～20周。

图3-3-1 欧洲报春

(2) 繁殖技术。通常采用播种繁殖，采用穴盘点播或播种箱撒播，密度合适，播匀。播种后不宜覆土，但需要保持湿润，基质应是专门的育苗土或是由草炭土和蛭石配置而成，放置于半阴处，约10～15d开始发芽。发芽适温为15～21℃，超过25℃时，发芽率明显下降。pH值在5.5左右较适宜。

(3) 栽培管理。及时移苗，小苗不宜在苗盘内过久，以免推迟开花。播后5～6周定植，新装盆的小苗土壤要保持湿润，以泥炭为主的混合基质较好。

湿度。欧洲报春对湿度敏感，要保持介质湿润而不粘重。

温度。欧洲报春容易受到高温危害，装盆直至缓苗后，温度应保持在15℃，不可低于8℃。以后应保持在7～10℃。现蕾后，温度可升为12～14℃。

光照。发芽后，温度应控制在20℃，保持14h光照以促进植物生长。冬春季节需保持阳光充足，小苗移植或上盆初期需要遮阴。当自然光照低于8000lx时，有必要补充光照(70lx/m^2)。装盆后不必人工补光，在装盆后的前两周在外部使用遮阴网。

水肥管理。生长过程中需要保持盆土湿润，保持凉爽的气温，减少浇水量，淋浇和高温易导致叶片生长过大。不宜在低温条件下浇淋，也要防止高温、干燥而产生畸形叶。

欧洲报春不宜施重肥，为防止叶片徒长，要避免氮肥过高，而应采用较高比例的钾，理想的氮钾比为1∶2～1∶3。植株在盆中定植后，施以均衡的氮磷钾肥。由于气温低，水分蒸发量少，所以持续供肥很重要，可以保证植株生长紧凑，品质高。如在种植初期供肥量不足，后期很难补上。pH值不可高于6，否则易引起植株缺乏微量元素铁和锰，植株易于褪色。

通风。温室中通风很重要，通风能防止湿度过高，应调整合适的摆放密度，否则会影响正常的生长与开花。

花期调控。欧洲报春通常经过18～20周左右开花，可供应元旦、春节市场。报春花的促成栽培，可以在晚秋、初冬于温室内进行，温度调节至10～15℃。促成栽培要注意：温度过高，叶片过盛，花朵变小、变少，同时用于催花的植株应有足够的大小。

病虫害防治。欧洲报春的病害主要有叶斑病和根茎腐烂病，与高温高湿有关，增施磷酸二氢钾或通风降湿可减少发病，可用40%福星8000～10 000倍，连喷2～3次防治。虫害有红蜘蛛、螟蛾、蚜虫，要及时喷药防治。可用尼索朗2000倍或40%的乐果1500倍液喷杀。

3. 报春花的园林应用

报春属植株低矮，花色丰富，花期较长，是园林中重要的花卉种类。报春花正逢春节盛开，由于花色富丽、耐寒和花期长等特点，是群众喜爱的冬季家庭盆花之一。不同种类观赏特点不同，有的植株纤细优美，花色淡雅；有的株丛浑圆，花色丰富浓艳。中国北方适宜室内盆栽的有报春花、四季报春、藏报春、多花报春。在暖地适宜露地栽培的有多花报春、欧洲报春等。盆栽可点缀客厅、茶室，也是商厦、餐厅等公共场所冬季环境美化的佳材。在园林中因种不同，可用于岩石园、专类园、沼泽园、地被、花镜、花带、丛植、片植、种植钵，植株低矮，花繁密，有很好的景观。

3.2.2 瓜叶菊 *Cineraria cruenta* Mass

别名：千日莲、瓜叶莲

科属：菊科，千里光属

1. 形态特征

全株被毛。茎直立，株高 30～60cm。叶大，心脏状卵形，掌状脉，叶缘具多角状齿或波状锯齿，叶面皱缩，似瓜叶，叶柄长，基部呈耳状。茎生叶有翼，根出叶无翼。头状花序簇生成伞房状，花色丰富，有蓝、紫、红、白等色，还有间色品种。花期 12 月～次年 4 月，盛花期 3～4 月。瘦果纺锤形，具白色冠毛（图 3-3-2）。

图 3-3-2 瓜叶菊

2. 类型及品种

大花类（var. *grandiflora*）：株高 30～50cm，花大且密，花梗较长。

星花类（var. *stallate*）：株高 60～80cm，花较小但较多，舌状花反卷，疏散呈星网状。

多花类（var. *multiflora*）：株高 25cm 左右，叶片较小，花较多且矮生。

3. 产地与生态习性

原产非洲北部大西洋上的加那利群岛，世界各国广泛栽培。喜温暖湿润、通风凉爽的环境，冬惧严寒，夏忌高温，适宜于低温温室或冷室栽培。夜间温度保持在 5℃，白天温度不超过 20℃，严寒季节稍加防护，以 10～15℃的温度为最佳。不耐高温，忌雨涝。生长期要求光线充足，空气流通，稍干燥的环境。但夏季忌阳光直射。喜富含腐殖质、疏松肥沃、排水良好的砂质壤土。短日照促进花芽分化，长日照促进花蕾发育。

4. 繁殖技术

瓜叶菊的繁殖以播种为主。对于重瓣品种为防止品种退化或自然杂交，可用扦插繁殖。

播种繁殖。瓜叶菊种子 1g 在 2500～4200 粒之间。播种的时间视选用的品种类型和需花时间而定。播种采用浅盆或播种箱，盆土由壤土 1 份、腐叶土 3 份、河沙 1 份，加少量腐熟基肥混合而成。播种前容器和用土要充分消毒。将种子与少量细砂混合均匀撒播在浅盆中，播后覆土，以不见种子为度。播后保湿，注意通风换气，置于遮阳背阴处。发芽适温 20℃，7～10d 发芽出苗，出苗后逐渐去除遮阳覆盖物，使幼苗逐渐接受阳光照射，但中午需遮阳，两周后可进行全光照。

扦插繁殖。花后5～6月间进行，常选用生长充实的腋芽在清洁河沙中进行扦插，插时可适当疏除叶片，以减小蒸腾，插后浇足水并遮阳保湿。也可选用苗株定植时摘除的下部腋芽扦插。

5. 栽培管理要点

瓜叶菊从播种到开花的过程中，需移植3～4次。当幼苗长出2～3片真叶时，进行第1次移植，可选用瓦盆移植，盆土用腐叶土3份，壤土2份，河沙1份配制而成。将幼苗自播种浅盆移入瓦盆中，根部多带宿土以利成活。移栽后用细孔喷壶浇透水，浇水后，将幼苗置阴凉处。缓苗后可每隔10d追施稀薄液肥1次。当幼苗真叶长至4～5片时，进行第二次移植，选直径为7cm的盆，盆土用腐叶土2份、壤土3份、河沙1份配制而成，缓苗后给予充足的光照。当植株长到5～6片叶子时将顶芽摘除，留3～4个侧芽，最后再长到7～8片叶时定植，用20cm的花盆定植，并适当施以豆饼、骨粉或过磷酸钙作基肥。定植时要注意将植株栽于花盆正中，并保持植株端正。浇足水置于阴凉处，成活后给予全光照。

定植后的瓜叶菊每半月需追施一次氮肥，起蕾后停止或减少施氮肥，增施1～2次磷肥。此时注意保持适当的温度，温度过高易造成植株徒长，节间伸长，影响观赏价值；温度过低会影响植株生长，花朵也发育不良。生长期的适温为10～15℃，不宜高于22℃，越冬温度8℃以上。生长期需保持充足的水分，但又不能过湿，以叶片不凋萎为适度。

瓜叶菊喜光，不宜遮阳，栽培中要注意经常转动花盆，保持盆株生长整齐均一。随着生长，逐步拉大盆距，使植株保持合理的生长空间，避免拥挤徒长。在单屋面温室更要注意转盆，以免生长倾斜，破坏株形。

冬季注意控制湿度，如何在冬季使湿度适中，也就是栽培瓜叶菊成功的关键。过于干燥，易使瓜叶菊的叶片经常处于萎蔫状态，不利于叶片生长，易使叶片发黄，也易于产生红蜘蛛和蚜虫。浇水过多，室内湿度过高，易使根系、主茎、叶片腐烂，同时也易产生蚜虫。如果加上室温过高，通风不好，易产生白粉病。

瓜叶菊的病虫害有白粉病、灰霉病、叶斑病、蚜虫、红蜘蛛、潜叶蛾等。白粉病发病初期可用秀特6000～8000倍或30%特富灵可湿性粉剂1500倍液。叶斑病可用40%福星8000～10 000倍防治；蚜虫可用10%吡虫啉4000～6000倍液喷雾；红蜘蛛可用20%灭扫利乳油2000～3000倍液防治；潜叶蛾可在花棚内设置黄色胶卡诱杀成虫，发病高峰期喷洒98%巴丹1000倍液防治。

6. 园林应用

瓜叶菊是冬春时节主要的观花植物之一。花色丰富鲜艳，特别是蓝色花，闪着天鹅绒般的光泽，幽雅动人。瓜叶菊开花整齐，花形丰满，可陈设室内矮几架上，也可用多盆成行组成图案布置宾馆内庭或会场、剧院前庭，花团锦簇，喜气洋洋。通常单盆观赏可达40余天。

3.2.3 蒲包花 *Calceolaria herbeohybrida* Voss

别名：荷包花、拖鞋花

科属：玄参科，蒲包花属

1. 形态特征

植株矮小，高30～40cm左右。茎叶具绒毛，叶对生或轮生，基部叶较大，上部叶较小，卵形或椭圆形。不规则伞形花序顶生，花具二唇，似两个囊状物，上唇小，直立，下唇膨大似荷包状，中间形成空室。花色丰富，单色品种具黄、白、红等各种深浅不同的花色，复色品种则在各种颜色的底色上，具橙、粉、褐红等色斑或色点。蒴果，种子细小多数（图3-3-3）。

图3-3-3 蒲包花

2. 产地与生态习性

原产墨西哥、智利等地，现世界各国温室均有栽培。喜凉爽、光照充足、空气湿润、通风良好的环境，不耐严寒，又畏高温闷热，生长适温8～16℃。最低温度5℃以上，15℃以下进行花芽分化，15℃以上进行营养生长。喜阳光充足，但忌夏季强光。要求肥沃、排水良好的微酸性疏松土壤，忌土湿。自然花期2～5月。

3. 繁殖技术

通常采用播种繁殖，也可扦插繁殖。

播种繁殖可在8月下旬进行，不宜过早，因为高温易使幼苗腐烂。蒲包花种子细小，在播种时要将其与细土混合，撒播在浇过水的盆土表面。播种用土用草炭土、河沙按1：1比例配制，不覆土或覆一层水苔，盆浸法浇水后，盖上玻璃以保持湿润，放置无日光直射处。发芽前一定要保持充分湿润，温度20℃，1周左右即可出苗。出苗后要立刻将其移至通风向阳处，及时间苗，温度降至15℃左右，否则幼苗易患猝倒病。

温室扦插一年四季均可进行，9～10月扦插则翌年5月开花；6月扦插，则翌年早春开花。扦插后一般15d即可生根。

4. 栽培管理要点

当幼苗长出两枚真叶时，及时分栽，移栽后两周，定植在口径15cm花盆中。待苗高15cm时可摘心，促使其多分枝，并加以适当遮阴。蒲包花喜凉爽的环境，如高温高湿，基叶会发黄腐烂，因此温度应保持12～15℃为宜。夏季及中午应通风和遮光，可放在阴棚下，特别是苗期和5～6月种子成熟时更应注意。

蒲包花平时浇水不宜多，要间干间湿，盆土持续高温或积水会烂根，浇水时不要洒在叶片、芽或花蕾上，否则也易造成它们腐烂。开花前每15d施稀薄液肥1次，注意施肥浓度不宜过大，无机肥料可按0.2%的浓度。

蒲包花苗期易发猝倒病，发病初期出现水浸状黄褐色病斑，缢缩凹陷呈线状，发展很快，幼苗倒伏死亡。出苗后，可施用25%甲霜灵（瑞毒霉）可湿性粉剂800倍液，40%乙磷铝（疫霜灵）可湿性粉剂200～400倍液。发病后，取少量76%敌克松加细土40倍施入盆土中，或用800倍液喷洒土面防治。另外要及时防治蚜虫和红蜘蛛。

5. 园林应用

蒲包花株形低矮，开花繁密覆盖株丛，花形奇特，花色丰富而艳丽，花期长，是初春之季主要观赏花卉之一，能补充冬春季节观赏花卉不足。可作室内装饰点缀，置于阳台或室内观赏，是布置儿童居室的优良花卉，也可用于节日花坛。

3.2.4 新几内亚凤仙 *Impatiens platypatala*

别名：五彩凤仙花

科属：凤仙花科，凤仙花属

1. 形态特征

多年生常绿草本花卉。植株挺直，株丛紧密矮生。茎半透明肉质，粗壮，多分枝。叶互生，披针形，绿色、深绿或古铜色，叶表有光泽，叶脉清晰，叶缘有尖齿。花腋生，较大，花色有粉红、红、橙红、雪青、淡紫及复色等，花期为5～9月（图3-3-4）。

2. 产地与生态习性

原产非洲南部。喜冬季温暖、夏季凉爽通风的环境，不耐寒，适宜生长的温度为15～25℃，7℃以下即受冻。喜半阴，忌暴晒，日照控制在60%～70%。根系不发达，要求肥沃、疏松、排水良好的富含腐殖质的偏酸性土壤。

图3-3-4 新几内亚凤仙

3. 繁殖技术

常用扦插法繁殖，也可用播种繁殖。新品种一般用播种繁殖。播种于4～5月在室内进行盆播，种子需光，对温度敏感，要求20～25℃，苗高3cm左右时即可上盆。

传统优质大花品种可用扦插繁殖。扦插繁殖全年均可进行，但以春、秋季为最好。一般选取8～10cm带顶梢的枝条，插于沙床内，保持湿润，约10d左右即可生根。也可进行水插。

4. 栽培管理要点

新几内亚凤仙萌芽力强，不用摘心即可产生许多分枝，分枝长3～5cm时，要疏掉一些细弱枝。喜肥但又忌浓肥、重肥，生长期间每周施一次饼肥水。其叶片气孔大，蒸腾旺盛，需水量多，浇水要足，特别是炎热的夏季，更要及时供水。约11月份进温室，室温不低于10℃，冬季浇水不宜过多，叶面适当喷水，以保持叶片翠绿。

新几内亚凤仙的主要病害有白粉病、霜霉病、病毒病、青枯病等。防治白粉病可用10%世高水溶性颗粒剂1500倍液，或30%特富灵可湿性粉剂1500倍液。防治霜霉病可喷施80%大生M-45可湿性粉剂600倍液，或50%安克可湿性粉剂2000倍液。病毒病的防治主要是及时消灭传毒介质蚜虫。防治青枯病，注意对土壤进行消毒，发病初期，喷洒或浇灌72%农用链霉素可溶性粉剂4000倍，每7～10d 1次，连续防治2～3次。

5. 园林应用

新几内亚凤仙株丛紧密，开花繁茂，花期长，是很受欢迎的新潮花卉。室内盆栽观赏，用来装饰案头墙儿，别有一番风味。露地栽培，从春天到霜降花开不绝。因其花色丰富，株型优美，是园林摆花的好材料，也是花坛、花境的良好素材。

3.2.5 大花君子兰 *Clivia miniata* Regel

别名：剑叶石蒜、君子兰、达木兰

科属：石蒜科，君子兰属

1. 形态特征

多年生宿根花卉。基部具叶基形成的假鳞茎，根肉质纤维状。叶二列迭生，宽带状，端圆钝，边全缘，剑形，叶色浓绿，革质而有光泽。花茎自叶丛中抽出，扁平，肉质，实心，长30～50cm。伞形花序顶生，有花10～40朵，花被6片，组成漏斗形，基部合生，花橙黄、橙红、深红等色。浆果，未成熟时绿色，成熟时紫红色，种子大，白色，有光泽，不规则形。花期12月至翌年5月，果熟期7～10月。大花君子兰的主要变种有：黄花君子兰（var. *aurea*），花黄色，基部色稍深；斑叶君子兰（var. *stricta*），叶上有斑。大花君子兰在我国东北地区栽培极为普遍，长春市是其栽培和育种中心（图3-3-5）。

图3-3-5 大花君子兰

2. 类型及品种

君子兰的园艺栽培，到目前为止有170多年历史。1823年英国人在南非发现了垂笑君子兰，1864年发现了大花君子兰，19世纪20年代传入欧洲，1840年传入青岛，1932年君子兰由日本传入中国长春。目前在国内栽培的主要是大花君子兰，经多年选育已推出许多品种，中国君子兰在世界君子兰中占有重要地位。

中国君子兰园艺品种先后出现五大系列，即长春兰、鞍山兰、横兰、雀兰、缟兰。

(1) 长春兰。长春兰是1932年由日本引进，经多代选育系列园艺品种的总称。特点是脉纹清晰，凸显隆起，青筋黄地，蜡膜光亮，花大艳丽，株形较大或适中。常见品种有大胜利、青岛大叶、黄技师、和尚、染厂、圆头、短叶、花脸等。

(2) 鞍山兰。株形适中。叶片的长宽比例为2∶1～2.5∶1，圆头、厚、硬、座形正。花序直立，花色艳丽。成株期短，种植后2～2.5年开花。耐高温，适应性强。

(3) 横兰。叶片宽而短，如同一面叶片“横”着生长而得名。叶片长12cm左右，宽11～12cm，厚2.5～3.0mm，叶片长宽比为1～1.5∶1，叶的顶端圆或凹，微有勺形翘起，假鳞茎短，脉纹隆起，细小、整齐，脉络长方形，叶尖部脉呈网状，叶色浅绿或深绿。性喜高温，适合南方栽培。

(4) 雀兰。叶顶有急尖，似麻雀的嘴，因而得名。叶片长15～18cm，宽8～12cm，叶片长宽比为1.5∶1，株形小，叶层紧凑，脉纹突显，整齐，叶色深绿。花瓣金黄色，花序不易抽出，适合作父本。

(5) 缟兰。叶片具有数条黄、白条纹，或半绿半白、半黄条纹，叶片长25～35cm，宽

6～8cm，长宽比为4∶1，脉纹不明显，稳定性不强。喜弱光，生长慢，株形不整齐，厚硬度差。

同属还有其他栽培种。

垂笑君子兰（*C. nobilis*）：叶片狭剑形，叶色较浅，叶尖钝圆，花茎稍短于叶片。花朵开放时下垂，橘红色，夏季开花。果实成熟时直立。

细叶君子兰（*C. gardeni*）：叶窄、下垂或弓形，深绿色。花10～14朵组成伞形花序，花橘红色，冬季开花。

3. 产地与生态习性

原产南非。性喜温暖而半阴的环境，忌炎热，怕寒冷。生长适温为15～25℃，低于5℃生长停止，高于30℃叶片薄而细长，开花时间短，色淡。生长过程中怕强光直射，夏季需置阴棚下栽培，秋、冬、春季需充分光照。栽培过程中要保持环境湿润，空气相对湿度70%～80%，土壤含水量20%～30%，切忌积水，以防烂根，尤其是冬季温室更应注意。要求土壤深厚肥沃、疏松、排水良好、富含腐殖质的微酸性砂壤土。此外，君子兰怕冷风、干旱风的侵袭或烟火熏烤等，应注意及时排除或防御这些不良因素，否则会引起君子兰的叶片变黄，并易发生病害。

4. 繁殖技术

君子兰可采用分株、播种繁殖，以播种为主。

分株。分株每年4～6月进行，分切叶腋抽出的吸芽栽培。因母株根系发达，分割时宜全盆倒出，慢慢剥离盆土，不要弄断根系。切割吸芽，最好带2～3条根。切后在母株及小芽的伤口处涂杀菌剂。幼芽上盆后，控制浇水，置阴处，半月后正常管理。无根吸芽，按扦插法也可成活，但发根缓慢。分株苗3年开始开花，能保持母株优良性状。

播种繁殖。播种繁殖在种子成熟采收后即进行，因为君子兰种子不能久藏。种子采收后，洗去外种皮，阴干。播种温度在20℃左右，经40～60d幼苗出土。盆播种子时盆土要疏松，富含有机质，播后用玻璃或塑料薄膜覆盖。实生苗4～5年开花。

5. 栽培管理要点

培养土。君子兰栽培用培养土需具备以下条件方能使君子兰生长良好：保水性能好；保温性能好；肥性好、pH值在6.5～7.0之间的微酸性土，富含腐殖质。一年生培养土用马粪、腐叶土、河沙按照5∶4∶1的比例混合；三年生苗用腐叶土、泥炭、河沙按4∶5∶1的比例混合。培养土配制好后应进行消毒。

水分。水分是君子兰生长发育的重要条件。君子兰用水以雨水、雪水、无污染的河水、塘水为好，井水、自来水对水质、水温处理后，方可使用。君子兰根肉质，能贮藏水分，具有一定的耐旱性。空气相对湿度70%～80%，土壤含水量20%～30%为宜。因而应“见干见湿，不干不浇，干则浇透，透而不漏”。春、秋二季是君子兰的旺盛生长期，需水量大，浇水时间以上午8～10时为宜，视盆土干湿情况可2～3d浇一次。夏季气温高，君子兰处于半休眠状态，生长缓慢，浇水时间以早、晚为宜，除向盆土浇水外，还应向周围地面洒水，以保持空气湿度。冬季当温度降至10℃以下，便进入休眠期，吸水能力减弱，可减少浇水，浇水适宜在晴天的中午进行。

温度。最适生长温度为15～25℃，气温低于10℃时生长缓慢，0℃以下植株会冻死。温度高于30℃，则会出现叶片徒长的不正常现象。因而春、秋二季旺盛生长季节，白天保持温度在15～20℃，夜间在10～12℃，越冬温度在5℃以上，在抽箭期间，温度应保持18℃左右，否则易夹箭。夏季要做好三方面工作：一是防止烂根，因温度高，光照强，生长弱，肥水管理不当易烂根，应遮阴降温，少施肥，盆土中应加入半量河沙，防止烂根。二是防止叶片徒长，降温、降低空气湿度、减肥是防止徒长的措施；同时，将君子兰放在通风阴凉处，控制浇水也有作用。三是夏季不换盆不分芽。如此可安全度夏。

光照。君子兰稍耐阴，不宜强光直射，夏季要放在阴凉处，秋、冬、春季需充分光照。同时为使君子兰“侧视一条线，正视如开扇”，叶面整齐美观，须注意光照方向。使光照方向与叶方向平行，同时每隔7～10d旋转花盆180度，就可保持叶形美观。如叶子七扭八歪，可采取光照整形和机械整形。机械整形可用竹篾条、厚纸板辅助整形。

肥料。君子兰喜肥，但不耐肥，要施腐熟的有机肥或肥水，要做到“薄肥勤施”。盆栽君子兰基肥可用豆饼、麻渣和动物蹄角，3月份结合换盆施足基肥。在室外生长期间也应多施追肥，化肥一般作追肥使用，用磷酸二氢钾或尿素作根外追肥效果好，使用浓度0.1%～0.5%，生长季节每15d左右一次。

病虫害防治。常见病害有软腐病。防治方法：在莳养过程中，工具和基质要严格消毒；发病初期用0.5%波尔多液喷洒或用400～600μg/L青霉素、链霉素灌根。严重时将腐烂部分全部切除，将剩余部分浸泡在高锰酸钾溶液中1h，后用清水洗净，重新栽。另外还有炭疽病、叶斑病、白绢病等病害注意防治。虫害主要有介壳虫类，防治方法：可用人工防治，用竹签、小木棍、小软刷等，轻轻将虫体和煤烟物刷除，然后用清水洗净，在若虫期喷蚧螨灵机油乳剂40～100倍液，要均匀周到。

6. 园林应用

大花君子兰叶片青翠挺拔，高雅端庄，潇洒大方，飘然坦荡。四季观叶，三季看果，一季赏花，叶花果皆美，“不与百花争炎夏，隆冬时节始开花”，颇有“君子”风度，是布置会场、厅堂、美化家庭环境的名贵花卉。

3.2.6 秋海棠类 *Begonia*

科属：秋海棠科，秋海棠属

1. 主要类型和品种

同属植物约有1000多种，除澳大利亚外，世界各地热带和亚热带广泛分布。中国约有90种，主要分布于南部和西南部各省，栽培种类很多，形态、习性、园林用途差异很大。目前我国主要栽培的有三种类型。

（1）须根类秋海棠。地下根细长，呈纤维状须根。地上部较高大，且分枝较多。多为常绿亚灌木或灌木。花期主要在夏秋两季，冬季休眠。通常分为四季海棠、竹节海棠和毛叶秋海棠。

（2）根茎类秋海棠。地下部分为根茎，较膨大，为肉质，横卧生长，根茎上再生须根，根茎较粗。地上茎不明显，为草质茎，肉质。叶基生，叶柄粗壮。这一类的大多数以观叶植物为主。

（3）球根秋海棠类。地下部分为变态的球茎和块茎，为扁球形、球形或纺锤形，具明显的地上茎。这一类以观花为主。

2. 目前最常见的种类

(1) 四季秋海棠 *B. semperflorens*

别名：瓜子秋海棠

形态特征。多年生草本花卉，须根纤维状。株高15～40cm，茎直立，多分枝，半透明略带肉质。叶互生，卵圆形至广椭圆形，边缘有锯齿，有的叶缘具毛，叶色有绿色和淡紫红色二种。花数朵聚生，多腋生，有重瓣种，花色有白、粉红、深红等。雌雄异花，蒴果，种子极细小，褐色。花期周年，但夏季着花较少（图3-3-6）。

图3-3-6 四季秋海棠

生态习性。原产巴西，性喜温暖、湿润的环境，不耐寒，不喜强光暴晒。生长适温20℃，低于10℃生长缓慢。适宜空气湿度大、土壤湿润的环境，不耐干燥，亦忌积水。喜半阴环境。在温暖地区多自然生长在林下沟边、溪边或阴湿的岩石上。

繁殖。常用播种法繁殖，也可用扦插、分株法繁殖。播种繁殖在春、秋二季均可进行，种子特别细小，寿命较短，隔年种子发芽率较低，因此用当年采收的新鲜种子播种最好。播后保持室温20～22℃，同时保持盆土湿润，一周后发芽，出现2枚真叶时需及时间苗，4枚真叶时移入小盆。扦插繁殖则以春、秋二季进行为最好，插后保持湿润，并注意遮阴，两周后生根。分株繁殖则在春季换盆时进行。

栽培。幼苗5～6片真叶时进行摘心，此时要控制水分，防止徒长。生长期需水量较多，经常进行喷雾，保持较高的空气湿度，平时盆土不宜过湿，更不能积水。幼苗期每两周施稀释腐熟饼肥一次，初花出现时则减少施肥，增施一次骨粉，有枯枝黄叶及时修去。4月下旬可移放于阴棚下，注意勿使其过湿。花后应打顶摘心，以压低株高，并促进分株，此时应控制浇水，待重新发出新株后，适当进行数次追肥，二年后需进行重新更新。四季秋海棠夏季怕强光暴晒和雨淋，冬季喜阳光充足。如果植株生长柔弱细长，叶花浅淡发白，说明光线不足；若光线过强，叶片往往卷缩并出现焦斑。植株生长矮小，叶片发红是缺肥的症状，可视情况分别加以处理。

夏季通风不良易患白粉病，可用15%三唑酮可湿性粉剂1000～1500倍液防治。生长期常发生卷叶蛾幼虫为害叶和花，影响开花，可用40%乐斯本1500倍液防治。

观赏与应用。四季秋海棠植株低矮，株型园整。盛花时，植株表面为花朵所覆盖；花色丰富，色彩鲜艳。是夏季花坛、花柱、花球的重要材料。

(2) 丽格秋海棠 *Begonia x aelatior*

别名：玫瑰海棠

1) 形态特征。丽格秋海棠是由德国人将球根海棠与野生秋海棠杂交得到的新品系。花型花色丰富，花朵硕大，华贵瑰丽。属短日照植物，没有球根，也不会结种子。叶片自茎出，心形，先端渐尖，边缘有锯齿，叶柄约为叶片长度的1/3～1/2。复花花序腋生，有小花20余朵，单瓣或重瓣，直径约3cm，甚为绚丽夺目，娇媚动人。大型的重瓣花好似月季、山茶、香石竹等名花的姿色，有时花瓣有裙边，其色泽自白、黄以至粉红、红、橙色(图3-3-7)。

图3-3-7 丽格秋海棠

2）生态习性。丽格秋海棠无论单瓣或重瓣，大都喜冷凉性气温，适温范围在10～20℃之间。不耐高温，超过30℃，茎叶枯萎脱落甚至块茎腐烂；低于5℃受冻。喜光，夏季避阳光直射。短日照花卉，日照超过14h进行营养生长，多于冬春开花。

3）繁殖。扦插繁殖和组织培养，剪取8～10cm长的顶枝，插入细沙盆内，保持空气湿度90%，保持沙土湿润，放置在半阴环境中，在20～25℃条件下，约两周即可生根。待根变为黄褐色时，便可上盆栽植。

4）栽培。丽格秋海棠的生长发育适温为18～22℃，最低温度不得低于15℃。由于冬季丽格秋海棠仍处于生长开花期，应尽量摆放在室内的朝南向阳处；在夏季出现持续28℃以上的高温天气时，应采取降温措施，应将其置于阴凉通风处，否则根茎易腐烂。忌积水和大肥，丽格秋海棠为肉质茎，夏季应适当控制水肥量，一般保持盆土湿润，月施一次稀薄肥即可。否则，肥水过大，易造成根茎腐烂。

盆土应保持湿润，不可干透和过湿。过干会导致失水而萎蔫，严重者全株枯死。盆土过湿，水分填满土壤的空隙，造成土壤严重缺氧，进而影响根呼吸而造成死亡；盆土过湿还易给真菌、细菌性病害的侵染提供机会，从而影响丽格秋海棠的观赏价值。平时给丽格秋海棠浇水要根据气候条件而定，一般夏天蒸发快，需水量相对较多，浇水宜在早晨或傍晚，浇水次数视盆土湿润程度而定。冬季浇水尽量选择在晴天中午进行，水温应与室内气温相近，以免因水温太低而造成根部受刺激而死。

在养护丽格秋海棠的过程中，定期施肥尤其重要。对于小苗用肥以氮肥为主，促进其生长发育成型。随着植株的生长，应减少氮肥用量，逐渐提高磷、钾肥的含量。开花前应加大施肥量，还可适当进行叶面喷肥，叶面肥的浓度不可过大，控制在1%～2%之间，喷雾要均匀，叶面的正反面都要喷到。

在生长期间要进行摘心，促使植株萌发侧枝，以使株型丰满，还应及时去除多余的花蕾，以免造成养分的大量消耗而影响其他花朵的发育。

丽格秋海棠易患细菌性软腐病和白粉病。细菌性软腐病可用农用链霉素300ppm，或新植毒素250ppm，或抗菌剂“401”800～1000倍液防治，也可用1∶1∶200波尔多液喷洒。7～10d喷1次，连喷2～3次。白粉病可用30%特富灵可湿性粉剂1500倍液喷雾。

5）观赏与应用。丽格秋海棠花型花色丰富，花朵硕大，华贵瑰丽，非常适合做盆栽观赏。一般多用于室内布置，如几案、窗台花箱、吊篮等。在欧洲、美国和日本很受欢迎，特别是在1980年以后，由于品种的改良，丽格秋海棠的栽培和消费数量剧增，尤其在新年花市上非常受欢迎，成为近年来迅速发展起来的新一类盆栽品种。

(3) 蟆叶秋海棠　*B. rex*

别名：虾蟆秋海棠

1) 形态特征。多年生草本花卉。根茎肥厚，粗短。叶宽卵形，边缘有深波状齿牙，叶绿色，叶面上有深绿色纹，中间有银白色斑纹，叶背为紫红色，叶和叶柄上密生茸毛。花较小，为淡红色（图3-3-8）。

2) 习性。喜温暖、湿润的环境。冬季生长适温15～20℃，喜半阴，夏季忌强烈的阳光照射，夏季高温时休眠，喜富含腐殖质的排水良好的土壤。

图3-3-8　蟆叶秋海棠

3) 繁殖。常用叶插和分株法繁殖。叶插繁殖四季均可进行，但以5～6月为最好。可用平置法，将叶柄去除，割伤叶的主脉，平铺在沙床上，并保持室温为20～22℃，较高的空气湿度。约25d开始生根，并长出幼株，待长出2～3片小叶时，可分别将小苗切下，上小盆种植。还可进行片叶插，将叶剪成小片，每片带较大叶脉，斜插于基质中，约半月生根。分株繁殖在温室内进行，全年皆可，一般以结合春季换盆时进行为最好。切口涂上草木灰，每盆栽植2～3段，初期浇水不宜过多，置放于半阴处。

4) 栽培。生长期需注意肥水管理，每10d施一次腐熟的饼肥水，施肥时应注意不沾污叶面。在栽培时应视茎叶情况逐渐拉开盆距，以免叶片交叉拥挤，造成底部叶片枯黄。夏季移入阴棚下栽培，早晚多见阳光，盛夏季节除浇水外，还需喷水，以保持较高的空气湿度，并保持通风。冬季保持温度10℃以上，少浇水。

5) 观赏与应用。叶形优美，叶色绚丽，是室内极好的观叶植物。

(4) 球根秋海棠　*B. tuberhybrida*

1) 形态特征。多年生草本花卉。地下部分为块茎，呈不规则的扁球形。茎直立或稍呈铺散状，有分枝，茎略带肉质而附有毛，为绿色或暗红色。叶较大为宽卵形或倒心脏形，先端渐尖，叶缘具锯齿，有毛。花单性同株，雄花大而美丽，雌花小型。花色有白、红、黄等色，还有间色，有单瓣、半重瓣、重瓣。花期春末初夏季节或秋季（图3-3-9）。

图3-3-9　球根秋海棠

2) 生态习性。阳性，生长期需充足的阳光，但夏季中午忌强烈的日光照射。喜温暖、湿润的环境，要求空气湿度较高，水分需充足，但也不能过多。生长适温为16～21℃，冬季温度应维持在10℃左右，夏季温度不应过高，若超过32℃则茎叶枯落，甚至引起块茎腐烂。块茎贮藏温度以5～10℃为宜。土壤以腐叶土为佳，适宜生长在pH值为5.5～6.5的微酸性土壤中。

3) 繁殖。播种、分球和扦插法繁殖。

播种繁殖在温室内周年都可进行，但以秋季或1～4月间于温室内进行为最多。播种后需保持湿度，并置于半阴处，温度控制在18～21℃，一般10～15d发芽，约2个月后具2～3枚真叶时移栽于小盆内，5～6月间定植。分球繁殖于春季或初夏进行（春季栽植仲夏开花，初夏栽植秋季开花）。扦插繁殖于春末夏初进行，从优良块茎顶端切取长约7～10cm带茎叶的芽作插穗，插后保持20℃的温度和80%的湿度，约3周后愈合生根，2个月后上盆。

4）栽培。栽植时深度不能过深，使球根顶端露出土面。生长期每周施腐熟饼肥水一次，保持叶片挺拔，呈深绿色。若叶片呈淡蓝色并有卷曲现象，表明氮肥过多。花前每10d增施一次过磷酸钙。春季要求水分充足，开花后应减少浇水。

夏季的连续高温对其生长不利，要选择凉爽通风的场所，精心管理，才能使其生长健壮，开花良好。控制温度一般不超过25℃，高温多湿易引发茎腐病和根腐病，应适当控制室温与浇水，并喷施30%特富灵可湿性粉剂1500倍液进行预防，拔除病株焚烧。夏季高温，需注意通风，否则易发生白粉病。

植株于6～7月开花，第一批花开后应控制浇水，保持土壤半干，剪去残花。植株经短暂休眠后再度发出新芽，此时应剪去老茎，仅留下2～3个壮枝，追施液肥，促使第二次开花。在冬季寒冷的地区，应及时将花盆移到室内，以避免植株受霜害，使其自然进入休眠状态。在此期间要逐渐减少浇水，使叶片枯黄，然后除去枯萎的茎叶，将球根挖起，使其完全干燥后，放于10℃的室内进行砂藏，并保持通风良好。盆栽时也可不将球根挖出，但需保持盆土的干燥，开春时将表层老土更换成富含腐殖质的土壤。

5）观赏与应用。球根海棠姿态优美，花大色艳或花小而繁密，是世界著名的夏秋盆栽花卉。

3.2.7 非洲紫罗兰 *Saintpaulia ionantha*

别名：非洲紫苣苔、非洲堇

科属：苦苣苔科，非洲紫罗兰属

1. 形态特征

植株嫩肉质状并密被白绒毛，具极短的地上茎。叶片轮状平铺生长而组成莲座状，叶卵圆形，先端稍尖，叶表面暗绿色，背面常带红晕，全缘。花梗自叶腋间抽出，花茎红褐色，总状花序，着花3～8朵，花被片5，上2片较小。花色有深紫罗兰色、蓝紫色、浅红色、白色、红色等，而且有单瓣也有重瓣，有的叶面带黄色花纹。花期很长，夏秋冬季均能连续开花（图3-3-10）。

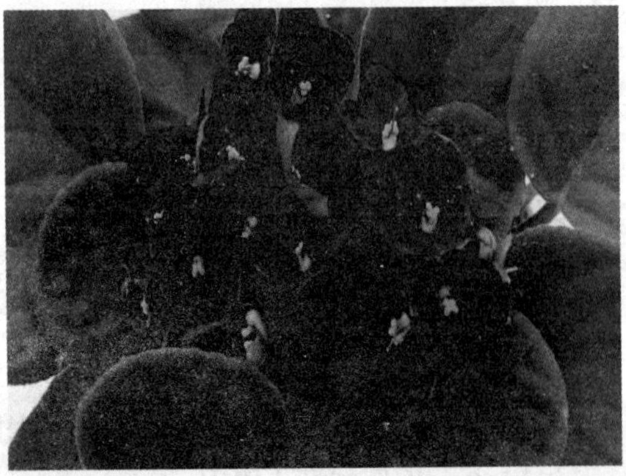

图3-3-10 非洲紫罗兰

2. 类型及品种

非洲紫罗兰园艺品种很多，目前已有2000个，常见的品种有费斯妮（*Firnschnee*）：花白色；机斯拉（*Gisela*）：花深红色；玛丽娅（*Maria*）：花堇色；德福特（*Delft*）：花粉堇色，花瓣边缘色较浓。

常见变种有白花非洲紫罗兰：花白色；大花非洲紫罗兰：花大、深蓝色；斑叶非洲紫罗兰：叶片有黄白斑。

3. 产地与生态习性

原产于非洲，生长在热带雨林中温暖、潮湿多阴的地方。因而非洲紫罗兰喜温暖湿润而又通风良好的环境，不耐寒，也不耐高温。生长适温为16～24℃，越冬温度不低于10℃，开花适温15～25℃。非洲紫罗兰喜光，如光线不足，只长叶不开花，但又惧怕直射光，光照过强，叶面会出现黄斑，所以不要阳光曝晒。空气相对湿度应在50%～80%。土壤要求疏松且排水良好。

4. 繁殖技术

非洲紫罗兰种子细小，宜用含黏粒少的纯净细面沙作基质装新烧制苗盆，压平，浇开水消毒后撒播。种子可掺3倍细沙均匀撒开，防止出苗过于稠密，播后不必覆土，加盖玻璃，再罩上一层报纸，放光照充足处，温度控制在20～25℃并保持湿润，约20d发芽出苗。待苗出齐逐渐揭掉遮蔽物，苗盆放树阴处，经分苗移植1次至2次，最后定植内径10cm～12cm盆中。从播种到开花约需240d。扦插一般用叶插繁殖，5月份进行，把带有2～5cm叶柄的叶片插入沙质土中，注意保湿，一般15d左右可生根。大量繁殖用组培法。

5. 栽培管理要点

非洲紫罗兰根系细弱，栽培基质一定要疏松透气、排水良好，一般用腐叶土、泥炭加1/3沙或珍珠岩和少量基肥配制。在栽培过程中浇水是非常重要的，要视盆土情况、植株生长情况、温度情况、季节情况等来决定浇水量。早春低温时浇水不能过多，夏季高温、干燥季节，要浇水充足，并保持一定的空气湿度，浇水时也不要浇在叶片上。北方湿度不足，把栽有植株的盆放在盛水的托盘上，可提高相对湿度。不要进行叶面喷水，否则叶片会产生难看的黄斑。秋冬季节温度下降时，应减少浇水。生长季节每周施肥一次，应施稀薄液肥，开花期应少施氮肥。肥料不能施的过浓，否则会引起叶部变硬，花蕾缩小，甚至不开花。夏季光线太强，应给予遮阴，并保持良好的通风。

非洲紫罗兰易感染叶斑病。发病初期喷洒15%粉锈宁可湿性粉剂1500倍液进行防治，另外注意温室内温度管理，注意放风排湿，改善通风透气性能。还汴意防治根结线虫病，加强检疫，对土壤进行消毒。

6. 园林应用

非洲紫罗兰植株矮小，四季开花，花形俊俏雅致，花色绚丽多彩。由于其花期长、较耐阴，株形小而美观，盆栽可布置窗台、客厅、案几，做点缀装饰，是优良的室内花卉。现在栽培的均为杂交种，园艺品种甚多，有上千个。有单瓣和重瓣，花色有白、粉、红和蓝等非洲紫罗兰是世界著名小盆花之一。

3.2.8　天竺葵　*Pelargonium hortorum*

别名：入腊红、石腊红、洋绣球

科属：牻牛儿苗科，天竺葵属

1. 形态特征

多年生草本花卉，全株有特殊气味。基部茎稍木质，茎肥厚略带肉质多汁，整个植株密生绒毛。单叶对生或近对生，叶心脏形，边缘为钝锯齿，或浅裂，叶绿色。伞形花序，腋生或顶生，花序柄较长，花蕾下垂。花色有红、白、橙黄等色，还有双色。外面瓣大，内面瓣小。果实为五分果，具喙，成熟时呈螺旋形旋卷。全年开花，盛花期4～5月（图3-3-11）。

图3-3-11 天竺葵

2. 园林中常用种类

（1）马蹄纹天竺葵（*P. zonale*）。亚灌木，株高30～80cm。茎直立，圆柱形近肉质。叶卵状盾形或倒卵形，叶面上有深褐色马蹄纹状环纹，叶缘具钝锯齿。花深红色到白色，花较少，花期周年。

（2）大花天竺葵（*P. domesticum*）。又名蝴蝶天竺葵、洋蝴蝶。茎直立，株高50cm，全株具软毛。叶为卵圆形或近圆形，叶面无蹄纹，叶缘有尖的锯齿。花较大，数朵簇生总梗上，花色有白、红、粉红、紫红及杂色、花边等。花期4～6月。

（3）藤本天竺葵（*P. peltatum*）。又名盾叶天竺葵。多年生草本花卉，茎蔓性，多分枝，匍匐或下垂。叶盾形，有5浅裂，叶表面光滑，质较厚。花粉红色、白、紫等，花期5月。

（4）香叶天竺葵（*P. graveolens*）。又名菊叶天竺葵。亚灌木，株高约100cm。叶掌状深裂，裂片5～7片，裂片再进行羽状浅裂，似菊叶，叶片上具有香腺点。花较小，粉红色或白色，花期5～6月。市场流行的驱蚊草是在非洲的香叶天竺葵中，导入原产中国的香茅中能够控制产生香茅醛的遗传物质，培育出的一种转基因观赏植物。

（5）豆蔻香天竺葵（*P. odoratissimum*）。又名拍拍香。多年生草本花卉。全株具毛。枝纤细且具蔓性。叶对生，卵圆形，叶缘波状，具长柄。伞形花序，花较小，白色。花期5月。

3. 产地与生态习性

原产于南非好望角。性喜冷凉气候，能耐0℃低温，忌炎热，夏季为半休眠状态。喜阳光充足的环境。要求土壤肥沃、疏松、排水良好，怕积水。冬季需保持室温为10℃左右。

4. 繁殖技术

以扦插繁殖为主，除夏季外其余时间均可以进行。插穗最好选用带有顶梢的枝条，切口宜稍干燥后再插，插好后应置于半阴处，并使室温保持在13～18℃，大约两周左右便可生根。播种温度13℃，7～10d发芽，半年到一年可开花。

5. 栽培管理要点

扦插苗生根后及早炼苗，炼7～10d后转入盆栽。上盆时施足基肥，生长期施2～3次追肥。在栽培时应适当进行摘心，促使多产生侧枝，以利于开花。整个生长期浇水不能过多。花后一般进行短截修剪，目的是使植株生长短壮，圆满而美观，剪后一周内不浇水，不施肥，以使剪口干缩避免水湿而腐烂。此外，天竺葵喜阳光，放置地要阳光通透，注意调整盆间距，及时剥除变黄老叶及少量遮光的大叶。一般盆栽经3～4年后老株就需进行更新。在栽培过程中利用矮壮素和赤霉素处理，可使植株低矮，株形圆整，提早开花。

潮湿低温，通风透光不良，易发灰霉病，注意排湿，通风透光，可用50%扑海因悬浮剂1000倍液喷雾防治。

6. 园林应用

天竺葵株丛紧密，花极繁密，花团锦簇，花期长，是重要的盆栽观赏植物。天竺葵可以吸收空气中的有害气体，是工矿区绿化的好材料。有些种类常在春、夏季作花坛布置。香叶天竺葵可提取香精，供化妆品、香皂工业用，常作为经济作物大片栽植。

3.2.9 花烛属 *Anthurium*

别名：安祖花　红掌

科属：天南星科，花烛属

1. 形态特征

多年生常绿宿根花卉，同属植物约有600种以上，原产美洲热带，有许多园艺变种。或低矮丛生，或蔓生具气根，叶革质具金属光泽，同时花常具有艳丽的佛焰苞，为极好的观叶和观花植物（图3-3-12）。

2. 主要种类及品种

（1）花烛（*Anthurium andraeanum*）。别名大叶花烛，哥伦比亚花烛，红掌。天南星科花烛属，常绿草本植物。原产中美洲、南美洲热带雨林。性喜温暖、潮湿、阴暗且排水良好的环境。单花顶生，花梗长50～80cm，肉穗状花序直立，呈黄色、红色或绿色。佛焰苞革质，有蜡质层，有红、粉、橙、绿、白、紫及混合色等多种颜色。苞片形状独特，色彩艳丽，耐插期长，且叶色鲜绿，既可观花，又可赏叶。主要用作鲜切花材，也适合盆栽供室内观赏，是国内外重要的高档观赏花卉。

图3-3-12　花烛属

（2）安祖花（*Anthurium schrezerianum*）。别名火鹤花、猪尾花烛。原产哥斯达黎加、危地马拉。高30～50cm，直立。叶宽披针形，深绿色，革质。佛焰苞宽卵圆形，火焰红色；肉穗花序扭曲为螺旋状，几乎全年开花。园艺品种很多，有各种花色。

（3）水晶花烛（*Anthurium crystallinum*）。别名晶状安祖花。茎叶密生，叶阔卵形；幼叶绿色，后碧绿色；叶脉粗，银白色，非常美丽；叶背淡紫色；花茎高出叶面；佛焰苞窄、褐色；肉穗花序黄绿色。是优良的中小型观叶花卉。

3. 产地和生态习性

原产南美洲哥伦比亚西南部热带雨林中，现在美国的夏威夷、荷兰和东南亚等地有大规模的生产栽培。喜较高且恒定的温度，不耐寒。夏季生长适温20～25℃，多数种类生长的最低温度为15℃，10℃左右停止生长。花烛和水晶花烛越冬的最低温度为13℃，否则叶缘黄化，理想温度为16℃；安祖花越冬最低温度为10℃，理想温度为13℃。喜高湿环境又不喜浇水过多，多行叶面喷水。不耐干燥，适宜的空气相对湿度为80%以上。不耐强光，全年宜在适当遮阴的弱光下栽培，光线过强会使叶片受伤。冬季可增加些光照，以利于根系发育，促使健壮生长。要求排水通气良好的栽培基质，不耐盐碱。自然授粉不良，要采种和育种，需进行人工授粉。

4. 繁殖方法

常规繁殖。花烛属观赏植物的常规繁殖方法有播种、分株和扦插三种。播种法一般在育种中才使用。花烛自然授粉不良，需经人工授粉才能得到种子，种子成熟后，要随采随播。栽培种常以分株和扦插繁殖。分株最好结合换盆进行。常规繁殖方法的优点是简单易行、成本低，缺点是繁殖速度慢，无法满足新品种推广的需求，繁殖植株易受病原侵染，病原在植株体内积累，容易导致物种退化甚至死亡。

组培繁殖：目前绝大部分栽培植株都是由组培苗长成的。组织培养方法随所取的外植体不同而不同。以腋芽和顶芽作外植体，灭菌较困难，但培养较容易，一般用MS基本培养基附加BA和NAA即可诱导芽形成丛生芽。以叶片、叶柄作外植体，灭菌较容易，但培养相对困难些，一般都要对基本培养基做一些修改。组培苗经壮苗、生根后即可移栽。移栽后注意肥水管理，成活率极高。

5. 栽培管理要点

盆栽观赏时，盆土必须排水通气良好，一般用人工合成的基质栽培，常用的栽培基质有蘑菇渣、泥炭土、甘蔗渣、木屑、山芋皮、核桃壳、火山土、玉米穗轴、稻壳、椰子壳、树皮、碎石、炭渣、珍珠岩等，这些基质一般不单独使用，应根据透气、保湿等具体要求进行调配。栽植时盆下部1/4～1/3深填充碎砖块等物，以利排水。

浇水要严格控制浇水量和浇水次数，以保持基质不干为原则，如水分太多会烂根脱叶而死亡。花烛的生长季节需要较高的空气湿度，必须定时向地面喷水。

花烛喜半阴环境，喜欢明亮的散射光，春夏秋三季均要遮光，夏天遮光率应达50%以上，冬季温室栽培时可不遮光。

花烛喜酸性土壤，可用矾肥水、饼肥水来追肥，还要喷0.2%磷酸二氢钾及硼镁肥，每周喷一次。5月份起，将花盆搬到阴棚下，夏天要遮光50%。冬季放在高温温室内，保持温度25℃、湿度80%左右为宜。

花烛栽培成败的关键有三条：一是要经常保持较高的空气湿度；二是维持较高的温度；三是保证排水通气良好。

花烛的病害主要有立枯病，苗期的根、茎、叶均会发病。发病时受害植物首先停止生长，然后受害部位呈淡褐色，后期茎干布满白色或粉红色霉层，最后全株枯萎死亡。此病主要靠预防，在发病前每半月喷洒1次200倍波尔多液；发病初期可用65%的代森铵500倍液或70%的托布津800倍液浇灌。发病严重的病株要及时销毁。花烛的虫害有蜗牛等，可人工捕捉或用灭螺力诱杀，对其他一些昆虫可定期喷洒40%的乐果1000倍液防治。

6. 园林应用

花烛属植物花、叶俱美，可盆栽作室内装饰，四季常青，繁花不断，观赏价值极高。也可做切花，水养期长，可达半月以上，是目前国际花卉市场上流行的高档切花。

3.2.10 大岩桐 *Sinningia speciosa* Benth. et Hook

别名：落雪泥

科属：苦苣苔科，大岩桐属

1. 形态特征

多年生草本。地下部分具有块茎，初为圆形，后为扁圆形，中部下凹。地上茎极短，全株密被白色绒毛，株高 15～25cm。叶对生，卵圆形或长椭圆形，肥厚而大，有锯齿，叶背稍带红色。花顶生或腋生，花冠钟状，5～6 浅裂，有粉红、红、紫蓝、白、复色等色，花期 4～11 月，夏季盛花。蒴果，花后 1 个月种子成熟，种子极细，褐色（图 3-3-13）。

图 3-3-13 大岩桐

2. 类型及品种

常见栽培的主要类型：

（1）厚叶型。花冠 5 裂，裂片圆。花期早，花大型，质厚。

（2）大花型。花具 6～8 裂片，比厚叶型花大，且着花多。叶片稍小，叶数多，叶脉粗。

（3）重瓣型。花大型，2～3 层乃至 5 层的波状花瓣重叠开放，壮丽豪华。

（4）多花型。花很多，直立性，花筒稍短，具 8 枚裂片，花梗短，适宜小型盆栽。

3. 产地与生态习性

原产巴西，世界各地温室栽培。喜温暖、潮湿，忌阳光直射，生长适温 18～32℃，在生长期中，要求高温、湿润及半阴的环境，有一定的抗炎热能力。但夏季宜保持凉爽，23℃左右有利开花；冬季休眠期保持干燥，温度控制在 8～10℃。不喜大水，避免雨水侵入。喜疏松、肥沃的微酸性土壤，冬季落叶休眠，块茎在 5℃左右的温度中可以安全过冬。

4. 繁殖技术

大岩桐可用播种、扦插和分球茎等方法来进行繁殖。

扦插法。可用芽插和叶插。块茎栽植后常发生数枚新芽，当芽长 4cm 左右时，选留 1～2 个芽生长开花，其余的可取之扦插，保持 21～25℃温度及较高的空气湿度和半阴的条件，半个月可生根。叶插在温室中全年都可进行，但以 5～6 月及 8～9 月扦插最好。选生长充实的叶片，带叶柄切下，斜插入干净的基质中，基质可用河沙、蛭石或珍珠岩等。10d 后开始生根。为了提高叶片的利用率增加繁殖系数，可把叶片沿主脉和侧脉切隔成许多小块，逐一插入基质中，这样一片叶可分插 50 株左右，大大提高繁殖率。

分球法。选生长 2～3 年的植株，在新芽生出时进行。用利刀将块茎分割成数块，每块都带芽眼，切口涂抹草木灰后栽植。初栽时不可施肥，也不可浇水过多，以免切口腐烂。

播种。温室中周年均可进行，以 10～12 月播种最佳。从播种到开花约需 5～8 个月。播前用温水将种子浸泡 24h，以促其提早发芽。在 18.5℃的温度条件下约 10d 出苗，出苗后让其逐渐见阳光，当幼苗长出 2 枚真叶时及时分苗。待幼苗长出 5～6 片真叶时，移植到 7cm 口径盆中。最后定植于 14～16cm 口径的盆中。定植时给予充足基肥，每次移植后 1 周开始追施稀薄液肥，每周1次即可。

5. 栽培管理要点

温度。大岩桐生长适温：1～10月为18～32℃，10月至翌年1月为10～12℃。冬季休眠期盆土宜保持稍干燥，若温度低于8℃，空气湿度又大，会引起块茎腐烂。

湿度。大岩桐喜湿润环境，生长期要维持较高的空气湿度，浇水应根据花盆干湿程度每天浇1～2次。

光照。大岩桐为半阳性植物，喜半阴环境，故生长期要注意避免强烈的日光照射。

施肥。大岩桐喜肥，从叶片伸展后到开花前每隔10～15d应施稀薄的饼肥水一次。当花芽形成时，需增施一次骨粉或过磷酸钙。花期要注意避免雨淋。开花后若培养土肥沃加上管理得当，它不久又会抽出第二批花蕾。从5月到9月可开花不断。

栽培应注意以下问题：

大岩桐叶面上生有许多绒毛，因此，注意肥水不可施在叶面上，以免引起叶片腐烂。

大岩桐不耐寒，在冬季植株的叶片会逐渐枯死而进入休眠期。此时，可把地下的块茎挖出贮藏于阴凉干燥的沙中越冬，温度不低于8℃，待到翌年春暖时再用新土栽植。

生长过程中要注意防治腐烂病和疫病。腐烂病主要以预防为主，栽植前用甲醛对土壤进行消毒，浇水时避免把水浇到植株上。疫病防治措施有：浇水避免顶浇，盆土不能过湿，发病初期喷施72.2%普力克水剂600倍液。

6. 园林应用

大岩桐花大色艳，花期又长，一株大岩桐可开花几十朵，花期持续数月之久。花期夏季，是夏季装饰居室的理想盆花。

3.2.11 仙客来 *Cyclamen persicum* Mill

别名：兔子花、萝卜海棠、一品冠

科属：报春花科，仙客来属

1. 形态特征

多年生草本。具球形或扁球形块茎，肉质，外被木栓质，球底生出许多纤细根。叶着生在块茎顶端的中心部，心状卵圆形，叶缘具牙状齿，叶表面深绿色，多数有灰白色或浅绿色斑块，背面紫红色；叶柄红褐色，肉质，细长。花单生，由块茎顶端抽出，花瓣蕾期先端下垂，开花时向上翻卷扭曲，状如兔耳；萼片5裂，花瓣5枚，基部联合成筒状。花色有白、粉红、红、紫红、橙红、洋红等色。花期12月至翌年5月，但以2～3月开花最盛。蒴果球形，果熟期4～6月，成熟后五瓣开裂，种子黄褐色（图3-3-14）。

图3-3-14 仙客来

2. 产地与生态习性

原产南欧及地中海一带，现为世界著名花

卉，各地都有栽培。仙客来喜温暖，不耐寒，生长适温15～20℃。10℃以下，生长弱，花色暗淡易凋谢；气温达到30℃以上，植株进入休眠。在我国夏季炎热地区仙客来处于休眠或半休眠状态，气温超过35℃，植株易受害而导致腐烂死亡。喜阳光充足和湿润的环境，主要的生长季节是秋、冬和春季。喜排水良好，富含腐殖质的酸性砂质土壤，pH值为5.0～6.5，但在石灰质土壤上也能正常生长。中性日照植物，花芽分化主要受温度的影响，其适温为15～18℃。

3. 繁殖技术

采用播种、分割块茎、组织培养等方法进行繁殖。

通常采用播种育苗，一般在9～10月进行，从播种到开花约需12～15个月。仙客来种子较大，发芽迟缓不齐，易受病毒感染。因此，在播种前要对种子进行浸种处理，方法是：将种子用0.1%升汞浸泡1～2min后，用水冲洗干净；然后用10%的磷酸钠溶液浸泡10～20min，冲洗干净；最后浸泡在30～40℃的温水中处理48h，冲净后即可播种。播种用土可用壤土、腐叶土、河沙等量配制，或草炭土和蛭石等量配制，点播，覆土0.5～1.0cm，用细喷壶浇透水，此时要注意保持18℃的恒温、90%的湿度和黑暗的条件，20d发芽，发芽后逐渐见光。

结实不良的仙客来品种，可采用分割块茎法繁殖。在8月下旬块茎即将萌动时，将其自顶部纵切分成几块，每块带一个芽眼。切口应涂抹草木灰，稍微晾晒后即可分栽于花盆内，不久可展叶开花。

4. 栽培管理要点

栽培时土壤宜疏松，可用腐叶土（泥炭土）、壤土、粗砂加入适量骨粉、豆饼等配制。培养土最好经消毒。

苗期管理。仙客来自播种到上盆一般需要14～16周左右的时间，前3周需要在育苗室中度过，此时要注意保持18℃的恒温、90%的湿度和黑暗的条件，这样苗子出得又快又整齐。3周以后要将刚刚出芽的小苗搬出育苗室，放入温室，此时小苗需要18～20℃的温度、90%左右的湿度和5000lx左右的光照。在此期间要注意天天检查小苗的生长状态，保证种苗所需要的生长条件。另外如有戴帽出土的苗子要及时进行脱帽，以免影响其子叶生长。播种后8～9周，此时开始对苗子进行随水施肥，肥料的EC值在0.8左右，pH值在6.0～6.3之间。此阶段的重点是控制植株水分，以防徒长。基质湿度以手摸起来湿润为宜，空气湿度保持在85%左右。播种后10～16周要注意及时进行分苗，分苗时注意小苗不要埋得过深，否则会降低植株的抗性，同时还会延迟花期；也不能埋得太浅，过浅将会使植株的主根不能正常下扎，同时植株也缺乏稳定性。种植时要将小球茎略露出土面，此阶段夜间的温度保持在17～19℃，白天23～25℃，最大的光照强度不要超过2万lx，相对湿度保持在75%左右，营养液的N、P、K比例为1∶0.7∶2，EC值为0.8，随着植株的日渐长大EC值可以逐渐加大。

4～6月份管理。仙客来上盆一般都集中在每年的4～6月，基质要求疏松透气，要使球的2/3至1/2居于土面上。刚上盆后，由于盆内湿度较大，再加上室外天气逐渐变暖，此时一定要注意仙客来黄萎病的发生，所以上盆后一定要浇透药水。药剂主要用可以防治真菌和细菌性的药剂，比如甲基托布津、农用链霉素等。此外还要注意加强温室内的空气流通，降低病害的发生。

7～9 月上旬管理。这期间是一年当中最热的时候。仙客来生长忌炎热高温条件，所以在这期间一定要使温室内的温度尽可能地降低，最好能够保持在 30℃以下。此外还要调整仙客来施肥的比例，降低氮肥，同时增加磷钾肥的比例，使仙客来在炎热的夏季尽量减少叶片的生长，减少蒸发量，促进根系和种球的生长，使植株能够安全越夏。

此外，这个时期也是仙客来虫害发生最厉害的时期，一定要注意及时防治。主要的虫害有螨类、蓟马、蚜虫等，自每年的 6 月中下旬左右就要开始对虫害进行重点防治。

9 月上旬～11 月管理。这段时间是仙客来生长的旺盛期，注意仙客来的施肥情况，肥料中要增加氮肥的比例，促进植株的快速生长，肥料的 EC 值最后可以加大到 1.8 左右，pH 值在 6.0～6.3 之间。另外由于室外温度的降低，温室内外的通风减少，室内的湿度增加，这段时间要着重预防病害的发生，主要有仙客来灰霉病、黄萎病和芽腐病。主要的防治方法为：最好在 9 月底左右用杀菌药再次对仙客来进行浇灌，另外要注意保持温室内的卫生，发现带病的植株及时清理干净，杜绝一切病源。

开花期管理。11 月花蕾出现后，应停止施肥，给予充足的光照，保持盆土湿润。温度可以保持在白天 15～20℃之间，晚上 5～10℃之间，这样开出的花大而且鲜艳。

5 月后，叶片逐渐发黄，应逐渐停止浇水。两年以上的老球，夏季抵抗力弱，入夏即落叶休眠，应放在通风、遮阴、凉爽处，少浇水停止施肥，使球根安全越夏。

5. 观赏与应用

仙客来花型奇特，株形优美，叶挺硬开展，花蕾低垂，开放时亭亭玉立，具有动感；花色艳丽，花期长，花期又正值春节前后，可盆栽，用以节日布置或作家庭点缀装饰，深受人们的喜爱。也可做切花。仙客来还可用无土栽培的方法进行盆栽，清洁迷人，更适合家庭装饰。

3.2.12 朱顶红 *Hippeastrum vittatum* Herb.

别名：百枝莲、孤挺花、花胄兰、对红

科属：石蒜科，朱顶红属（百枝莲属、孤挺花属）

1. 形态特征

地下鳞茎球形。叶着生于鳞茎顶部，4～8 枚呈二列迭生，带状。花、叶同发，或叶发后数日即抽花葶。花葶粗壮，直立，中空，高出叶丛。近伞形花序，每个花序着花 4～6 朵，花大，漏斗状，花径 10～13cm，红色或具白色条纹，或白色具红色、紫色条纹；花期 4～6 月。果实球形，种子扁平（图 3-3-15）。

图 3-3-15 朱顶红

2. 类型及品种

朱顶红属植物园艺品种很多，可分为两大类。一为大花圆瓣类，花大型，花瓣先端圆钝，有许多色彩鲜明的品种，多用于盆栽观赏；另一类为尖瓣类，花瓣先端尖，性强健，适于促成栽培，多用于切花生产。

同属常见种类：

(1) 孤挺花（*H. paniceum*）。株高30～60cm。鳞茎洋梨状。叶带状，平滑而有纵沟，鲜绿色。花葶比叶长，实心。伞形花序着花6～12朵，稍俯垂，漏斗状；花淡红色，有深红色斑，具芳香；花期初秋。为半耐寒球根花卉。

(2) 王百枝莲（*H. reginea*）。株高30～50cm。大形鳞茎球形，径5～8cm。叶于花后充分生长。花葶着花2～4朵，鲜红色，无条纹；花被片倒卵形，锐尖；花期冬春。栽培历史悠久，有重瓣品种。

(3) 网纹百枝莲（*H. reticulatum*）。鳞茎茎部短。叶4～6枚，倒卵状披针形，基部较窄，与花葶同时抽出。花葶圆筒形，着花3～6朵；花被片倒卵形，喉部无副冠；花鲜红色，具暗红色棋盘状条纹；花期9～12月。

3. 产地与生态习性

原产秘鲁，世界各地广泛栽培，我国南北各省均有栽培。春植球根，喜温暖，生长适温18～25℃，冬季休眠期要求冷凉干燥，适合5～10℃的温度。喜阳光，但光线不宜过强；喜湿润，但畏涝；喜肥，要求富含有机质的砂质壤土。

4. 繁殖技术

播种。朱顶红花期在2～5月，花后30～40d种子成熟，采种后要立即播于浅盆中，覆土厚度0.2cm，上盖玻璃置于半阴处，经10～15d可出苗。幼苗长出2片真叶时分栽，以后逐渐换大盆，2～3年后可开花。

分球。花谢后结合换盆进行，将母株鳞茎四周产生的小鳞茎切下另栽即可。

5. 栽培管理要点

朱顶红在长江流域以南可露地越冬，华北地区仅作温室栽培。3～4月将越冬休眠的种球进行栽种，一般从种植至开花约需6～8周。培养土可用等量的腐叶土、壤土、堆肥土配制，朱顶红栽植时顶端要露出1/4～1/3。浇一次透水，放在温暖、阳光充足之处，少浇水，仅保持盆土湿润即可。

发芽长出叶片后，逐渐见阳光。当叶长5～6cm时开始追肥，每隔10～15d追施1次蹄角片液肥；花箭形成时，施两次1%磷酸二氢钾；谢花后每20d施饼肥水一次，促使鳞茎肥大。朱顶红浇水要适当，一般以保持盆土湿润为宜，随着叶片的增加可增加浇水量，花期水分要充足，花后水分要控制，以盆土稍干为好。

10月下旬入室越冬，将盆置干燥蔽阴处，室温保持5～10℃，可挖出鳞茎贮藏，也可直接保留在盆内，少浇水，保持球根不枯萎即可。露地栽培的略加覆土就可安全越冬，通常隔2～3年挖球重栽一次；盆中越冬的，春暖后应换盆或换土。

朱顶红常见病害有红斑病、病毒病等。红斑病喷洒75%百菌清700倍液防治。病毒病防治要严格挑选无毒种球，防治传毒蚜虫，手和工具注意消毒。

6. 园林应用

朱顶红花大、色艳，叶片鲜绿洁净，适宜地栽，形成群落景观，增添园林景色；盆栽用于室内、窗前装饰；栽培容易，也可做切花，在欧美朱顶红还是十分流行的罐装花卉。

3.2.13 马蹄莲 *Zantedeschia aethiopica* Spreng.

别名：水芋、观音莲、慈姑花

科属：天南星科，马蹄莲属

1. 形态特征

多年生草本。地下具肉质块茎。叶基生；具粗壮长柄，叶柄上部具棱，下部呈鞘状抱茎；叶片箭形，全缘，具平行脉，绿色有光泽。花梗粗壮，高出叶丛；肉穗花序圆柱状，黄色，藏于佛焰苞内；佛焰苞白色，形大，似马蹄状；花序上部为雄花，下部为雌花。温室栽培花期12月至翌年5月，盛花期2～4月，果实为浆果（图3-3-16）。

图3-3-16 马蹄莲

2. 类型及品种

同属有8种，常栽培的有：

（1）银星马蹄莲。叶片上有银白色斑点，叶柄较短，佛焰苞为白色，花期7～8月。

（2）黄花马蹄莲。株高60～100cm，叶有半透明斑，叶柄较长，佛焰苞黄色，花期5～6月。

（3）红花马蹄莲。株型矮小，约20～30cm，叶片呈窄戟形，佛焰苞粉色至红色，也有白色，花期4～6月。

国内杂交种有紫星河、粉波、粉衬裙和红色马蹄莲等新品种。

3. 产地与生态习性

马蹄莲原产南非，现我国各地广为栽培。为秋植球根，喜温暖气候，生长适温为15～25℃，能耐4℃低温，夜温10℃以上生长开花好。冬季如室温低，会推迟花期。性喜阳光，也能耐阴，开花期需充足阳光，否则花少，佛焰苞常呈绿色。喜土壤湿润和较高的空气湿度。忌炎热，夏季高温植株呈枯萎或半枯萎状态，块茎进入休眠。适于富含腐殖质、排水良好的砂壤土。

4. 繁殖技术

播种或分株繁殖。果实成熟后，剥出种子播种，栽培2～3年即可开花。一般用分株繁殖。可在9月初，对休眠贮藏的块茎，分别将大、小块茎分开，大块茎用于栽植观花，小块茎培养2年后也可开花。

5. 栽培管理要点

马蹄莲盆栽于8～9月栽植，每盆植球4～5个。盆土要用疏松肥沃的土壤，施足基肥。稍予遮阴，以便保持湿润，出芽后置阳光下，每周追肥一次。注意勿将肥水浇入叶鞘内。天凉移入温室养护，室内忌烟熏。马蹄莲喜湿，生长期间应充分浇水，在叶面、地面经常洒水，保持较高的空气湿度。枝叶繁茂时需将外部老叶摘除，以利花梗抽出。3～4月为盛花期，可施1%磷酸二氢钾。开花后，植株因天气转热而枯黄，此时减少浇水，让其干燥，以利其休眠。叶全部枯黄后，取出块茎，放置通风阴凉处贮藏，待秋季栽植前将块茎底部的衰老部分去除后重新上盆栽植。

马蹄莲病害主要有叶霉病、叶斑病、根腐病、软腐病等。叶霉病防治主要以预防为主，采用无病植株或种子，播种前用0.2%多菌灵浸种30min后再播。叶斑病可用10%世高水溶性颗粒剂1500倍液，或30%特富灵可湿性粉剂1500倍液防治。根腐病为土传病害，可用0.4%土菌消喷洒土壤。软腐病属于细菌性病害，初发病时可用1000mg/L的农用链霉素浇灌盆土。

6. 园林应用

马蹄莲花形奇特，花苞纯白，状如马蹄，清秀挺拔，叶色翠绿，轻盈多姿，苍翠欲滴，花叶两绝。鲜黄色的肉穗花序，直立的佛焰苞，像观音端坐莲座上，是书房、客厅的良好盆栽花卉。也是重要的切花材料。

3.2.14 八仙花 *Hydrangea macrophylla*（Thunb.）Seringe

别名：绣球、斗球、草绣球、紫绣球、紫阳花

科属：虎耳草科，八仙花属

1. 形态特征

落叶灌木。小枝光滑，老枝粗壮，有很大的叶迹和皮孔。叶片大而稍厚，对生，浅绿色，有光泽，呈椭圆形或倒卵形，边缘具钝锯齿。伞房花序顶生，球状，有总梗；每一簇花中央为可孕的两性花，呈扁平状；外缘为不孕花，每朵具有扩大的萼片四枚，呈花瓣状；初开为青白色，渐转粉红色，再转紫红色，花色美艳。花期6～7月（图3-3-17）。

2. 类型及品种

栽培的变种品种有：

（1）大八仙花（var. *hortensica* Rehd.）。花全为不育花，萼片卵形。

（2）蓝边八仙花（var. *coerulea* Wils.）。花两性，深蓝色，边缘花为蓝或白色。

（3）紫阳花（var. *otaksa* Bailey.）。花不孕，花序大，直径可达20cm，圆球形花序，蓝色或淡红色，叶质厚，多应用于园林。

图3-3-17 八仙花

（4）银八仙花（var. *maculata* Wils.）。分可孕与不孕两种，叶较狭小，边缘白色，用于观赏叶片。

3. 产地与生态习性

八仙花喜温暖湿润环境，生长适温18～28℃，冬季不低于5℃。光线宜半阴，光线太强叶片会被灼伤、卷边。水分需求量大，但忌积水，适宜在肥沃、排水良好的酸性土壤中生长。土壤的酸碱度对八仙花的花色影响非常明显，土壤为酸性时，花呈蓝色；土壤呈碱性时，花呈红色。八仙花以栽培于酸性（pH值=4～4.5为宜）土壤中为好。对二氧化硫等有害气体抗性较强。

4. 繁殖技术

常用分株、压条、扦插和组培繁殖。

分株繁殖。宜在早春萌芽前进行。将已生根的枝条与母株分离，直接盆栽，浇水不宜过多，在半阴处养护，待萌发新芽后再转入正常养护。

压条繁殖。在芽萌动时进行。30d 后可生根，7～8 月与母株切断，翌年春季带土移植，当年可开花。

扦插繁殖。在梅雨季节进行。剪取顶端嫩枝，长 20cm 左右，摘去下部叶片，扦插适温为 13～18℃，插后 15d 生根。

组培繁殖。以休眠芽为外植体，经常规消毒后接种在添加 6-苄氨基腺嘌呤 0.8mg/L 和吲哚乙酸 2mg/L 的 MS 培养基上，培育出不定芽。待苗高 2～3cm 时转移到添加吲哚乙酸 2.0mg/L 的 1/2MS 培养基上，长成完整小植株。

5. 栽培管理要点

定植。扦插苗生根后要及时上盆。八仙花喜疏松、肥沃、排水良好的土壤，通常用腐叶土、园土、有机肥按 4∶4∶2 比例配制，规模生产宜用草碳、珍珠岩、有机肥按 6∶2∶2 比例配制，用前彻底消毒。

温度。八仙花不耐高温，要求温度在 18～28℃之间，高温会使植株矮小花色淡化，降低品质。花蕾现色后，温度保持在 10～12℃，以提高花色，并起到保鲜的作用。

光照。八仙花耐阴，阳光直射会造成日灼，因此需遮阴。通常生长期需遮光 60%，花序透色后也要适当遮光，以免花色变淡，失去光彩。

浇水。八仙花叶片的蒸腾量很大，因此必须及时浇水，即使短时间的缺水萎蔫，也可造成叶缘干枯，花朵坏死。尤其在夏季，必须遮阴降温减少蒸腾，并保持 60%以上的空气湿度。另外，八仙花花色受土壤 pH 值影响，为了加深蓝色，可在花蕾形成期施用硫酸铝。为保持粉红色，可在土壤中施用石灰。

施肥。八仙花喜肥，一般每半个月追施一次有机肥。生长前期氮肥要多一些，花芽分化和花蕾形成期磷钾肥多一些，亦可叶面喷施 0.1%～0.2%的磷酸二氢钾 2～3 次，花蕾透色后停止施肥。

修剪。八仙花萌芽力强，在植株基部会萌发很多营养枝，为减少营养损耗，要及时抹除。若老枝需更换，可选择健壮的营养枝作为预备枝。花后及时短截，保留 2～3 个健壮芽促发新枝。

花期调控。为使八仙花春节开放，可选 3～5 年生的健壮植株，经 2～4℃低温处理 14d 后，移入温室内加温，保持 10～20℃，50～60d 即可开花。注意经常通风，保持良好光照条件及较高空气湿度，每半月施一次有机液肥直至开花。

病虫害防治。八仙花虫害少，多为蚜虫、叶螨等，在保证通风良好的同时，可喷布内吸性药剂加以防治。常见病害多为叶部病害，如白腐病、灰霉病、叶斑病等，用 65%代森锌可湿性粉剂 600 倍液喷洒防治，病重叶片要摘除烧毁。

6. 园林应用

八仙花花序大而呈球形，开花时节，花团锦簇，是极具观赏价值的优良花木。因其为耐阴花卉，在长江流域以南各省，可配置于庭院阴处、林下、林缘、棚架以及建筑物、山石的北面。盆栽八仙花是室内装饰的优良材料。

3.2.15 山茶花 *Camelia japonica* L.

别名：茶花、山茶、耐冬

科属：山茶科，山茶属

1. 形态特征

山茶为常绿灌木或小乔木。枝条黄褐色，小枝呈绿色或绿紫色至紫褐色。叶片革质；互生，卵形至倒卵形，边缘有锯齿，先端渐尖或急尖；基部楔形至近半圆形；叶片正面为深绿色，多数有光泽，背面较淡；叶片光滑无毛，叶柄粗短，有柔毛或无毛。花两性，常单生或2～3朵着生于枝梢顶端或叶腋间；花梗极短或不明显；苞片9～13片，覆瓦状排列，被茸毛；花单瓣或重瓣，花色有红、白、粉、玫瑰红及杂有斑纹等不同花色；花期2～4月（图3-3-18）。

图3-3-18 山茶花

2. 类型及品种

山茶按花瓣形状、数量、排列方式可分为以下几种类型。

（1）单瓣类。花瓣一层，仅5～6片，抗性强，多地栽。主要品种有铁壳红、锦袍、馨口、金心系列。

（2）文瓣。花瓣平展，排列整齐有序，又分下列两种：

1）半文瓣。大花瓣2～5轮，中心有细瓣卷曲或平伸；瓣尖有雄蕊夹杂。常见品种有六角宝塔、粉荷花、桃红牡丹。

2）全文瓣。花蕊完全退化，从外轮大瓣起，花瓣逐渐变小，雄蕊全无。主要品种有白十八、白宝塔、东方亮、玛瑙、粉霞、大朱砂。

（3）武瓣类。花重瓣，花瓣不规则有扭曲起伏等变化，排列不整齐，雄蕊混生于卷曲花瓣间，又可分托桂型、皇冠型、绣球型。主要品种有石榴红、金盆荔枝、大红宝珠、鹤顶红、白芙蓉、大红球。

3. 产地与生态习性

原产于中国东部、西南部，为温带树种，现全国各地广泛栽培。山茶性喜温暖湿润的环境条件，生长适温为18～25℃。忌烈日，喜半阴。要求蔽阴度为50%左右，若遭烈日直射，嫩叶易灼伤，造成生长衰弱。在短日照条件下，枝茎处于休眠状态，花芽分化需每天日照13.5～16.0h，过少则不形成花芽。然而，花蕾的开放则要求短日照条件，即使温度适宜，长日照也会使花蕾大量脱落。山茶喜空气湿度大，忌干燥，要求土壤水分充足和良好的排水条件。喜深厚肥沃、微酸性的砂壤土。pH值以5.0～6.5为宜。

4. 繁殖技术

山茶花可用扦插、嫁接、压条等方法繁殖。

扦插。扦插在春末夏初和夏末秋初进行。选树冠外部生长充实、叶芽饱满、无病虫害的当年生半木质化的枝条作插穗，长 5～10cm，先端留 2～4 片叶，剪取时基部带踵易生根。扦插基质用素砂、珍珠岩、松针、蛭石等较好。插入土 3cm 左右，浅插生根快，过深生根慢。插后要及时用细孔喷壶喷透水，插床上应遮阳，叶面每天要喷 3～4 次水，1 个月后逐步见光。

嫁接。优良品种发根较困难，因此多采用嫁接法繁殖，时间在 4～9 月间，春末效果好。嫁接采用靠接和切接法，砧木多用单瓣品种或油茶苗，也可高接换头或 1 株多头。

对于一些优良品种也可采用高空压条法繁殖。在 4～6 月间进行，选母株上健壮外围枝，由顶端往下约 30cm 处，环剥 1～2cm 宽，再用 1000mg/L 吲哚乙酸溶液涂在环剥伤口处，然后用湿润的基质包住伤口，用塑料条绑扎牢固，再包塑料袋。在 20～30℃条件下，2 个月可生根，切离母株成苗。

5. 栽培管理要点

山茶的栽培有露地栽培和盆栽两种。

露地栽培。常在我国长江以南温暖地区露地栽植。栽植地应选择半阴，通风良好，土壤肥沃、疏松、富含腐殖质，排水良好的场地。以秋季栽植为宜，栽植时，应尽可能带土球移植。栽植时把地上部残枝、过密枝修剪掉，成活后及时浇水，中耕除草，防治病虫害。

盆栽技术。山茶花盆栽用盆最好选用透气、透水性强的泥瓦盆，南方多使用山泥作培养土。没有山泥的地方可选用腐叶土 4 份、堆肥土 3 份和砂土 3 份配制成培养土。小苗 1～2 年换盆 1 次，5 年生以上大苗 2～3 年换盆 1 次。换盆宜在开花后进行，在盆底垫蹄片或油渣少许。每年出室后应放在阴蔽处，防止强光直射，秋末多见光，以利植株形成花蕾。

山茶浇水最好用雨水或雪水，如用自来水需放在缸内存放 2～3d 方可使用。山茶根细弱，浇水过多易烂根，过少则落叶落蕾，日常多向叶面喷水，土壤保持半湿。

山茶施肥以有机肥为主，辅以化肥。在花谢后及时施氮肥 1～2 次，每 10d1 次，以促使新枝生长。5 月份后，施氮、磷结合的肥料 1～2 次，每半月 1 次，以促进花芽分化。夏季生长基本停止，不施肥或少施肥。秋季追施磷、钾肥。施肥以稀薄液肥与矾肥水相间施用，使土壤保持酸性，并能使肥效提高。

山茶忌烈日，喜半阴，因而炎热夏季，应给予遮阴、喷水、通风等。若温度超过 35℃，则易出现日灼，叶片枯萎，翻卷，生长不良。

在温度 5～10℃时就应移入室内。当花蕾长到黄豆粒大小时进行疏蕾，每枝头留一个蕾，其余摘去，花谢后及时摘除残花，以免消耗养分。注意整形修剪。

山茶主要病害有炭疽病、灰斑病等。炭疽病在高温高湿、多雨季节发病严重，在新梢萌发后喷洒 1%波尔多液预防，发病初期喷 50%施保功可湿性粉剂 1500 倍液、40%百菌清悬浮剂 600 倍液防治。灰斑病可参照炭疽病的防治方法。山茶主要虫害有茶毛虫、介壳虫、蚜虫、红蜘蛛等。及时喷杀虫剂灭杀。

6. 园林应用

山茶是中国著名的传统名花之一。树姿优美，四季常绿，花色娇艳，花期较长，象征吉祥福瑞。山茶具有很高的观赏价值，特别是盛开之时，给人以生机盎然的春意。花的色、姿、韵，恰情悦意，美不胜收。广泛应用于公园、庭院、街头、广场、绿地。又可盆栽，美花居室、客厅、阳台。

3.2.16 杜鹃花 *Rhododendroon simsii* Planch.

别名：映山红、照山红、野山红

科属：杜鹃花科，杜鹃花属

1. 形态特征

枝多而纤细，幼枝被扁平的糙状毛。单叶，互生；春季叶纸质，夏季叶革质，卵形或椭圆形，先端钝尖，基部楔形，全缘；叶面暗绿，疏生白色糙毛，叶背淡绿，密被棕色糙毛；叶柄短。花两性；2～6 朵簇生于枝顶，花冠漏斗状；蔷薇色、鲜红色或深红色；萼片小，有毛；花期 4～5 月（图 3-3-19）。

图 3-3-19 杜鹃花

2. 类型及品种

杜鹃花属植物约有 900 多种，我国就占 600 种之多，除新疆、宁夏外，南北各地均有分布，尤其以云南、西藏、四川种类最多，为杜鹃花属的世界分布中心。杜鹃花是我国传统名贵花卉，栽培历史悠久。中国杜鹃花在民间有许多传说故事，在花卉中被誉为“花中西施”。

杜鹃花根据亲本来源、形态特征、特性可分为分东鹃、夏鹃和毛鹃、西鹃。

（1）东鹃。自然花期 4～5 月。引种日本。叶小而薄，色淡绿，枝条纤细，多横枝。花小型，花径 2～4cm，喇叭状，单瓣或重瓣。东鹃代表种有新天地、碧止、雪月、日之出等。

（2）夏鹃。原产印度和日本，日本称皋月杜鹃。先发枝叶后开花，是开花最晚的种类。自然花期在 6 月前后。叶小而薄，分枝细密，冠形丰满。花中至大型，直径在 6cm 以上，单瓣或重瓣。夏鹃代表种有长华、陈家银红、五宝绿珠、大红袍等。

（3）毛鹃。又称毛叶杜鹃，本种包括锦绣杜鹃、毛叶杜鹃及其变种。自然花期 4～5 月。树体高大，可达 2m 以上，发枝粗长，叶长椭圆形，多毛。花单瓣或重瓣，单色，少有复色。毛鹃代表种有玉蝴蝶、琉球红、紫蝴蝶、玉玲等。

（4）西鹃。最早在荷兰、比利时育成，系皋月杜鹃、映山红及白毛杜鹃等反复杂交选育而成。自然花期 2～5 月。有的品种夏秋季也开花。树体低矮，高约 0.5～1m 左右，发枝粗短，枝叶稠密，叶片毛少。花型花色多变，多数重瓣，少有半重瓣。西鹃代表种有锦袍、五宝珠、晚霞、粉天惠、王冠、四海波、富贵姬、天女舞等。

3. 产地与生态习性

杜鹃花原产中国，性喜凉爽气候，忌高温炎热；喜半阴，忌烈日暴晒，在烈日下嫩叶易灼伤枯死。最适生长温度 15～25℃，若温度超过 30℃或低于 5℃则生长不良。喜湿润气候，忌干燥多风。要求富含腐殖质、疏松、湿润及 pH 值 5.5～6.5 的酸性土。忌低洼积水。

4. 繁殖技术

杜鹃花繁殖可用播种、扦插、嫁接、压条等方法。

播种法。生产上很少采用种子繁殖，只有在以下几种情况下使用：一是培育砧木用；二是杂交育种获得新品种时用；三是遇到优良的野生种需要引种时用。保持温度15～20℃，约20d即可出苗。

扦插繁殖。杜鹃花扦插适宜季节为春秋两季，选用当年生绿枝或结合修剪硬枝插，春季更易生根。插穗应生长健壮，无病虫害，半木质化或木质化当年新梢，长5～10cm，摘去下部叶片，留4～5片上部叶片。选用蛭石、细砂或松针叶为基质，深度为插穗长的1/3～1/2。在半阴环境，喷雾保湿培养1个月可生根。

嫁接繁殖。一般采用嫩枝顶断劈接，时间在5～6月。砧木多用毛叶杜鹃或其变种，如毛叶青莲、玉蝴蝶、紫蝴蝶等。选2年生独干植株作砧木。接穗要求品质纯，径粗与砧木相近或略小，枝条健壮，无病虫害，长度在3～4cm之间，留上部2～3片叶，将基部削成长0.5～1.0cm平滑楔形。将砧木当年新梢3～4cm处剪断，摘除叶片，纵切1cm左右，插入接穗，对准形成层。绑扎紧密后，套塑料袋保湿，2个月后去袋。

压条繁殖。一般用高压法，在春末夏初进行。3个月生根，成活率较高。

5. 栽培管理要点

杜鹃花是典型酸性土花卉，对土壤酸碱度要求严格。适宜的土壤pH值5～6，pH值超过8，则叶片黄花，生长不良而逐渐死亡。培养土可选用落叶松针叶，或林下腐叶土、泥炭土、黑山泥等栽培，再加入人工配制肥料和调酸药剂效果最好。上盆在春季出室和秋季入室时进行，浇透水，扶正苗，放阴处缓苗1周。每隔3～4年换盆一次，杜鹃花须根细弱，要注意保护，换盆时只去掉部分枯根，切不可弄散土坨。

杜鹃花对水分特别敏感，栽培管理上应注意浇水问题。生长季节浇水不及时，根端失水萎缩，随之叶片下垂或卷曲，嫩叶从尖端起变成焦黄色，最后全株枯黄。浇水太勤太多则易烂根，轻者叶片变黄，早落，生长停止，严重时会引起死亡。浇水要根据植株大小、盆土干湿和天气情况而定，水质要清洁卫生，水质要酸性。夏日白天要向叶面喷水，午间向地面喷水降温，浇水不能过多，以增加空气湿度为准。

施肥也是栽培杜鹃花的重要环节。基肥用长效肥料如蹄甲片、骨粉、饼肥等有机肥料，在上盆或换盆时埋入盆土中下层。追肥应用速效肥，应薄肥勤施，开花前每10d追施1次磷肥，连续进行2～3次；露色至开花应停止施肥；开花以后，应立即补施氮肥；7～8月停滞生长不宜施肥；秋凉季节一般7～10d追施1次磷肥，直至冬季使花蕾充实。可定期浇施“矾肥水”。

杜鹃在春、秋、冬三季要充足光照，夏季强光高温时，要遮阳，保持透光率40%～60%左右。在秋冬季应适当增加光照，只在中午遮阳，以利于形成花芽。

杜鹃花具有很强的萌芽力，栽培中应注意修剪，以保持株型完美。常用的方法有摘心、剥蕾、抹芽、疏枝、短截等，上盆后苗高15cm时进行摘心，促进侧枝形成和生长，并及时抹除多余枝条，内膛的弱枝、枯老枝、过多的花蕾要随时剪除。杜鹃修剪量每次不能过大，以疏剪为主。

杜鹃常见病害有褐斑病、叶肿病等。发病初期喷洒40%福星乳油6000倍液，连喷2～3次，可有效防治褐斑病。叶肿病可在发芽前喷1波美度石硫合剂，展叶后喷2%波尔多液2～3次防治。常见虫害有红蜘蛛、军配虫等。红蜘蛛在夏季高温干燥时盛行，危害严重，可用尼索朗2000倍液防治。军配虫可在5月第一代若虫期用50%杀螟松1000倍液防治。

6. 观赏与应用

杜鹃花为我国传统名花，它的种类、花型、花色的多样性被人们称为“花木之王”。在园林中宜丛植于林下、溪旁、池畔等地。也可用于布置庭院或与园林建筑相配置。也是布置会场、厅堂的理想盆花。

3.2.17 一品红 *Euphorbia pulcherrima* Willd.

别名：象牙红、圣诞树、猩猩木、老来娇

科属：大戟科，大戟属

1. 形态特征

茎光滑，淡黄绿色，含乳汁。单叶，互生，卵状椭圆形乃至披针形，全缘或具波状齿，有时具浅裂。顶生杯状花序，下具12～15枚披针形苞片，开花时红色，是主要观赏部位；花小，无花被，鹅黄色，着生于总苞内，花期恰逢圣诞节前后，所以又称圣诞树（图3-3-20）。

图3-3-20 一品红

2. 类型及品种

目前栽培的主要园艺变种有：

（1）一品白（var. *Alba*）。开花时总苞片乳白色。

（2）一品粉（var. *Rosea*）。开花时总苞片粉红色。

（3）重瓣一品红（var. *Plenissima*）。顶部总苞下叶片和瓣化的花序形成多层瓣化瓣，红色。

3. 产地与生态习性

原产墨西哥及中美洲，我国南北均有栽培，在我国云南、广东、广西等地可露地栽培，北方多为盆栽观赏。喜温暖、湿润气候，需阳光充足，光照不足可造成徒长、落叶。忌干旱，怕积水，对水分要求严格。土壤湿度过大会引起根部发病，进而导致落叶；土壤湿度不足，植株生长不良，并会导致落叶。耐寒性弱，最适夜温在16～21℃，最适日温21～27℃，生长适温16～27℃。为典型的短日照花卉，日长12h20min为临界日，日长短于12h20min就转入生殖生长。要求肥沃湿润而排水良好的微酸性土壤。

4. 繁殖技术

多用扦插繁殖，嫩枝及硬枝扦插均可，但以嫩枝扦插生根快，成活率高。扦插时期以5～6月最好，越晚插则植株越矮小，花叶也渐小，老化也早。扦插时选取健壮枝条，剪成10～15cm作插穗，切口立即蘸以草木灰，以防白色乳液堵塞导管而影响成活。稍干后再插于基质中，扦插基质用细砂土或蛭石，扦插深度4～5cm，温度保持20℃左右，保持空气湿润。20d左右即可生根，2～3个月后新梢长到10～12cm时即可分栽上盆，当年冬天开花。

5. 栽培管理要点

(1) 分栽上盆。扦插成活后，应及时上盆，盆栽基质可用30%草炭土、30%珍珠岩、30%炉渣和适量壤土配成，调整pH值为6.0最适宜。一品红种植后很易感染茎腐病，因此基质一定要严格消毒。

(2) 换盆。6月中旬换盆，将扦插苗移植至口径12～14cm盆，移栽时不能伤根。

(3) 上盆后的管理。上盆后立即用30g根菌清、4g瑞毒霉和100L水混配进行灌根，第二天上午用清水淋透。上盆后7～10d，开始施肥，用花多多"20～10～20"花卉专用肥与低浓度的氮肥50～100μL/L交替浇灌。随着植株的生长，逐渐提高肥料的浓度，最高浓度不超过300μL/L。扦插苗定干留高10cm，可抽生2～3个枝条。若是老株，每个侧枝基部留1～2个芽，并将上部枝条剪去。除了留的芽外，若再发新芽应随时去掉。

(4) 营养生长期的管理。

光照。一品红是典型的短日照植物，通常的自然条件下日长12h20min为临界日，因此，一品红营养生长期光照时数不得低于12h20min。

温度。一品红生长适温16～27℃。叶片伸展最低温度约在5～9℃，低于此温度叶片生长停止。随着温度上升叶片生长速率加快，约每4～5d发育一片叶子，当温度达到25℃后，叶片生长速率又逐渐减缓。

水分。一品红既怕旱也怕涝，土壤水分过多容易烂根，过于干旱又会引起叶片卷曲焦枯。浇水要见干见湿，浇则浇透。夏天每日早晚各浇一次，并向植株四周洒水，以增加空气湿度。

肥料。10～15d追施花多多"20～10～20"1000倍液花卉专用肥一次，每隔两周要用清水冲洗一遍，防止盐分积累。可用2500～3500mg/kg矮壮素在喷洒叶面控制株高度。

(5) 生殖生长期的管理。

光照。要使一品红转入生殖生长，必须保证以下两个条件：一是持续的短日照，在合适的温度条件下，必须保证每天的日长少于12h20min；二是夜温维持在24℃以下。

温度。平均温度对一品红花芽发育的速度有很大的影响，温度处于16～21℃之间时，温度越高，花芽发育速度越快，但当温度超过21℃后，花芽发育的速度又会减慢。另外，平均温度还会影响苞片发育的速度及苞片最终的大小。平均温度维持在20℃时，对苞片的分化和发育都很理想；在生长后期，将温度降低到15～17℃，对苞片的转色有帮助，并且也可以减缓花序成熟的速度，减少提早落花，有助于成品运输期间品质的保持。

施肥。可用磷酸二氢钾、K宝和复合肥按1∶2∶1调制成浓度为0.2%～0.3%的液肥，每10d浇一次。

湿度。从花芽形成至开花阶段，相对湿度应保持60%～70%，以减少灰霉病的发生。开花后温室湿度不可过大，否则，苞片和花蕾易积水腐烂。

(6) 花期调控。一品红是典型的短日照植物，生产上可通过遮光或人工补光来促使提早或推迟开花。遮光可用黑布或黑幕，每天遮光时间为13h左右，一般从下午6∶00到次日早晨7∶00。而补光最好在晚上10∶00到凌晨2∶00，光强应在500lx左右，一般每隔3m距离安装一盏100W白炽灯即可，高度为1m左右。促控开始时间应根据品种光反应时间（即从接受临界短日照开始至开花所需时间）、预定花期等而定。一般为52～63d，如光反应时间为56d的品种需在10月1日开花，则应在6月上中旬定植，6月中下旬摘心，7月下旬开始遮光，一直到9月下旬开花。此外，促成栽培时还应尽量使夜温低于24℃，如夜温过高，则会抑制一品红花芽分化。而如需抑制栽培，则应在9月25开始补光，至预定花期前42～63d（视品种而定）停光，期间应注意温度管理。

（7）开花后的养护管理。开花后，应注意降低施肥的浓度，保持室温15～20℃，保持湿度在60%～70%之间，降低光照度至10 000～20 000lx，还要降低浇水的频率，以便延长花期。同时，注意通风，防止灰霉病的发生。

（8）病虫害防治。一品红病害主要有灰霉病、细菌性叶斑病等。灰霉病的发生多与温度偏低、湿度过大等因素有关。除注意温、湿度调控外，可用甲基托布津、退菌特等防治。但苞片转色后，喷施杀菌剂易使苞片产生斑点，宜改用烟熏灵等熏蒸。由于一品红对硫敏感，故不宜用硫黄熏蒸。此外，细菌性叶斑病可用含铜杀菌剂防治。一品红虫害有水木坚蚧，冬季或早春喷施石硫合剂，防治越冬若虫，5～6月喷施50%速扑杀1500倍液。

6. 园林应用

一品红株形端正，叶色浓绿，花色艳丽，开花时覆盖全株，色彩浓烈，花期长达2个月，有极强的装饰效果，是西方圣诞节的传统盆花。一品红成为必不可少的节日用花，象征着普天同庆。在中国大部分地区作盆花观赏或用于室外花坛布置，是“十一”常用花坛花卉。也可用做切花。

3.2.18 米兰 *Aglaia odorata* Lour.

别名：米仔兰、树兰、鱼子兰、碎米兰

科属：楝科，米兰属

1. 形态特征

高可达4～5m，多分枝。奇数羽状复叶，互生，小叶3～5枚；具短柄，倒卵形；深绿色具光泽；全缘。圆锥花序腋生；花小而繁密；黄色；花瓣5枚，花萼5裂；极香。花期从夏至秋（图3-3-21）。

2. 产地与生态习性

原产我国南部各省区及亚洲东南部。性喜温暖、湿润、阳光充足的环境，不耐寒，生长适温20～35℃，12℃以下停止生长。除华南、西南外，均需在温室盆栽。怕干旱，土质要求肥沃、疏松、微酸性。

图3-3-21 米兰

3. 繁殖技术

主要采用高压法和扦插法。

高技压条法。多在春季4～5月，选1～2年生枝条环剥后，用湿润的基质包住伤口，用塑料条绑扎牢固。一个月后压条部分叶片泛黄色，表示伤口开始愈合，再过一周就能生根。生根后即可断离母株上盆。

扦插法。扦插生根比较困难，在6～8月间采当年生绿枝为插条，长约 10cm，插前使用 50mg/L 的萘乙酸或吲哚乙酸溶液浸泡 15min，可提高成活率。插后保持较高的空气湿度和一定的温度，45d 后可生根。

4. 栽培管理要点

米兰喜酸性，因此必须配置酸性基质，常用泥炭 7 份、河沙 3 份，每盆拌入 1%硫酸亚铁和 0.8%硫黄，生育期每隔 3～5d 浇稀矾肥水。盆栽米兰每 1～2 年需翻盆一次，新上盆的花苗不必施肥，生长旺盛的盆株可每月施饼肥水 3～4 次。

米兰极喜阳光，室内若没有强光，入室后 3d 叶子就会变黄脱落。花谚说“米兰越晒花越香”。但夏季需防烈日暴晒。盆栽米兰秋季于霜前入中温温室养护越冬，温室保持 12～15℃，低于 5℃易受冻害，要注意通风，停止施肥，节制浇水，至翌年春季气温稳定在 12℃以上再出室。要经常保持盆土湿润，但过湿易烂根。夏季可经常向叶面喷水或向空间喷雾增加空气湿度。为促使盆栽植株生长得更丰满，必要时可对中央部位枝条进行修剪摘心，促进侧枝的萌芽、新梢开花。

米兰的主要病害有炭疽病，发病时可用 75%百菌清 800 倍液喷洒 2～3 次防治。主要虫害是白轮盾蚧，在 4～5 月或 8～9 月喷 40%速扑杀乳油 1500 倍和蚧死净乳油 2000 倍液防治。

5. 用林应用

米兰茎壮枝密，翠叶茂生，四季常青，花香馥郁，沁人心脾，为优良的香花植物，常盆栽以供观赏，在暖地的庭园中可露地栽植。花可以提炼香精，也是重要的熏茶原料，枝、叶可入药。

3.2.19 茉莉 *Jasminum sambac*（L.）Ait.

别名：抹丽、茶叶花

科属：木樨科，茉莉属

1. 形态特征

常绿灌木。小枝细长有棱，上被短柔毛，略呈藤本状。单叶对生，椭圆形至广卵形，叶全缘。聚伞花序顶生或腋生，每序着花 3～9 朵；花冠白色；有单、重瓣之分，单瓣者香味极浓，重瓣者香味较淡。花期 5～11 月，其中以 7～8 月为最盛（图 3-3-22）。

图 3-3-22 茉莉

2. 类型及品种

茉莉的栽培品种有 3 种：

（1）金花茉莉。枝条蔓生，花单瓣，花数多，花蕾较尖，香气较重瓣茉莉花浓烈。

（2）广东茉莉花。枝条直立，坚实粗壮，花头大，花瓣二层或多层。花蕾圆形，香味淡。

（3）千重茉莉花。枝条比广东茉莉柔软，新生枝似藤本状，最外两层花瓣完整，花心的花瓣碎裂，香气较浓。

同属其他栽培种：毛茉莉（*J. mulfiflor*）：攀缘灌木，茎、叶、花均被黄褐色柔毛，花白色，花期冬、春季，具芳香。素馨花（*J. officinale*），常绿灌木或藤本，奇数羽状复叶对生，花白色，花期6～10月，芳香。

3. 产地与生态习性

原产我国西部和印度，现我国南北各地普遍栽培。性喜阳光充足和炎热潮湿的气候，生长适温为25～35℃。不耐寒，冬季气温低于3℃时，枝叶易遭受冻害，如持续时间长，就会死亡。畏旱又不耐湿涝，如土壤积水常引起烂根。要求肥沃、富含腐殖质和排水良好的砂质壤土，耐肥力强，土壤的pH值5.5～6.5为宜。

4. 繁殖技术

茉莉可用扦插、分株及压条法繁殖。

扦插繁殖。茉莉一般多用扦插繁殖。扦插以6～8月为宜，在温室内周年可插。选择当年生且发育充实、粗壮的枝条作插穗，插后注意遮阴并保湿，在30℃的气温下约1个月即可生根。

分株繁殖。茉莉的分蘖力强，多年生老株还可进行分株繁殖。春季结合换盆、翻盆进行分株，适当剪短枝条，利于恢复，并尽量保护好土团。

压条繁殖。选较长的枝条，在夏季进行压条，1个月生根，2个月后可与母枝割离，另行栽植。

5. 栽培管理要点

茉莉性喜肥沃疏松、排水良好的微酸性土壤。栽培基质一般用田园土4份，堆肥土4份，河沙或谷糠灰2份，外加充分腐熟的干枯饼末、鸡鸭粪等适量。为保持盆土呈微酸性，可每10d左右浇一次0.2%硫酸亚铁水溶液。2～3年换一次盆。换盆时一般不去根，换上新的营养土，并在盆底放一些骨粉及马蹄片作基肥，换盆后浇透水。

茉莉花喜阳光怕阴暗。俗话说“晒不死的茉莉，阴不死的珠兰”。茉莉养护一定放在阳光充足之处。

根据茉莉性喜湿润又怕积水，喜透气的特点，应掌握这样的浇水原则。春季4～5月，茉莉正抽枝展叶，气温不高，耗水量不大，可2～3d浇一次，中午前后浇，要见干见湿，浇必浇透；5～6月是春花期，浇水比前期略多一些；6～8月为伏天，气温最高，也是茉莉开花盛期，日照强需水多，可早晚各浇一次，天旱时，还应用水喷洒叶片和盆周围的地面；9～10月可1～2d浇水一次；冬季必须严格控制水量，不然盆土湿度过大而温度过低，对茉莉越冬不利。就生长期浇水总原则来说，应不干不浇，待盆土干成灰白色时便予浇透。

茉莉喜肥，有“清兰草，浊茉莉”之说。特别是花期长需肥较多。施肥可用矾肥水，刚出室后施肥，肥液应淡，每周施1次，肥水之比为1∶5。孕蕾和花后施肥，肥水比例应为1∶1。盛花期高温时应每4d施肥1次，不妨大肥大水，一般上午浇水傍晚浇肥，第二天解水，这样有利于茉莉根部吸收。至霜降前应少施或停施，以提高枝条成熟度以利越冬。施肥时间可灵活掌握，一般在傍晚为好，施前先用小铲锄松盆土，而后再施。注意不要在盆土过干或过湿时施用，盆土似干非干时施肥效果最好。

花谚说“茉莉不修剪，枝弱花少很明显；修枝要狠，开花才稳。”茉莉一般于每年出室前结合换盆时进行修剪。具体办法：待盆土干爽以后，除了每个枝条上各保留4对老叶外，其余叶片都剪去，但应注意不要损伤叶腋内的幼芽。茉莉一年中一般生长五批枝条，第一批粗壮有力，第二批次之，第三批又次，第四、第五批就十分细弱了。对细弱枝应剪去，因为它们不能孕育大量花蕾，而且浪费营养影响透光。

入冬前不要浇大水，使植株在寒冬到来之前得以耐旱锻炼。同时停止施氮肥，令植株组织充实，含水量降低。北方地区每年10月上旬就要搬入室内，放在阳光充足的地方。室温应保持在5℃以上。在整个冬季都不要浇水过多。

茉莉花的病虫害主要有褐斑病、白绢病、介壳虫、朱砂叶螨。褐斑病发病期为5～10月，主要危害嫩枝叶，导致枝条枯死。感染此病的枝条上呈现黑褐色斑点。可用800倍多菌灵，托布津喷洒枝叶。白绢病防治，可在植株茎基部及基部周围土壤上浇灌50%多菌灵可湿性粉剂。介壳虫可人工刮除或用蚧杀特1000倍液防治。朱砂叶螨可喷施1.8%农克螨乳油2000倍液或10%浏阳霉素防治，喷药时应对叶背面喷，并注意喷洒植株中下部的内膛枝叶。

6. 园林应用

茉莉花色洁白，香气袭人，多开于夏季，深受人们喜爱。南方可露地栽培于庭院中、花坛内。长江流域多盆栽，开花时可放置阳台或室内窗台点缀。其花朵也常做切花，可串编成型作佩饰。它还是制茶和提取香精的原料。

3.2.20 栀子花 *Gardenia jasminoides* Dllis

别名：黄栀子、山栀子、黄技

科属：茜草科，栀子属

1. 形态特征

枝丛生，干灰色，小枝绿色有毛。叶对生或3叶轮生，有短柄，革质，倒卵形或矩圆状倒卵形，全缘，顶端渐尖而稍钝，色翠绿，表面光亮。花大，白色，有芳香，单生于枝顶或叶腋，花冠高脚碟状。花期6～8月（图3-3-23）。

2. 类型及品种

主要变型、变种有：

(1) 大花栀子（*f. grandiflora Makino*）。叶较大，花大而重瓣。

(2) 水栀子（var. *radicana Makino*）。又名雀舌栀子，植株较小，枝常平展匐地，叶小而狭长，花也较小。

图3-3-23 栀子花

3. 产地与生态习性

原产我国长江流域以南各省区，北方也有盆栽。喜温暖，阳性，但又要求避免强烈阳光直晒。在蔽阴条件下叶色浓绿，但开花较差。喜空气湿度高，通风良好的环境，喜疏松肥沃且排水良好的酸性土。

4. 繁殖技术

以扦插、压条繁殖为主。在4～5月选取半木质化枝条，插于沙床中，经常保持湿润，极易生根成活。另外也可用水插法，插条长15～20cm，上部留2～3片叶，插在盛有清水的容器中，经常换水以免伤口腐烂，3周后即可生根。压条繁殖在4月上旬进行，选取2～3年生强壮枝条压于土中，30d左右生根，到6月中、下旬可与母株分离。北方压条可在6月初进行。

5. 栽培管理技术

4月下旬出室，夏季应放在阴棚下养护，并注意喷水、浇水。雨后及时到掉盆中积水，若强光直射、高温加上浇水过多，可造成下部叶黄化，甚至死亡。栀子喜肥，但以薄肥为宜。小苗移栽后，每月可追肥1次。每年5～7月修剪，剪去顶梢，促使分枝，以形成完整的树冠。成年树摘除残花，有利于继续旺盛开花，延长花期。叶黄时及时追施矾肥水。

栀子病害主要是黑星病、黄化病等。黑星病在多雨或贮运途中湿气滞留的条件下，发病严重，可用50%多菌灵500倍液喷洒防治，并注意贮运途中通风换气。黄化病是一种生理病害，在碱性土栽培时普遍发生。因此在栽培栀子花时要选用酸性土，栽培过程中注意施有机肥和矾肥水，用硫酸亚铁50～100倍液喷洒叶面。

6. 观赏与应用

栀子花叶色亮绿，四季常青，花色洁白，香气浓郁，与茉莉、白兰同为香花三姊妹。是很好的香化、绿化、美化树种，可成片丛植或配置于林缘、庭前、路旁，也可作盆花或切花观赏。栀子花还有过滤有害气体，抵抗烟尘，净化空气的作用。

3.2.21 三角花 *Bougainvillea spectabilis* Willd.

别名：叶子花、九重葛、毛宝巾

科属：紫茉莉科，三角花属

1. 形态特征

枝叶密生茸毛，拱形下垂，刺腋生。单叶互生，卵形或卵圆形，全缘。花生于新梢顶端，常3朵簇生于3枚较大的苞片内，苞片椭圆形，形状似叶，有红、淡紫、橙黄等色，俗称为“花”，为主要观赏部分。花期很长，11月至翌年6月初。花梗与苞片中脉合生，花被管状密生柔毛，淡绿色。瘦果（图3-3-24）。

2. 类型及品种

常见的园艺变种有：

（1）“白苞”三角花（cv. Alba-plena）。苞片白色。

（2）“艳红”三角花（cv. Butt）。苞片鲜红色。

（3）“砖红”三角花（cv. Lateritia）。苞片转红色。

同属常见的栽培品种还有光叶子花（*B. glabra*）。别名宝巾。叶和枝无毛，苞片紫色。较耐寒，在5℃条件下能越冬，栽培较广泛。

图3-3-24 三角花

3. 产地与生态习性

原产巴西以及南美洲热带及亚热带地区，我国各地均有栽培。性喜温暖、湿润气候，不耐寒。我国华南北部至华中、华北的广大地区只宜盆栽。冬季室温不得低于7℃。喜光照充足，较耐炎热，气温达到35℃以上仍可正常开花。喜肥，对土壤要求不严，以富含腐殖质的肥沃砂质土壤为佳，生长强健，耐干旱，忌积水。萌芽力强，耐修剪。属短日照植物，在长日照条件下不能进行花芽分化。

4. 繁殖技术

以扦插繁殖为主，也可用压条法繁殖。5～6月扦插成活率高，选一年生半木质化枝条为插穗，长10～15cm，插于砂床。插后经常喷水保湿，25～30℃条件下，约1个月即可生根，生根后分苗上盆，第二年入冬后开花。扦插不宜成活的品种，可用嫁接法或空中压条法繁殖。

5. 栽培管理要点

叶子花适合在中性培养土中生长，可用腐叶土或泥炭土加入1/3细砂及少量麻酱渣混合作基质，1～2年要翻盆换土一次。翻盆时宜施用骨粉等含磷、钙的有机质作基肥。

叶子花属强阳性花卉，一年四季都要给予充足的光照，若放在蔽阴地方，新枝生长弱，叶片暗淡易落，不易开花。

生长期要有充足的肥水，平时要保持盆土湿润，干旱影响生长并造成落花，雨天要防盆中积水。在生长期每半月施液肥1次，花期适当增施磷钾肥。

叶子花萌芽力强，成枝率高，注意整形修剪。花期过后应对过密枝、内膛枝、徒长枝进行疏剪，改善通风透光条件。对水平枝要轻剪长放，促使发生新枝，多形成花芽。

盆栽大株三角花常绑扎成拍子形、圆球形等，以提高观赏性。也可在春季通过修剪，使其分枝多，成圆头形。地栽的还可设支架，使其攀缘而上。

盆栽三角花在秋季温度下降后，移入高温温室中养护，可一直开花不断。冬季如温度在10℃左右则进行休眠，如得到充分休眠，春夏开花更为繁茂。

管理过程中注意防治叶子花叶斑病，发病前期喷洒75％百菌清可湿性粉剂500倍液，连续喷3～4次，发病期喷洒45％特克多悬浮剂1500倍液防治。

为满足节日需要，使其“五一”、“十一”开花，可进行加温和短日照处理。在北京地区如需“五一”用花，要进行加温处理，在室温20℃以上的条件下，经40～50d即可开花。如满足“十一”用花，要遮光进行短日照处理，每天8h光照，约60d即可开花。

6. 园林应用

叶子花苞片大而美丽，盛花时节艳丽无比。在我国南方地区作庭院、回廊、门廊绿化美化栽培。在长江流域以北，是重要的盆花，作室内大、中型盆栽观花植物。据国外介绍，现已培育出灌木状的矮生新种。采用花期控制的措施，可使叶子花在“五一”、“十一”开花，是节日布置的重要花卉。也可用其老桩制作成盆景。

3.3 室内盆栽观叶花卉

室内观叶植物是目前世界上最流行的观赏植物之一，它在园艺上泛指原产于热带亚热带，主要以赏叶为主，同时也兼赏茎、花、果的一个形态各异的植物群。由于受原产地气象条件及生态遗传性的影响，在系统生长发育过程中，室内观叶植物形成了基本的生态习性，即要求较高的温度、湿度，不耐强光。室内观叶植物种类繁多，品种极其丰富，且形态各异，它们在形态特征、生长习性、繁殖方法栽培管理等方面又有所不同。

3.3.1　散尾葵　*Chrysalidocaarpus lutescens* Wendl

别名：黄椰子

科属：棕榈科，散尾葵属

1. 形态特征

常绿灌木。树态优美，茎干有环纹，基部能萌发蘖芽。叶片单生，叶羽状全裂，挺拔扩展成拱形；叶态披针形，对称排列，先端柔软。肉穗状花序，分枝较多，花形玲珑，金黄色的花朵，悬垂于茎干的上端。花期 3～4 月。9～10 月果实成熟（图 3-3-25）。

2. 生态习性

原产非洲马达加斯加东部，那里属于热带雨林气候，全年高温多雨。我国南方地区的热带边缘，多在公园、风景名胜区露地群植，长江流域及其以北地区多作盆栽，冬季移入温室内培养。

散尾葵性喜半阴，喜柔和的阳光照射。在整个培养过程中，春、秋、冬季要求要有充足的阳光照射。盆栽植株夏季要放在半蔽阴的地方，防止烈日暴晒。最适宜的生长温度为 22～28℃，在 18～32℃的气温环境中，植株都能旺盛生长。气温超过 35℃或者冬季气温低于 15℃，植株便进入半休眠状态。冬季室温控制在 12--16℃，使之休眠越冬。

图 3-3-25　散尾葵

3. 繁殖方法

常用分株和播种繁殖。

分株繁殖。选择株丛密集分蘖苗多的植株，从盆内挖出，可分割成数丛，每丛需在 20～25℃温度条件下养护。盆栽 3～4 年可分株。

播种繁殖。种子成熟采下即播。常用盆播，发芽适温为 22～25℃，播后 30～40d 发芽，幼苗长到 8～10cm 时分栽。

4. 栽培管理要点

当幼苗长至 8～10cm 时，可盆栽。盆栽幼苗用土应以腐叶土为主，再加少量粗砂，并适当加入腐熟的堆厩肥，不能用透气性不好的土壤来栽培。为了促进分蘖，盆栽时应比原来深一些，因为它的萌蘖生长靠近上部。每年早春、初夏换盆 1 次，老株可隔 3～4 年换盆 1 次。换盆后，应放置在半阴而空气湿度较高的地方。

散尾葵喜高温、潮湿环境，喜半阴，畏烈日，夏、春、秋三季应遮光 40%～50%。北方 9 月上中旬入室，长江流域 10 月上旬入室，冬季日温保持 25℃左右，夜温保持 15℃以上，冬季最低温度不可低于10℃，长时间低温必受寒害。在越冬期间宜多给光照。散尾葵喜肥，自春至夏末，需经常施以液体追肥（饼肥水或0.1%浓度的化肥），一般1～2周1次。盆土要经常保持湿润，并常向叶面喷水，保持叶面清洁。

病害主要有茎腐病、炭疽病等。防治茎腐病用300倍液的五氯硝基苯杀菌剂涂擦病斑，用800倍液的退菌特杀菌剂喷洒健康枝干、叶片，控制病害的发生与蔓延；及时剪除病枝、枯叶，减少再侵染源。防治炭疽病要加强肥水管理，施有机肥，适量增施磷、钾肥，氮肥适量或追施GA激活剂，及时浇水，避免喷灌；及时清除病枯叶残体，并做深埋处理；温室通风透光良好，降湿降温；发病初期用50%克菌丹可湿性粉剂500倍液喷洒防治。虫害主要有介壳虫，可用40%氧化乐果乳油1500倍喷杀。

5. 园林应用

根据株丛大小，可作大、中、小型盆栽。株型高大丰满，潇洒婆娑，干茎美丽挺拔，叶丛柔美洒脱，充满着热带风情，布置于客厅、书房、宾馆等，衬托出清幽的自然气息。也是优美的切叶材料。

3.3.2 棕竹 *Rhapis excelsa*

别名：观音竹、筋头竹、棕榈竹

科属：棕榈科，棕竹属

1. 形态特征

常绿丛生灌木。棕竹在原产地均丛生性生长，茎似竹竿，呈现圆柱形，株高可达4～5m，干细而坚韧，可制手杖、伞柄等。盆栽棕竹属于矮化品种，株高只有0.5～2m，茎干直立不分枝，干上有宿存叶鞘，为黑褐色丝毛苞片，纤维丝质网状。棕竹茎干节间抽生叶梗，梗端抽生叶片，叶片掌状圆扇形，深裂达中部以上。叶梗两面凸起，或一面平坦，而另一面凸起。叶片两缘多是从基部呈折叠状，叶片质地较薄，常年翠绿。

雌雄异株。春夏之交，雌株开淡黄色小花，肉穗状花序，多分枝，整个花序腋生，果实为核果球形或椭圆形，种子圆形黑色（图3-3-26）。

图3-3-26 棕竹

2. 生态习性

棕竹原产我国南部，以广东、广西、云南最多，系山间野生。棕竹性喜温暖湿润、阴蔽和空气清新的环境，畏烈日，不耐寒，北方盆栽冬季入室，室温保持在2～5℃，才能安全越冬。棕竹生性强健，适应性好，抗逆性强，喜排水性好、肥沃湿润的中性或微酸性土壤，在碱性土壤中叶片发黄，很难抽生新芽。棕竹也能耐旱和一定的水湿，是一种比较好养的常绿观叶植物。

3. 繁殖方法

播种或分株繁殖。播种适宜在秋季种子成熟后，随采随播。播种前将种子用35℃温水浸泡1d，浅盆点播，保持20～25℃，1个月可发芽。

北方盆栽结种少，多采用分株繁殖，在春季新芽尚未长出前，结合换盆进行，每丛2～3枝，换小盆栽植。

4. 栽培管理要点

(1) 温度。生长适温为20～30℃，稍耐寒，可耐0℃左右的低温，最低生存温度为－7℃。夏季只要加强喷水和遮阴管理，即使气温达40～41℃也能正常生长。北方地区应于10月中旬移入室内，江淮之间可于11月搬入室内，只要盆土不结冰即可安全越冬。若在简易大棚中越冬，黄淮之间还要加盖草帘防寒，并确保塑料薄膜不被寒风撕裂。

(2) 光照。喜半阴环境，忌烈日暴晒，否则易招致叶片灼伤或叶色枯黄。盆栽棕竹夏季应放在室外养护，一般宜放于树阴下，生产性栽培中，宜搭棚用遮阳网遮去50%的光线。若放在光线较好的办公室内，如南向窗前，可作长期陈列。但在其新茎展叶时，还是要给予一些光照，否则会长成茎细长、叶松散的株形。为了使棕竹易抽出蘖芽，在发芽期要有充足的光照，早晚再补充2个小时的直光照射对其抽芽比较有利。

(3) 水分。春回气暖后应在每天的中午浇水1次，最好用细孔喷壶从上往下喷淋，浇到盆底排水孔有水滴渗出时为止。夏天高温季节除浇水外，每天早晚要喷水数次，保持较高的空气湿度，以利茎叶生长。特别是在气温高于35℃的炎热天气，需要每天浇水1～2次；入秋后天气渐冷，应逐渐减少浇水，可每隔1～2d浇1次水，以保持盆土湿润为度。盆内积水易造成植株烂根和下部叶片发黄，反之浇水过少，盆土过干则易导致叶片发枯失色，叶尖变褐枯死。在干燥的季节，每天应向茎叶喷水1～2次，增加空气湿度。

(4) 换盆及上盆。棕竹主根是呈水平方向伸展横生在土中的，主根的不定芽具有很强的萌发力，向上抽生单株茎干，使株丛呈灌木状，因此，花盆要比植株大一些，以适应新株的扩大。幼株宜于每年清明前后换盆1次，老株可每隔1～2年换盆1次，并要随时剪除枯叶，保持叶面清洁。

(5) 肥料。棕竹喜肥，但忌生肥、浓肥，生长季节每隔半月追施1次稀薄的沤熟饼肥液或0.3%的尿素液，液态肥中可加入0.2%的硫酸亚铁，以防叶缺铁黄化。秋末和冬季应停止施肥，以防肥伤害根。

(6) 病虫害防治。棕竹的主要病害有褐斑病、炭疽病等。褐斑病防治方法：高温干燥期增加叶面喷水，及时除治介壳虫，减少伤害；移入或移出温室前，喷洒波美2度的石硫合剂；发病初期喷洒600倍液的福美双、百菌清杀菌剂。炭疽病防治方法：结合冬季修剪疏枝整形，及时剪除病枝叶，集中销毁；发病初期喷洒600倍液的炭疽福美杀菌剂，或800倍液的五氯硝苯杀菌剂。棕竹生长要求通风良好的环境，如通风不良易发生红蜘蛛、锈壁虱、介壳虫，若少量发生，应及时人工刮除，喷洒20%灭扫利乳油2000倍液或10%吡虫啉可湿性粉剂1500倍液防治，同时注意通风透气，及时修剪枯枝败叶。

5. 园林应用

株丛刚劲挺拔，纤细似竹非竹，叶色青翠亮丽，形态清秀洒脱，富有热带风韵，是优良的盆栽观叶植物。矮小分株苗可与小山石拼栽，制作丛林式盆景。茎叶可用于作插花的陪衬材料。

3.3.3 竹芋属 *Maranta* L.

科属：竹芋科，竹芋属（葛郁金属）

1. 形态特征

本属植物株形矮小，大多数种类地下具有块状根。叶片圆形或卵形，具各色美丽的斑纹，为主要欣赏部位。

2. 类型及品种

主要栽培品种有：

（1）哥氏白脉竹芋（*M. leuconeura kerchoveana*）。别名兔斑竹芋。叶片浅绿色，叶脉两侧有深绿色或褐色的斑，如兔足迹状。褐色斑点随叶片成熟而转成绿色。

（2）豹纹竹芋（*M. leuconeura massangeana*）。植株低矮，叶片较小。叶面蓝绿色，沿中脉有鱼尾状白斑排列，与银白色脉动纹构成精美图案，在脉纹间为紫色的斑晕。

图 3-3-27 红脉豹纹竹芋

（3）红脉豹纹竹芋（*M. leuconeura erthrophylla* 或 *M. tricolor*）。别名鱼骨草、红叶葛郁金。植株低矮，生长缓慢。叶片多呈横伸展；叶椭圆形、绿色，主脉及羽状脉红色，主脉两侧具银绿色至黄绿色的齿状斑纹，叶背紫红色，叶面花纹如鱼骨状；叶柄有翼（图 3-3-27）。

3. 生态习性

喜温暖、湿润和半阴环境。不耐寒，越冬温度不低于10℃；不耐高温，夏季温度超过32℃，抑制植株生长。忌强光曝晒。以肥沃、疏松、排水良好的微酸性腐叶土为好。

4. 繁殖方法

分株及扦插繁殖。分株结合早春换盆进行，气温达到 15℃以上时，去除宿土将根状茎扒出，选取健壮整齐的幼株分别上盆；栽后充分浇水并置于半阴处养护。扦插，切取带 2～3 个芽的幼茎，插于沙床中，半个月可生根。

5. 栽培管理要点

竹芋属植物在夏秋季节以半阴环境为好，甚怕强光。不耐土壤和空气干燥，在生长期，盆土保持湿润，并且每天向叶面喷水，增加空气湿度。秋后盆土应保持稍干。无须过大浇水，重要的是经常向叶面喷水。冬季植株处于半休眠状态，控制好越冬温度，置于散射光充足处，保持盆土稍干燥，可以保持地上叶片不凋，叶色亮丽。盆栽竹芋属植物根系较浅，多用浅盆栽植，生长数年的成株，茎过于伸长，破坏株形，应及时剪枝，剪下枝叶可用于扦插。

竹芋病虫害较少，但如果通风不良、空气干燥，也会发生病虫害。主要有竹芋花叶病和竹芋类叶斑病。竹芋花叶病是由病毒引起，发病的竹芋叶面形成褪绿环斑，环斑外围有褪绿组织，后期会变灰白色坏死。蚜虫为传毒媒介，病毒也可通过汁液接触传染。防治方法：发现病株应及时清除；及早防治传毒蚜虫；管理时注意工具及手洗净、消毒。竹芋类叶斑病病菌在 10～35℃都能生长发育，但常要求较低的温度，适温 17℃。阴雨天气或肥力不足时，发病重。防治方法：在发病初喷洒 75%百菌清可湿性粉剂 500～600 倍液、50%克菌丹可湿性粉剂400倍液，隔7～10d喷洒一次，连续防治2～3次。虫害有粉虱和介壳虫。粉虱可用25%亚胺硫磷乳油1000倍液喷杀。有时发生介壳虫害，用40%氧化乐果乳油1500倍喷杀。

6. 园林应用

竹芋类植株大小各有差异，小型种类多栽培成9～15cm盆，大型种类以21cm盆较多，所以在室内环境可以妥善利用各种不同品种，发挥所长。高的种类或中型种在高脚盆的样式，体量比较大，适合直接放置地面，欣赏叶片的造型与色彩，由于叶片的展幅较大，需要较宽空间。中小型的品种，以摆放在桌面或矮柜上较恰当，也可以作为组合盆栽的重要材料。在应用于盆栽造景时，竹芋类植物能丰富与强调热带气氛的效果，应用种类以中大型种为主。

3.3.4 蒲葵 *Livistona chinensis*

别名：扇叶葵、葵树、葵竹、铁力木

科属：棕榈科，蒲葵属

1. 形态特征

大型盆栽植物，植株粗壮挺拔，叶片硕大美观，气度雄伟，具有浓厚的热带风光气息，是优美的大型观叶植物（图3-3-28）。

2. 生态习性

原产中国南部，广东、广西、福建、台湾等地均有栽培。喜温暖多湿的环境，能耐0℃低温。喜阳光、亦较耐阴。要求湿润、肥沃、有机质丰富的黏重土壤。花期3～4月。

图3-3-28 蒲葵

3. 繁殖方法

常用播种繁殖。种子常采自20年生以上的健壮植株，种子成熟后应立即采收、洗净、阴干。播种前先进行催芽，常用水浸种3～5d，待幼苗突破种皮后播种。发芽室温为28～33℃，播后30～35d发芽出苗。露地播种幼苗出土后要适当遮阴，以免因阳光暴晒，影响成苗率。

4. 栽培管理要点

(1) 温度。生长适温为25～35℃，通常能耐0℃左右的低温，最低生存温度为－5℃。在华南地区露地栽种可安全过冬；长江流域及以北地区作盆栽，冬季只要维持盆土不结冰即可，夏季气温较高时，要给予遮光和喷水降温。

(2) 光照。性喜阳光，但能耐一定的遮阴。盆栽时，春、秋两季可行全光照养护；夏季宜置于阴棚下养护，并注意通风，减少介壳虫等的发生；冬季则应搁放于室内光线较好的位置。

(3) 水分。喜湿润，能耐一定程度的水湿，园林绿化栽培要求水分充足。盆栽要求春、夏、秋三季盆土潮湿，夏秋时节若空气湿度偏低，常常导致叶片先端枯焦。冬季可适当减少浇水，保持盆土湿润不开裂为好。否则盆土开裂被冷风一吹易招致根系受损、叶片枯萎，最好于中午前后气温高时给叶面及其周围环境喷水，可增加局部空间的相对空气湿度。

(4) 土壤。栽培蒲葵的圃地或定植地点，一般以湿润肥沃、有机质丰富的黏壤土为好，水分充足的平缓地最为合适，但在土层深厚的丘陵坡地、山地也能旺盛生长。盆栽要求疏松肥沃、排水良好的沙质培养土。无论是地栽还是盆栽，在起苗时要先将其枯黄叶片剪去，把硕大的苗叶捆扎成束，带土球移栽或上盆。若根系损坏较多或裸根移栽，不仅不易恢复生长，而且严重影响成活率。

（5）肥料。蒲葵生长速度较慢，生长季节要定期追肥补充养分，且应以氮肥为主。盆栽植株4～10月可每月追施1次稀薄的饼肥水，11月初追施1次磷钾肥，以增加植株的抗寒性，有利于其安全越冬。

（6）病虫害防治。

1）叶枯病。发病部位为叶片。多从叶尖、叶裂间开始发病，初为黑褐色小斑，周边有褪绿色圆晕；病斑扩大后呈椭圆形和不规则形，外围黄褐色，边缘暗褐色，内部黄白至灰白色；后期病斑上出现黑色粒状物。该病菌存活在寄主植物的残体上，早春即可侵染危害，6～8月发病严重。防治方法：定期喷洒0.3%的硫酸亚铁；发病初期用70%的托布津或65%的代森锌可湿性粉剂1000倍液喷洒叶片。

2）黑点病。发病初期叶片上出现小黄斑，后逐渐扩大成圆形或椭圆形，直径2～5mm，呈褐色，边缘明显，外围有一较宽的黄圈，病斑两面散生或群生成近圆形黑色粒点，大多从中部开裂，有时在其上产生一些黄白色粉状物。发病严重时叶片病斑累累，变黄干枯。防治方法：初春发病时，可用50%的多菌灵1000倍液、80%新万生600倍液、20%嗪氨灵500倍液交替喷洒。

3）红肾圆盾蚧。多发生在叶片正面，叶片反面及枝干上很少，危害严重时叶片发黄早落，甚至导致植株死亡。可用40%的速扑杀乳油1500倍液防治。

5. 园林应用

蒲葵四季常青，树冠伞形，叶大扇形，为热带地区绿化的重要树种，也可盆栽。叶可编制蒲扇等，叶柄和主脉可制牙签，种子可药用。

3.3.5 印度橡皮树 *Ficus elastica* Roxb.

别名：印度榕、印度橡胶

科属：桑科，榕属

1. 形态特征

橡皮树为常绿乔木，全株光滑，有乳汁。叶片较大，也较厚，革质，有光泽，圆形或椭圆形，叶面暗绿色或红绿色，叶背浅绿色。托叶红褐色，初期包于顶芽外，新叶伸展后托叶脱落，在枝条上留下托叶痕（图3-3-29）。

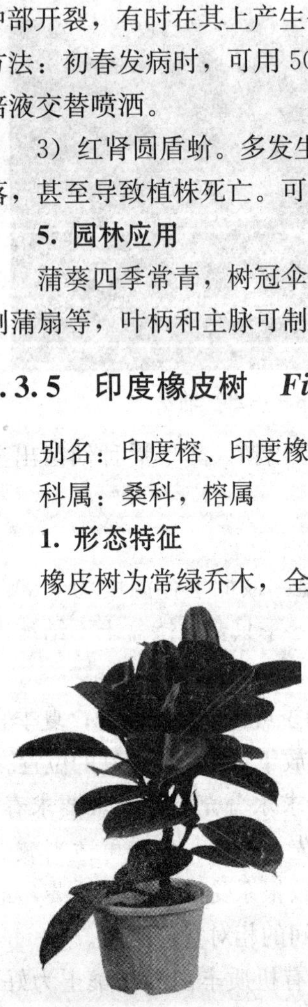

图3-3-29 橡皮树

2. 类型及品种

橡皮树主要变种有：

（1）金边橡皮树。叶片具金黄色边，入秋更为明显。

（2）花叶橡皮树。叶上有黄白色的斑块，观赏价值较高。

（3）金星宽叶橡皮树。是橡皮树中的优良品种，叶较大而圆，幼叶褐红绿色，成长叶红褐色稍淡。边缘疏生针头大小的斑点。

（4）黑叶橡皮树。叶面暗红色，叶背脉红色，幼芽鲜红色。

3. 生态习性

橡皮树原产印度和马来西亚等地，现在我国各地均有引种栽培。橡皮树对光照的要求不高，既耐阴，也喜阳，最喜高温高湿、阳光充足的环境，但耐寒性较差。对土壤的质地和酸碱度要求也不严，适合于在多种土壤上良好生长。

4. 繁殖方法

常用扦插繁殖和压条繁殖。

扦插繁殖以5～8月进行最好。先取顶端成熟枝条，常15～20cm，剪除下部叶片，留2片叶，顶端剪掉一半。剪口要平，剪口常分泌白色乳汁，需要用清水洗净，晾干后再插入沙床。保持室温24～26℃和较高的空气湿度，插后30d可生根，半个月后上盆。也可用水插和叶芽繁殖。

压条繁殖在5～7月进行。采用高空压条法，在离顶端15cm处进行环状剥皮。在25℃条件下，15～20d可生根，30d后剪离母株直接盆栽。

5. 栽培管理要点

橡皮树在高温高湿的环境中生长较快，平均每5～10d可长出一片叶子。因此，在适合其生长的季节内，要注意保持水肥的供应，一般每月施1～2次液体肥或复合肥，入秋温度降低时可减少施肥和灌水的次数，以利于越冬。橡皮树在35℃以上高温时，不要放在室内闷热的地方，否则高温和不通风，易造成叶片枯焦，越冬温度保持在5～10℃。尽管橡皮树可在室内半阴条件下生长，但在可能的情况下，要尽量让其多接受阳光照射，特别是冬季。为了保持良好的树形，使植株生长均匀，一般在幼苗长到50～80cm高时进行摘心，以促进侧枝的萌发，侧枝长出后保留3～5个枝条，以后每年对多余的侧枝进行短剪，2～3年后即可形成圆满的树形。对其实行盆栽时，盆土多用等量的腐叶土、菜园土和河沙混合，加入少量基肥即可。在室内养护时要注意长期的隐蔽条件可能会给植株带来一定的伤害，因此，可在适当的时候将其搬出室外接受光照，特别是冬季光线较弱的时候。

主要病害有炭疽病。防治方法：结合修剪，清除病枝、病叶和枯梢，减少病源；平日注意透光和通风，不要放置过密，选无病植株采扦插枝条来繁殖幼苗；早春新梢生长后，喷1%波尔多液。6～9月每半月喷1次1%波尔多液或波美度为0.3的石硫合剂或0.5%高锰酸钾。另外，在发病前或初期喷洒50%托布津可湿性粉剂、百菌清等可湿性粉剂500～800倍液，可防止病害蔓延。

6. 园林应用

橡皮树生性强健，叶大光亮，四季葱绿，为常见的观叶树种。幼树可盆栽装饰厅堂与书房。北方地区常用成株桶植，布置大型建筑物的门厅两侧与节日广场。因质感厚重，所以摆放应用空间要够大，才显得协调。商场、饭店、办公大楼的大厅、广场最适用，树形够气派，与空间的比例相符合。南方地区则多露天种植于溪畔、路旁，浓阴蔽日，给路人以凉爽清风，遮阴纳凉效果非常好。

3.3.6 万年青 *Rohdea japonica* Roth.

别名：铁扁担

科属：百合科，万年青属

1. 形态特征

多年生宿根常绿草本。根状茎较粗短，节处有须根。叶基部丛生，带状或披针形，革质有光泽。穗状花序顶生，花小而密集，花被球状钟形，白绿色，花期6～8月。浆果球形，未成熟时绿色，成熟后红色，经冬不落（图3-3-30）。

图3-3-30 万年青

2. 生态习性

原产中国。喜温暖湿润和半阴环境。耐寒，怕强光暴晒和土壤积水。生长适温为20～25℃，冬季温度能耐－10℃低温。以肥沃、疏松和排水良好的微酸性腐叶土为宜。

3. 繁殖方法

常用分株和播种繁殖。

分株繁殖在春季进行。将植株挖起，分割根茎，带须根一起栽种。栽植深度为6～8cm。一般每3年分株1次。播种繁殖，春季盆播或露地插播。发芽适温为18～25℃，播后25～30d发芽，幼苗生长1年后带土移栽，培育3年后才能开花。

4. 栽培管理要点

播种苗生长1年后，用腐叶土、田园土和河沙配制的混合土栽植。生长期要保持盆土湿润，但不能积水，夏季叶面可多喷水。每半月施肥1次，可选用卉友“20－20－20”通用肥。观叶良种，盛夏需遮阴，防止烈日曝晒。每年换盆时，需清除老根和枯叶，露地越冬时，可盖草或培土保护。常有炭疽病危害，可用70%代森锰锌可湿性粉剂600倍液喷洒。虫害有介壳虫，可用40%氧化乐果乳油1500倍液喷杀。

5. 园林应用

万年青叶丛四季青翠，红果秋冬经久不落，比较耐阴，常作盆栽陈设室内，十分庄重大方，为优美的观叶观果盆栽花卉。万年青是我国和日本的传统观叶植物，可用以布置中式大客厅或书房。在我国南方是良好的林下、路边地被植物。

3.3.7 广东万年青 *Aglaonema modestum* Schott

别名：亮丝草

科属：天南星科，广东万年青属（粗肋草属、亮丝草属、粤万年青属）

1. 形态特征

株高60～70cm，茎直立不分枝，节间明显。叶互生，叶柄长，基部扩大成鞘状，叶绿色，长披针形或卵圆披针形。秋季开花，花序腋生，短于叶柄（图3-3-31）。

图3-3-31 广东万年青

2. 生态习性

广东万年青原产亚洲热带、亚热带林下沟谷中，我国广东、广西、云南和菲律宾等都有分布。性喜温暖湿润的半阴环境，畏烈日直射，生长适温20～28℃，冬季室温应保持在10℃以上，相对湿度70%～90%，它长年生长在半阴的室内或阴棚下，在中等光照条件下远较阴暗环境生长得好。在湿润环境中生长繁茂，旱季注意喷水，对干旱适应能力强，茎叶萎蔫后浇水即能恢复生长。栽培用土以疏松、肥沃、排水良好的微酸性土壤为好。

3. 繁殖方法

扦插或分株繁殖。扦插繁殖多在春秋季进行，剪取10cm左右茎段，插于沙土中，保持25～30℃及较高的空气湿度，1～2个月生根。因其汁液有毒，操作时应戴手套进行，切勿溅落眼中或误入口中。分株可结合春季换盆进行，切断地下根茎，分别上盆栽种。

4. 栽培管理要点

盆栽用土以疏松肥沃、排水良好的微酸性土壤为宜。浇水以软水为宜，春夏季多浇，秋冬季少浇。3～8月每两个星期施1次稀薄（低剂量）的肥料。盆土保持温暖，并设法提供间接湿度；但不要过多喷雾，以免产生叶斑病。幼株每年进行翻盆，成年株视情况而定。

广东万年青主要病害有细菌性叶斑病，发病初期，选用72%硫酸链霉素或新植霉素3000倍液喷雾，每隔7～10d喷1次，连续喷两次，便可取得较好效果。

5. 园林应用

主要供组合造景及公共空间布置用。最常见的是21cm、盆高约50～70cm的种类。银后粗肋草是最普遍的品种，大片银色斑纹在暗色背景前更显明亮，常在走道、回廊等空间陈列摆放。茶几、隔屏、矮柜上摆放其他叶色的新兴品种，效果亦很突出。单植宜选特殊的品种较有观赏性，如白脉粗肋草、白柄粗肋草等。

3.3.8 花叶万年青 *Dieffenbachia picta* Schott

别名：黛粉叶，银斑万年青

科属：天南星科，花叶万年青属

1. 形态特征

多年生常绿草本。茎粗壮多肉质，每枝上有残留叶柄，茎基部稍有匍匐。叶大而光亮，长圆至椭圆形，深绿色有布满白色或黄色斑块。花梗由叶鞘中抽出，短于叶柄，花单性顶生，佛焰花序，佛焰苞呈椭圆形，下部呈筒状（图3-3-32）。

2. 类型及品种

主要品种及杂交种有：

（1）白玉黛粉叶（*D.* cv. camille）。又称粉黛。小型种，株高30～45cm。叶长17～25cm，宽8～14cm，椭圆形，边缘绿色，中央乳白色，宛如少女粉妆，易从叶腋中长出小株。

（2）大王黛粉叶（*D. amoena*）。原产哥伦比亚，哥斯达黎加。株高1.5m。叶长椭圆形，薄革质，长30～45cm，宽10～25cm，绿色有乳白色斑条块。特别是“热带之雪”变种节短、株形特丰满。

图3-3-32 花叶万年青

（3）鲍曼氏花叶万年青（*D. bowmanii*）。叶片椭圆形，深绿色与浅绿色相杂，叶缘及主脉附近斑纹为深绿色。

(4) 舶来花叶万年青（*D.* cv. exotica）。叶卵圆形，长 25cm，宽 10cm，叶浓绿色，有不规则的白色或淡绿色条纹，十分美丽。

3. 生态习性

花叶万年青原产于美洲热带地区。其性喜高温高湿、半阴或阴蔽环境。生长适温为 20～30℃；不耐寒，越冬温度为 8～10℃。

4. 繁殖方法

以扦插繁殖为主。25℃温度条件下可随时进行扦插，剪取 10～15cm 长的嫩枝，保留上部叶片，插于湿润沙土中，经 30d 可生根；也可水插，生根后上盆栽植。

5. 栽培管理要点

盆栽花叶万年青的土壤一般用 2 份腐叶土、1 份菜园土、1 份河沙加少量腐熟基肥混合而成。在其生长季节，要给予充分的水分供应，宁湿勿干，同时给予叶面喷水。立秋后则控制水分的供给，要干才浇，浇则透；而冬季则要适当保持土壤干燥，太湿则会引起落叶。施肥要把握好量，其虽喜肥，但过多会使叶面斑纹不清晰，特别是氮肥过量时。冬季不宜施肥。在夏季中午阳光直射时要遮阴，以免烧伤叶片，使叶面变得粗糙，冬季则必须有一定的阳光直射，以免过阴导致叶面斑纹部分减少，叶色变绿或枯黄，从而降低观赏价值。花叶万年青不耐寒，气温低于 5℃时很易受冻害，注意冬季防寒。

常见病虫害有细菌性软腐病、细菌性叶枯病等。防治方法：发病初期可喷农用链霉素、克菌丹（盖普丹）等防治，一旦发生必须清除病株。虫害主要有蚜虫，可用速扑杀、功夫、氧化乐果等防治，每隔 4～5d 喷药 1 次，重复 2～3 次。蛞蝓和蜗牛也对观叶植物有危害，常用防治药剂密达 8%灭蜗。

6. 园林应用

花叶万年青的规格很多，大型的适合做庭院或室内主景，因它叶片宽大且株型气势俱佳，也可以种在大型的陶瓮、瓷缸内，摆放于门厅，感觉大方又气派。21cm 盆的中型品种适合成排摆放，可以让室内环境充满绿意，而且叶色鲜明，美化效果显著，在组景中群组设计可以让其更加亮眼。高度 30～50cm、规格 9～15cm 的白玉黛粉叶、翠玉黛粉叶等小型品种，最适合当小品盆或做组合盆栽的材料。

3.3.9 龙舌兰 *Agave americana* L.

别名：龙舌掌，番麻

科属：龙舌兰科，龙舌兰属

1. 形态特征

龙舌兰为多年生常绿大型草本植物。肉质，茎极短。叶丛生，肥厚，匙状披针形，灰绿色，带白粉，先端具硬刺尖，缘有钩刺。花序圆锥形，淡黄绿色。蒴果椭圆或球形（图 3-3-33）。

2. 生态习性

龙舌兰原产墨西哥，我国华南、西南亚亚热带地区广为栽培。性强健，喜阳光，不耐阴，稍耐寒，在 5℃以上气温下可露地栽培。耐旱力强，喜排水良好、肥沃而湿润的砂质壤土，也适合酸性土壤。生长10年后的老株才能开花，异花授粉才能结实。

3. 繁殖方法

常用分株繁殖。春季3～4月，将根际处萌生的萌蘖苗带根挖掘另栽。若根蘖苗没有根系，可扦插于沙土中发根后再种。也可在春季换盆或移栽时，切取带有4～6个芽的一段根株盆栽。

4. 栽培管理要点

图3-3-33　龙舌兰

龙舌兰的养护管理比较简单。除热带、亚热带地区外，其他地区均盆栽，冬季要放入低温温室保护越冬，翌年清明后移至室外。彩叶品种在夏季要适当遮阴。生长季节应保持盆土湿润，浇水时不可将水撒在叶片上，以防发生褐斑病。随着新叶的生长，要将下部黄枯的老叶及时修除。

龙舌兰常见病害有炭疽病、叶斑病。炭疽病防治：发病初期喷洒20%龙克菌悬浮剂500倍液，1∶1∶100倍式波尔多液，25%使百克乳油800倍液，50%施保功或使百克可湿性粉剂1000倍液。叶斑病一般7～8月为发病盛期。从5月开始喷施1∶1∶100倍式波尔多液，30%碱式硫酸悬浮剂4000倍液，70%代森锌可湿性粉剂500倍液，20%二氰脲酸钠可溶性粉剂400倍液，40%百硫悬浮剂600倍液。虫害有黄肾圆盾蚧，发生数量少时，可人工刮除，集中烧毁。虫害严重时，可在若虫孵化期喷洒触杀或内吸药剂如蚧螨灵100倍液、10%吡虫淋可湿性粉剂2000～4000倍液或50%马拉硫磷800倍液防治。

5. 园林应用

龙舌兰叶片坚挺美观、四季常青，园艺品种较多。常用于盆栽或花槽观赏，适用于布置小庭院和厅堂。盆器宽度稍小于植株，让叶片能够伸展出盆器范围之外较美观。如果怕被刺到，可以选择比较大型且瘦高的盆器。由于部分品种叶端、叶缘具尖刺，具有潜在危险性，有儿童之居家不易摆放。

3.3.10　龟背竹　*Monstera deliciosa* Liebm.

别名：蓬莱蕉、电线草、穿孔喜林芋、团龙竹

科属：天南星科，龟背竹属

1. 形态特征

常绿攀缘性藤本植物。它在原产地都是附生在高大榕树的树干上，绿色粗壮的茎干长达7～8m。龟背竹茎干多节，类似竹节，但没有顶芽和侧枝。叶型巨大互生，幼时呈现心脏形，叶缘有深入的锯齿状缺刻，长大后各叶脉间有长椭圆形或矩圆形空洞，酷似龟背，常年碧绿。叶柄长约30～50cm，深绿色，有叶痕，叶痕处有苞片革质，黄白色。花期为8～9月；佛焰状花苞黄白色，两性花，肉穗花序长达20～30cm，宽15～20cm；开放时由白绿色变为淡黄色，先端紫红色；无花被，雄蕊4枚，略长于雌蕊（图3-3-34）。

2. 生态习性

龟背竹原产于墨西哥的热带雨林中，最适宜在15～25℃的环境中生长，气温在5℃以下

图 3-3-34 龟背竹

易受冻害。喜温暖湿润气候和散射光照的环境，盆栽用土可用腐殖土 4 份、森林腐叶土 3 份、河沙 3 份，充分混合，高温消毒便可使用。

3. 繁殖方法

常用播种、扦插和分株繁殖。

播种繁殖。常用盆播。盆土须经高温消毒，播种前用 40℃ 温水浸泡半天，发芽适温为 25～28℃，播后 25～30d 发芽。

扦插繁殖。春季 4～5 月从茎节的先端剪取插条，每段带 2～3 个茎节，去除气生根，带叶插于沙床。保持 25～30℃ 和较高湿度，插后 20～30d 生根，当长出新芽时即能盆栽。

分株繁殖。在夏秋进行。将母株的侧枝整段劈下，带部分气生根，直接盆栽，成活率高，成型快。

4. 栽培管理要点

龟背竹管理粗放，对不良环境有较强的忍耐力。龟背竹喜肥，在生长季节要注意薄肥勤施，以增加叶片的光泽和颜色。其叶片较大，水分流失也较快，夏季要多给水，特别是叶面喷水。夏季有强烈的阳光照射时要适当进行遮阴，以免叶片枯焦，影响观赏价值。

5. 园林应用

龟背竹叶形奇特，色浓绿，较耐阴，适合家庭布置。株形较小时可放置在有散射光的花架、窗台、卫生间等处，株形较大时可放置在沙发旁、书桌边、窗边，或置于墙角，让其沿墙角向上生长。

3.3.11 巴西铁树 *Dracaena fragrans* cv. Victoria

别名：香龙血树

科属：百合科，龙血树属

1. 形态特征

多年生木本观叶植物。巴西铁为常绿乔木，在原产地可高达 6m 以上，一般盆栽高 50～100cm。它树干直立，有时分枝。叶簇生于茎顶，长椭圆状披针形，没有叶柄；叶长 40～90cm、宽 6～10cm，弯曲成弓形，叶缘呈波状起伏，叶尖稍钝；鲜绿色，有光泽。穗状花序，花小，黄绿色，芳香（图 3-3-35）。

图 3-3-35 巴西铁树

2. 类型及品种

同属常见的栽培种有：

(1) 海南龙血树（*D. cambodiana*）。常绿乔木或灌木，多分枝高可达 4～5m，茎基直径 50～60cm。叶片窄而细长，薄而软，弯曲下垂，宽 2～3cm，长 50～60cm，嫩绿色有光。株形优美，是很有开发前景的观叶植物。

（2）德利龙血树（*D. deremensis*）。是龙血树中最受欢迎的品种之一。品种甚多，有大白纹龙血树、密叶龙血树（又称阿波罗千年木，又称太阳神，叶浓绿色，节间短）、银线龙血树及乳缘龙血树等。

（3）龙血树（*D. draco*）。本属最高大的一种，原产地高达 18m，有分枝，叶片丛生于顶端，叶剑形，深绿色，叶缘微红，室温 10℃不会受害。原产亚洲、非洲热带。

（4）银星龙血树（*D. godseffiana*）。又名星点木、星斑千年木。矮生灌木，原产西非。叶椭圆形，长 8cm，宽 5cm，革质，光亮，浓绿色，上有乳白色或黄白色斑点，成熟叶白色，是小型盆栽植物。花黄绿色，微香。品种有美丽的佛罗里达及福利德星点木（叶中间有乳白宽条斑）。不耐寒，要求温度 20～25℃，半阴、怕强光，忌积水，栽培困难。

（5）剑叶龙血树（*D. angustifolia*）。茎干细而高，叶窄长，较海南龙血树稍硬。分布在广西的常绿小乔木。

（6）虎斑龙血树（*D. goldieana*）。是美丽的矮生种，小灌木，茎直立，不分枝，株高 30cm。叶长 23～25cm，宽 13cm，绿色有光，有不规则银灰色横斜斑纹。原产西非热带，栽培品种有皇后虎斑龙血树。

（7）缘叶龙血树（*D. marginata*）。植株粗壮。叶窄，长 40cm，边缘紫红色。园艺品种有彩虹龙血树，又名三色缘龙血树、彩纹米蕉、五彩千年木，是最受欢迎的品种，叶细而软，边缘桃红色，中间绿色，红绿之间为黄色。性喜高温、高湿的环境和明亮的散射光，适于中小型盆栽，装饰客厅会场。

目前除了青叶巴西铁外，常见栽培的有三个园艺品种：

金心巴西铁，也称中斑香龙血树，叶片中央有一金黄色宽条纹，两边绿色。

金边巴西铁，又称金边香龙血树，叶边缘有数条金黄阔纵纹，中央为绿色。

银边巴西铁，又称银边香龙血树，叶边缘为乳白色，中央为绿色。

3. 生态习性

巴西铁并非产自巴西，而是原产美洲的加那利群岛和非洲几内亚等地，我国近年来已广泛引种栽培。其性喜高温高湿及通风良好环境，较喜光，也耐阴，怕烈日，忌干燥干旱，喜疏松、排水良好的砂质壤土。生长适温为 20～30℃，休眠温度为 13℃，越冬温度为 5℃。

4. 繁殖方法

常采用扦插繁殖。龙血树属植物耐修剪，只要剪去枝干，剪口下部的隐芽就会萌发成新枝，数个簇生枝顶。待新生枝长约 10cm 或具有 7～8 片叶，基部已木质化时，即可掰下，扦插于清洁无菌的湿沙土中，下部入土 2～3cm，勿过深。保持 25～30℃及较高的空气湿度，12 个月成株上盆。

5. 栽培管理要点

喜高温高湿，生长期间应适当多浇水，并经常进行叶面喷水，增加空气湿度，又兼防红蜘蛛、螨虫的发生。湿度不足，具黄色条斑叶片常出现横纹。室内长期阴蔽，叶片会失去美丽的光泽与色泽；强光下易引起叶烧，叶色变坏。植株应两年换盆 1 次，一般在 6～7 月份进行，选排水良好土壤做盆土。发现烂根应及时用水清洗，并切去烂处，换新土栽植上盆。对于下部叶片脱落外观不良植株，可剪枝整形，保持优美株形。

龙血树常见病害有灰霉病，叶片染病后，叶面上产生褐色病斑。当温室或塑料大棚内气温高达20℃左右，相对湿度高时，病斑扩展，在叶面上产生水渍状灰褐色软腐，并在病部生出灰色霉层。发病严重时，植株大部分叶片染病腐烂。发病初期及早剪除病叶，喷洒70%托布津1000倍液，或喷洒70%百菌清800倍液防治。

虫害有蔗扁蛾。蔗扁蛾（*Opogona sacchari*），是20世纪80年代初期从国外引进巴西铁树时，传入我国广州等地的一种检疫性害虫。以幼虫在寄主表层内上、下蛀食，将表皮内的肉质部分全部吃空，仅剩下一层极薄的外表皮，皮下充满粪屑，并分布有多处咬破表皮的排粪通气孔。由于寄主养分、水分输送被破坏，因而造成叶片变黄，并逐渐枯萎，整株死亡，丧失观赏价值。防治方法：①加强对外、对内植物检疫，严禁带虫巴西铁树继续从国外流入我国，同时也严禁国内带虫巴西铁树在国内蔓延。②幼虫越冬入土期，用40%氧化乐果乳油1000倍液浇灌茎段受害处，并用90%敌百虫粉剂1∶200倍细干土混匀，撒施在花盆表土内，约每隔半个月施1次，连续施2～3次，便可杀死越冬幼虫。③发现茎段局部受害时，可用80%敌敌畏乳油800～1000倍液喷洒，约每隔1周喷1次，连续喷2～3次。每次喷药后都要用塑料薄膜包扎严，则防效良好。

6. 园林应用

祝贺开幕、乔迁最常用的花礼，有桌上型的组合与落地型的大型盆栽，以不同高度的茎杆做搭配，层次分明落落大方。亦有单卖一段的商品，买回竖立在水盘中即可。

3.3.12 苏铁 *Cycas revoluta* Thumb.

别名：凤尾蕉，凤尾松，避火蕉，铁树

科属：苏铁科，苏铁属

1. 形态特征

苏铁为常绿棕榈状木本植物，茎高可达5m，茎杆粗壮直立，极少分枝。叶片羽状，复叶，丛生于茎杆端，长可达0.5～2.4m；叶厚革质而坚硬，羽片条形，长达18cm，边缘显著反卷。雄球花长圆柱形，小孢子叶木质，密被黄褐色绒毛，背面着生多数药囊；雌球花略呈扁球形，大孢子叶宽卵形，有羽状裂，密被黄褐色棉毛，在下部两侧着生2～4个裸露的直生胚珠花期6～8月；种子卵形微扁，长2～4cm，种子10月成熟，熟时红色（图3-3-36）。

图3-3-36 苏铁

2. 生态习性

苏铁原产于中国，在福建、台湾、广东等省均有分布，日本、菲律宾等地也有。苏铁喜暖热湿润气候，不耐寒，在温度低于0℃时就可能会受到冻害，使叶片变枯黄、凋萎。较喜光照，但也耐半阴。对土壤要求不严，但最喜排水良好、疏松肥沃的砂质壤土。苏铁忌水涝，水多会烂根、烂球。较耐旱，在新叶长成后，1～2周不浇水影响不大。生长速度也比较缓慢，其寿命可达200

余年。在气候条件适宜的地区，10年树龄的植株可开花。

3. 繁殖方法

（1）播种繁殖。春季播于露地苗床或花盆里，覆土2～3cm，经常喷水保湿。由于种子发芽缓慢，又无规律，播种后4～6个月开始陆续成苗，一般在苗圃内需生长1～2年根系旺盛后，才适合移植。

（2）分蘖繁殖。3～5月，从大铁树的根基部割下小蘖芽进行培养，这种方法繁殖更快速，但其繁殖量有限，分出的小蘖芽需进行一定的遮阴培养，待有叶片发出时再逐渐去除遮盖物。

（3）埋插繁殖。5月将铁树茎秆切成厚约10～15cm的薄片，伤口处涂上木炭或硫黄粉，埋于砂壤土中，保持25℃左右，基质切勿太湿，2个月长出新芽后即可另行栽植。应注意在茎秆埋植期间切勿大水大肥，以免造成腐烂。

4. 栽培管理要点

对苏铁进行盆栽时，其基质忌用黏质土壤，可用园土、泥炭与河沙按2∶1∶1的比例配制。也忌积水，不能浇水过多或大量施肥，一般在其生长季节适当加大灌水量和施肥量，其他季节可不施肥，肥料一般用油枯饼，它可使叶片浓绿而有光泽。如需移植或上盆，一般选择在5月份气温较暖和时为宜。苏铁喜微酸土壤，因此对缺铁比较敏感，在其出现缺铁症状时可加入少量铁锈或在施肥时加入0.5%的硫酸亚铁。

苏铁成株喜阳光充足和高温而又通风通光的环境。若缺乏阳光直射，新长出来的叶子就会又长又瘦，观赏价值大为降低。在寒冷的冬季可用稻草或薄膜将铁树自上而下进行覆盖，待气温转暖时揭开覆盖物，并剪掉干枯的叶片。

常见病虫害有斑点病、叶枯病。斑点病是苏铁的常见病害，病害主要侵害叶片。发病初期叶片上出现淡褐色小斑，后逐渐扩大为近圆形或不规则形病斑，中央暗褐色至灰白色，边缘红褐色。发病后期病斑上产生黑色小粒点，严重时往往数个病斑相互连接，可使叶片成段枯死，或全株大部分叶片枯死。防治方法：发病初期，剪除病叶，喷洒炭疽福美500倍液，或75%百菌清600倍液，约每隔10天喷1次，连续喷2～3次。叶枯病主要为害叶片。染病后引起小叶片成段枯死或整株枯死。后期在患病部位长出黑色小粒点。防治方法可参见苏铁斑点病防治法。

5. 园林应用

苏铁树形古朴，四季常青，叶丛大而浓郁。家庭宜选用小型苏铁，可布置窗台、餐桌、茶几或花架。

3.3.13 丽穗凤梨属 *Vriesea*

科属：凤梨科，丽穗凤梨属

1. 形态特征

多年生常绿附生草本植物。叶丛生成疏松的莲座状，可以贮水，叶长条形，平滑，多具斑纹，全缘。复穗状花序高出叶丛，时有分枝，顶端长出扁平的多枚红色苞片组成的剑形花序；小花多呈黄色，从苞片中生出；小花很快凋谢，艳丽的苞片维持时间长。冬春开花后，老株逐渐枯死，基部长出蘖芽。

2. 类型及品种

（1）彩苞凤梨。别名火炬、火剑凤梨、大鹦哥凤梨是 *V. gloriosas* 与 *V. vangeertii* 的杂交种。株高 20～50cm。叶片宽线形，鲜绿色，有光泽，叶缘无锯齿。花茎直立抽出，长达 35～40cm；苞片深红、橙红、绯红或黄和红的复色；复穗状花序，有多个分枝；小花黄色，先端略带黄绿色。整个花序像熊熊燃烧的火炬，花苞可保持 3 个月，观赏价值高。

（2）莺哥凤梨。小型附生植物。株高 20cm。叶片带状，质薄，自然下垂；叶色鲜绿。有光泽花茎细长直立；穗状花序不分枝或少分枝；苞片基部鲜红色，先端黄色；小花黄色。花苞可保持 1 个多月。

图 3-3-37　虎纹凤梨

（3）虎纹凤梨。别名斑背剑花、丽穗花。原产巴西。株高 30～50cm。叶片线形，向四方伸长；叶面深绿色，分布有黑紫色的横条状斑纹，条纹色彩鲜明；开花植株叶数只有 10～13 枚。穗状花序高可达 50cm 以上，苞片鲜红色，小花黄色。苞片观赏期可长达 2 个月（图 3-3-37）。

3. 生态习性

喜温暖、湿润，不耐寒，冬季温度不得低于 10℃。较耐阴，怕强光直射，春、夏、秋三季应遮光 50%左右。栽培基质以疏松、肥沃、排水良好的腐叶土与沙混拌为宜。

4. 繁殖方法

常用分株或播种繁殖。老植株在开花前后，可自叶丛基部叶腋间生出蘖芽，待蘖芽长至8～15cm 时，用利刀自基部切下，伤口涂以草木灰，或稍晾干。蘖芽若带根系，可直接上小盆栽植；若无根或少根，可先插于沙土中，保持 20～25℃和较高的空气湿度，待长出更多根系后盆栽。有些种类不易产生蘖芽，可在开花时进行人工授粉，收获小粒种子播种育苗，此法易丧失母本优良性状。目前商品生产多采用母株腋芽组织培养。

5. 栽培管理要点

丽穗凤梨属植物生长期叶面要充分浇水和施肥，保持叶筒始终有水，半月更换新水，以防其内水分变臭，但盆土不宜过湿。每天保证 3～4h 以上的直射光，中午遮阴，光照不足不宜开花。冬季应置于室内阳光充足处，停止施肥，控制浇水，保持盆土不干，叶筒底部湿润即可。开花后为延长观赏期，可及早清除基部蘖芽及枯萎黄叶。如需利用蘖芽繁殖，可及早将花苞从基部剪除，防止结种，促蘖芽生长。

6. 园林应用

丽穗凤梨属植物叶色多变，苞片艳丽，为花叶俱佳的观赏植物，特别是亭亭玉立的花穗十分艳丽，花期能达数月之久，是布置客厅、书房等几桌的上好植物材料。

3.3.14　变叶木　*Codiaeum variegatum* var.

别名：洒金榕

科属：大戟科，变叶木属

1. 形态特征

变叶木为多年生常绿灌木或小乔木。株高50～200cm，光滑无毛。叶互生，依品系不同，叶的形状、大小及色彩均有很大变化。细叶种多叶面平展，宽叶种波状起伏，还有的带缺刻扭曲，呈螺旋状生长。淡绿色或紫色，有的杂色有黄色斑块或斑点，也有的中脉和脉上为红色或紫色。总状花序腋生，长15～25cm，花柄纤弱，雄花白色，2～6朵聚生，雌花单生于花序轴上（图3-3-38）。

图3-3-38 变叶木

2. 生态习性

原产太平洋热带岛屿和澳大利亚。性喜高温多湿和日光充足的环境。不耐寒，夏季生长温度宜30℃以上，冬季白天须保持24～27℃，夜间温度不低于15℃。气温低于10℃，会引起植株落叶。要求富含腐殖质疏松肥沃、排水良好的砂质土壤。

3. 繁殖方法

常用扦插和压条繁殖。

扦插。6～8月进行。剪取顶端嫩枝，长10～15cm，剪口有乳液，待稍干燥后插入沙床，保持25～30℃室温，约20d生根，40～50d可盆栽。

压条。以7月高温季节进行最好。选择离枝顶15～25cm处，进行环状剥皮，宽度为2cm，再用水苔、泥炭和薄膜包扎，30d左右愈合生根，2～3个月后剪离母株进行盆栽。

4. 栽培管理要点

变叶木的栽培土以稍黏质、排水良好的土壤为佳，盆栽用土则以菜园土、堆肥、河沙按3∶1∶1的比例混合即可。变叶木的生长期间需要较高的土壤湿度和空气湿度，因此，在5～10月期间要经常向叶面及地面喷水，以清洁叶面和保持湿度。施肥时也要控制氮肥的用量，如出现叶片变绿、暗淡、无光泽时，应考虑可能是氮肥施用过多。秋末和冬季则要减少浇水和施肥，以利于越冬。变叶木喜光，在露地光照下可使叶色更加艳丽，而如果光照不足，则会失去观赏价值，长期缺光叶面斑纹、斑点会不明显，缺乏光泽，严重时甚至会引起落叶，但在夏季强烈的日光直射时还是要适当遮阴。变叶木生长适温20～30℃，3～10月为21～30℃，10月至翌年3月为13～18℃，冬季温度不低于13℃。短期温度在10℃时，叶色不鲜艳，暗淡，缺乏光泽；温度在4～5℃时，叶片受冻害，造成大量落叶，甚至全株枯死。因此，冬季要注意防寒，如已经发生了冻害，在第二年春季剪开枝条就不会有汁液流出，反之则还可剪掉枯枝继续种植，让其重新萌发新芽。变叶木每年春季换盆，适当修剪整形，保持其优美的株形和色彩。

5. 园林应用

变叶木叶形多种多样，叶色千变万化，观赏价值非常高。南方广泛用于盆栽、花坛、绿篱、庭院布置与道路绿化，可增添造景颜色；成排摆放，也气势非凡。龟甲变叶木盆栽，因其叶片大，多是三株种在一起，也有单株的，是造景配色的好材料。金手指变叶木、相思叶变叶木叶子细小，多用在组合盆栽。室内观赏可挑耐阴的品种，如龟甲变叶木、金手指变叶木、相思叶变叶木。

3.3.15 绿萝 *Scindapsus aureus* Engler.

别名：黄金葛、魔鬼藤

科属：天南星科，绿萝属

1. 形态特征

多年生常绿略带木质的蔓生性攀缘植物。茎干肉质，分枝较多，茎干的下端生粗壮的肉质根，茎节间有气生根，藤状茎，节间长，呈现攀缘性依附在其他物体上生长。叶片广椭圆形或心形；晶莹浓绿，也有黄绿或暗绿色，有的镶嵌着不规则的金黄色斑点或条纹。光洁挺拔，非常逗人喜爱。性成熟的大株绿萝，也能开花坐果，成熟的果实为红色浆果（图 3-3-39）。

图 3-3-39 绿萝

2. 生态习性

绿萝原产东南亚的马来西亚半岛、印尼的所罗群岛等。性喜温暖，畏寒冷，适宜于间接阳光照射的环境，可以长时间放在室内培养，是宾馆、酒店、客厅、居室绿化、美化装饰的高级品种。

3. 繁殖方法

常用扦插繁殖。可将绿萝攀缘茎切成 20cm 一段，插于沙床或用水苔包扎，约 1 个月萌发新芽和新根。

4. 栽培管理要点

最流行藤柱式盆栽绿萝，其方法是秋季将带顶尖的幼苗 3 株栽在直径 25～35cm 花盆中，盆中央衬一直径 8cm 左右的棕柱，高 80～100cm，让绿萝沿棕柱向上生长，并随时捆扎，不使其顶尖下垂。给予充足的肥料和水分，保持半阴、高温、高湿的环境，使顶尖向上生长，则叶片一片比一片大。经过 4～6 个月，可长成丰满的植株，盆栽基质以疏松、透气、富含有机质的微酸性砂壤土主为宜，可用腐叶土 70%、红壤土 20%、饼肥或骨粉 10%混合沤制，也可用腐殖土、泥炭和细沙土混合配制。绿萝施肥以氮肥为主，钾肥为辅。在春季生长期前，每隔 10d 施一次 0.3%硫酸铵或尿素液一次，并可喷 0.5%～1%的尿素，使叶片绿色光亮。在室内应放在明亮且直射光很少的地方，亦可在春暖后搬至室外阴处，秋季移入棚内或室内，在阴处摆放 2～4 周后应放在光线较强的地方恢复生长。盆土以保持湿润为度，发现盆土发白时，要浇透水。冬季温度低，植株处于休眠状态时应减少浇水，保持盆土不干即可。长期在室内盆栽，下部叶片会脱落，应在 5～6 月进行更新修剪，使基部茎干上萌发新枝。每年春季换盆时，小心去掉根部老土，切去死根，换上肥沃、疏松、排水良好的土壤，若土壤排水不畅造成积水或干旱，均会使植株叶片发黄。

常见病害有疫病，疫病是为害较多的一种真菌性病害。药剂防治可采用 72%普力克水剂 800～1000 倍、64%杀毒矾可湿性粉剂 400～500 倍液轮流防治。虫害主要有蚜虫，可用速扑杀、功夫、氧化乐果等防治，每隔4～5天喷药1次，重复2～3次。蛞蝓和蜗牛也对观叶植物有为害，常用防治药剂为密达8%灭蜗灵。

5. 园林应用

绿萝盆栽可作为悬垂观叶植物，放在会客厅、办公室；也可剪取带叶枝条插于有水的花瓶中；亦可作墙壁、立柱的主要绿化植物。

3.3.16 朱蕉 *Cordyline fruticosa*（L.）A. Cheval

别名：铁树、千年木、朱竹、红叶铁树

科属：百合科，朱蕉属

1. 形态特征

株高可达4m，盆栽2m。茎直立，单干，极少分枝。叶片因种和品种不同而呈长椭圆形、卵形、披针形或带状，全缘，先端尖；多斜上伸展，聚生茎的中上部；叶面有黄、乳白、绿、红、紫褐等各种彩纹；大多数有短叶柄（图3-3-40）。

图3-3-40 朱蕉

2. 类型和品种

(1) 三色朱蕉。叶片具乳黄、浅绿色条斑，叶缘具红、粉红色条斑。喜散射光充足，耐阴。

(2) 小朱蕉。又称红朱蕉。植株低矮，叶片窄小，仅中部少量为铜绿色，大部分为红色。喜散射光充足，耐阴。

3. 生态习性

原产喜马拉雅山东部、大洋洲北部。适合生长于热带及亚热带地区。生长适温为20～25℃，夜温16～20℃生长最好。冬季温度不可低于4～7℃。喜明亮光照，一般强度的直射阳光亦能适应，但夏季要遮阴。喜温暖湿润气候。

4. 繁殖方法

朱蕉常用扦插繁殖，也可用舌状剥皮高压。将茎段与地下的根茎剪切成3～4cm的插穗，直插或横卧于粗沙或蛭石培成的苗床中（直插的深为插穗的2/3，横卧的则埋入土中1/2），保持基质湿润。温度25℃左右时，经2～3周内可生根发芽。待长有5～6片叶时可移植上盆。

5. 栽培管理要点

朱蕉一般都用作盆栽，其盆土可用腐叶土或泥炭土与园土、河沙等量混合，再加入少量的人畜干粪作底肥即可。朱蕉的需肥量稍大，生长期要每1～2周施一次肥，肥料不足时会出现老叶脱落、新叶变小的现象。夏季气候炎热干燥时，要保持一定的土壤湿度和空气湿度；到了秋季则应减少浇水量，土壤可有适当的干燥，浇水也要盆土稍干后再浇，以免引起烂根。在夏、秋季，为避免叶片受灼伤而枯黄，还要防止强烈的阳光直射，使其接受部分散射光即可，但光线不可过弱，以免叶片的色彩暗淡。冬季温度不低于10℃，低温潮湿极易引起烂根。

常见虫害有介壳虫，以成虫、若虫寄生在叶片正面，刺吸汁液，导致叶片上出现许多黄绿色小斑点，严重时，引起早期落叶，影响生长和观赏。防治方法：在若虫初孵期，要选用25%亚胺硫磷或40%氧化乐果1000倍液喷雾，每隔10d喷1次，连续喷2～3次。

6. 园林应用

是常年供应的切花花材，单是插在花瓶内就能长根，观赏很长的时间，等颜色褪去再更新。颜色是朱蕉的卖点，以盆栽及庭院观赏为主，高可达60～90cm，栽种于21cm盆，扦插3～5枝就很丰盛。

3.3.17 袖珍椰子 *Chamaedorea elegans* Mart.

别名：矮棕、玲珑椰子、客室棕、矮生椰子、袖珍棕

科属：棕榈科，袖珍椰子属

1. 形态特征

常绿矮小灌木。袖珍椰子的形态特征，与我国海南岛、西沙群岛、雷州半岛、云南省和台湾省所生长的椰子有很大的差别。椰子植株高大，株形挺拔，有的高达25～35m。而袖珍椰子，株形极其矮小，一般为50～200cm，茎干较短。茎尖先抽生长的叶柄，羽状小叶，分两边对称排列；叶片基部钝尖形，先端急尖形；颜色鲜绿，富有光泽。每个叶柄着生数十片小叶，小叶革质线形。花朵单生，雌雄异株。花后坐果，成熟的果实有棕褐色，可作为种子进行有性繁殖（图3-3-41）。

2. 生态习性

袖珍椰子原产美洲，属于热带植物，性喜温暖湿润的有阳光照射的环境。经过引种、驯化和改良培育，适生的生态环境与原来的有很大改变，能耐半阴，具有一定的抗寒能力。从长江流域及其以南地区的培养情况来看，袖珍椰子最适宜的生长温度为22～28℃。在生长过程中，如果气温低于15℃，或者高于32℃，植株便停止生长。在我国南方城市，如果家庭没有暖气设备，只要能把温度控制在10℃以上，置于向南的窗台内培养，袖珍椰子也能安全越冬。

图3-3-41 袖珍椰子

3. 繁殖方法

常用播种和分株繁殖。

播种。在5～6月进行，采种后即播。发芽室温为28～30℃，播后2～3个月发芽。苗高10～15cm时移栽。

分株。以春季为宜，将母株旁的蘖芽切开，先栽在沙床中，待长出新根后再盆栽。

4. 栽培管理要点

（1）温度。生长适温3～9月为18～24℃，10月至翌年2月为13～18℃。北方地区盆栽冬季应不低于10℃，低于这个温度易受寒害，最低生存温度记录为-3℃。在江淮之间居家中盆栽养护，冬季进入休眠

状态，只要室内不低于0℃，不需另加防寒措施，即使是叶片有些损伤，到了春回气暖后仍能很快恢复生长。

（2）光照。长江以北地区盆栽，夏季要遮光50%，春、秋两季露地养护可放在避开西晒处，冬季宜将其搁放在室内光线较好的位置。一般家庭或办公室种养，连续几个月放在室内窗前的茶几上，只要浇水到位，喷水及时，均能够正常生长。

（3）水分。生长季节，要有充足的水分。夏季旺盛生长期，除浇水外，还要经常给叶面喷水，以防叶尖枯焦；冬季要减少浇水，以保持盆土潮润为度。盆土过干开裂，也会导致植株根部受损和叶片枯死。袖珍椰子根部忌积水，露天养护在每一次大雨过后，要及时检查盆株，发现盆内有积水要尽早进行处理。对搁放于有暖气或空调室内的盆栽植株，要特别注意盆土浇水与叶面喷水相结合，切不可只顾浇水，疏忽喷水。

（4）土壤。盆栽用土可用园土、腐叶土、细沙和发酵过的锯末等量混制，并加入适量沤透的菜籽饼。盆栽植株可于每年出房前进行换盆，同时删剪去一些感染病虫、黄化枯死的枝叶，使其始终保持清新悦目的株形。此外，还应经常给植株松土，以防盆土发生板结。

（5）肥料。盆栽袖珍椰子要求培养土富含有机质。每年4～9月生长季节，每月追施1次沤透的稀薄饼肥液，也可直接将多元缓释复合颗粒肥撒施于盆土表面；秋末追施1次磷钾肥，如磷酸二氢钾，浓度为0.2%～0.3%，以增加植株的抗寒适应能力，确保其能安全越冬。

（6）常见病虫害。常见病害有叶斑病和叶枯病。感染叶斑病时，初为褐色小斑点，后扩大成纺锤形病斑，边缘为深褐色，中央为灰白色。防治方法：发病初期用75%的百菌清可湿性粉剂600倍液，或50%的扑海因可湿性粉剂1500倍液，或40%的克菌丹可湿性粉剂400倍液，每隔10d喷洒叶面1次，连续2～3次。感染叶枯病初为褐色小圆斑，后扩大成黑褐色圆形或椭圆形大病斑，边缘略隆起，两面散生稀疏小黑点，严重时全叶枯死。防治方法：可用1∶1∶100的波尔多液喷洒叶面进行防治；剪除病叶烧毁；发病初期可用70%的甲基托布津可湿性粉剂1000倍液喷洒，连续3～4次。常见虫害有褐软蚧，危害叶片、叶柄及嫩梢。防治方法：剪除虫体数目过多的枝叶烧毁；若虫孵化期用40%的氧化乐果1000倍液，或25%的扑虱灵可湿性剂1500倍液喷洒，注意嫩叶期喷药要适当降低浓度。

5. 园林应用

袖珍椰子株型较小，叶色浓绿，披散飘逸，较耐阴，适合家庭长期布置。可放置于有散射光的窗台、墙角、花架、书桌、餐桌、床头、茶几等处。

3.3.18　马拉巴栗　*Pachira*

别名：瓜栗，中美木棉，发财树

科属：木棉科，瓜栗属

1. 形态特征

常绿亚乔木。原产墨西哥哥斯达黎加等国。树形优美，掌状复叶，小叶5～9片，近无柄，长圆至倒卵圆形，基部楔形。花白色、粉红色，里面浅黄色，外面褐色或绿色；花长22.5cm，花瓣披形或线形；雄蕊黄红色，与花瓣等长；花期6～9月。蒴果卵圆形，种子炒熟味似花生（图3-3-42）。

2. 生态习性

发财树喜温暖的气候，生长适温20～32℃，冬季温度在6～10℃以上才能安全过冬。在原产地及海南岛露地栽培时为阳性树种，不要遮阴，北方春夏秋三季可遮阴30%左右，冬季温室内栽培不遮阴。发财树有一定的耐阴能力，在室内光线比较弱的情况下，可连续欣赏2～4周。光线弱生长停止或新长出的叶片纤细，时间太久会引起老叶脱落，冬季应在16～18℃以上环境中养护。

图3-3-42 马拉巴栗

发财树在高温生长时需要充足的水分，干燥易造成落叶，但不会旱死，有较强的抗旱能力。在冬季低温时，必须保持盆土相当干燥。对土壤要求不严，要求微酸性的土壤，pH以6～6.5为宜。

3. 繁殖方法

繁殖的方法主要以扦插法及播种法为主，扦插法繁殖速度快，播种法则较易培育出优雅树型。

4. 栽培管理要点

马拉巴栗多用于盆栽，盆土一般用疏松、透气、排水性好的菜园土加入少量的复合肥配制即可。小苗上盆后，长到一定的高度就必须剪去顶芽，以使其长出侧枝，茎基部也会随之膨大起来。夏季不可受烈日暴晒，冬季必须保证一定的越冬温度，否则，都会导致灼伤或寒害症状。生长期要保持盆土湿润，但不能积水，以免引起根茎腐烂，夏天可适当地向叶面喷水，以保证叶色浓绿而又光亮。在潮湿环境中，叶片很容易出现水渍状冻斑，重则还会黄化脱落。施复合肥时要同时追磷钾肥，以促进茎基部膨大。马拉巴栗喜温暖气候，虽可耐0℃左右低温，但因植株对不利环境适应能力弱，因此，气温最好不要低于5℃。马拉巴栗怕烟熏，烟熏极易导致叶片枯萎。

为了增强马拉巴栗的观赏性，常把其树干编织起来。具体的做法是：在播种苗长高到2m左右时，在其1.5m处剪掉上部定杆，然后将其挖出；在自然条件下晾晒1～2d，使树干变得柔软而易于加工弯曲；再用细绳将几株同样粗细的植株的基部捆紧；而后将其树干进行编织，编完后用重物压在地上，使其形状能固定，将来能直立向上生长；然后将其栽于露地或上盆即可。目前市场上出现的“三龙”、“五龙”、“七龙”即是用3株、5株、7株马拉巴栗编织而成的。

生长过程中有叶斑病危害，可用70%百菌清800倍液，或者18%多菌铜乳粉200倍液，或50%退菌特600倍液喷洒防治。注意加强肥水管理，防止脱水和脱肥。虫害主要有蔗扁蛾，该虫在我国是首次发现，主要是幼虫为害发财树。用2000倍的20%菌杀乳油或2500倍的20%速灭杀丁乳油防治效果较好。

5. 园林应用

主干直立，枝条轮生，茎干基部肥圆，枝叶潇洒婆娑，极具自然美，观赏价值很高。深受商家及市民的欢迎，盆栽适于室内绿化美化装饰，加之其发财之寓意，给人们以美好的祝愿，深受青睐。播种一个月的小苗，多当9cm小品盆栽。50cm～1m高度的，三株编成麻花状，呈现艺术化的塑形。树干粗壮、高约30cm者，种在元宝盆内，以示招财进宝。150cm

高的落地盆栽，三棵植株种在一起，形状壮观。

3.3.19　八角金盘　*Fatshedera lizei*

别名：手树、日本八角金盘

科属：五加科，八角金盘属

1. 形态特征

植株高大，干丛生，树冠伞形。叶片形状奇特，具7～9裂，好似伸开的五指；新发幼叶呈棕色毛毡状，而后逐渐变成平滑似革质，富有光泽；中心叶脉清晰，叶色浓绿，叶片直径20～40cm（图3-3-43）。

图3-3-43　八角金盘

2. 生态习性

喜温暖，忌酷暑，较耐寒；冬季能耐0℃低温，夏季超过30℃时，叶片易变黄，诱发病虫害；宜阴湿，忌干旱及强光直射；要求疏松、肥沃的砂质壤土。

3. 繁殖方法

常用扦插、分株和播种繁殖。

扦插。在5～6月进行。插条选用嫩枝，以顶端最好，长15cm，剪除掌状叶，仅留幼嫩小叶。插后30d左右生根。

分株。春季换盆时，将母株基部的蘖芽带根切下来分栽。

播种。4～5月采用露地条播。播后用薄膜覆盖，约20d发芽，幼苗生长较慢，需精心管理。

4. 栽培管理要点

八角金盘养护可略粗放，夏、秋生长期每月施入1～2次稀肥水或腐熟的肥料，就能生长茂盛，枝叶繁绿。但由于叶大如掌，水分蒸腾较快，在盛夏季节盆土应偏湿一点，盆土过干会引起叶黄脱落，而影响观赏。对土壤要求不严，一般的疏松肥沃土壤即可。10月中下旬移入棚内越冬，18～20℃的气温下生长旺盛。夏季要遮阳，阳光暴晒会使叶片灼伤，影响美观。经常向植株和盆周围喷水，保持叶色鲜绿，开花后及时剪除花梗，减少养分消耗。

八角金盘常有炭疽病和叶斑病危害，应定期用波尔多液或50%多菌灵可湿性粉剂1000倍液喷洒。虫害有介壳虫，用50%杀螟松乳油1500倍液喷杀。

5. 园林应用

中、大型盆栽。四季常青，叶形掌状，奇特美丽，是重要的耐阴观叶植物。适于弱光处布置，同时是广泛应用于门厅、会议厅、宾馆及建筑物等大型景观的背景材料，仪态端庄大方。可切叶。

3.3.20　酒瓶兰　*Nolina recurvata*

别名：象腿树、酒壶兰

科属：百合科，酒瓶兰属

1. 形态特征

茎直立，基部膨大，呈酒瓶状。叶片簇生于茎顶端，长线形，下垂，像山林中野生的兰花，故得名酒瓶兰。叶片革质，蓝绿或灰绿色（图3-3-44）。

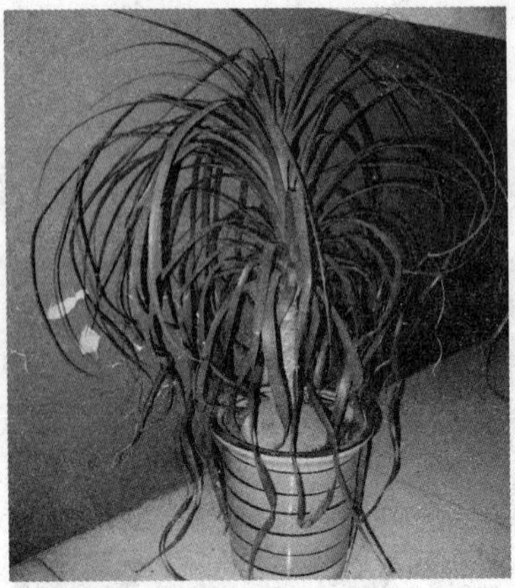

图3-3-44 酒瓶兰

2. 生态习性

原产于墨西哥东南部。同属植物有24种，中国引种已有数十年的历史，栽培广泛。喜温暖、湿润、光照充足的环境。耐寒力强，越冬温度0℃以上，不结冰则不会受害。夏季气温高于33℃时，生长停滞。要求疏松、排水良好和富含有机质的土壤。

3. 繁殖方法

播种或扦插繁殖。实生苗苗期生长十分缓慢，可用浅盆栽种，每盆数株，养护2～3年后换盆。或截茎干、分枝扦插繁殖。

4. 栽培管理要点

播种后，在酒瓶兰的幼苗生长期要加强水肥管理，注意勤施薄施，并加施磷钾肥，以利于其基部膨大充实。移栽后在其生长季节也要加强肥水管理，浇水要干则浇，浇则透，避免积水；秋后则应减少浇水量，以提高植株的抗寒能力；夏季要适当地遮阴，其他季节则要保持光照充足。盆栽用土可用腐叶土和园土、河沙按2∶1∶1的比例加入少量草木混合即可。

上盆时，茎基部膨大部分稍埋入土，不能种得太深。生长季保证充分水肥，促茎基部膨大。随茎基部的膨大，要逐年换盆。换盆时注意将底部长出的不定根用盆土盖住，否则易伤根，使其不能吸水，而致酒瓶部分发瘪，因此花盆大小比植株茎基膨大部分稍大即可。有一定的耐旱性。室内养护应放置光照充足处，若在背阴处放置长久，叶片黄绿细长。要定期转盆，以防枝干出现朝明亮方向扭曲的现象，促进茎干笔直生长。

生长过程中有叶斑病、灰斑病危害，发病初期喷洒27%铜高尚悬浮物或12%绿乳油600倍液，每7～10天1次，连续2～3次。酒瓶兰在气候干燥、通风不良时易发生介壳虫危害，应在发生早期喷施药剂进行防治。

5. 园林应用

酒瓶兰茎干苍劲，基部膨大如酒瓶，形成其独特的观赏性状；其叶片顶生而下垂似伞形，婆娑而优雅，是热带观叶植物的优良品种。它可以多种规格栽植作为室内装饰：以精美盆钵种植小型植株，置于案头、台面，显得优雅清秀；以中大型盆栽种植，用来布置厅堂、会议室、会客室等处，极富热带情趣，颇耐欣赏。比较小的植株除了单盆栽种外，也可以跟多肉植物搭配做组合造景。

3.3.21 蕨类 *Pleridophyla*

蕨类植物形态多变的叶片与姿态，加上细致柔美的质感，具有高度的观赏价值，尤其大多数种类能忍受较低的光线，正好适合室内栽培应用。有些大型蕨类在庭园景观中，能营造特有的山林野趣，为向往大自然的人们所喜爱。热带地区的树干上，常有野生或种植的附着生蕨类植物，展现奇异的姿态造型，是热带地区特有的景象，常用在表现热带风情的设计布置中。薄嫩纤细的叶片、浓淡有致的绿意、婆娑轻盈的叶丛与奇特多变的造型，是蕨类植物最吸引人的地方。经过长期的选育，也不断地发掘野外具观赏性的原生品种，让蕨类植物在观叶植物的市场上始终占有一席之地。

1. 铁线蕨（图3-3-45）

叶轴乌黑亮丽如铁线而得名，亦有“少女发丝”的美称。叶片疏密有致，叶色嫩绿带透明感，新叶呈粉红色，观赏价值高而深受人们喜爱。品种变化不大，仅小叶形状与密度有差异，原生种有多种外形有变化且观赏价值高的品种，尚待开发培养。

喜半日照环境，如户外的树下遮阴处或室内窗边，太阴暗会导致生长不良。湿度高有助于生长，但是盆土不能积水。枝叶非常纤细娇弱，放置地点应避免受空调送风吹袭，否则嫩芽会摩擦损伤。

主要供作9cm的小型盆栽及15cm的中型盆栽，大型品种亦有21cm盆栽。适合单独放置或与兰花、非洲堇等室内观赏花卉组合应用。

用分株法繁殖。

2. 肾蕨（图3-3-46）

肾蕨因地下茎具有储水的球状体而得名，俗称“玉羊齿”。球状体可供食用，为野外求生必须认识的植物。野生肾蕨适应性强，常见于路边坡上，主要供水土保持及地被植物使用，也有专门栽培用来当作叶材。

图3-3-45 铁线蕨

图3-3-46 肾蕨

原生种具耐旱性，但栽培观赏品种不可缺水，干旱会造成落叶，影响美观。经常给叶丛喷水，能保持新芽的健全与叶片的美观。

肾蕨大多供吊盆及桌上盆栽使用，以展现其丰满四散的青翠叶片；也可用在较阴暗的户外庭院密植，青翠的叶色可以表现嗡嗡郁郁的绿意。

繁殖采用分株法，地下茎容易在盆内窜生，造成根系拥塞，如久不分株，易使植株生长老化。

3. 鹿角蕨（图 3-3-47）

鹿角蕨又称“麋角蕨”，因它的叶片形似鹿角或麋角而得名。它具有两种叶片形态，一种是像鹿角下垂，具有产生孢子的叶片；一种是在植株基部像白菜叶层层包覆于其附着生的树干上，功能是截留雨水与灰尘、落叶等物体，以供生长所需。鹿角蕨原于非洲的热带地区，喜光线充足的环境，因为叶片厚实，亦可忍短暂的干旱。栽培一般多采用模拟自然的立面种植法，可直接绑系在东向的树干或岩石上，或以蛇木板、蛇木柱种植。

图 3-3-47 鹿角蕨

附着立面生长最佳，光线充足半日照皆可。室内光线通常不足以使其健康成长，故以室外栽培为佳。生长较缓慢，须经常喷水雾增加湿度，每周施一次观叶植物用的液肥可促进生长。

鹿角蕨是附生植物，最常被固定在蛇木板上，成为活动吊饰，吊挂任何地方。它也可固定在光秃的大树干上，增加树干的丰富度。鹿角蕨异国风情强，是营造热带雨林景观的好材料。

用分株法繁殖。把小株连同营养叶一并切下，绑紧在蛇木板上，植株和板子间不必放水苔。

3.3.22 椒草属 *Peperomia*

别名：豆瓣绿属

科属：胡椒科，豆瓣绿属（草胡椒属）

1. 形态特征

多年生常绿草本观叶植物。椒草有两种类型，一种是直立性的，从植株的基部分枝；另一种是丛生性的，即根出叶，没有明显的基部，从植株基部丛生叶片，大部分椒草属于这一类。

2. 类型和品种

（1）西瓜皮椒草。别名西瓜皮、银白斑椒草，原产巴西。丛生型。植株低矮，株高 20～25cm。茎极短。叶近基生，心形；叶脉浓绿色，叶脉间为白色，半月形的花纹状似西瓜皮；叶片厚而光滑，叶背为紫红色；叶柄红褐色。多做小型盆栽（图 3-3-48）。

图 3-3-48 西瓜皮椒草

（2）垂椒草。别名蔓生豆瓣绿，蔓生草本。茎最初匍匐状，随后稍直立；茎红色，圆形，肉质多汁。叶片长心脏形，先端尖；嫩叶黄绿色，表面蜡质；成熟后叶片淡绿色，上有奶白色斑纹。穗状花序长 10～15cm。多做悬挂栽培。

（3）皱叶椒草。别名四棱椒草，丛生型。植株低矮，高 20cm 左右。茎极短。叶长 34cm；叶片心形，多皱褶，整个叶面似波浪起伏；暗褐绿色，具天鹅绒般的光泽；叶柄狭长，红褐色。穗状花序白色，长短不一；一般夏秋开花。有观赏价值。多做小型盆栽（图3-3-49）。

（4）乳纹椒草。别名花叶豆瓣绿、花叶椒草，直立型草本。茎褐绿色，短缩。叶片宽卵形，长5～12cm，宽3～5cm；绿色，有黄白色花纹。可做小型盆栽或吊挂摆设。

图3-3-49 皱叶椒草

3. 生态习性

椒草品种繁多，全世界约有1000多种。广泛分布于热带亚热带地区，尤其是美洲；我国产的有9种。其性喜高温高湿与半阴环境。光线太强会引起叶变色。耐寒性稍强，直立性的品种，一般5℃以上就可安全越冬；丛生性品种，耐寒力较直立性品种差，越冬温度宜稍高，约10℃以上。椒草虽然喜湿，但它的厚叶可以贮藏水分，因而也能耐旱。

4. 繁殖方法

椒草可用茎插、叶插或分株繁殖，但不同类型品种所采用的方法有别。

直立性椒草（如花叶椒草、玲珑椒草、五彩椒草）都是用扦插法。扦插时期为5～10月。剪取茎部先端3～4节为插穗，顶端保留1～2个叶片；剪下后稍晾干，使切口干燥，然后再插于河沙、珍珠岩或蛭石培成的苗床中。

丛生性椒草（如西瓜皮椒草、皱叶椒草）可用分株或叶插法，时期也在5～10月。叶插繁殖即在植株上切取生长充实的叶片，保留叶柄2～3cm；晾干后斜插于苗床中，保持湿润；待其发生不定根与不定芽后移植上盆。生长茂密的丛生性椒草亦可利用换盆时进行分株繁殖。值得注意的是，无论是茎插或叶插，插床都不可过湿，以免肉质插穗发生腐烂。

5. 栽培管理要点

生长期须保持盆土湿润和足够的空气湿度，但盛夏气温超过30℃以上时，盆土不易过湿，放置室外应避免雨淋，以防烂根。叶面可适当喷雾或在周围场所喷水，增加空气湿度，忌自上而下进行叶面淋浇。春、秋季适量施用稀薄液肥，切勿过量，尤其少用氮肥，以避免花叶品种斑纹消失。秋后控制浇水，冬季盆土稍干即可。从生型植株，叶片生长较快，生长期可剪取过密重叠叶或叶柄过长的叶片扦插。直立型植株生长强健，可摘心促侧枝萌发，丰满株形。通常每两年换盆1次，剪除地下部老根及地上部叶柄过长的叶子，保持株形整齐匀称。

6. 园林应用

椒草作为世界著名的观叶植物，其叶片肥厚、光亮翠绿、四季常青、株形美观，给人以小巧玲珑之感，适合于小盆种植，是家庭和办公场所理想的美化用观叶植物，常用于布置窗台、书案、茶几等处，其蔓性种类又为理想的悬吊植物。又因其在乔木或灌木等阴蔽下生长繁茂，故又为很好的地被和岩石园观赏植物。它的观赏价值高，管理简单，适应性强，有较强的耐阴能力，在较明亮的室内可连续观赏1～2个月，是一类很有推广价值的室内观叶植物。

3.4 室内盆栽观果花卉

3.4.1 金橘 *Fortunella margarita*

别名：洋奶橘、牛奶橘、金枣、金弹、金柑

科属：芸香科、金橘属

1. 形态特征

常绿灌木或小乔木，分枝多。叶片披针形至矩圆形，表面深绿色，光亮。单花或2～3朵集生于叶腋；花两性，白色，芳香。果实圆形或卵形，金黄色（图3-3-50）。

图3-3-50 金橘

2. 生态习性

分布于我国南部温暖地区，喜光照充足、温暖、湿润的环境。较耐旱和耐寒，忌霜冻。适合生长在排水良好的肥沃、疏松的微酸性砂质壤土上。

3. 繁殖方法

嫁接繁殖。一般多用生长迅速的酸橙或播种的实生苗作砧木，嫁接方法有枝接、芽接和靠接。枝接法一般在春季3～4月进行，芽接在6～9月进行，盆栽常用靠接法，在4～7月进行。

4. 栽培管理要点

金橘喜肥，盆栽时宜选用腐叶土4份、砂土5份、饼肥1份混合配制的培养土。换盆时，在盆底施入蹄片或腐熟的饼肥作基肥。

金橘性喜阳光充足的温暖湿润的气候，养护时要放置在阳光充足的地方。修剪是使金橘花繁果硕的一项重要技术措施。为使树形优美，多结果，每年树液开始流动之前，春芽尚未萌发时进行一次重修剪，剪去枯枝、病虫枝、过密枝和徒长枝，保留3～4个头年生的健壮的、分布匀称的枝条，提高观赏价值。

金橘喜湿润但忌积水，盆土过湿容易烂根。因此，生育期间保持盆土适度湿润为好。春季干燥多风，需每天向叶面上喷水一次，增加空气湿度。夏季每天喷水2～3次，并向地面喷水。

5. 园林应用

金橘四季常青，枝叶茂密；花朵皎洁雪白，芳香远溢；果熟时金黄，垂挂枝梢，挂果时间较长，是极好的观果花卉。为我国特有的冬季观果盆景珍品，适合作盆栽观赏及盆景，也可丛植于庭院。

3.4.2 代代 *Citrus aurantium*

别名：酸橙、回春橙

科属：芸香科柑橘属

1. 形态特征

常绿灌木。树干和叶均为绿色，叶椭圆形至卵状椭圆形，革质互生，叶柄具宽翅。总状花序，白色，浓香。果实扁圆形，冬季呈橙黄色，果熟不脱落，挂满枝头，次年春夏又变为青绿色，故有“回春橙”之美称（图 3-3-51）。

2. 生态习性

原产我国江南各省，以浙江为最多，喜温暖、湿润环境，喜光，喜肥。稍耐寒，生长适温在 20～30℃，越冬保持 0℃以上，不宜过高。对土壤要求不严，以富含有机质的微酸性砂质壤土最适。忌土壤过湿，尤忌积水。

图 3-3-51 代代

3. 繁殖方法

以扦插和嫁接繁殖为主。在 6 月下旬～7 月上旬，选取 1～2 年生健壮枝条，基质用 60%壤土和 40%砂混合。插后要遮阴、保湿，两个月可生根。嫁接宜在 4 月下旬～5 月上旬进行，可用任何柑橘类植物的实生苗做砧木，进行劈接。

4. 栽培管理要点

南方可进行露地栽培，华北及长江流域中下游各地多盆栽。盆土宜选用疏松、肥沃、排水良好、富含有机质的微酸性培养土。喜湿润，忌积水和地湿土壤。盆栽苗浇水量应从少到多，至盛夏浇水最多且要给叶面喷水；秋季后，浇水量减少；冬季控制浇水，盆土稍湿润即可。施肥从花绿豆大小时开始，一般每隔 7～10d 施 1 次腐熟人粪尿和饼肥，至花谢停。生长适温在 20～30℃，越冬保持 0℃以上，不宜过高。要求阳光充足，不耐阴，室内要求放在光线好的南窗前，并要通风好。

5. 园林应用

代代春夏之交开花，花色洁白，香浓扑鼻，果实橙黄，挂满枝头，为优秀的观赏植物。暖地可露地栽培，植于庭院角落。室内盆栽，陈设于书房、门厅、客厅，气势不凡。代代还有一特性，果成熟后如不采摘，可在树上留 2～3 年，保存完好，当年果皮由绿变黄，翌年又由黄变绿，甚有趣。花可熏茶，果实可入药。

3.4.3 佛手 *Citrus medica* L. var. *sarcodactylus*

别名：九爪木、五指橘、佛手柑

科属：芸香科，柑橘属

1. 形态特征

常绿小灌木，枝条灰绿色，幼枝绿色，具刺。单叶互生，革质；叶片椭圆形或倒卵状矩圆形，先端钝，边缘有波状锯齿；叶表面深黄绿色，背面浅绿色。总状花序，白色，单生或簇生于叶腋，极芳香。果实奇特似手，握指合拳的为“拳佛手”，而伸指开展的为“开佛手”。初夏开花，11～12 月份果实成熟，鲜黄而有光泽，有浓香（图 3-3-52）。

2. 生态习性

原产我国印度及地中海沿岸。佛手喜温暖、湿润、光照充足、通风良好的环境。不耐寒

图 3-3-52 佛手

冷，低于3℃易受冻害。适生于疏松、肥沃、富含腐殖质的酸性土壤。萌蘖力强。

3. 繁殖方法

可用扦插、嫁接和压条法进行繁殖。

扦插。南方可在梅雨季节进行，也可在春季新芽未萌发前进行。选取1～2年生生长健壮的枝条，剪成20cm长左右，留4～5个芽。20～30d即可生根。

嫁接。每年3～4月份用2～3年生的枸橘或柚子为砧木，选健壮1年生佛手嫩枝做接穗进行切接。也可用芽接或靠接法繁殖。

压条。于每年5～6月进行，用高压法。

4. 栽培管理要点

佛手喜酸性土壤，pH值应保持在5.3为宜。盆土的配比为腐殖土60%，河沙30%，泥炭土或炉灰渣10%。可每10d追施1次稀薄的肥水。水大易烂根，盆土表层不干不浇，一次浇透。佛手最适宜的湿度是70%～90%，为此在干燥季节应每天向叶面喷水1～2次，也可向地面洒水增加空气湿度。

佛手的适生温度是15～30℃，高温季节要移至凉爽通风而又遮阴的地方，气温低于5℃时需防寒。

佛手不易坐果，要用各种办法促其坐果。在孕蕾期、开花前和开花后，都要追施有机肥，每周还要施一次稀薄的有机液肥。然后进行疏蕾，畸形蕾、病弱蕾都要掰掉，不能留蕾过多，只能留靠近枝条顶部长势最好的两三个蕾，不能要求坐果过多。

要提高佛手坐果率，应及时整形修剪，修剪宜在休眠期进行。一般保持3～5个主枝构成树形骨架。温室内生长的春梢，于3月中旬剪去；夏季长出的徒长枝，可剪去2/5，使其抽生结果枝；立秋后抽生的秋梢，多为来年的花枝，适当保留，以利于第二年结果。佛手一年可多次开花结果，3～5月开的花，多为单性花，应全部疏去；6月前后开的夏花，花大、坐果率高，可疏去部分细小花，保留一定数量的果实。在结果期，抹去枝干上的新芽，当果实长到葡萄大小时，可疏去一部分果实，以利于保留下的果实得到充足的养分。

佛手容易出现黄叶病和叶片脱落现象。发生黄叶病可浇灌1%的硫酸亚铁溶液。如烂根要立即翻盆，把植株从盆中脱出，冲洗根部，去掉烂根，消毒后栽于消过毒的素沙土中进行养护，使其逐渐恢复生机。

5. 园林应用

佛手果形奇特，颜色金黄，香气浓郁，是一种名贵的常绿观果花卉。在中国南方各省区多栽培于庭院或果园中。果皮和叶含有芳香油，有强烈的鲜果清香，为调香原料；果实及花朵都可供药用。

3.4.4 石榴 *Punica granatum* Linn.

别名：安石榴、若榴、丹若

科属：石榴科，石榴属

1. 形态特征

落叶灌木或小乔木，在热带则变为常绿树。树冠丛状，常不整齐。树高5～7m，小枝四菱形，端常成刺状。单叶对生或簇生，长椭圆状倒披针形，全缘，亮绿色，无毛。花通常深红色，单生枝端。浆果球形，古铜黄色或古铜红色。花期5～6月，果熟期9～10月（图3-3-53）。

图3-3-53 石榴

2. 生态习性

喜光，有一定的耐寒能力，喜湿润肥沃的石灰质土壤。适应土壤pH值为4.5～8.2。萌发性较强，耐干旱。

3. 繁殖方法

用扦插、分株、压条进行繁殖。

扦插。春季选2年生枝条或夏季采用半木质化枝条扦插均可，插后15～20d生根。

分株。可在早春4月芽萌动时，挖取健壮根蘖苗分栽。

压条。春、秋季均可进行，不必刻伤，芽萌动前用根部萌蘖枝压入土中，经夏季生根后割离母株，秋季即可成苗。

4. 栽培管理要点

盆栽石榴，因盆土有限，每次施肥量不能太多，应“薄肥勤施”，常用的肥料以饼肥等有机肥为主，经发酵，以液肥施入。5～8月，每周施一次稀薄液肥，但开花期应减少施肥量与施肥次数，并注意施磷肥，以利开花。花期叶面喷0.5%尿素、1%过磷酸钙浸出液、0.3%硼酸、0.3%磷酸二氢钾，有显著的促花增果效果。石榴抗旱性强，但盆土易干，应及时浇水。雨后盆内如有积水，应将盆倾斜排水。入冬前应浇透水。春季修剪应注意保留健壮的结果枝，剪去不充实的病虫枝、细弱枝，短截徒长枝。生长期应适当摘心，抑制营养生长，以促进花芽形成和维持一定的树形。

防治病虫害主要在坐果前后两个时期，前期防虫害，后期防病害。从4月底到5月中上旬易发生刺蛾、蚜虫、蟒象、介壳虫、斜纹夜蛾等虫害。坐果后，病害主要有白腐病、黑痘病、炭疽病。夏季要及时修剪，以改善通风透光条件，减少病虫害发生。

5. 园林应用

石榴树姿优美、叶碧绿而有光泽，花色艳丽如火，而花期又长，且正值花少的夏季，更加引人注目。宜丛植于庭院，也可配植于假山、亭、廊之旁。矮化型石榴可盆栽，也可作为树桩盆景，既可观花又可赏果。

3.4.5 冬珊瑚 *Solanum psedo-capsicum*

别名：珊瑚樱、吉庆果、珊瑚子、玉珊瑚、红珊瑚

科属：茄科，茄属

1. 形态特征

常绿小灌木。多分枝成丛生状，作1～2年生栽培。株高30～60cm。叶互生，狭长圆形至倒披针形。夏秋开花，花小，白色，腋生。浆果，果实成熟时为红色，圆球形（图3-3-54）。

图3-3-54 冬珊瑚

2. 生态习性

喜光照充足、温暖、湿润的气候。适应疏松肥沃、排水良好的土壤，不耐寒，喜阳，不耐阴。耐高温，35℃以上无日灼现象。夏季怕雨淋、水涝。

3. 繁殖方法

通常采用种子繁殖。室内3～4月进行盆播。露地4月份播种，苗床土以疏松的砂质壤土最好，播后覆土1cm。经常保持床土湿润，15d后发芽出土。

4. 栽培管理要点

生长期适当浇水，以不受干旱为度，盛夏每天浇水两次，适量施肥，不可过多，以免徒长。生长适温10～25℃。冬季移入室内。若室温过高会造成落果、落叶、萌发新枝，消耗植株养分。越冬期间经常向植株喷水，保持叶和果清洁。

5. 园林应用

冬珊瑚夏秋开小白花，果实橙红色，长挂枝头，经久不落，果熟期正值元旦、春节期间，陈设于厅堂几架、窗台上，可增加喜庆气氛。除盆栽观果外尚可种植于花坛中点缀，果实可当药材但不能食用。

3.4.6 火棘 *Pyracantha fortuneana*

别名：火把果、救军粮

科属：蔷薇科，火棘属

1. 形态特征

常绿灌木或小乔木，高达5m。叶倒卵形，长1.5～6cm，先端圆钝微凹，有的有尖头。复伞房花序，白色；花期3～4月。梨果近圆形，橘红或深红色，缀满枝头，经久不落。果熟期10月（图3-3-55）。

图3-3-55 火棘

2. 生态习性

喜强光，耐贫瘠，抗干旱。对土壤的要求不太高，在温润疏松的微酸性土和中性土生长更好。萌发力强，耐修剪。

3. 繁殖方法

用扦插和播种法繁殖。播种繁殖开花较

晚。扦插可于春季 2～3 月选用健壮的 1～2 年生枝条进行。

4. 栽培管理要点

喜温暖环境，但较耐寒，越冬最低温度 0～5℃。为防止冻害，冬季可将火棘移到背风向阳处或移到室内越冬。火棘是喜阳树种，要求植株全年都要放在全日照环境下养护，特别是秋季要求光照充足，使植株健壮并形成花芽。春至秋季，盆土中要有充足的水分，但盆土不能积水，冬季保持盆土不干即可。生长时期可以向植株周围及叶面喷水，尤其是华北干旱季节。火棘生长快，要经常进行修剪和摘芽。秋季修剪时，剪去徒长枝、细弱枝和过密枝，留下能开花结果的枝头，并确保挂果枝能享受充足的光照。结果后再长出的新枝可随时剪除，保持植株的冠幅不变，且结出的果实都在冠幅的外层，果熟后，观赏效果更佳。

5. 园林应用

火棘枝叶茂盛，初夏白花繁密，入秋果红似火，且留存枝头很久，美丽可爱，是我国制作盆景的传统材料，也是现代园林造景艺术中日益广泛应用的观花观果植物材料。

3.4.7　南天竹　*Nandina domestica*

别名：天竺、玉珊珊

科属：小檗科，南天竹属

1. 形态特征

常绿灌木，高达 2m，丛生少分枝。叶对生，一至三回羽状复叶，具长柄，小叶革质，椭圆状披针形，全缘，深绿色，冬季常变红色。花白色而小。果红色球形，11 月成熟（图 3-3-56）。

2. 生态习性

原产长江流域各地。喜温暖、多湿、通风良好的环境，喜半阴，见强光叶变红。耐寒性不强，要求排水良好的土壤。生长较慢，在瘠薄干燥处生长不良。

3. 繁殖方法

一般采用播种、扦插和分株法繁殖。

播种繁殖。秋季果熟后可随采随播，播后放于高温温室内，需 2～3 个月出苗。

分株繁殖。春季萌芽前结合翻盆换土时进行，1～2 年后即可开花结果。

扦插繁殖。选一年生充实枝条作插穗，长 15～20cm，可春季硬枝插，也可夏季软枝插，插后浇透水，并注意遮阴、保湿。

4. 栽培管理

栽培管理简单。春、秋二季皆可移植。3～6 月主干生长过长时，可从分枝处剪去主梢。平时要及时剪去根部的萌生小枝，以利主干的增粗。还要剪去老枝、拥挤枝，以利冠内通风透光。这样树形既通风透光又丰满，结的果实也

图 3-3-56　南天竹

会增多。

5. 园林用途

秋冬叶色变红，红果累累，经久不落，是观叶观果的优美树种。可露地或盆栽观赏。也可配植于偏阴的假山石旁，墙前屋后，墙角处或花坛、花境之处。

3.5 兰科花卉

兰科（*Orchidaceae*）植物，是单子叶植物中的一个科，为多年生草本植物，附生、地生或腐生。兰科是有花植物中最大的科之一，约有1000个属，3万～3.5万个原生种，而且每年以1000种以上的数目增加。我们常看到的国兰和洋兰，只是兰科植物中一小部分有观赏价值的栽培种类，还有大量的野生兰科植物分布于世界各地。所谓洋兰是泛指一类具有花大色艳、开花持久和花形奇特的兰属植物的通称，有大花蕙兰、蝴蝶兰、卡特兰、兜兰、石斛兰、万带兰、文心兰等。由于地生兰大部分品种原产中国，因此地生兰又称中国兰，并被列为中国十大名花之首。中国兰花主要为春兰、蕙兰、建兰、寒兰、墨兰五大类，有上千个园艺品种。

3.5.1 大花蕙兰 *Cymbidium*

别名：虎头兰、喜姆比兰、蝉兰

科属：兰科，兰属

1. 形态特性

大花蕙兰为多年生草本，株高60～150cm。根肉质，淡黄色。假鳞茎椭圆形，粗大。叶线形，直立，叶长50～80cm，宽2～4cm，叶色浅绿至深绿。花葶40～150cm，标准花茎每盆3～5支，每支着花6～20朵花。其中绿色品种多带香味（图3-3-57）。

2. 生态习性

喜光照充足，夏季防止阳光直射。喜凉爽、昼夜温差大的气候，温差10℃以上为好；生长适温为10～25℃。大花蕙兰比较喜水，忌根部极端干燥，生长期需较高的空气湿度。为热带兰中较喜肥的一类；喜疏松、透气、排水良好、肥分适宜的微酸性基质。花芽分化在8月高温期，在20℃以下花芽发育成花蕾和开花。

图3-3-57 大花蕙兰

3. 繁殖技术

通常用分株法繁殖。分株时间多于植株开花后，新芽尚未长大之前这一短暂的休眠期内进行。分株前应适当干燥，根略发白、绵软时操作。生长健壮者通常2～3年分株一次，分切后的每丛兰苗应带有2～3枚假鳞茎，其中1枚必须是前一年新形成的。为避免伤口感染，可涂以硫黄粉或炭粉。放干燥处 1～2d 再单独盆栽，即成新株。分栽后放半阴处，不可立即浇水，发现过干时可向叶面及盆面少量喷水，以防叶片干枯、脱落和假鳞茎严重干缩。待新芽基部长出新根后才可浇水。

大花蕙兰可采用分株繁殖，但在商品生产中分株繁殖效率不高，多采用组织培养繁殖。

4. 栽培管理要点

大花蕙兰为地生兰，喜欢富含有机质的植料，通常采用树皮、细蛇木屑、木炭、水苔、椰衣、陶粒、火山石等材料中的一种或几种混合作植料。盆栽大花蕙兰常用 15～20cm 的高筒花盆，每盆栽 2～4 株苗，具体见表 3-3-1。

表 3-3-1　　大花蕙兰各季节栽培管理技术要点

季节	项　目	措　施
春季	放置场所	从 3 月份开始要庇阴，防止灼伤新芽和新根。夜温稳定在 10℃时，部分品种可移放室外，但应注意有一过渡过程
	浇　水	新根和新芽旺盛生长，需要有大量的水分
	肥　料	用豆饼和骨粉等配合制成的干性肥料进行施肥。从 2～4 月，每月施肥 1 次，每盆 10g，4 月份以后每盆 18g
	分株和换盆	植株开花后、新芽尚未长大之前换盆。分株前基质应适当干燥，根略发白、绵软时操作，此时不易折断根部。分株时用的剪刀应消毒。分株时每组以含有两个鳞茎和有两个芽为标准。盆栽基质用蕨根、苔藓和树皮块的混合物
	疏　芽	春季新芽不断长出会消耗一定的养分，影响将来开花的时间、花的数量和质量，因此每个鳞茎中只能留一个新芽，其余的芽都要摘除
夏季	放置场所	日照逐渐增强，应防日光直晒，特别是西晒，同时创造良好的通风环境。空气湿度 80%～90%。平均日温 20～30℃，夜温 8～20℃
	浇　水	除梅雨季节外，夏季要注意浇水
	肥　料	每月施肥 1 次，前期以氮肥为主，6 月份以后要适当增施磷钾肥，促进花芽分化。到了 7 月上旬以后，不用干性肥料，改用稀薄的液体肥料，也可用活性肥料
	疏　芽	夏季已经有花芽出现，大花蕙兰花芽最早出现在 6 月份，此时由于气候炎热，大部分花芽会夭折。疏芽时注意丰满膨大的鳞芽是花芽，不能将它疏掉。与花芽相比，叶芽稍显扁平干瘪一些，在疏芽时，一个鳞芽内以一个叶芽为标准，其余全部摘除
秋季	放置场所	此季兰花可直接接受照射，直到 10 月底都可在室外养护。11 月移进室内进行管理
	浇　水	9 月份要充分浇水以免干燥。10 月份在土壤表面干燥时进行浇水，浇水按 2～3d 进行一次
	肥　料	为使花芽长的多，对在 9 月份还未出现花芽的植株要施用磷酸类的液体肥料
	疏　芽	对鳞茎上发出的多余叶芽进行摘除。9～10 月份出现的花芽最多，占 80%以上，11 月份以后出现的约占 15%，此时气温较低，开花率高，所以在疏芽时要注意保留丰满膨大的花芽，不能将它疏掉
冬季	放置场所	11 月份时移入室内，放置在日照充足的窗户旁边。大花蕙兰适宜的最低温度是 5～6℃。此外，冬季不要将植株放在暖气旁边，以免太干燥以致花蕾脱落
	浇　水	在室温 5℃左右的居室里，一周控制浇水 1 次，待花盆表面干燥时再浇水，否则易烂根
	设立支柱	如果肥料施用得当，顺利过夏的大花蕙兰在 11 月份就会伸出花茎。当花茎长到 20cm 时，就要设置花茎支柱。在设置支柱时不要与植株靠得太近，绑扎也不要太紧，在操作时要小心不要将蓓蕾弄掉

5. 园林应用

大花蕙兰株形丰满，叶色翠绿，花形优美，是高档的冬、春季节日用花。

3.5.2 蝴蝶兰 *Phalaenopsis*

别名：蝶兰、台湾蝴蝶兰

科属：兰科，蝴蝶兰属

1. 形态特征

蝴蝶兰是单茎性附生兰，株高50～80cm。具气生根。茎短，长2～4cm。叶基生，带状，肥厚多肉，肥大，革质，长10～25cm，宽3～6cm，先端渐尖或圆钝，绿色或带有红褐色斑块。花茎从靠近上部的叶腋间抽出，1至数枚，弓形，长70～80cm；总状花序，小花茎10～12cm，有花数朵至多朵，不同种有较大差异。花色有白、黄、粉红、红、紫红及各种复色。单花期长达20多天（图3-3-58）。

图3-3-58 蝴蝶兰

2. 类型及品种

蝴蝶兰人工杂交的属内品种或异属品种数量极多，品系较为复杂。杂交品种有白花系、红花系、黄花系、斑点花系、条纹花系等。

3. 生态习性

蝴蝶兰喜弱光，忌阳光直射，尤其是幼苗，但开花植株可适当增强光照。适宜生长温度为20～30℃。白天温度保持在27℃左右，夜间保持在18℃为宜。蝴蝶兰要求较高的空气湿度，以白天能保持在80%左右为好。并且它没有假鳞茎贮藏水分和养分，因此在生长季节应多浇水，在炎热的夏季里，更要每天喷雾2～3次，以保持高湿度。在高温闷热的情况下，应加强空气流通，大的栽培场可安装大型电风扇，使其空气流通。栽培蝴蝶兰的盆土应通气良好，排水良好，国内常用蛇木屑、水苔、木炭、碎砖块等。

4. 繁殖方法

用分株和组织培养进行繁殖育苗。在切花生产中，主要采用组织培养法繁殖，可周年繁殖生产。

5. 栽培管理要点

蝴蝶兰即可盆栽也可吊养。盆栽可用素烧盆、瓷盆、塑料盆或蛇木盆，而吊养则可用蛇木板、蛇木柱、木块、树段等。中小苗栽培介质可用水苔或较细的蛇木屑，或两者混合。成株后可用水苔、蛇木屑、泥炭土、碎瓦混合调配，具体见表3-3-2。

6. 园林应用

蝴蝶兰花姿优美，色彩艳丽，如彩蝶飞舞，为热带兰中的珍品，有“兰中皇后”之美誉，深受人们的喜爱。可用盆花装饰居室，也可做切花应用，是新娘捧花的主要花材。

表3-3-2 蝴蝶兰各季节栽培管理技术要点

季节	项　目	措　施
春季	放置场所	避免阳光直射，需用50%～60%的遮光网。蝴蝶兰在开花过程中，保持室内温度在15℃以上，且通风良好。对于没开花的植株，白天可以放置在透光度50%的光照下，晚上应注意保暖
	浇　水	本季正值花期，水分的需要并不多。当水苔、树皮等植料的表面呈现干燥时，适当浇水。浇水以底部基质湿润为度。当室内温度超过20℃时要使用空气加湿器
	肥　料	此期间植株不生长，因此不必要施肥。有些植株可以在花谢修剪后进行叶面喷施一些液体肥料，但浓度不可过大
	立支柱	当花莛抽出时，要用支柱进行临时支撑，当花蕾长大以后，要设置蝴蝶兰专用支柱，将支柱根据花茎的弯曲度弯成弓形，把花茎贴着支柱，从多处固定
	修　剪	花朵完全凋萎后，原则上要将花茎从基部剪掉，特别是小植株或组合植株。但对于有5片叶以上的健壮植株，可留下花茎下部3～4节进行缩剪。日后会从最上节抽出二次花茎，开二次花
夏季	放置场所	避免阳光直射，遮阴度70%～80%，注意通风
	浇　水	充分浇水，浇水使水从盆底流出为度。在不浇水时，早晚也应给叶面喷水，但不积水，梅雨时保持干燥一些
	肥　料	夏季是蝴蝶兰最需要肥料的时期。施肥使用液体肥料，将商品名为“花宝”的肥料稀释2000倍，每周施用1次，一直持续到9月，但本季开花的兰株除外。肥料不宜过浓
	换　盆	一般在5月下旬或9月上旬进行。换盆时脱盆用的刀、剪应消毒。修剪老根后，再用苔藓包裹紧装入盆中。新根长出之前不能浇水，仅给叶面喷水，并放置背阴处半个月
秋季	放置场所	室外兰株入室。遮光率在50%～60%即可。10月底前，注意开窗通风，11月以后，白天开窗，夜间要关上
	浇　水	秋天干燥，蝴蝶兰生长活动也需要较充足的水分，但每次浇水不可太多，具体视各盆钵的干湿情况给予浇水。温度降至15℃以下时严格控制浇水，保持根部稍干
	肥　料	每月施两次液体肥料，浓度为1000倍，一直到10月上旬为止，生长较慢的品种可延续到10月底。在9月底之前，生育终止的兰株则应停止施肥
冬季	放置场所	蝴蝶兰怕寒，冬季温度保持在15℃以上。冬末初春，日照加强，温度升高，注意通风换气工作。室内保持30%～40%遮光度
	浇　水	冬季是蝴蝶兰花芽生长的时期，需水量较多，只要室温不太低，一旦盆栽基质表面变白、干燥，就应及时浇水。此外在温室栽培，多使用加温设备，空气和质料容易干燥，为避免干燥空气影响花芽生长，故除向质料浇水外，还应进行室内喷雾，提高空气湿度
	肥　料	冬季温度低，根部吸收肥料的生理活动基本停止，所以冬季不宜施肥，否则会产生烧根现象
	设立支柱	花芽伸出花茎后，须设计支柱，否则影响观赏价值

3.5.3 卡特兰 *Cattleya hybrida*

别名：阿开木、嘉德利亚兰、嘉德丽亚兰、加多利亚兰、卡特利亚兰

科属：兰科，卡特兰属

1. 形态特征

卡特兰全为附生兰，多附生于森林中大树的树干上。株高25cm以上，具有假鳞茎，假鳞茎呈棍棒状或圆柱状。具1～3片革质厚叶，是贮存水分和养分的组织，中脉下凹。花单朵或数朵，着生于假鳞茎顶端；花萼与花瓣相似，唇瓣3裂，基部包围雄蕊下方，中裂片伸展而显著；花梗长20cm，有花5～10朵，花大，花径约10cm，有特殊的香气，每朵花能连续开放很长时间；除黑色、蓝色外，几乎各色俱全，姿色美艳，有“兰花之王”的称号。一般秋季开花1次，有的能开花2次，一年四季都有不同品种开花（图3-3-59）。

图3-3-59 卡特兰

2. 类型及品种

卡特兰属植物原生种有65个，多为名花。卡特兰易于种间和属内杂交，人工培育的品种层出不穷。其杂交品种花色各异，分为红花系、紫花系、黄花系、白花系、绿花系、黄花红唇系、白花红唇系、斑点花系。

3. 生态习性

原产于热带美洲和亚热带，从墨西哥到巴西均有分布，其中以哥伦比亚和巴西的野生种最多。卡特兰喜温暖湿润环境，生长适温白天21～30℃、夜间15～16℃。卡特兰在兰花中是属于喜光的种类。它的假鳞茎和粗壮肥大的根，储存有大量水分和营养，因此卡特兰十分耐旱，一般要等根部干了之后再给它浇水。卡特兰最适宜50%～80%的相对湿度。

4. 繁殖方法

繁殖用分株、组织培养或无菌播种。3月待新芽刚萌发或开花后将基部根茎切开，每丛至少有2～3个假鳞茎并带有新芽，株丛不宜太小，否则新株恢复慢，开花晚。

5. 栽培管理要点

卡特兰栽培基质应选用至少两年不腐烂的，疏松、透气、透水的材料，常用苔藓、蕨根、树皮、椰壳等，具体见表3-3-3。

6. 园林应用

卡特兰与石斛、蝴蝶兰、万带兰并列为观赏价值最高的四大观赏兰类，在园林中应用较丰富。卡特兰花形千姿百态，花色绚丽夺目，与蝴蝶兰、文心兰、玉竹、文竹、红掌、石竹、多孔龟背竹、熊草等搭配，常出现在喜庆、宴会上，用于插花观赏。此外，卡特兰既是高级的盆花，又是名贵的切花。还可制作为高雅美丽的胸饰花。

表 3-3-3　卡特兰各季节栽培管理技术要点

季节	项　目	措　施
春季	放置场所	从3月份开始遮阴，防止灼伤新芽和新根，若放置温室，需使用30%～40%的遮光网。夜间温度稳定在10℃时，可移放室外向阳且通风的地方栽培，但应注意先置于半阴环境1周，使其有一个过渡过程
	浇　水	本季是卡特兰新根和新芽生长最旺盛的时期，需要有大量的水分，所以当种植材料表面呈现干燥时需要浇水，浇水量以花盆底洞出水为度
	肥　料	当卡特兰的新芽、新根长出时，即可施肥。最初每周施用一次1000倍的液体肥料（N：P：K=6.5：6：9），即可促使兰株的生长。当新芽长至3～4cm时，可用豆粕或骨粉混合制成的固体肥料，放在新根或新芽生长的相反方向。4～5寸盆，放置1～2个，用量不宜过大。夏天开花的品种，此时不宜施肥
	分株和换盆	卡特兰通常每两年进行一次换盆或分株。当春季新芽长至1～2cm，而新根尚未生出时，是换盆和分株的最适当时期，提早或延迟均对根的发育有不良影响。换盆时脱盆用的刀、剪应消毒。修剪老根后，再用苔藓包裹紧装入盆中。新根长出之前不能浇水，仅给叶面喷水，并放置背阴处半个月
夏季	放置场所	夏季气温上升，日光逐渐加强，此时要将兰株移至室外，但要避免阳光直射，宜放置在遮阴设备较佳处，并接受微风吹拂，遮阴50%左右
	浇　水	盛夏由于生育旺盛，容易干燥，因此只要种植材料的表面一干燥，就要充分浇水。浇水以水从盆底流出为度。在不浇水时，早晚也应给叶面喷水，但不积水，梅雨时保持干燥一些
	肥　料	将稀释2000倍的液体肥料，每周施用1次，一直持续到9月，但在夏季开花的植株除外。肥料不宜过浓。除液体肥料外，亦可施用豆粕或骨粉混合制成的固体肥料或是粒状化学肥料，放置种植材料的表面
秋季	放置场所	此时遮光率约30%。温室内栽培时，10月底前，注意开窗通风，11月以后，白天开窗，夜间要关上。同时在室外栽培的兰株，也应移入室内，直到翌年春天再移至室外
	浇　水	兰株在生长期需要较充足水分，到了长出花鞘后，兰株停止生长，就不太需要水分，同时本季水分蒸发较慢，故对水的需求降低，视各盆钵的干湿给予适当浇水
	肥　料	对于新芽仍在生长的兰株，每月施2次液体肥料，生育终止的兰株则停止施肥
	设立支柱	当花鞘开始出现后，就要准备立支柱，对于倾斜生长的兰株，也要立支柱加以矫正。竖立支柱的同时，要将发黄的老叶自基部切除
冬季	放置场所	冬季当温度在15℃以下时，在室外栽培的兰株要移入室内，放置在南侧，悬吊栽培。冬天的温度保持在10℃以上。冬季日光弱，日照时间也短，故应让兰株接受日照。到了3月下旬，日照强度又开始增强，因此要作30%的遮光
	浇　水	气温低，根系吸水的能力减弱，故可减少浇水的次数，只要保持半干的程度即可。当种植材料表面变白、干燥后3～4d再给予少量浇水。浇水最好在上午。在温室栽培，常使用加温设备，空气和质料容易干燥，为避免干燥空气影响花芽生长，故除向种植材料浇水外，还应进行室内喷雾，提高空气湿度
	设立支柱	当花芽长出后，对于花茎较弱的兰株，应竖立支柱，否则形成花向下开的现象。竖立支柱的最佳时期是花蕾从花鞘长出、花茎尚软之时
	换盆分株	对于未长出新芽或发育不良的兰株，在开完花后，要根据兰株的生长情况进行换盆。换盆结合分株进行。将带有新芽的2～3茎分成一株，分株的剪刀应消毒，切口则涂上硫磺粉或木炭粉末。分株后的兰株应放在半阴且温度高的场所栽培

3.5.4 兜兰 *Paphiopedilum*

别名：拖鞋兰

科属：兰科，兜兰属

1. 形态特征

兜兰为多年生草本。茎极短，叶片革质，近基生，带形或长圆状披针形，绿色或带有红褐色斑纹。花葶从叶丛中抽出，花形奇特，唇瓣呈口袋形，背萼极发达，有各种艳丽的花纹。两片侧萼合生在一起；蕊柱的形状与一般的兰花不同，两枚花药分别着生在蕊柱的两侧；花瓣较厚。花寿命长，有的可开放6周以上，并且四季都有开花的种类（图3-3-60）。

图3-3-60 兜兰

2. 产地与生态习性

产于亚洲热带和亚热带地区，大多数生于温度高、腐殖质丰富的森林中。属于阴性植物，怕强光直射。喜温暖、湿润和半阴的环境。绿叶品种生长适温为12～25℃，斑叶品种生长适温为15～25℃，能忍受的最高温度约30℃，越冬温度应在10～15℃左右为宜。兜兰由于没有假球茎，抗旱能力差，栽培中要保持植料湿润和较高的空气湿度。对肥料浓度很敏感，旺盛生长期才施肥，并注意少施。对盐很敏感，在浇水后1～2h待基质中的盐分析出后再浇水1次可防止盐分累积。

3. 繁殖方法

分株或无菌播种繁殖。兜兰因种子十分细小，且胚发育不完全，常规方法播种发芽比较困难。只能在试管中用培养基在无菌条件下进行胚的培养，发芽后在试管中经2～3次分苗、移植，当幼苗长至3cm高时，可移出试管，栽植在盆中。分株法繁殖，花后结合换盆进行。

4. 栽培管理要点

兜兰是一种地生兰，根与其他兰类不同，是一种布满毛须的根条，植料宜用有机质的混合物，如水苔、细蛇木屑、木屑、泥炭土等。用碎石块垫底，整体要求疏松透气，排水性好。最好在有遮光能避雨的兰棚内栽培，通风要好，具体见表3-3-4。

表3-3-4 兜兰各季节栽培管理技术要点

季节	项目	措施
春季	放置场所	兜兰切忌阳光直射，遮阴50%～60%。同时盆钵之间有适当距离以利通风。户外栽培时应选择淋不到雨水且通风良好处
	浇水	兜兰喜湿，当水苔和植料表面干燥时应及时浇水，以保持盆内湿润。浇水时除根部浇水外也要进行叶面喷水，更能促进新芽的生长。梅雨期的浇水，视植料表面的干燥程度而定

续表

季节	项　目	措　施
春季	肥　料	新芽开始生长时，可施用稀释1000倍的液体肥料（N：P：K为6.5：6：19），每周1次。若使用油粕和骨粉混合成的固体肥料时，可于3～4月间施肥1次，数量视盆的大小而定，一般放置1～2粒即可。如果植料是新水苔或2年换盆1次的兰株，有时无需施肥，即可开出花来。若使用旧水苔或植料，需适当多施肥料
	换　盆	通常在开过花后、新根长出之前，在夜晚温度高于12～13℃时进行换盆。若使用水苔作植料，可用素烧盆以利排水；若用轻石作植料，用素烧盆容易干燥，可用陶瓷盆种植。换盆后半个月要放置在阴暗处，减少浇水量，经常向叶面喷水，以促进新根生长
	分　株	通常2～3芽分成一株。分株时首先将兰株拔起，决定分的株数后再除去旧水苔。通常小的新芽和旧芽分成一株，开过花的旧芽单独成一株。分株后浇水，放置阴暗处
夏季	放置场所	加强遮光，夏季遮光60%～70%为宜。遮光网远离兰株，有利于通风和热气散发。遮光时注意无斑叶系的兜兰比斑叶系的兜兰需要较亮的光线，无斑叶系的兜兰过度遮光会影响兰株的生长
	浇　水	夏天兜兰生长快，早晚要充分浇水。若白天温度超过30℃，夜晚超过25℃时，除向盆钵浇水外，还需在棚架四周及地面浇水，以达到降温效果
	肥　料	夏季是兜兰生长的旺盛期，肥料不可缺少。每周浇施1次1000倍液体肥料，一直到9月中旬为止。此外还可喷洒叶面。5～7月间施2次油粕和骨粉混合成的固体肥料，到8月停施，否则伤根甚至引起根部腐烂
秋季	放置场所	应保持良好通风和50%～60%的遮光。晚秋时节夜间温度较低时，应将温室周围窗户关闭
	浇　水	此时已进入生长停止期，对水分需求较少，一般2～3d浇水1次，同时本季气温低，空气干燥，植料表面干燥但内层潮湿，因此浇水不宜过湿
	肥　料	每月施以2次液体肥料，但对于开花株，则暂停施肥
	摘除老叶	当年生长停止时，前两年生长的叶片则呈现茶褐色将枯萎，需从根际小心地摘除或剪掉
冬季	放置场所	冬季阳光较弱，保持30%遮光即可。温度低于13～15℃时，将兰株移至室内。每种兜兰对最低温的适应不一样。无斑叶系最耐寒，能耐5～7℃低温，最佳适温是10～13℃；其余的最低温度则在10℃以上，最佳15℃。白天温度不要超过25℃，保持空气流通
	浇　水	此时期由于花芽逐渐长大，花茎生长，需水量增加，缺水对花茎的影响很大。兜兰全年均喜湿度高的环境，湿度保持60%～80%，否则会引起植株的衰弱，可在地表或叶面喷水，以兰心不积水为度。大规模栽植时需用加湿器进行空气加湿
	设立支柱	为保证花茎直立伸展，避免倒伏或向下开花，可在花茎尚未定形时竖立支柱，然后系上绳线以固定。支柱可从市场购买专用兰花支柱，也可自己制作

5. 园林应用

兜兰株形娟秀，花形奇特，花色丰富，花大色艳，很适合于盆栽观赏，是极好的高档室内盆栽观花植物。其花期长，每朵开放时间，短的3～4周，长的5～8周。

3.5.5 石斛兰 *Dendrobium nobile*

别名：石斛、石兰、吊兰花、金钗石斛

科属：兰科，石斛兰属

1. 形态特征

石斛兰为兰科多年生附生草本。假鳞茎丛生，圆柱形或稍扁，基部收缩；茎直立或悬垂。叶纸质，短圆形，顶端2圆裂。总状花序，具花1～4朵；花大、半垂，白色、黄色、浅玫红、或粉红色等，艳丽多彩；花被顶端带有紫色，唇瓣具短爪，唇盘有一紫色斑块，十分美丽。现已培育出许多园艺品种，其花朵更大而艳丽。许多种类气味芳香（图3-3-61）。

图3-3-61 石斛兰

2. 类型及品种

在园艺上，石斛兰类的品种一般以花期来划分成春石斛系和秋石斛系。

石斛兰的杂交品种有：白花系、粉红色花系、黄花系、紫红色花系、绿白色花系、紫蓝色花系。

3. 产地与生态习性

原产亚洲的和大洋洲的热带和亚热带地区。常附生于海拔480～1700m的林中树干上或岩石上。喜温暖、湿润和半阴环境，不耐寒，生长适温18～30℃。所需光照是洋兰中最强的，夏季可以不遮光，但发育不好的兰株遮光30%，冬春季不遮光。忌干燥、怕积水，特别在新芽开始萌发至新根形成时需充足水分。

4. 繁殖方法

常用分株、扦插和组培繁殖。

分株繁殖。春季结合换盆进行。将生长密集的母株从盆内脱出，少伤根叶，把兰苗轻轻掰开，选用3～4株栽15cm盆，有利于成型和开花。

扦插繁殖。选择未开花而生长充实的假鳞茎，从根际剪下，再切成每2～3节一段，直接插入泥炭苔藓中或用水苔包扎插条基部，保持湿润，室温在18～22℃，插后30～40d可生根。待根长3～5cm盆栽。

组培繁殖。常以茎尖、叶尖为外植体，在附加2，4-D 0.15～0.5mg/L、6-苄氨基腺嘌呤0.5mg/L的MS培养基上，其分化率可达1∶10左右。分化的幼芽转至含有活性炭、椰乳的MS培养基中（附加2，4-D和6-苄氨基腺嘌呤各0.1mg/L），即能正常生长，形成无根幼苗，将幼苗转入含有吲哚丁酸0.2～0.4mg/L的MS培养基中，能够诱导生根，形成具有根、茎、叶的完整小植株。

5. 栽培管理要点

石斛兰极爱通风，吊挂栽培较好。小苗用蛇木屑与水苔混合栽培，成株用通气良好的植料。春石斛多用混合植料，排水良好即可。秋石斛用粗的蛇木或蛇木块就可以栽培，具体见表 3-3-5。

表 3-3-5　　石斛兰各季节栽培管理技术要点

季节	项　目	措　施
春季	放置场所	春天是石斛兰生长的时期，当夜间温度超过 10℃以上时，要将植株移到户外，以接受充分日照。放置场所选择可以充分接受日照、通风良好、雨水淋不到的棚架上。盆与盆之间保持适当距离。放置时将新芽朝向南向，以使根部能充分接受阳光
	浇　水	通常在植料表面干燥时浇水，有时使植料保持半干燥，有利于根的生长。同时注意浇水时根据各盆的干湿情况适当增加或减少浇水
	肥　料	当新芽长至 2～3cm 时，可以开始喷施稀释 1000 倍的液体肥料（其 N：P：K 成分比为 6.5：6：19），每 7～10d 喷施 1 次，连续施用到 8 月中旬。液体和固体肥料（豆粕和骨粉混合而成）交替使用。通常固体肥料 4 寸盆放置 1～2 粒，5 寸盆放置 2～3 粒。放置在新芽长出相反方向的盆钵边缘上，不可碰到新芽和新根。固体肥料 4、5 月各施 1 次，最迟不可超过 6 月上旬。春天才刚换盆的植株，适当减少施肥量
	换　盆	在 3 月中旬以前进行换盆，可使石斛兰在换盆后进入生长最旺盛的 4 月份。如果要进行分株，可分成 2～3 株，用新盆栽植即可
	茎插繁殖	茎插以 3～8 月进行最为适宜，可以和换盆或分株同时进行。将去年长出而不带花芽的茎，或花芽发育不良的短茎，1～2 节切成一段插在水苔里。2～3 个月后，新芽长出。到 10 月份左右，即可长出 2～3 枚叶片，可上盆栽植，3～4 年后可开花
夏季	放置场所	石斛兰是一种喜欢充足日照和通风良好的植物，尽量将植株放在室外棚架上，让它充分接受日照，但发育尚未完全的植株需遮光 30%
	浇　水	夏季气温高，植料容易干燥，视每个盆钵的干燥程度给予不同浇水量。若夜间温度高，可于傍晚在盆钵及叶面喷水
	肥　料	幼苗可每月喷洒 2 次 1500～2000 倍的液体肥料，至于成株，可施用固体肥料到 7 月中旬，8 月以后停止使用，否则导致叶芽茂盛、花芽枯萎
秋季	放置场所	室外栽培，可以让植株接受充分日照，使茎长得粗壮、新芽更臻成熟。此外，由于夜间低温的刺激，放置室外 2～3 周后，花芽就会长出，促使花芽生长
	浇　水	新茎在秋季的生长已停止，对水分的需求大为减少，约为夏季的一半。在植料表面干燥后，1～2d 后再浇水，让植株保持半干燥状态，对开花有较大帮助
	肥　料	小苗在本季仍需施用液体肥料，直到 10 月底。在 9～10 月间施用 1～2 次含磷、钾肥（P：K：Mg=46：30：1）的肥料，对开花有一定作用。但开花株不再施肥
	设立支柱	新茎长粗后，需要竖立支柱预防倒伏，同时调整叶姿。由于花茎仍会长粗，故在用细绳绑扎时不能过紧，同时即将开花的植株，不要互相重叠
冬季	放置场所	将石斛兰移入室内，且最好放置在日光照得到的窗户边，并注意通风。白天温度不超过 25℃，夜间不高于 15℃，夜温过高对花芽不利，夜温最好保持 10℃，最低不低于 5℃。温度过低，延迟开花时间，甚至影响来年生长或被冻死
	浇　水	冬天的石斛兰已停止生长，需要水分较少，以水苔表面干燥发白后 2～3d 浇水，以盆底流出水为止。浇水时间以接近中午为宜
	肥　料	开花前不施肥，花开过后开始施用固体或液体肥料
	换　盆	栽培 2～3 年以上的石斛兰，根系满盆，盆栽材料已腐烂，应及时更换。无论常绿类还是落叶类石斛，均在开花后换盆。换盆时要少伤根部，否则遇低温叶片会黄化脱落

6. 园林应用

石斛兰种类繁多，形态各异，花多而美丽，色彩丰富，有些还有香味，花期长，是高档盆花。春石斛系一般为节生花类，作盆栽观赏；秋石斛系为顶生花类，是流行的切花。假鳞茎可供药用。

3.5.6 万带兰 *Vanda*

科属：兰科，万带兰属

1. 形态特征

万带兰为典型的附生兰科植物。叶片在茎的两例排成两列，叶表面有较厚的角质层。花较大，通常色泽鲜艳，有粉红色、黄色、紫红色、纯白色；唇瓣与蕊柱基部粘连，3裂，前裂片直立，中裂片前伸；蕊柱短，圆柱形，无蕊柱足，花药顶生，2室，花粉块2～4枚，着生于短而宽、具大型粘盘的柄上。万带兰的杂交种花瓣较小，唇瓣更小，很不明显。而3枚萼片则特别发达、明显，尤其两枚侧萼片更大，呈椭圆形，成欣赏的重点。万带兰的总状花序从叶腋间抽出，有花10～20朵，每朵花能开放2～3周，通常从下往上顺序开放，所以每支花序在高温条件下可开放一个多月（图3-3-62）。

图3-3-62 万带兰

2. 生态习性

万带兰喜欢高温环境。最适宜温度为24～33℃。在14～35℃都能正常生长发育。需要较强的光线，在高温季节只需使用30%～40%的遮光网遮光。万带兰是一种喜高湿的热带兰，生长过程中除保证盆栽植料的湿度外，还需保持较高的空气湿度，通常空气湿度保持在70%～80%为宜。

3. 繁殖技术

常用扦插和播种繁殖。

扦插繁殖。以春、秋季或花谢后进行最好。母株基部常生长较多气生根，将带有气生根的茎节上部剪下，用水苔包扎排放在塑料框架中。保持室温25～30℃，空气湿度70%～80%，待茎部萌发新芽后取出盆栽。母株基部还会萌发出新芽，待新芽长成茎节时，又可剪取繁殖。

播种繁殖。万带兰种子以随采随播最好，采用无菌方法播种。

4. 栽培管理要点

万带兰根部粗壮又长，喜暴露在空气中。因此栽培容器常用木筐或特殊吊盆，要求通风条件好。栽培基质用木炭、砖块、蛇木块，具体见表3-3-6。

表 3-3-6 万带兰各季节栽培管理技术要点

季节	项目	措施
春季	放置场所	万带兰怕冷不怕热，早春时节不要使兰株受冻。温度达到18℃时，可以将万带兰移到室外，但要注意通风，同时避免阳光直射
	浇水	一般每天浇水1次，浇水选择晴天上午进行
	肥料	万带兰开始生长时，可用液体肥料加水稀释后浇灌，为促进茎叶生长，所施的肥料以氮肥为主。但温度在18℃以下时，不要施肥
	分株和移栽	春季是万带兰分株和移栽的最佳季节，兰株长得太高，或者出现落叶时，就应适时分株和移栽
夏季	放置场所	日照逐渐增强，条形叶的万带兰需要移放在有遮阴设施的兰棚下；棒状叶的万带兰则可以继续放在直射阳光下培育。开花前的植株应光照充足，开花后放在有遮阴设施的地方，这样可以延长花期
	浇水	万带兰喜高湿环境，夏季气温高，要按时在早晨和傍晚浇水，保证不让根干燥，并且采用喷雾方法把叶片淋湿，保持充分湿度
	肥料	夏季是万带兰生长旺盛期，施用的肥料多以氮肥为主，可用液体肥料加水稀释后浇灌
秋季	放置场所	万带兰的最低生长温度是15℃，气温降到15℃以下，就应当将兰株移入室内。有条件时最好能保持环境温度在18℃以上
	浇水	万带兰喜欢高温高湿环境，在秋季气候干燥情况下，应经常向叶面喷雾，保持空气湿度。若温度无法保持18℃以上，则要控制浇水
	肥料	秋季施肥要适当，一般10d施1次肥，不宜过多
	设立支柱	当花茎长到20cm长时，要采用支柱辅助
冬季	放置场所	万带兰喜欢高温高湿和多日照，在冬季应放在温室中，保持温度在15℃以上
	浇水	若温度保持在18℃以上，选择晴天上午浇水，若气温较低，则应控制浇水，采用喷雾法将水喷在兰株叶面上
	肥料	冬季气温低，温度在18℃以下时不能施肥

5. 园林应用

万带兰是兰花中高大种类，开花繁茂，花期长，是重要的盆花，可盆栽悬吊观赏。也可做切花。

3.5.7 文心兰 *Oncidium*

别名：跳舞兰、金蝶兰、瘤瓣兰，附生兰、舞女兰

科属：兰科，文心兰属

1. 形态特征

绝大多数有肥大、扁形的假鳞茎。每一假鳞茎通常抽生花茎1～2支，短花茎的品种开花1～2朵；长花茎的品种，花茎可达1m以上，开花百朵左右。花小；萼片短小狭窄，有红褐色斑纹；唇瓣发达，扇形，二裂状，唇瓣上有瘤状肉质突，大多为金黄色。文心兰多为附生兰，根据叶片厚度可分为厚叶型、薄叶型及剑叶型三类（图3-3-63）。

2. 生态习性

文心兰的适应光照与卡特兰相似，一般春季遮光30%左右，夏季遮光50%～60%，冬季遮光20%～30%。一般厚叶型喜欢温暖，生长适温18～25℃，12℃以下要防寒。薄叶型喜欢冷凉，不耐高温，生长适温10～20℃。文心兰喜欢较高的空气湿度，不同种类的文心兰株型差异大，对干旱的抵抗能力也不一样。没有假鳞茎的品种，抗旱能力差，因此要经常保持盆内的基质湿润。

图3-3-63 文心兰

3. 繁殖方法

组织培养法和分株法。分株法，即将一个老株和一个新芽，连同白根一起剪下另外盆栽分植即可。

4. 栽培管理要点

文心兰根系全属气生根，要求植株周围都能通风透气，故最好选用气孔较多的素烧盆或容积较小的浅瓦盆种植。用草炭土、碎木屑、蛭石、桫椤屑、木炭碎和椰衣块中的一种或几种做植料，在盆底出水口垫小砖粒或风化石，以便能疏水保肥。种下后再铺上一些水苔，使之防旱保湿，具体见表3-3-7。

表3-3-7 文心兰各季节栽培管理技术要点

季节	项目	措施
春季	放置场所	室内或室外栽培均可，室内栽培时，放置在通风良好的棚架上，遮阴30%，厚叶系的品种可以接受较强的日照
	浇水	所有文心兰均性喜干燥、厌恶潮湿，种植材料过湿，根生长迟钝、生育缓慢，甚至造成根腐。等植料表面干燥后再浇水，所浇的水不要留在新芽上，以免造成基部腐烂
	肥料	在4～6月，可用等量骨粉和油枯混合肥料，捏成指头大小的颗粒，放置在盆边缘，4寸盆1～2个，此外每月浇施2～3次液体肥料
	设立支柱	对于春季开花的品种，当花茎伸出并将要倾倒时，要竖立支柱，由于花茎仍在生长，故不可绑得太紧
	分株、移栽	新芽抽出时就可以进行分株或移栽。一般2～3年移栽1次
夏季	放置场所	晨温稳定在10℃时，将文心兰花盆全部移到室外进行养护。文心兰的根比较细弱，所以花盆不能直接放于地面，应放在架上可垂吊起来，或放在50cm兰架上，使通风良好。遮光50%～60%
	浇水	此时正值文心兰新芽生长期，浇水要充分，每当植料表面干燥时，即可充分浇水，有时也可进行叶面喷雾，盛夏时节，还应在傍晚浇水，以降低植株温度
	肥料	在新芽伸长期间，用“花宝”原肥稀释2000倍，每周施用1次。一般在5～8月期间，每月施用2～3次浓度较低的液体肥料
	竖立支柱	对于夏季开花且花茎细弱的植株，要竖立支柱，注意不可绑得过紧

续表

季节	项目	措施
秋季	放置场所	遮光30%左右，室外栽培的兰株，最好于10月下旬至11月上旬移入室内栽培，移入后1～2周，要加强通风
	浇水	秋季气温较夏季低，视植料的干燥程度浇水，但对于花茎正在伸长的植株，不可过于干燥
	施肥	已长出花茎的植株不必施肥，其他的施以2000倍的淡薄液体肥料。为防止茎叶过嫩，不利越冬，到9月中旬应停止施肥
	竖立支柱	对于花茎细弱的植株要竖立支柱，注意绑扎不可过紧
冬季	放置场所	冬季放在容易接受日照的位置。温度不可低于10℃，最好保持在13～15℃
	浇水	冬季开花的品种放到室内后会抽生花茎。在这段时间内，应在晴天上午或室内加温时，给花喷水，以防花蕾会败育、枯黄、脱落。平时要在植料表面干燥2～3d再浇水，如果温度在10℃以下，减少浇水，到2月下旬至3月上旬，气温回升后再慢慢增加给水量
	换盆、分株	新芽刚长出是换盆的适当时期，对于怕热的高山性文心兰则在秋季换盆。将新芽和老球茎2～3个分成一株，使用水苔种植在素烧盆中，盆底放置兰砖以利排水。种植后放阴凉处2周，控制浇水，只需向叶面喷雾即可

5. 园林应用

花形独特，开花繁茂而美丽，花期长，是优良的切花和盆花花卉，适合于家庭居室和办公室瓶插，也是加工花束、小花篮的高档用花材料。

3.5.8 春兰 *Cymbidium goringii*

别名：兰花、山花、草兰、山兰、朵朵香

科属：兰科，兰属

1. 形态特征

春兰又称草兰。假鳞茎稍呈球形。春兰的根以圆、长、细为佳，长度一般为20～40cm，无分叉多数是单花，偶有双花。香味最佳。江浙春兰为最优，云贵川春兰也佳。叶4～6枚集生，狭带形，长20～60cm，少数可达100cm，宽0.6～1.1cm，边缘有细锯齿。花单生，少数2朵，花葶直立，有鞘4～5片，花直径4～5cm，浅黄绿色、绿白色、黄白色，有香气；萼片长3～4cm，宽0.6～0.9cm；花瓣卵状披针形，稍弯，比萼片稍宽而短，基部中间有红褐色条斑；唇瓣3裂不明显，比花瓣短，先端反卷或短而下挂，色浅黄，有或无紫红色斑点，唇瓣有2条褶片。1月中旬至2月中旬（少数在2月下旬至3月上旬）花莛伸长而开花（图3-3-64）。

图3-3-64 春兰

2. 园林品种

现在的大多数春兰品种由春兰原变种（*Cymbidium goeringii* var. *goerin-*

gii）培育而来。栽培的春兰在花的形态上已经有了很大变化，按花瓣形状可分：梅瓣类、水仙瓣类、荷瓣类。梅瓣类以宋梅、西神梅、方字、贺神梅等为代表。水仙瓣类以龙字、翠一品、春一品、蔡仙素等为代表。荷瓣类以大富贵、郑同荷、绿云、张荷素等为代表。花瓣和萼片全部淡绿色或黄绿色，称为“素心”。花形奇特称“奇种”。花色鲜艳称“色花”。叶上产生白色、黄色条纹的或斑块的称“叶艺兰”。

3. 生态习性

适合春兰生长的光照条件为半阴，夏、秋季遮阴70%～80%，冬春季阳光强时应有50%～60%的遮阴。性喜凉爽，忌酷热，春兰生长最适宜温度为15℃～25℃，最高不要超过35℃，最低不要低过－4℃。生殖生长温度为8～18℃。喜湿润和通风透风，忌过湿和干燥，环境和盆内植料宜润为佳。春兰的假鳞茎具有一定的保水性，能耐5～7d的干旱。一般要求空气湿度保持在60%～70%之间，冬季干燥时也要保持在50%左右。生长期最好空气湿度保持在75%～85%之间。要求土壤排水良好、含腐殖质丰富、呈微酸性。

4. 繁殖技术

春兰繁殖方法，包括分株繁殖和播种繁殖两种常见的繁殖方法。

分株繁殖。常在春季3月中旬至4月底和秋季10月至11月上旬进行。这时已结束休眠期，春兰已开过花，新芽和新根即将长出，栽后不久便会出新根发新芽，容易恢复正常生长。过早分株，气温低，会造成冻伤、枯叶，甚至部分会死亡，影响长势。如分株过晚，容易损坏芽和新根，不利于正常生长。

播种繁殖。春兰种子极细，发芽率低，盆播很难发芽，可采用培养基繁殖。采种后应立即进行播种。

5. 栽培管理要点

栽培场所要求湿润、散光、通风的环境条件，最好在兰棚内栽培，栽培地点要求有遮阴设施，防止烈日暴晒、干燥和煤烟，环境要清洁。选用排水通畅的兰盆，切忌盆内积水。盆土宜用腐叶土，再掺入1/3河沙，也可用腐叶土4份、草炭土2份、炉渣2份和河沙2份混合配制。植料要过筛分出粗、中、细三类。种植时先在盆底部的气孔上，盖一层纱窗，以防蚂蚁钻入蚕食兰根，之后在纱窗上再放疏水透气罩或铺盖2～3层碎瓦片，然后将兰花放入盆中，理顺兰根并渐渐加土，先粗后细加至根茎部，并形成馒头形为止。最后浇足水，放置室外暖和的半阴处。生长期的空气湿度保持60%～70%；平时使盆土保持湿润，冬季休眠期应偏干忌湿。施肥要薄肥勤施，每月施入1～2次经发酵的稀释的液体肥料。

春兰易发生黑斑病和霉菌病危害。黑斑病常危害新芽，严重时整株枯死。除加强通风、控制空气湿度外，可用65%森锌可湿性粉剂600倍液喷洒或于发病期间，用1∶1∶200波尔多液，每隔10d喷药1次防治。霉菌病导致根茎腐烂，可用五氯硝基苯粉剂500倍液喷洒防治。介壳虫危害叶片，可用蚧宝1500倍液喷杀。量少时可直接用毛刷蘸取少许肥皂水将其刷除。

6. 园林应用

春兰名贵品种很多，其叶态优美，花香为诸兰之冠，为客厅、书房的珍贵盆花。

3.5.9 蕙兰 *Cymbidium faberi*

别名：九子兰、九节兰、夏兰

科属：兰科，兰属

1. 形态特征

根粗而长，假鳞茎不显著。叶 5～7 枚，长 25～80cm，宽 1.0cm，直立性强，边缘有粗锯齿。花单生，中脉显，有透明感；花葶直立，高 30～80cm，有花 5～12 朵，苞片小，花直径 5～6cm；浅黄绿色，有香气，稍逊于春兰；花瓣稍小于萼片，唇瓣 3 裂不明显，中裂片长椭圆形，有许多透明小乳突状毛，端反卷，边缘有短缘毛，唇瓣白色，有紫红色斑点。3 月中旬至 4 月（晚花期至 5 月上旬）花莛伸长而开花（图 3-3-65）。

图 3-3-65　蕙兰

2. 园林品种

蕙兰在传统上通常按花茎和鞘的颜色分成赤壳、绿壳、赤绿壳、白绿壳等；在花形上也和春兰一样，分成荷瓣、梅瓣和水仙瓣等。花上无其他颜色，色泽一致的也称为“素心”。主要品种有：极品、金岙素、温州素、解佩梅、老上海梅、翠萼、大一品、江南新极品等。

3. 生态习性

蕙兰较喜光，但夏天不宜强光直射，夏季遮光 50%～60%较好，冬季遮光 20%或全光照。蕙兰较耐寒，夏季温度控制在 30℃以下，蕙兰要经 5℃左右 3～5 周时间的春化阶段才能开花，因此冬季注意关闭门窗，用进排风设施保持通风，保持兰室温度和湿度，不需加温。蕙兰要求湿润环境。

4. 繁殖方法

常用分株和播种繁殖。分株在 9～10 月兰株处半休眠状态时进行。分株前盆土需略干，促使根系变软，减少断根，恢复生长较快，一般 3～4 年分株 1 次。播种在早春用消毒土壤，播后不覆土，发芽快。

5. 栽培管理要点

蕙兰要求“光足、湿润、凉爽、通风”的环境条件。栽培地点要求通风良好，具遮阴设施，最好在兰棚内种植。盆栽要有兰架。蕙兰要用深盆、大盆深栽。一是因为蕙兰假鳞茎较小，脚甲高，栽得深一点不会烂芽烂苗；二是蕙兰的根粗壮且长，一般养春兰的小盆不能满足蕙兰的生长需要，且多丛栽一盆。栽种时选用腐叶土 5 份，泥沙 1 份混合作基质。也可用腐叶土 4 份、草炭土 2 份、炉渣 2 份和河沙 2 份配制。栽时将兰根放在消毒液中消毒，取出晾干后栽种。

常有炭疽病和粉虱危害。炭疽病可用 50%苯来特和 70%甲基托布津或 50%多菌灵 600～800 倍液喷洒，每周 1 次，连喷 3～4 次。粉虱可用 10%安绿宝 4000 倍液喷杀。

6. 园林应用

惠兰叶姿挺拔，花香浓郁，盆栽装饰居室环境十分雅洁。

3.5.10　建兰　*Cymbidium ensifolium*（Linn.）Sw.

别名：四季兰、剑蕙、雄兰、秋蕙、剑叶兰、夏蕙

科属：兰科，兰属

1. 形态特征

建兰根长且粗，常有分叉。假鳞茎微扁圆形，在地生兰中居第二大，集生。叶2～6片丛生，长30～70cm，宽0.8～1.7cm，薄革质，黄绿色，略有光泽。花莛直立，高25～35cm，常低于叶面，通常有花4～9朵，最多可达18朵，苞片长三角形，花浅黄绿色，直径4～6cm，有香气。开花期7～10月，有些品种在12月开花，有些植株从夏季到秋季开花2～3次，故称为四季兰（图3-3-66）。

图3-3-66 建兰

2. 园林品种

建兰栽培历史悠久，品种也多，大体分彩心和素心两类。彩心建兰的花莛多为淡紫色，花被有紫红色条纹或斑点。山野所采者多属此类。素心建兰则花被无点纹，多为栽培品种，野生者极少发现。目前栽培的主要品种有素心类、梅瓣类、荷瓣类、水仙瓣类、蝶瓣类、奇花类和复色花类。

3. 生态习性

建兰喜光但怕强光直射，在散射光下生长良好。生长的温度范围较广，最适温度18～22℃，冬季控制在5～14℃，5℃以下休眠。夏季气温超过30℃停止生长。喜湿润但忌水渍，生长期的空气湿度可保持60%～70%，冬季休眠期保持50%左右。在夏秋高温季节，可采取遮阴、喷雾方法增加环境湿度。

4. 繁殖方法

常用分株繁殖。在春、秋季均可进行，将密集的假鳞茎丛株，用刀切开分栽，每丛至少2～3株，将根部适当修整后盆栽。一般2～3年分株1次。

5. 栽培管理要点

建兰喜光耐旱不耐寒，栽培场所要求“温暖、湿润、光足、通风”的环境条件。建兰喜酸性土，要选用以腐叶土为主料的酸性培养土栽植。建兰喜丛植，栽植时分3～4丛，每丛2～3株，呈梅花形栽植。栽植深度为假鳞茎略高于盆面为宜，栽植后1～2d再浇水，置兰棚内养护。建兰施肥根据一年中植株的长势而定，原则是淡肥勤施。在春季回暖时可施“催苏肥”，多用“施达”500倍液或“花宝”4号1000倍液喷洒叶面；3周后，可用同样方法喷施1次“催芽肥”；当叶芽出土后可用磷酸二氢钾1000倍液喷施“促花肥”；5月上旬可用腐熟人尿100倍液施1次“助长肥”；开花期用“高乐”500倍液喷施叶面作为“坐月肥”。

常有炭疽病、黑斑病和介壳虫危害。炭疽病可用50%保功可湿性粉剂1500倍液喷洒，每周1次，连喷3～4次。黑斑病于发病期间，用65%代森锌400～500倍液，每隔10d喷药1次防治。虫害可用蚧杀特1000倍液喷杀。量少时可直接用毛刷蘸取少许肥皂水将其刷除。

6. 园林应用

建兰栽培历史悠久，品种繁多，在我国南方栽培十分普遍，是阳台、客厅、花架和小庭院台阶陈设佳品，显得清新高稚。

3.5.11 墨兰 *Cymbidium sinensis* （Andr.） Wild.

别名：报春兰、拜岁兰

科属：兰科，兰属

1. 形态特征

叶4～5枚，丛生于椭圆形的假鳞茎上。叶片剑形，长60～80cm，宽2.7～4.2cm，深绿色，有光泽。花茎直立、粗壮，通常高出叶面，野生可达80～100cm，有花7～17朵；苞片小，基部有蜜腺。萼片小，披针形，淡褐色，有5条紫褐色的脉，花瓣短宽；唇瓣三裂不明显，先端下垂反卷。9月下旬至2月开花（图3-3-67）。

图3-3-67 墨兰

2. 园林品种

墨兰在我国栽培历史悠久，品种较多，有素心类（分传统素心和新素心）、梅瓣类、荷瓣类、蝶瓣类、奇花类、花艺类、超级多花品种、秋墨（新变种）、边彩墨兰（变种）。

3. 生态习性

墨兰属半阴性植物，要求阴蔽、散光的环境条件。喜温暖，生长温度白天20～25℃，夜间15～18℃。要求湿润、通风的环境条件。栽培地点要求通风好，具遮阴设施。墨兰多自然生长于溪流旁，经常水雾弥漫，相对空气湿度要求90%左右。

4. 繁殖方法

墨兰的繁殖用分株法，与换盆同时进行，在花后或9～10月间进行。一般2～3年分株一次，分株后每丛新株应至少有2～3个假鳞茎，不要栽独苗。

5. 栽培管理要点

墨兰栽培场所要求“暖和、湿润、散光、通风”。盆栽用土为腐殖土，也可用腐殖土4份、草炭土2份、炉渣2份和河沙2份混合配制。种植前排水孔上盖以瓦片，再铺窗纱。装盆土时先装粗土，再装细土，栽植深度以腐殖土埋至假鳞茎的叶基处为宜。表面铺以水苔或翠云草保湿。用浸盆法给水，放阴蔽处缓苗，一周后转入正常管理。墨兰施肥“宜淡忌浓”，一般春末开始，秋末停止。施肥时以气温18～25℃为宜，阴雨天均不宜施肥。肥料种类，有机肥或无机肥均可。生长季节每周施肥一次，秋、冬季墨兰生长缓慢，应少施肥，每20d施一次，施肥后喷少量清水，防止肥液沾污叶片。施肥必须在晴天傍晚进行，阴天施肥有烂根的危险。

墨兰易发生墨斑病和霉菌病危害。除加强通风、控制空气湿度外，可用65%代森锌可湿性粉剂600倍液喷洒。霉菌病导致根茎腐烂，可用五氯硝基苯粉剂500倍液喷洒防治。虫害主要为刺吸式口器介壳虫和红蜘蛛，若发现虫害，可用10%王星乳油6000～8000倍液、10%虫啉可湿性粉剂1500倍液喷杀。

6. 园林应用

墨兰现已成为我国较为热门的国兰之一。新春佳节，正值墨兰花时，清艳含娇，幽香四溢，满室生春，用它装点室内环境和作为馈赠亲朋的主要礼仪盆花。花枝也用于插花观赏。

3.6 仙人掌和多浆植物

多浆植物又称多肉植物、肉质植物，多数原产于热带、亚热带干旱地区或森林中，植物的茎、叶具有发达的贮水组织，是呈现肥厚而多浆的变态状植物。多浆植物通常包括仙人掌科、番杏科、景天科、大戟科、萝藦科、菊科、百合科、凤梨科、龙舌兰科、马齿苋科、鸭趾草科、酢浆草科、葫芦科等植物。全世界约有10 000余种，分属40多个科。其中属仙人掌科的种类较多，因而栽培上又将其单列为仙人掌类植物，而将其他科的植物称多浆植物。

3.6.1 仙人掌 *Opumtia dillenii*

别名：仙巴掌、仙桃、火掌

科属：仙人掌科，仙人掌属

1. 形态特征

多年生常绿肉质植物。植物丛生成大灌木状。茎下部木质，圆柱形。茎节扁平，肥厚多肉；刺座内密生黄色刺，刺的颜色、长短、形状数量、排列方式因种而异。幼茎鲜绿色，老茎灰绿色。花单生茎节上部，短漏斗形，花色鲜艳，花期4～6月。肉质浆果，成熟时暗红色。汁多味甜，可食，故仙人掌又有“仙桃”之称（图3-3-68）。

2. 生态习性

大多原产美洲，少数产于亚洲，现世界各地广为栽培。喜温暖和阳光充足的环境，不耐寒，冬季需保持干燥，忌水涝，要求排水良好的砂质土壤。

图3-3-68 仙人掌

3. 繁殖技术

常用扦插繁殖，一年四季均可进行，以春、夏季最好。选取母株上成熟的茎节，用利刀从茎基部割下，晾1～2d，伤口稍干后，插入湿润的沙中。不可插得太深，保持基质湿润即可。也可用嫁接、播种法繁殖，但因扦插繁殖简易，所以嫁接和播种不常使用。

4. 栽培管理要点

培养土可用等量的园土、腐叶土和粗沙配制，并适当掺入石灰少许；也可用腐叶土和粗沙按1∶1比例混合作培养土。植株上盆后置于阳光充足处，尤其是冬季需充足光照。仙人掌较耐干旱，但不能忽视必要的浇水，尤其在生长期要保证水分供给，并掌握“一次浇透，干透再浇”的原则。生长季适当施肥可加速生长。11 月至次年 3 月，植株处于半休眠状态，应节制浇水、施肥，保持土壤适当干燥即可。

在养护过程中如浇水不当，盆土排水不良，持续过度的潮湿，易患腐烂病。发现病株后，立即用利刀切除有病组织，并在切口涂上木炭粉或硫黄粉，同时节制浇水或换盆，另行扦插或嫁接。最好在栽植场所及植株上定期喷洒 20%基立枯磷乳油 1200 倍液，但主要还是改善通风条件及避免持续过度的潮湿。

虫害主要有介壳虫、红蜘蛛及蛞蝓等。防治介壳虫，可喷施用蚧宝 1500 倍液；防治红蜘蛛，可喷施 10%d 星乳油 6000～8000 倍液、10%虫啉可湿性粉剂 1500 倍液；防治蜗牛和蛞蝓，可在花盆周围喷洒石灰粉，也可以施用 8%灭蜗灵颗粒药剂。

5. 园林应用

仙人掌姿态独特，花色鲜艳，常作盆栽观赏。仙人掌盆栽室内观赏，给人以生机勃勃之感；夜间放出大量的氧气，是居室内清新空气的优良植物。地栽与山石配置，可构成热带沙漠景观。在南方可露地栽植用于环境绿化。仙人掌因其顽强的生命力，奇特的姿态深得美洲人民的喜爱。墨西哥人更是把仙人掌作为墨西哥的象征，墨西哥也被称为“仙人掌之国”。现在，该国的国旗、国徽和货币上都有仙人掌的图案。仙人掌味甘、性平，有小毒，可清热消肿。

3.6.2　仙人球　*Echinopsis tubiflora*

别名：刺球、草球、雪球、花盛球

科属：仙人掌科，仙人球属

1. 形态特征

茎球形或椭圆形，幼龄时植株为球形，老株呈圆柱状，球体暗绿色，具棱 11～12 条，棱规则而呈波状。刺锥状，黑色。花着生于球体侧方，为长喇叭形，有金黄、白色、红色等，傍晚后开放，次晨即凋谢（图 3-3-69）。

2. 生态习性

仙人球原产阿根廷及巴西南部的干旱草原。性强健，要求阳光充足，耐旱；喜排水、透气良好的砂壤土。

3. 繁殖技术

仙人球易孳生仔球，多用仔球进行扦插繁殖，4～5 月份重新栽植母球上分生出的子球，栽植深度以根颈与土面平即可。新栽的仙人球不浇水，每天喷雾数次，半月后少量浇水，长出根后正常浇水。也可用量天尺嫁接繁殖，播种也容易出苗。

4. 栽培管理要点

栽培土采用腐殖土 5 份，加砂 3 份、砻糖灰 2 份，如果再加少许骨粉更好，搅拌均匀就可以种植。

图 3-3-69　仙人球

春、夏季节，仙人球生长开始，每半个月施1肥，最好施氮磷钾混合肥料。另外，要适当遮阳，切勿烈日曝晒。

冬季，要把盆栽仙人球移入室内，室温在5℃以上就能安全越冬。冬天，仙人球处于休眠期，盆土要相对偏干一些，否则容易烂根。

仙人球一般培植3～4年，球径达到3～4cm时便应该能开花。

5. 园林应用

仙人球由于形态奇特，花色娇艳，容易栽培，因此，受到人们的喜爱。仙人球不仅可以净化空气，还可以食用、入药，有行气活血、清热解毒、消肿止痛、健脾止泻、安神利尿的作用，可内服、外用治疗多种疾病。

3.6.3 金琥 *Echinocactus grusonii*

别名：象牙球

科属：仙人掌科，金琥属

1. 形态特征

植株呈圆球形，通常单生，球径可达50cm。球顶部密被大面积的绒毛，具棱21～37条，排列非常整齐。刺座长，有金黄色或淡黄色短绒毛；刺长3～5cm，硬且直，全部为金黄色，有光泽，形似象牙，故又称“象牙球”。钟状花着生于茎顶，长4～6cm，黄色。花期6～10月。寿命50～60年（图3-3-70）。

图3-3-70 金琥

2. 类型和品种

常见的园艺变种有：

白刺金琥。球径顶部绵毛白色，刺淡黄色，半透明。个别植株刺白色，更珍贵。

狂刺金琥。刺不规则地弯曲散乱，中刺较原种略宽，近球体顶部刺更密集，金黄色更纯，珍品。

裸琥。球体同原种，刺极短，刺顶端钝圆，体内含单宁，伤口见风变黑，繁殖困难，稀品。

3. 生态习性

原产墨西哥中部至美国西南部的沙漠或半沙漠地区。性强健，要求阳光充足，夏季应置于半阴处。不耐寒，冬天温度维持8～10℃。喜含石灰质的沙砾土。

4. 繁殖技术

金琥采用播种繁殖和扦插、嫁接法繁殖。

播种繁殖。30年生母球才能结种，种子来源困难，但种子发芽率高，用当年采收的种子出苗率高。播种在5～9月进行，发芽后30～40d幼苗球体已有米粒或绿豆大小，可进行移栽或嫁接在砧木上催长。

扦插与嫁接繁殖。在生长期切除球体的顶部，促使产生子球，待子球长到1cm时，切下扦插于沙床中。嫁接常用量天尺作砧木，接于较长的砧木上，生长快些，嫁接一年的金琥直径可达5cm，两三年可达10cm。这时可带5cm左右砧木切下扦插，使不伤球体，也更易生根。

5. 栽培管理要点

金琥喜含石灰质的砂壤土，可用等量的粗沙、壤土、腐叶土及少量陈墙灰混合配制。每年应进行一次翻盆换土和剪除老根。

金琥性喜阳光充足和通风良好，否则球体变长，刺色暗淡；但夏季宜半阴，当气温达到35℃以上时，中午前后应遮阴，避免强阳光灼伤球体。越冬温度保持8～10℃，并保持盆土干燥。温度太低时，球体会产生黄斑。夏季防雨淋。

夏季是金琥的生长旺季，需水量增加。如遇干旱要勤浇水，时间最好是在清晨和傍晚，切忌在炎热的中午浇过凉的水，易引起“着凉”而致病。如中午盆土过干，可少喷水使盆面湿润即可，不能向球的顶部及嫁接部位喷水，以免积水腐烂。生长期内，半月左右施1～2次含氮、磷、钾等成分的稀薄肥液，结合浇水使用。有机肥要充分腐熟，浓度适当。

金琥生性强健，抗病力强，但夏季由于湿、热、通风不良等因素，易受红蜘蛛、介壳虫、粉虱等病虫危害，应加强防治。对红蜘蛛，用1.8%福丁（BA－1）油抗生素杀虫杀螨剂5000倍液、15%螨灵（扫螨净、牵牛星）乳油2500倍液喷雾防治。发现介壳虫、粉虱等为害时，可进行人工抹杀。

6. 园林应用

金琥球体大，形状美，开花艳，其寿命可达数百年，若用大型盆栽，点缀商场、宾馆等公共场所，十分壮观。小型个体适宜于盆中独栽，置于书桌、案几，情趣盎然。热带、亚热带地区多成片植于岩石园中。群植时，大小金琥疏密有致，错落排列于微地形中，极易形成干旱及半干旱沙漠地带的自然风光。

3.6.4 山影拳 *Cereus spp.* f. monst

别名：仙人山、山影

科属：仙人掌科，山影拳属（或天轮柱属）

1. 形态特征

多年生常绿草本。茎肉质，肥厚而粗壮，分枝呈拳头状。通常茎生长发育不规则，具深浅不一的纵沟及不规则的脊，全体呈熔岩堆积姿态，清奇而古雅，脊上生长刺座，具褐色刺，有毒。花白色，喇叭状，花径可达10cm左右，夜开昼合。花期多在夏秋季。红色浆果（图3-3-71）。

图3-3-71 山影拳

2. 生态习性

原产阿根廷北部及巴西南部，现各地广泛栽培。习性强健。喜光照充足，亦耐半阴。耐旱性极强，不耐水湿。耐瘠薄、耐盐碱。喜排水良好而较肥沃的砂壤土，冬天越冬温度不低于5℃。

3. 繁殖技术

多用扦插繁殖，生根容易。扦插以春、秋两季最好。插穗可切取母株上生长充实且影响株形的变态茎，置阴凉通风处2～3d，待切口干燥后再插，入土2～3cm，保持砂土潮湿，半月左右即可生根。

也可采用嫁接繁殖。砧木选用2～3年生的仙人球，去除子球，将仙人球顶部1/3削平，切取山影拳健壮分枝，与砧木髓心对齐，压实，10～15d愈合成活。

4. 栽培管理要点

山影拳多作盆栽观赏。生长季放通风向阳处。盆土宜稍干燥，浇水宜少不宜多。山影拳一般不需施肥，水肥多会引起徒长，影响株形，且易发生腐烂死亡。夏季高温干旱季节，将山影拳移至通风良好处，经常喷水增加空气湿度可预防红蜘蛛危害。冬季寒冷地区应移入室内，保持室温5℃以上。

5. 园林应用

山影拳是优良的盆栽观赏植物，远看似苍翠欲滴、重叠起伏的“山峦”，近看仿佛沟壑纵横、玲珑有致的怪石奇峰。虽是活生生的绿色植物，却有中国古典山石盆景的风韵，配以雅致的盆钵，置于书房案头、客厅桌几，高雅脱俗。在其上嫁接色彩艳丽的球形仙人掌类植物如绯牡丹，则妙趣横生，也可用于布置专类园，营造干旱沙漠景观。

3.6.5 令箭荷花 *Nopalxochia ackermannii*

别名：红花孔雀、孔雀仙人掌

科属：仙人掌科，令箭荷花属

1. 形态特征

茎多分枝，灌木状，全株鲜绿色。叶状枝扁平，较窄，披针形，基部细圆呈柄状，边缘具波状粗齿，齿间有短刺，中脉明显，并具气生根。嫩茎边缘为紫红色，基部疏生毛。花着生在茎先端两侧，花大而美，白天开放，玫瑰红色，单花期3d，花期4月。因其茎扁平呈披针形，形似令箭，花似睡莲，所以称为令箭荷花（图3-3-72）。

图3-3-72 令箭荷花

2. 生态习性

原产墨西哥。为附生型仙人掌类。喜温暖、湿润气候，不耐寒，喜阳光充足，宜富含有机质丰富的肥沃、疏松、排水良好的微酸性土壤。生长期最适温度20～25℃，花芽分化的最适温度在10～15℃之间，冬季温度不能低于5℃。

3. 繁殖技术

扦插或播种繁殖，以扦插为主，温室内一年四季均可进行，以5～9月最好。取二年生叶状枝，剪下后阴干1～2d，待切口稍干后插于沙床，保持湿润，20～30d生根。

4. 栽培管理要点

春季：于3月份将花移到光照通风处，使其恢复生长。4～5月是孕蕾开花期，应追施稀薄液肥（尤其是磷肥）2～3次，每次间隔约10～15d。同时，随时摘除新生的徒长枝，以便集中养分供开花使用。清明节后，开始显露花蕾，约半个月即可开花。此间要控制浇水量，浇水过多，不但花小，还会引起落蕾落花。

夏季：此时枝叶旺长，施肥应以氮肥为主。一般1～2周施肥1次，可促使新枝叶繁茂。由于此花喜光但又忌高温曝晒，所以盛夏的中午要防阳光直射，给予遮阴。雨水过多时，要及时倾倒盆水，防止积水烂根。长到比较高时，还须设支架防倒伏。

秋季：入秋后，生长逐步转慢，新枝开始老化，施肥量可酌减，追肥1～2次即可。因阳光渐弱，可增加日照时间。

冬季：霜降以后气温渐低，需移入室内养护。放在向阳处为宜；停止施肥，并使盆土偏干。只要室温不低于5℃，就能安全越冬。

5. 园林应用

令箭荷花，花大色艳，花形优美，花容娇丽，花姿脱俗，又具微香，因此，是一种色彩、姿态、香气俱佳的室内优良盆花。用来点缀客厅、书房的窗台或阳台，清秀瑰丽，深得人们赞赏。

3.6.6 昙花 *Epiphyllum oxypetalum*

别名：月下美人

科属：仙人掌科，昙花属

1. 形态特征

茎叉状分枝，灌木状，主茎圆柱形，木质；分枝扁平呈叶状，肉质，长阔椭圆形，边缘具波状圆齿。刺座生于圆齿缺刻处，幼枝有刺，老枝无刺。花着生于叶状枝的边缘，花大，重瓣，近白色。花期7～8月，一般于夜间9时左右开放，每朵花仅开放几个小时（图3-3-73）。

2. 生态习性

原产墨西哥及中、南美洲的热带森林中，为附生类型的仙人掌科植物。喜温暖、湿润及半阴的环境，不耐暴晒。不耐霜冻，冬季能耐5℃以上的低温。要求排水透气良好，含丰富腐殖质的砂质壤土。

3. 繁殖方法

以扦插繁殖为主，在温室内一年四季都可进行，但以4～9月为最好。选用健壮肥厚的叶状枝，长20～30cm，插入沙床，18～24℃下，3周后生根。播种繁殖常用于杂交育种。

图3-3-73 昙花

4. 栽培要点

上盆栽植时应施足基肥，在生长期每半月施一次腐熟的饼肥水。现蕾期增施一次磷、钾肥。但过量的肥水，尤其是过量的氮肥，往往造成植株徒长，反而不开花或开花很少。阳光过强则使叶状枝萎缩、发黄。应保持良好的通风条件，还应注意防积水。昙花叶状枝柔软，盆栽时应设立支架，并注意造型，提高观赏价值。

昙花夜间开放不便观赏，欲使白昼开放，可用颠倒昼夜法。将花蕾长约5cm的植株，白天放于完全黑暗中，晚上7时至次晨6时，用100W电灯进行人工光照，如此将昼夜颠倒1周左右，昙花便会在白天开放。

5. 园林应用

昙花是一种珍贵的盆栽观赏花卉，夏秋季，花未开放时，含苞欲放的花蕾在鲜亮挺拔的“绿叶”衬托下，犹如一支巨大的神笔，颌首低垂，娇态动人。开花时，花蕾微微抬起，红色的萼片下渐渐露出洁白的花瓣，缓缓绽开，恰似一位盛装的女子，轻轻掀开面纱，露出娇媚的面容。每逢夏秋夜深人静时，展现美姿秀色。此时，清香四溢，光彩夺目。盆栽适于点缀客室、阳台和接待厅。在南方可地栽，若满展于架，花开时令，犹如大片飞雪，蔚为壮观。在华南亦常栽于园地一隅。

3.6.7 蟹爪兰 *Zygocactus truncactus*

别名：螃蟹兰、蟹爪

科属：仙人掌科，蟹爪兰属

1. 形态特征

多年生常绿草本花卉，为附生仙人掌类。茎多分枝，常成簇而悬垂；茎节扁平，幼时紫红色，以后逐渐转为绿色或带紫晕；边缘有2～4个突起的齿，无刺，老时变粗为木质。花着生于茎节先端，花略两侧对称，花瓣张开翻卷，多淡紫色，有的品种还有粉红、深红、黄、白等色。花期通常12月至次年3月间（图3-3-74）。

2. 生态习性

原产巴西热带雨林中，为附生类型。喜温暖、湿润及半阴的环境。喜排水、透气性能良好、富含腐殖质的微酸性砂质壤土。不耐寒，最适宜的温度为15～25℃，夏季超过28℃，植株便处于休眠或半休眠状态，冬季室温以15～18℃为宜，温度低于15℃，即有落蕾的可能。越冬温度不低于10℃。

图3-3-74 蟹爪兰

3. 繁殖方法

常用扦插和嫁接法繁殖。扦插繁殖在温室一年四季都可进行，但以春、秋两季为最好。剪取成熟的茎节2～3节，阴干1～2d，待切口稍干后插于沙床，保持湿润环境即可。

嫁接在春、秋两季的晴天进行。常

用三棱箭、仙人掌作砧木。取生长充实的蟹爪兰2～3节作接穗，进行嫁接。1砧木可接多枝接穗，成活后“锦上添花”。

4. 栽培要点

生长适温15～25℃，冬季低于10℃生长明显缓慢，花后有短期休眠，保持温度15℃。每年可在花后进行翻盆，翻盆时施足基肥。夏季要遮阴、避雨，通风良好。蟹爪兰每年有两次旺长期（一次在5月中下旬，一次在10月上中旬）和两次半休眠期（一次在夏季最炎热时，一次在早春开花后），须根据这一生长规律浇水，盆土不可过干，过湿，否则会造成花芽脱落。生长期每隔10～15d施1次腐熟、稀释的人畜粪尿或豆饼液肥。要特别注意施花前肥，但不施浓肥。为保持盆土排水良好，栽培中长期营养不良或盆土过干，花芽形成后光照条件突变，如转盆、昼夜温差大、浇水水温太低等，花芽易落。蟹爪兰茎节柔软下垂，盆栽时应设立支架并造型，使茎节分布均匀，提高观赏价值。

蟹爪兰是短日照花卉，光照少于10～12h，花蕾才能出现。要使提前开花，可采用短日照处理。自7月底、8月初起，每天下午4时到次日上午8时，用黑色塑料薄膜罩住，“十一”前后花蕾就可逐渐开放。为了促进花芽的形成，处理期间逐渐减少浇水，停止施肥。

常发生腐烂病和叶枯病危害，用50%克菌丹800倍液喷洒防治。虫害有红蜘蛛和介壳虫危害，红蜘蛛用10%虫啉可湿性粉剂1500倍液喷杀。

5. 园林应用

嫁接的蟹爪兰株型优美，砧木挺拔，枝扁平多节，形态奇趣，拱曲悬垂，繁茂如绿伞。每至严冬，正值西方圣诞节前后大量开花，花大色艳，有丝质光泽，有喜庆祥和的气氛。无论盆栽或吊盆，均适合于窗台、门庭入口处和展览大厅装饰。蟹爪兰枝繁花丽，是冬春优良盆栽观赏花卉。

3.6.8 仙人指 *Schlumbergera Eusseluanus*

别名：圣烛节仙人掌

科属：仙人掌科，仙人掌属

1. 形态特征

原产地附生于树干上，多分枝，枝丛下垂。扁平茎节淡绿色，长3～3.5cm，宽1.5～2.5cm，有明显的中脉，边缘浅波状。花为整齐花，近辐射对称，长约5cm，红色。花期2月，正逢圣烛节，因此也称“圣烛节仙人掌”（图3-3-75）。

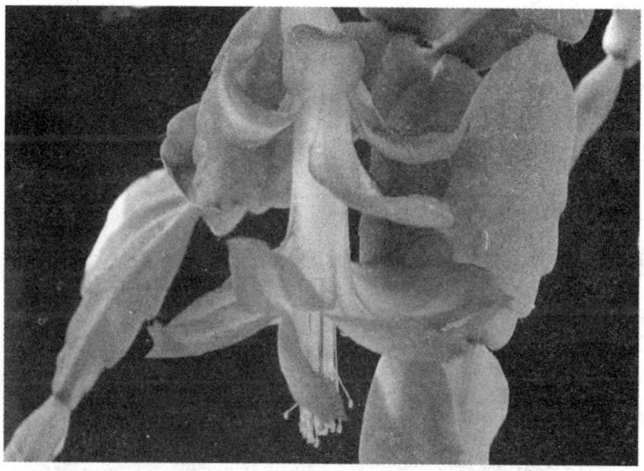

图3-3-75 仙人指

2. 生态习性

喜温暖湿润的环境，肥沃、疏松、排水良好的土壤。最适生长温度为19～32℃，冬季最宜7～13℃。性略耐阴，宜处于半阴环境，夏季防烈日直射，在夏季高温时常表现休眠，冬季开花。为短日照植物。

3. 繁殖栽培要点同蟹爪兰

3.6.9 生石花 *Lithops pseudotruncaatella* N. E. Br.

别名：宝石花、石头花、曲玉

科属：番杏科，生石花属

1. 形态特征

多年生常绿多肉多浆花卉。无茎。两叶肥厚对生，密接成缝状，形成半圆形或倒圆锥形的球体，形似卵石，灰绿色。成熟时自顶部裂缝分成两个短而扁平或膨大的裂片，花从裂缝中央抽生，无柄，黄色，一般每年开花1次。花期4～6月（图3-3-76）。

图3-3-76 生石花

2. 生态习性

原产非洲南部。喜温暖、干燥和阳光充足的环境。畏强光和寒冷，生长适温为20～24℃。要求排水良好的砂质壤土。

3. 繁殖技术

以播种繁殖为主。生石花种子细小，播种繁殖量大，4～5月进行盆播，管理精细，保持25℃左右的温度，约7～10d发芽。

4. 栽培管理要点

盆栽用土为腐叶土4份、贝壳粉3份、粗沙3份混合。春、秋两季气温适宜，是生石花生长旺盛期，夏季因温度过高，植株进入休眠期。春、秋季每3d右浇水一次，使盆土略干燥，每月施一次复合肥水，5～6月应加大量浇水，浇水最好采用盆底浸水法，防止水从顶部浇入植株缝中发生腐烂。冬季严格控制浇水，保持充足光照，温度维持在13℃以上。

主要发生叶斑病、叶腐病危害，可用65%代森锌可湿性粉剂600倍液喷洒。虫害有蚂蚁和根结线虫危害，用换土法减少线虫侵害。防止蚂蚁，可用套盆隔水养护，使蚂蚁爬不到柔嫩多汁的球状叶上。

5. 园林应用

生石花小巧玲珑，形态奇特，似晶莹的宝石闪烁着光彩，在国际上享有“活的宝石”之美称，适宜作室内小型盆栽花卉。盆栽观赏，若盆土表面放置与其形状、大小相似的卵石，则更有情趣和观赏性。

3.6.10 芦荟 *Aloevera* var. *chinensis*

别名：油葱、草芦荟、龙角

科属：百合科，芦荟属

1. 形态特征

芦荟是一种高大多年生多浆草本植物，具有高莲座的簇生叶。叶狭长披针形，叶端尖，有些弯曲，绿色，边缘具刺状小齿。圆锥形的花序生于叶腋；花梗长，花管形，橘红色或有红色斑点，极为醒目（图 3-3-77）。

2. 类型及品种

木立芦荟。外形像直立的树木，叶片狭长披针状，边缘有刺形小齿，灰绿色，叶肉肥厚多汁。主茎基部丛生侧枝，夏秋在主茎顶端抽生纺锤形花，花为红色、黄色或有赤色斑点。在日本广泛栽培。

库拉索芦荟（又名蕃拉芦荟）。茎短，叶片着生于茎的顶部，叶片长 30～70cm，茎部宽达 4～15cm，前端尖，边缘也有小齿，叶片灰绿色，比木立芦荟的颜色更深。花黄色，用分株法繁殖。美国大量栽培。

中国芦荟（别名元江芦荟）。是库拉索芦荟的变种，比库拉索芦荟的前端更尖，叶色呈浅绿色，有白色斑点，花粉红色或黄色，市场上比较多见。

图 3-3-77 芦荟

3. 生态习性

原产南非，性强健，耐干旱、怕积水，喜光、怕阴湿，耐高温、怕寒冷。如果低于 0℃，就会冻伤。在 5℃左右停止生长，生长最适宜的温度为 15℃～35℃，湿度为 45%～85%。

4. 繁殖技术

常用扦插和分株繁殖。扦插可于春季 3～4 月进行，插条选 10～25cm 长的壮枝，切口用利刀削平，去掉底部左右两叶片，放置干燥的地方 2～7d，待切口干硬，形成坚硬膜后植于掺有少量培养土的粗砂中。插深 2cm 左右，砂土保持稍湿即可，放半阴的环境中，20～30d 即可生根，然后可全天见光，但不能强光直射，两月后重新上盆单独栽植。

分株繁殖可于 3～4 月进行，将过密、带根的幼植物体（吸芽）用利刀与主根切开，另植新盆即可，第一周不必浇水，待伤口结膜后再浇透水。

5. 栽培管理要点

换盆。每 2～3 年应换盆一次。换盆应在春季 4 月进行，其他季节也可，但管理不当易枯死。

栽培基质。芦荟适应性广，但栽植土壤以砂质壤土为好，并确保土壤疏松、肥沃、保水、透气。一般采用腐叶土和粗砂各半再掺点腐熟的马粪、粪干、鸡鸭粪更好。通常可以不施肥，生长期也可以施 2～3 次腐熟的稀薄液肥，或淘米水则生长更好，不宜施过浓的肥。伏天不宜施肥，以免烂根。

温度、光照。芦荟多喜光照，最好放置于室外通风和光照好的地方，但在炎夏要适当遮光，冬季应放在高于 5℃向阳的地方即可安全过冬。

浇水。芦荟最怕长期积水，土壤过湿则因根部缺氧而腐烂枯死，平时向叶片喷雾或淋水，保持稍湿即可，待盆土过干时浇水。冬季休眠期更要保持土壤干燥，否则在低温阴湿的环境下极易烂根烂叶。

6. 园林应用

芦荟四季常青，适于布置厅堂。西南、华南一带可露地栽培。其叶性凉味苦，有利湿、消肿、清热、化淤之功效，汁液可用于配制化妆品及保健食品。

3.6.11 条纹十二卷 *Haworthia fasciata*（Willd.）Haw.

别名：锦鸡尾

科属：百合科，十二卷属

1. 形态特征

多年生肉质草本，无茎，基部抽芽，群生。根生叶簇生，多数，三角状披针形，先端细尖呈剑形，表面平滑，深绿色，背面横生整齐的白色瘤状突起。花葶长，总状花序，小花绿白色（图3-3-78）。

图3-3-78 条纹十二卷

2. 生态习性

原产非洲南部，喜温暖干燥和阳光充足环境。怕低温和潮湿，冬季最低温度不低于5℃。对土壤要求不严，以肥沃、疏松的砂壤土为宜。

3. 繁殖技术

常用分株和扦插繁殖，培育新品种时则采用播种繁殖。分株繁殖全年均可进行，常在4～5月换盆时，把母株周围的幼株剥下，直接盆栽。扦插在5～6月进行，将肉质叶片轻轻切下，基部带上半木质化部分，插于沙床，约20～25d可生根。根长2～3cm时可盆栽。还可采用花序和花被为材料进行组织培养。

4. 栽培管理要点

条纹十二卷盆栽时，由于根系浅，以浅栽为好。使用肥沃、排水良好的腐叶土掺粗砂栽培。生长期保持盆土湿润，每月施肥1次。冬季和盛夏半休眠期，宜干燥，严格控制浇水。条纹十二卷不耐高温，夏季应适当遮阴，但若光线过弱，叶片退化缩小。冬季需充足阳光，但若光线过强，休眠的叶片会变红。盆土过湿，易引起根部腐烂和叶片萎缩。

有时发生根腐病和褐斑病危害，可用40%根腐宁1000倍液喷雾或浇灌病株。虫害有粉虱和介壳虫危害，用蚧杀特1000倍液，或用蚧宝1500倍液喷杀。

5. 园林应用

条纹十二卷株形小巧玲珑，清秀典雅；常绿的肉质披针形叶片布满白色斑纹，极似锦雉张开的羽毛，生动美丽，是极受欢迎的微型观赏花卉。条纹十二卷较耐阴，极适合室内栽培，可点缀于书斋案头、几架及儿童房间，清秀而美丽，具有很高的观赏价值。也是配制盆景的好材料。

3.6.12 长寿花 *Kalanchod blossfeldiana* cv. Tomthumb

别名：寿星花、矮生伽蓝菜、圣诞伽蓝菜

科属：景天科，伽蓝菜属

1. 形态特征

为多年生常绿肉质花卉。植株光滑，直立。叶肉质，有光泽，绿色或带红色，交互对生，节间短，株高10～15cm。于11月中下旬在各分支顶端抽出花序，花色有深玫瑰红、粉红、橙红、大红、黄及白色。聚伞花序，花冠具4片。冬春开花（图3-3-79）。

图3-3-79 长寿花

2. 产地和生态习性

原产非洲马达加斯加岛。喜温暖稍湿润和阳光充足环境。不耐寒，生长适温为15～25℃，夏季高温超过30℃，则生长受阻，冬季室内温度需12～15℃。长寿花耐干旱，对土壤要求不严，以肥沃的砂壤土为好。长寿花为短日照植物，对光周期反应比较敏感。生长发育好的植株，给予短日照（每天光照8～9h）处理3～4周即可出现花蕾开花。

3. 繁殖技术

常用扦插繁殖，通常在初夏或初秋进行枝插。剪取约10cm长的枝段，插于沙床，保持环境湿润即可。也可剪取带柄叶片进行叶插。

4. 栽培管理要点

长寿花喜阳光充足的环境，一年四季都应放在有阳光直射的地方。但夏季中午前后宜适当遮阳，如光照太强，易使叶色发黄。反之，若光照不足，不仅枝条瘦弱细长，叶面薄而株形不美，而且开花数量减少，花色不鲜艳，并会引起叶片大量脱落，失去观赏价值。

长寿花耐干旱，故不需大量浇水，只要每隔3～4d浇透一次水，保持盆土略湿润即可。冬季低温时和雨季要控制浇水，以免烂根。

生长旺季可每隔2～3周施一次稀薄复合液肥，促其生长健壮，开花繁茂。11月份花芽形成后增施1～2次0.2%磷酸二氢钾或0.5%过磷酸钙液，则花多、色艳、花期长。

冬季需注意防寒，室内温度12～15℃适宜，低于5℃，叶片发红，花期推迟。冬春开花期如室温超过24℃，会抑制开花，如温度在15℃左右，长寿花开花不断。长寿花具有向光性，因此生长期间应注意调换花盆的方向，调整光照，使植株受光均匀，促使枝条向四周各方匀称生长。

花谢后要及时剪掉残花，以免消耗养分，影响下一次开花数量。一般于每年春季花谢后换一次盆，盆土选用腐殖质土4份、园土4份、河沙2份，另加少量骨粉混合配制而成。

5. 园林应用

长寿花植株小巧玲珑，株型紧凑，叶片翠绿，花朵密集。是冬春季理想的室内盆栽花卉。花期正逢圣诞、元旦和春节，布置窗台、书桌、案头，十分相宜。用于公共场所的花槽、橱窗和大厅等，其整体观赏效果极佳。由于名称长寿，故节日赠送亲朋好友长寿花一盆，大吉大利，长命百岁，也非常合适，讨人喜欢。

3.6.13 青锁龙 *Crassula arborescens*

科属：景天科，青锁龙属

1. 形态特征

肉质亚灌木，高30cm，茎细易分枝，茎和分枝通常垂直向上。叶鳞片般三角形，在茎和分枝上排列成4棱，非常紧密。花着生于叶腋部，很小，黄白色（图3-3-80）。

图3-3-80 青锁龙

2. 生态习性

青锁龙原产非洲南部。喜温暖干燥和阳光充足环境。怕低温和霜雪，耐半阴。对土壤要求不严，以泥炭土加粗沙为好。冬季温度不低于5℃。

3. 繁殖技术

主要用扦插繁殖，全年均能进行，以春、秋季生根块，成活率高。选取较整齐、鳞片状叶片排列紧密的枝条，剪成12～15cm长，插后约20～25d生根，根长2～3cm时即可上盆。

4. 栽培管理要点

盆栽土壤选用排水良好、疏松和较肥沃的砂壤土。生长期每周浇水2～3次。梅雨季和高温季每周浇水1～2次即行。每2个月施肥1次。植株生长过高时需摘心压低，分枝过多或过于倾斜、稠密的枝条应疏剪。室外摆设时，要避开大雨冲淋，否则根部受损，枝条变黄腐烂。每2～3年植株需重新扦插更新。

主要有褐斑病、叶斑病危害，用波尔多液（1∶1∶100）每月喷洒1次。虫害有红蜘蛛、介壳虫危害，可用10％吡虫啉可湿性粉剂1500倍液喷杀。

5. 园林应用

青锁龙属多浆植物中的细叶品种。丛生茎叶，四季碧绿，形如石松。秋季开出淡绿色小花，雅致可爱。适用于盆栽观赏，点缀茶几、案头、书案更为诱人。

3.6.14 石莲花 *Echeveria glauca* Baker

别名：莲花掌、宝石花

科属：景天科、石莲花属

1. 形态特征

多年生肉质草本。其茎短缩，枝匍匐。叶片紧密排列，倒卵形，似荷花瓣，肥厚多汁，先端锐尖，稍带粉蓝色，叶心淡绿色，大叶微带紫晕，表面具白粉，丛生如莲花状，望之如玉石雕刻，故名石莲花。8～24朵花成聚伞花序，花冠红色，花瓣披针形不开张。花期7～

10月（图3-3-81）。

2. 产地及生态习性

喜温暖干燥和阳光充足环境。不耐寒，耐半阴，怕积水，忌烈日。以肥沃、排水良好的砂壤土为宜。冬季温度不低于10℃。

3. 繁殖技术

常用扦插繁殖。以8～10月为更好，生根快，成活率高。插穗可用单叶、蘖枝或顶枝，剪取的插穗长短不限，但剪口要干燥后，再插入沙床。插后一般20d左右生根。插壤不能太湿，否则剪口易发黄腐烂，根长2～3cm时上盆。

图3-3-81 石莲花

4. 栽培管理要点

石莲花管理简单，每年早春换盆，清理萎缩的枯叶和过多的子株。盆栽土以排水好的泥炭土或腐叶土加粗沙。生长期以干燥环境为好，不需多浇水。盆土过湿，茎叶易徒长，观赏期缩短。特别在冬季低温条件下，水分过多根部易腐烂，变成无根植株。盛夏高温时，也不宜多浇水，可少量喷水，切忌阵雨冲淋。生长期每月施肥1次，以保持叶片青翠碧绿。但施肥过多，也会引起茎叶徒长。2～3年生以上的石莲花，植株趋向老化，应培育新苗及时更新。

常有锈病、叶斑病和根结线虫危害。锈病、叶斑病可用75%百菌清可湿性粉剂800倍液喷洒防治。根结线虫的防治：在栽植前对土壤严格消毒，生长期每隔30d用3%米乐尔颗粒剂（克线磷）防治1次。虫害有黑象甲危害，用25%西维因可湿性粉剂500倍液喷杀。

5. 园林应用

石莲花叶片莲座状排列，肥厚如翠玉，姿态秀丽，形似池中莲花，观赏价值较高。盆栽是室内绿色装饰的佳品。可地栽用于花境点缀，也可盆栽置于阳台观赏。多用于装饰窗台、阳台，也可用于组合多肉类盆景。

3.6.15 虎尾兰 *Sansevieria trifasciata Prain*

别名：虎皮兰、千岁兰、虎尾掌

科属：龙舌兰科、虎尾兰属

1. 形态特征

多年生草本植物，具有匍匐的根状茎，每一根状茎上长叶2～6片。叶基生，直立，厚革质，长30～120cm，基部渐狭成沟状，端部渐尖；两面具明显的浅绿色和深绿色相间的云状横纹。花葶长30～60cm，总状花序单生，花白色至淡绿色，有香味儿。花小繁多但不结实（图3-3-82）。

2. 主要园艺品种

“金边”虎尾兰（cv. *laurentii*）。每丛生叶 8～15 枚，叶形、叶色同原种，叶缘镶金黄色宽边。

图 3-3-82 虎尾兰

“金边短叶”虎尾兰（cv. Golden Hahrii）。由“金边”虎尾兰枝变产生，高仅 20～25cm，叶短，阔长圆形，排列成低矮莲座状，叶缘镶乳白色至金黄色的宽边，观赏价值很高。

“银边短叶”虎尾兰（cv. Silvre Hahrii）。短叶，缘具银白色。

“银脉”虎尾兰（cv. Bantel Sensation）。株型较“金边”虎尾兰小，叶也较细短，叶缘具银白色镶边，叶部也有宽窄不等的银白色纵纹。

“黄斑”虎尾兰（cv. Craigii）。叶缘具奶油色或米黄色斑等。

3. 产地及生态习性

虎尾兰原产于干旱的非洲及亚洲南部，我国各地均有栽培。它适应性强，性喜温暖湿润，耐干旱，喜光又耐阴。对土壤要求不严，以排水性较好的砂质壤土较好。其生长适温为 20～30℃，冬季温度为 10～15℃，不可低于 5℃。夏季需适当遮阴，冬季应置光线充足处。宜通气排水良好的土壤。

4. 繁殖技术

用扦插和分株法繁殖。

扦插繁殖材料为叶片（即叶插），在气温 15℃以上时均可进行。将成熟的叶片横切成 7～8cm 长片段，作为插穗，稍晾干后插于河沙中。扦插时注意不要倒插；保持一定的湿度，但也不宜过湿，以免腐烂。一个月左右可从切口部长出不定芽和不定根，长成新的植株。

分株繁殖在每年春季气温回升后结合换盆进行，即将全株从盆中脱出，去掉旧培养土，露出根茎，并沿其走向分切为数株，使每株至少含有 3～4 枚成熟的叶片，然后分别用新培养土上盆种植。有彩色镶边的品种，应用分株法繁殖，因为利用叶插繁殖出的小苗为绿色苗，金边会消失，降低了观赏价值。

5. 栽培管理要点

虎尾兰盆栽可用腐叶土和园土等量混合并加少量腐熟基肥作为基质。它在光线充足的条件下生长良好，除盛夏须避免烈日直射外，其他季节均应多接受阳光；若放置在室内光线太暗处时间过长，叶子会发暗，缺乏生机。此外，如长期摆放于室内，不宜突然直接移至阳光下，应先移在光线较好处，让其有个适应过程后再见阳光，以免叶片被灼伤。浇水要适量，掌握宁干勿湿的原则。平时用清水擦洗叶面灰尘，保持叶片清洁光亮。春季根颈处萌发新植株时要适当多浇水，保持盆土湿润；夏季高温季节也应经常保持盆土湿润；秋末后应控制浇水量，盆土保持相对干燥以增强抗寒力。冬季室温保持10℃以上，注意节制浇水，浇水多、室温过低，是引起根茎腐烂或造成植株死亡的主要原因。它对肥料要求不高，生长季每月施1～2次稀薄液肥，以保证叶片苍翠肥厚。

6. 园林应用

虎尾兰剑叶碧绿硬挺，斑纹甚为美丽，观赏价值较高，盆栽布置厅堂、会场均宜。由于其能吸收室内有害气体，特别是吸收甲醛颇有功效，因此被誉为“天然清道夫”。虎尾兰已成为现代居家的常见盆栽植物之一。叶片可作为插花的配叶，还是良好的纤维作物。

3.6.16 虎刺梅 *Erphorbia milii* Desmoul.

别名：铁海棠、麒麟刺、龙骨花

科属：大戟科，大戟属

1. 形态特征

为常绿亚灌木花卉。茎粗厚，肉质，有纵棱，具硬而锥尖的刺，5行排列在纵棱上。叶通常生于嫩枝上，无柄，倒卵形，全缘。花小，2～4枚生于顶枝，花苞片鲜红色或橘红色，十分美丽。花期全年，但冬春开花较多（图3-3-83）。

图3-3-83 虎刺梅

2. 生态习性

原产热带非洲。喜阳光充足，在花期更是如此。耐旱，不耐寒。温度太低时，叶子脱落而进入休眠。要求通风良好的环境和疏松的土壤。

3. 繁殖技术

主要用扦插繁殖。6～8月期间，从老枝顶端剪取8～10cm长的枝作插穗，插穗伤口有乳汁，可在伤口涂抹炉灰并放置1～2d后，插于湿润素沙中。插后2个月生根，翌年春季分栽。

4. 栽培管理技术

栽培用土为草炭土、园土、粗沙等量混合。虎刺梅耐干旱，浇水不能过多，保持盆土略显干燥，积水会引起腐烂，花期浇水过多引起花蕾脱落。对肥料的要求不高，生长期每月浇施一次腐熟的饼肥水即可，切忌肥料过多，尤其是氮肥过多，枝条徒长，影响开花；孕蕾期适当增施1～2次磷钾肥，可以使花蕾增多，花色鲜艳。整个生长过程要求光照充足，营养生长期间光照不足直接影响开花数量及质量。而开花期给予充足光照，能够使色彩鲜艳，花期长；光照不足，则花色暗淡。花谢后及时修剪，剪去开过花的枝条及一些不规则的枝条，这样才能控制植株高度，增加开花量。冬季温度维持在5～10℃植株进入休眠状态，而在15℃以上，则整个冬季花开不断。

5. 园林应用

虎刺梅栽培容易，开花期长，红色苞片，鲜艳夺目。是深受欢迎的盆栽植物。由于虎刺梅幼茎柔软，常用来绑扎孔雀等造型，成为宾馆、商场等公共场所摆设的精品。

【技能训练】

实训一　盆栽花卉种类的识别

一、目的要求

进一步熟悉花卉的分类方法，掌握60～80种室内盆栽花卉的形态特征、生态习性、观赏特性及园林用途。

二、材料用具

1. 材料。室内盆栽花卉80种。

2. 用具。钢卷尺、直尺、铅笔、笔记本。

三、方法步骤

1. 教师实地讲解每种盆栽花卉的名称、科属、形态特征、生态习性、繁殖方法、栽培要点、观赏特性及园林用途。学生做好记录。

2. 学生参照教材中花卉形态的描述，结合实物进一步熟悉各种盆栽花卉的形态特征、生态习性、观赏特性及园林用途。

四、实训报告

将所识别的盆栽花卉按种名、科属、形态特征、繁殖技术、园林用途列表记录，见表3-3-8。

表3-3-8　盆栽花卉分类与识别表

花卉名称	形态	生态习性	繁殖及栽培	园林应用

实训二　培养土的处理与配制技术

一、目的要求

使学生熟悉配制培养土的各种材料及其特点，掌握各类花卉盆栽培养土的配制方法。

二、材料用具

1. 材料。园土、腐叶土、堆肥土、针叶土、河沙、醋糟、泥炭土、蛭石、珍珠岩、椰糠等（各地可因地制宜选择所需土料）。

2. 用具。铁锹、筛子、手推车等。

三、方法步骤

1. 土壤材料的处理

熟悉各种材料及其特点；将所需土料粉碎、过筛后备用。

2. 配制各类花卉培养土（按体积计）

（1）露地草花类。园土、腐叶土（或堆肥土）、河沙2∶2∶1，或园土、腐叶土、河沙、醋糟2∶2∶1∶1。

(2) 温室盆花类。①温室草本花卉：泥炭土、蛭石3∶1，或泥炭土、蛭石、珍珠岩3∶1∶1。②温室木本花卉：腐叶土（或堆肥土）、河沙3∶1。

(3) 附生兰、热带凤梨类。单用水苔、椰糠或木炭块。

(4) 多浆植物类。园土、泥炭土（或腐叶土）、粗沙2∶2∶3。

3. 配制不同用途的基质（按体积计）

(1) 扦插基质。①草本花卉：河沙、蛭石、珍珠岩1∶1∶1，或泥炭土、蛭石、珍珠岩2∶1∶1，或泥炭土、蛭石1∶1。②木本花卉：河沙、蛭石1∶1，或河沙、蛭石2∶1，或泥炭土、河沙1∶3。

(2) 育苗基质。泥炭土、蛭石、珍珠岩1∶1∶1，或泥炭土、蛭石2∶1。

四、实训报告

记录培养土的配制方法及各类培养土的配制比例。

实训三 花卉上盆与换盆

一、目的要求

使学生掌握花卉上盆、换盆的基本操作技术。

二、材料用具

1. 材料。花苗、盆花、培养土。

2. 用具。花盆、营养钵、花铲、修枝剪、喷壶。

三、方法步骤

1. 上盆

(1) 选盆。选择与花苗大小相称的花盆或营养钵，过大过小都不相宜。

(2) 起苗。将需上盆的花苗从播种盆或扦插苗床挖起待植。

(3) 栽植。先在盆底装入少量大粒培养土，然后将花苗放入盆口中央深浅适当的位置，继续填培养土于苗根周围，直到培养土近满盆。轻轻蹾几下花盆，再用手轻压植株周围的培养土，使根系与培养土密接，压实后土离盆沿3cm左右。

(4) 浇水。栽植完毕，用喷壶浇透水，以盆底排水孔有少量水流渗出为宜。待苗恢复生长后，逐渐放于光照充足处。如图3-3-84所示。

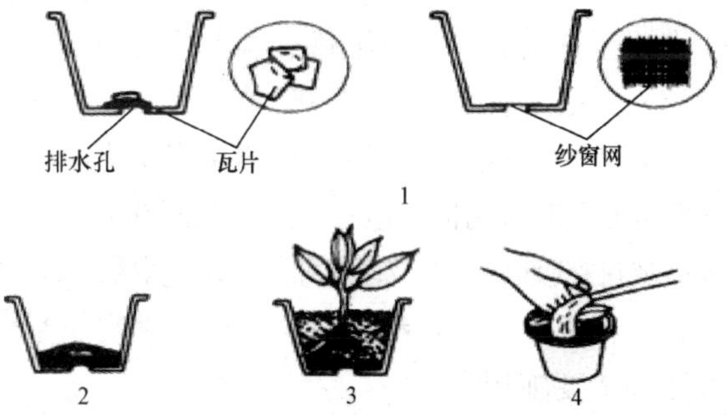

图3-3-84 上盆
1—垫盖排水孔；2—垫排水层与底土层；3—栽植；4—浇透水

2. 换盆

(1) 脱盆。选取需换盆的花卉植株，分开左手手指，按置于盆面植株基部，将盆提起倒置，右手轻扣盆边，植株即可脱出。

(2) 修根。脱盆后对部分老根、枯根、卷曲根进行修剪。一二年生草花按原土球栽植；宿根花卉可结合分株进行，适当保留部分旧土；木本花卉将土球周围及底部适当切除一部分。

(3) 栽植。先在盆底装入少量大粒培养土，然后将带土球花卉放入盆口中央深浅适当的位置，继续填培养土于土球周围，直到培养土近满盆。轻轻蹾几下花盆，再用手轻压盆边培养土，使根系与培养土密接，压实后土离盆沿3～5cm左右。

(4) 浇水。栽植完毕，用喷壶浇透水，以盆底排水孔有少量水流渗出为宜。浇水过多易引起根部腐烂。要待新根生长后，再逐渐增加灌水量。换盆后数日置阴处缓苗。如图3-3-85所示。

图3-3-85 换盆

1—扣盆；2—取出植株；3—去除肩土、表土；4—栽植

四、实训报告

1. 记录上盆、换盆的操作步骤。

2. 比较上盆、换盆的不同之处。

实训四 盆栽花卉的识别与栽培养护

一、目的要求

使学生进一步熟悉盆栽花卉的形态特征、生态习性，掌握盆栽花卉的栽培养护技术。

二、材料用具

1. 材料。各种室内盆栽花卉，花肥、花药等。

2. 用具。修枝剪、花铲、喷壶、喷雾器等。

三、栽培养护方法

1. 浇水

(1) 原则。“见干见湿”(旱生花卉“宁干勿湿”，湿生花卉“宁湿勿干”)。

(2) 时间。夏季早晨或傍晚，冬季中午前后。

(3) 方法。浇水、喷水和浸盆、滴灌等几种形式。冬季或花卉休眠期主要采用浇水法，夏季主要采用喷水法，种子播种后采用浸盆法补水。

2. 施肥

(1) 基肥。将腐熟的有机肥、过磷酸钙、骨粉等混入上盆、换盆的培养土中作基肥。厩肥、堆肥等有机肥的用量不超过盆土总量的1/5。

(2) 追肥。掌握“薄肥勤施”的原则。苗期多施氮肥，花芽分化和孕蕾期多施磷、钾肥。可溶性花肥配成一定浓度的肥料液，直接浇灌花卉，浓度控制在1%～2%。花卉旺盛生长期和表现缺乏微量元素时采用根外追肥，浓度控制在0.1%～0.3%。缓释型颗粒肥均匀地撒在盆土表面，浇水后被花卉吸收利用。施肥间隔：旺盛生长期1～2周1次，生长缓慢时3～4周1次。

各种花卉通用肥，红掌、蝴蝶兰、观赏凤梨、仙客来、一品红等高档盆花专用肥，按说明方法和浓度施用。

3. 其他管理

平时注意及时清除枯枝枯叶、病枝病叶，花后及时去残花；需要摘心的草本花卉适时摘心，木本花卉适时短截，促发分枝。及时用药防治病虫害。

四、注意事项

1. 施肥后立即用水冲洗叶面，以免肥液残留伤害叶片。
2. 根外追肥时要将肥液多喷于叶背，以便尽快吸收。

五、实训报告

总结 10 种重点室内盆栽花卉的栽培管理要点。

【本章小结】

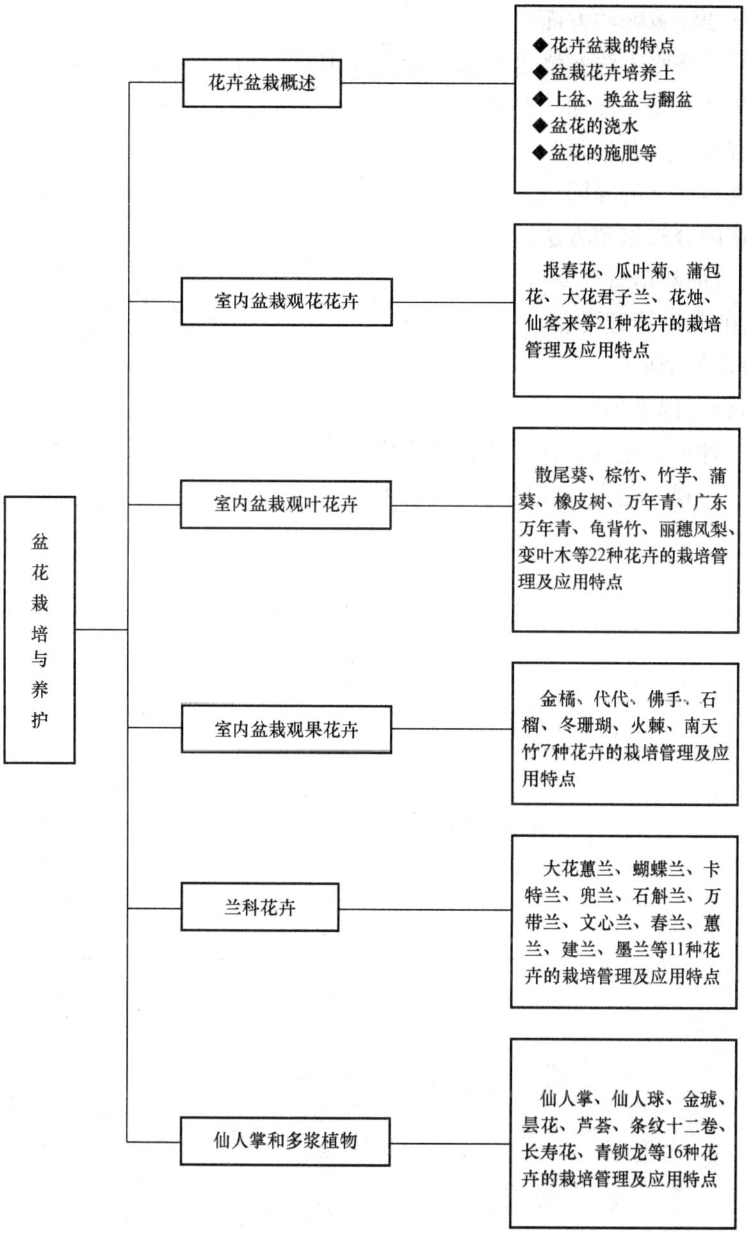

【复习思考题】

一、名词解释

上盆、换盆、翻盆

二、简答题

1. 盆花生产中如何选择花盆?
2. 常用的盆土配方有哪些? 适用于什么植物类型?
3. 盆栽植物选择的原则是什么?
4. 盆花施肥要注意哪些方面?
5. 盆花有哪些浇水方法? 浇水要掌握什么原则?
6. 中国兰花的形态特征和主要习性。
7. 热带兰有哪些主要种类?
8. 简述国兰与洋兰的异同点。
9. 简述兰花的分株繁殖方法。
10. 大花蕙兰的栽培管理要点。
11. 蝴蝶兰的栽培管理要点。
12. 如何栽植好金橘?
13. 北方适合养佛手吗?
14. 举出 10 种观花花卉，并说明其观赏应用特点。
15. 举出 10 种观叶花卉，并说明其生态习性。

第 4 篇　露地花卉栽培与养护

第 1 章　一二年生露地花卉

【知识要点】 一二年生露地花卉的含义及分类；一二年生露地花卉的园林应用特点；常见一二年生花卉的生态习性和繁殖栽培要点。

【学习目标】

知识目标：通过本章的学习，能熟练识别常见的露地一二年生花卉，熟悉常见露地一二年生花卉的繁殖方法和园林应用。

技能目标：能正确识别一二年生花卉 20 种。熟练进行露地一二年生花卉的播种繁殖及日常养护管理。能运用露地一二年生花卉进行园林绿化布置。

1.1　概述

1.1.1　一二年生露地花卉的含义及分类

1. 一年生花卉

从播种到开花、结实和枯亡，这一生命周期在一年内（一个生长季内）完成的花卉。通常包括下述两类花卉。

(1) 典型的一年生花卉。即在一个生长季内完成全部生活史的花卉。通常春季播种，夏秋季开花、结实，冬天来临时枯死。如鸡冠花、凤仙花、百日草等。

(2) 多年生作一年生栽培的花卉。本身是多年生花卉，但在当地作一年生栽培。原因是这类花卉不耐寒，在当地露地环境中多年生栽培时，不能安全越冬；或栽培两年后生长不良，观赏价值降低；同时这类花卉必须具有结实容易、当年播种就能开花的特点。如一串红、矮牵牛、藿香蓟等。

2. 二年生花卉

从播种到开花、结实和枯亡，这一生命周期在两年内（跨年度在两个生长季内）完成的花卉。通常包括下述两类花卉。

(1) 典型的二年生花卉。即在两个生长季内完成全部生活史的花卉。通常秋季播种，种子发芽，营养生长，翌年春季至初夏开花、结实，在炎夏到来时枯死。如金盏菊、紫罗兰、羽衣甘蓝等。

(2) 多年生作二年生栽培的花卉。本身是多年生花卉，但在当地作二年生栽培。原因是这类花卉喜冷凉，怕热，在当地露地环境中多年生栽培时对气候不适应；生长不良或栽培两年后生长差，观赏价值降低。如三色堇、雏菊、金鱼草等。

3. 既可以作一年生栽培也可以作二年生栽培的花卉

作一年生栽培还是作二年生栽培由其耐寒性和耐热性及栽培地的气候特点所决定。一般情况下，这类花卉抗性较强，有一定的耐寒性，同时又不怕炎热。如在北京地区蛇目菊、月见草可以春播，也可以秋播，生长一样，只有植株高矮和花期的区别。还有一些花卉，喜温暖、忌炎热或喜凉爽、不耐寒，也属此类。前者如翠菊、美女樱，通常春播，但只要冬季在阳畦中保护一下，也可以秋播。后者如霞草、香雪球，只是秋播生长状态好于春播。所以，一二年生花卉有时也没有明显的界限。

1.1.2 园林应用特点

一二年生花卉繁殖系数大，生长迅速，见效快。但对环境要求较高，栽培过程复杂，育苗管理要求精细，大部分二年生花卉在华北地区还需要保护越冬。且种子容易混杂、退化，只有进行良种繁育才能保证质量。一二年生花卉主要用于花坛、花钵、花带，还可用于花丛、花群、花境、地被，有的还可以做切花、干花，蔓性种类还能进行垂直绿化。

一年生花卉是夏、秋季景观中的重要花卉，二年生花卉是春季景观中的重要花卉。园林应用特点如下。

(1) 色彩鲜艳美丽，开花繁茂整齐，装饰效果好，在园林中起画龙点睛的作用，重点美化时常用这类花卉。

(2) 种苗获得容易，生长迅速，见效快，方便大面积使用。

(3) 每种花卉开花期集中，方便及时更换种类，保证良好的观赏效果。

(4) 蔓性种类用于垂直绿化时，见效快且对支撑物的强度要求低。

(5) 是花卉规则式应用形式，如花坛、花钵、花带的常用花卉。

(6) 对环境条件要求高，直接地栽时需要选择良好的种植地点。

(7) 为了保证观赏效果，一年中需要更换多次，维护管理费用较高。

1.1.3 繁殖栽培要点

1. 繁殖要点

一二年生花卉以播种繁殖为主，多年生作一二年生栽培的种类，有些也可以进行扦插繁殖，如一串红、矮牵牛、彩叶草等。

(1) 一年生花卉。在春季晚霜过后，气温稳定在大多数花卉种子萌发的适宜温度时可露地播种。但为了提早开花，也可以在温室、温床、冷床等保护地提早播种育苗。如北京地区露地播种时间在4月25日～5月5日，为了提早开花，可2～3月份在温室提早播种；为了延迟花期，如“十一”用花，也可延迟于5～7月播种。具体播种时间依计划用花时间而定。华中地区在3月中下旬进行播种，华南地区可在2月底至3月中下旬进行。

(2) 二年生花卉。二年生花卉种子发芽适温低，通常在秋季播种，保证出苗后根系和营养体有一定的时间生长即可。北京地区正常播种时间在8月25日至9月5日，华中地区可在9月下旬至10月上旬进行播种，华南地区可在10月中下旬进行。二年生花卉中一些直根性、不耐移植的种类，如虞美人、花菱草等，可在当地土壤封冻前露地直播，使种子在土壤中休眠越冬，并经冬季低温完成春化作用要求；或在早春土壤化冻10cm时露地直接播种，利用早春低温完成春化作用要求，但不如冬播生长好。

2. 栽培要点

园林中一二年生花卉的栽培分两种情况。一是直接在应用地栽植商品种苗，这时的栽培实质上是管理；另一种情况是从种子开始培育花苗，一般是先在花圃中育苗，然后在应用地使用，也可以在应用地直接播种，这时的栽培则包括育苗和管理两方面的内容。

（1）商品苗的栽培。园林中栽培的一二年生花卉，可以使用花卉生产市场提供的育成苗，直接栽植在应用位置。商品苗尤其是穴盘苗有良好的根系，生长较好，使用方便、灵活，但受限于市场提供的种类。

商品苗的栽培过程分整地、栽植和栽后管理几个环节。

1）整地。花卉栽培的土壤必须深厚、肥沃、疏松。因而在栽植之前，必须先整地。一二年生花卉生长期短，根系入土不深，一般土壤翻耕20～30cm深即可。整地的深度还因土壤质地不同而有差异，砂质土壤宜浅，黏质土壤宜深。如果土质较差，还应将表层30～40cm换以好土，同时根据需要施入适量有机肥。一般花卉每100m^2的地面上宜施厩肥或堆肥113～225kg，必要时再混入硝酸铵1.2kg、过磷酸钙2.5kg、氯化钾0.9kg。

2）栽植。商品苗一般都是带土坨栽植。栽植株行距以成龄花株冠幅互相衔接又不挤压为原则，一般较小的花苗20～25cm左右，较大的花苗30～40cm，要求株间交差呈三角形。栽植时，填土于土坨四周并镇压之，栽植完毕后，立即浇一次透水，使花苗根系与土壤紧密结合。

3）栽后管理。主要是浇水、追肥、中耕除草和整形修剪。

浇水。小面积浇水可用喷壶、橡皮管引自来水进行；大面积则采用抽水机抽水，根据具体情况采用畦灌、喷灌、滴灌等方法灌水。浇水时间因季节不同而异：夏季在早晨或傍晚进行，此时水温与土温相差较小，不致影响根系的活动；冬季早晚气温较低，浇水应在中午前后进行。浇水次数则因季节、天气、土质、花卉种类不同而异。

追肥。已进入开花期的商品苗，定植后一般不再施肥，花期较长者开花期间还应适当给予追肥。尚未进入开花期的商品苗，在花蕾形成前追施1～2次磷钾肥，花期较长者开花期间也应适当给予追肥。各种化肥随水浇施，浓度控制在1%～3%；根外追肥浓度控制在0.1%～0.3%。

中耕除草。中耕能疏松表土，减少土壤水分的蒸发，促使土壤内空气流通。花苗在栽后不久，部分土面暴露于空气中，除了土面极易干燥外，还容易生杂草，这时应及时中耕。中耕时株行间应深，近植株处应浅，中耕深度一般为3～5cm。随着花苗渐大，枝叶覆盖地面，根系已扩大于株间，中耕即应停止。除草可以避免杂草与花卉竞争土壤中的水分养分，有利于花卉植株的生长发育。除草的原则“除早、除小、除了”。

整形修剪。商品苗定植后的整形修剪主要是随时清除枯枝枯叶、病枝病叶，花后及时去残花，以减少养分消耗，使植株枝叶整齐，利于观赏。

（2）自育苗的栽培。露地一二年生花卉对栽培管理条件要求比较严格，在花圃中要占用土壤、灌溉和管理条件最优越的地段。栽培过程如下：

一年生花卉：整地作床——播种——间苗——移栽——（摘心）——定植——同商品苗管理。

二年生花卉：整地作床——播种——间苗——移栽——越冬——移栽——（摘心）——定植——同商品苗管理。

1）整地作床。见《有性繁殖》部分。

2）播种。见《有性繁殖》部分。

3）间苗。播种苗长出1～2枚真叶时，拔除过密的幼苗，同时拔除混杂其间的其他种或品种的杂苗及杂草。间苗时要去弱留壮，去密留稀。从幼苗出土到长成定植苗需间苗2～3次，间下来的健壮小苗也可另行栽植。间苗后及时灌一次水，使幼苗根系与土壤密接。

4）移栽。经间苗后的花卉幼苗生长迅速，为了扩大营养面积继续培育，还需分栽1～2次，即移栽。移栽通常在花苗长出4～5枚真叶时进行，过小操作不便，过大易伤根。移栽包括起苗和栽植两个步骤。

起苗。起苗应在土壤湿润状态下进行。土壤干旱干燥时，应在起苗前一天或半天将苗床浇一次水。裸根移栽的苗，将花苗带土掘起，然后将苗根附着的土块轻轻抖落，随即进行栽植；带土移栽的苗，先将幼苗四周的土铲开，然后从侧下方将苗掘出，保持完整的土球。

栽植。按一定的株行距挖穴或以移植器打孔栽植。裸根苗将根系舒展于穴中，然后覆土，再将松土压实；带土球苗填土于土球四周，再将土球四周的松土压实，避免将土球压碎。栽植深度与移栽前相同。移栽完毕后，以喷壶充分灌水；若光照过强，还应适当遮阴。花苗恢复生长后进行常规管理即可。

5）摘心。摘除枝梢顶芽称为摘心。摘心可以控制植株高度，使植株矮化、株丛紧凑；可以促进分枝，增加枝条数目，开花繁多；摘心还可以控制花期。草本花卉一般可摘心1～3次。适宜摘心的花卉有：万寿菊、一串红、百日草、半支莲、五色草、彩叶草、藿香蓟等。但主茎上着花多且花径大或自然分枝能力强的种类不宜摘心，如鸡冠花、凤仙花、三色堇等。

6）二年生花卉越冬。不同的地区越冬方式不同。北方寒冷地区，10月底至11月初将二年生花卉的小苗移入阳畦保护越冬。阳畦管理依天气而定，晴天9：00～16：00打开覆盖物，天冷时缩短打开时间，雪天不打开，并及时清扫覆盖物上的雪。3月底4月初将阳畦内的小苗移到露地。

7）定植。将移栽过的花苗按绿化设计要求栽植到花坛、花境等应用地土壤中称为定植。定植方法与定植后的管理同商品苗。

1.2 常见一二年生露地花卉栽培技术

1.2.1 万寿菊 *Tagetes erecta* L.

别名：臭芙蓉

科属：菊科，万寿菊属

1. 形态特征

一年生草本。株高25～90cm。茎直立、粗壮，常具紫色纵纹及沟槽。叶对生，叶片羽状全裂，裂片锯齿带芒状，边缘有明显的油腺点，有强烈臭味。头状花序单生，直径5～13cm，总花梗粗壮而中空，总苞钟状；舌状花多轮，边缘波状皱，筒状花不明显；花色有乳白、纯黄、橙黄至橘红色。花期6～10月。(图4-1-1)

图4-1-1 万寿菊

2. 类型及品种

同属花卉有孔雀草（*Tagetes patula*）。别名红黄草，一年生草本。株高20～40cm。茎多分枝而铺散，细长而呈紫褐色，较万寿菊矮小。叶羽状全裂，裂片锯齿明显而细长。头状花序顶生，有长梗，直径2～6cm，总苞长筒状；舌状花黄色，基部具红褐斑，有全为柠檬黄、橙黄色的重瓣品种。花期6～10月。产地、习性、繁殖、栽培等均同万寿菊。

3. 生态习性

原产墨西哥，现世界各地均有栽培。喜阳光充足，耐半阴；喜温暖，也能耐早霜；耐干旱，对土壤要求不严，抗性强。

4. 繁殖方法

播种为主。春播、夏播均可，发芽适温22～24℃，播后5～7d发芽。从播种到开花需70～90d，可根据用花日期调节播种期。也可嫩枝扦插，多在5～6月进行，插后2周生根，1个月即可开花。

5. 栽培管理要点

万寿菊耐移植，生长快，栽培容易，管理粗放。苗期可摘心1～2次，促发分枝。对水肥要求不严，在土壤干旱时适当灌水。开花前施以追肥，可延长花期。

6. 园林应用

万寿菊花大色艳，花期较长，矮型品种最适宜布置夏、秋季花坛，中、高型品种可作花丛、花境或切花。抗二氧化硫及氟化氢性能强，同时也能抗氮氧化物、氯气等有害气体，也能吸收一定量的铝蒸气，是工厂抗污染花卉。

1.2.2 矮牵牛 *Petunia hybrida* Vilm.

别名：碧冬茄、灵芝牡丹

科属：茄科，碧冬茄属

1. 形态特征

多年生草本，常作一年生栽培。株高20～60cm，全株具粘毛。茎直立或稍倾卧。叶卵形，全缘，下部互生，上部近对生。花单生叶腋或枝端，花冠漏斗形，先端具波状浅裂。栽

图 4-1-2 矮牵牛

培品种极多，花形、花色多变化，有单瓣、重瓣品种，瓣边呈波皱状；花色白、粉、红、紫、堇、赭及复色。春播花期 6～9 月。(图 4-1-2)

2. 生态习性

原产南美，现世界各地均有栽培。喜阳光充足，稍耐阴；喜温暖，不耐寒，干热季节开花繁茂；喜疏松、排水良好的微酸性砂质土壤。

3. 繁殖方法

播种或扦插。播种多于春季 2～3 月进行温室盆播。种子甚小，可用 10 倍细沙拌种播下，播后不必覆土，注意保湿，温度 24～26℃，10～12d 可发芽，发芽率 60%左右。重瓣或大花品种不易结实可扦插繁殖。花后剪去枝叶，待其再发新枝后，剪取嫩枝进行扦插，温度 20～23℃，15～20d 可生根。

4. 栽培管理要点

矮牵牛移植后恢复较慢，宜于苗小时尽早移植，并注意保护土团。自然分枝能力差的品种苗期可摘心，以促进侧枝生长，保证株型。施肥不宜过多，特别是氮肥，以防徒长倒伏。花朵遇水易残，花期浇水时尽量不要用大水冲花。

5. 园林应用

矮牵牛品种繁多，花色丰富，花期长，是布置花坛、花境的优良材料。重瓣及大花品种常供盆栽观赏，温室栽培可四季开花。

1.2.3 一串红 *Salvia splendens* Ker-Gawl.

别名：串红、墙下红

科属：唇形科，鼠尾草属

1. 形态特征

多年生草本，常作一年生栽培。株高 30～70cm。茎直立，四棱，基部多木质化。叶对生，叶片卵形，边缘有锯齿。总状花序顶生，花 3～6 朵轮生，花冠唇形，有长筒伸出萼外，花色鲜红；花萼钟状，与花冠同色，宿存。花期 7～10 月。(图 4-1-3)

图 4-1-3 一串红

2. 类型及品种

常见品种有：一串白（var. *alba*），花及花萼均为白色。一串紫（var. *atropurpura*），花及花萼均为紫色。丛生一串红（var. *compacta*），株形较矮，花序密。矮生一串红（var. *nana*）株高仅 20cm，花亮红色，花朵密集于总梗上。

3. 生态习性

原产南美巴西，现世界各地广泛栽培。喜光，稍耐半阴；不耐寒，畏霜冻；喜疏松肥沃、排水良好的土壤。

4. 繁殖方法

播种或扦插繁殖。播种一般于春季 2～3 月在温室进行。发芽适温 20～25℃，播后 7～10d 发芽，温度低易出现种子霉烂现象。扦插通常在 6～8 月进行，用摘心后的嫩梢扦插，10d 左右生根。扦插苗开花较实生苗快，植株高矮也易于控制。

5. 栽培管理要点

盆播幼苗长出 2～3 对真叶时分苗。苗期需摘心 2～3 次，以使植株矮化，花枝数量增多，还可通过摘心控制花期。苗期追施 1～2 次氮肥，花前增施磷、钾肥。观赏布置时，应随时摘除残花，以保持花色鲜艳而开花不绝。种子成熟后易脱落，一般花序中部萼片发白时及时采收。

6. 园林应用

一串红花色艳丽，鲜艳夺目，花期长，是布置花坛、花境、花台的主要草本花卉之一，也是组设盆花群不可缺少的花卉。

1.2.4 鸡冠花 *Celosia cristata* L.

别名：红鸡冠

科属：苋科，青葙属

1. 形态特征

一年生草本。株高 15～120cm。茎粗壮直立，光滑具棱，少分枝。叶卵形至卵状披针形。穗状花序顶生，肉质，扁平皱褶为鸡冠状，花色有鲜红、紫红、玫红、橙黄、黄、白等色，具丝绒般光泽；花序上部退化成丝状，中下部密生小花，花被及苞片膜质。花期 7～10 月（图 4-1-4）。

2. 类型及品种

园艺变种、变型很多。按花型可分为头状鸡冠和羽状鸡冠；按高度可分为高型鸡冠（株高 80～120cm）、中型鸡冠（株高 40～60cm）和矮型鸡冠（株高 15～30cm）。

图 4-1-4 鸡冠花

3. 生态习性

原产印度，现世界各地普遍栽培。喜阳光充足、炎热和空气干燥的环境，不耐寒；忌积水，较耐旱；要求肥沃、疏松、排水良好的土壤，不耐瘠薄。

4. 繁殖方法

播种繁殖，一般春季3～5月进行，发芽适温20～25℃，播后7～10d发芽。鸡冠花种子细小，播后覆土宜薄，以不见种子为度。苗期易发生立枯病，播种用土必须严格消毒。可自播繁衍，种子生活力4～5年。

5. 栽培管理要点

鸡冠花虽较耐旱，但生长期特别是炎热夏季需充分浇水。苗期一般不施肥，花序生成后可施1～2次薄肥。欣赏主枝花序的品种，要及时摘除腋芽，保证顶部花序壮大。植株高大、花序硕大者应设支柱，以防倒伏。品种间极易天然杂交，留种母株必须适当隔离。

6. 园林应用

鸡冠花品种繁多，花色鲜艳，花期长，有较高的观赏价值。矮、中型品种用于布置花坛及盆栽观赏，高型品种适宜作花境及切花，也可制作干花。

1.2.5 百日草 *Zinnia elegans* Jecq.

别名：百日菊、步步高

科属：菊科，百日草属

1. 形态特征

一年生草本。株高30～90cm。茎直立而粗壮，全株具粗毛。叶对生，全缘，叶片卵形至长椭圆形，基部抱茎。头状花序单生枝顶，花梗长而中空；舌状花一至多轮，有黄、白、红、紫等色，筒状花黄色或橙色，边缘5裂，瘦果。花期6～10月（图4-1-5）。

图4-1-5 百日草

2. 生态习性

原产墨西哥，现世界各地普遍栽培。喜光，稍耐半阴；喜温暖，不耐寒，忌酷热；较耐干旱，要求肥沃而排水良好的土壤。在贫瘠干旱的土壤上，开花质量明显降低。

3. 繁殖方法

播种繁殖，春播或夏播。供秋季花坛布置时，可夏播。发芽适温20～25℃，播后3～7d发芽，2个月即可开花。

4. 栽培管理要点

百日草不耐低洼积水，应栽于高燥之处。侧根较少，移植后缓苗慢，应于苗小时尽早定植。株高10cm左右时，留2对真叶摘心。定植时施入氮肥为主的基肥，生育期追施2～3次磷、钾肥。花后及时剪去残花，以减少养分消耗，且枝叶整齐，利于观赏。

5. 园林应用

百日草生长迅速，花色繁多而艳丽，花期又长，适宜布置夏秋季花坛、花境、花丛，也可与不同花色品种混栽成花群，中、高型品种还可做切花。

1.2.6　翠菊　*Callistephus chinensis* Nees

别名：江西腊、蓝菊、七月菊

科属：菊科，翠菊属

1. 形态特征

一二年生草本。株高 20～100cm，全株疏生短毛。茎直立，上部多分枝。叶互生，阔卵形至长椭圆形，具粗钝锯齿。头状花序单生枝顶，直径 3～15cm。野生原种舌状花 1～2 轮，浅堇至蓝紫色；栽培品种花色丰富，有白、黄、橙、红、紫、蓝等色，深浅不一。筒状花黄色，端部 5 齿裂。春播花期 7～10 月，秋播花期 5～6 月（图 4-1-6）。

图 4-1-6　翠菊

2. 生态习性

原产我国，该属仅此一种，现世界各地多有栽培。喜阳光充足，稍耐阴；耐寒性不强，喜温暖，不耐酷热，在炎热环境中花期延迟或开花不良；浅根性，忌连作及雨涝。喜疏松肥沃、湿润、排水良好的砂质土壤。

3. 繁殖方法

播种繁殖。春播、夏播、秋播均可，一般多行春播。发芽适温 18～21℃，播后 5～8d 发芽。秋播苗需冷床保护越冬。

4. 栽培管理要点

矮型品种耐移植，开花时也可移栽；中、高型品种移植后恢复生长较慢，以早移为妥。生长期需经常浇水，干旱季节尤应注意水分供应。定植时施足基肥，生长期每半月追一次肥。不宜连作，栽过翠菊的土地，需隔 4～5 年才能再栽，否则生长不良。

5. 园林应用

翠菊品种繁多，高矮不一，花色丰富，花期较长，是一种重要的园林花卉。矮型品种适宜布置花坛，也可盆栽观赏；中型品种适宜布置花坛、花境；高型品种适宜作背景花卉，也是良好的切花材料。

1.2.7　凤仙花　*Impatiens balsamina* L.

别名：指甲花、小桃红、透骨草

科属：凤仙花科，凤仙花属

1. 形态特征

一年生草本。株高 20～80cm。茎肉质、光滑，节部膨大，浅绿或晕红褐色，与花色相关。叶互生，阔披针形，边缘有锯齿。花单生或数朵簇生上部叶腋；花萼 3，一般

图4-1-7　凤仙花

具后伸之距；花瓣5，左右对称，侧生4片两两结合。花色丰富，有白、粉、玫瑰红、大红、洋红、紫、雪青等色。花期6～9月（彩图4-1-7）。

2. 类型及品种

凤仙花园艺品种极多。按株型可分为直立型、开展型、龙爪型；按花型可分为单瓣型、玫瑰型、山茶型、顶花型；按高度可分为高型、中型和矮型。有高达1.5m的品种，冠幅可达1m。

3. 生态习性

原产中国、印度及马来西亚，现世界各地多有栽培。喜阳光充足、长日照环境；喜温暖、炎热，畏寒冷；对土壤适应性强，喜湿润、肥沃、深厚、排水良好的土壤。

4. 繁殖方法

播种繁殖。春播，发芽适温23～25℃，播后4～6d可发芽。从播种到开花需60～70d，花期40～50d。可根据用花日期调节播种期，但播种晚生长期短，花期也短。种子生活力强，能自播繁衍。

5. 栽培管理要点

栽植地要高燥通风，排水不畅或通风不良易遭白粉病危害。移植极易成活，盛花期仍可移栽。干旱时及时浇水，水分不足易落花落叶；水分过多，根、茎容易腐烂，雨季要注意排水。种子成熟后易开裂，要及时分批采收。

6. 园林应用

凤仙花品种繁多，花色丰富，是布置夏季花坛、花境的好材料；也可作花丛和花群栽植；矮型品种还可盆栽观赏。

1.2.8　半支莲　*Portulaca grandiflora* Hook.

别名：太阳花、龙须牡丹、松叶牡丹、洋马齿苋

科属：马齿苋科，马齿苋属

1. 形态特征

一年生草本。株高15～20cm。茎细圆，匍匐或斜生，节上有毛。叶圆棍状，肉质。花单生或数朵簇生枝顶，花径2～3cm，单瓣、重瓣或半重瓣。花色极丰富，有白、粉、红、紫红、黄、橙及复色。花在强光下开放，阴天常闭合或不能充分开放。现已培育出全日开花的品种。花期6～9月（图4-1-8）。

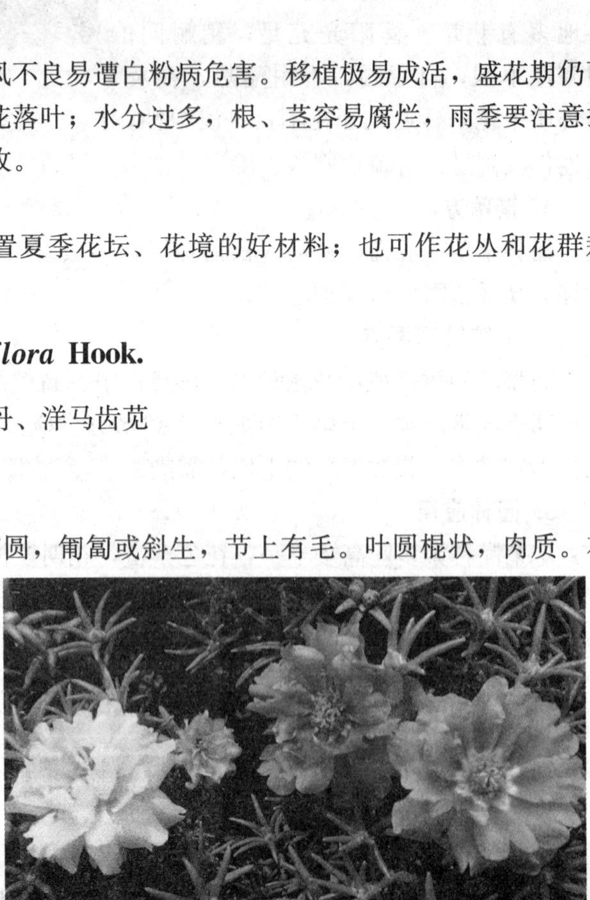
图4-1-8　半支莲

2. 生态习性

原产南美巴西，我国各地多有栽培。喜强光，不耐阴；喜温暖，不耐

寒；极耐干旱瘠薄，不择土壤，在肥沃而排水好的砂质土壤上生长更好，开花大而多，色艳。

3. 繁殖方法

播种或扦插。春播，发芽适温24～26℃左右，播后7～10d发芽。生长期用嫩枝扦插，极易生根成活。布置要求单色组合时，可温室早播，初花后分色扦插。

4. 栽培管理要点

栽培容易，管理简单。移植后易恢复生长，可裸根移栽。生长期浇水不宜过多。为使其分枝多、开花旺，可适当追肥。种子成熟不一，且易脱落，注意及时采种。

5. 园林应用

半支莲植株低矮，花色丰富，适宜布置模纹花坛或作花丛花坛、花境的镶边材料；也可于草坪边缘、路旁从植或盆栽观赏。

1.2.9 地肤 *Kochia scoparia* Schrad.

别名：扫帚草、孔雀松

科属：藜科，地肤属

1. 形态特征

一年生草本。株高30～150cm。株丛紧密，呈卵圆至圆球形。主茎木质化，分枝多而纤细。叶线形，稠密，草绿色，秋季变暗红色。花小，不显著，单生或簇生叶腋（图4-1-9）。

园林栽培应用的主要是其变种细叶扫帚草（var. *culta*），其株形矮小，叶细软，嫩绿色，秋季转为红紫色。

2. 生态习性

原产欧洲及亚洲中部和南部地区，我国北方多见野生。喜光；喜温暖，不耐寒，极耐炎热；对土壤要求不严，耐干旱、瘠薄和碱性土。

图4-1-9 地肤

3. 繁殖方法

播种繁殖。春播，直播比移栽者好。可自播繁殖。

4. 栽培管理要点

地肤栽培容易，管理粗放。生长初期幼苗纤弱，加强除草、松土，追施1～2次磷、钾肥。夏季植株生长旺盛，枝叶浓密，可修剪造型培育成球形、方形等。为防止自播过多，可在叶色尚未变红（此时种子尚未成熟）时割除。

5. 园林应用

地肤枝叶纤细、嫩绿，入秋泛红，可丛植、孤植或作花坛中心材料，还可成行栽植做短期绿篱。

1.2.10 五色草 *Alternanthera bettzickiana* Nichols

别名：红绿草、五色苋、模样苋、锦绣苋

科属：苋科，虾钳菜属

1. 形态特征

多年生草本，常作一年生栽培。茎多分枝呈密丛状。叶对生，匙形或披针形，全缘，常具彩斑或异色。头状花序腋生，白色，不明显（图 4-1-10）。

图 4-1-10 五色草

2. 类型及品种

园林应用品种：

（1）“小叶绿”：茎斜出，叶较狭，嫩绿色或略具黄斑。

（2）“小叶黑”：茎直立，叶较宽，窄三角状卵形，绿褐至茶褐色，生长势较“小叶绿”强。

同属花卉：

红草五色苋（*Alternanthera amoena* Voss）。别名“小叶红”，茎平卧。叶狭，基部下延，叶柄短，叶色暗紫红色。生长势较五色草弱。

3. 生态习性

原产南美巴西，我国各地均有栽培。喜阳光充足，略耐阴；喜温暖湿润，不耐酷热及寒冷；喜高燥的砂质土壤，不耐干旱及水涝。

4. 繁殖方法

扦插繁殖，一般 4～6 月进行，夏季露地扦插需略遮阴。五色草扦插极易生根，在土温 20～22℃、相对湿度 70%～80%的条件下，4～5d 可生根，2 周左右即可定植。

5. 栽培管理要点

8 月中下旬至 9 月上旬选取优良插条，扦插于浅箱，9 月中下旬移入温室，作第二年扦插用母株。冬季要求阳光充足，室温 16～18℃，控制水分，不施肥，以免过湿腐烂或枝叶徒长。春季 2～3 月开始施肥，增加浇水量，促进母株生长。4 月起便可从母株上剪枝扦插。

花坛栽植时，必须用排水良好的砂质土壤，土质不适，可掺沙改良。栽植密度一般 400 株/m^2。生长期充分供水，保持土壤湿润。需肥不多，否则徒长，必要时可用 2%的硫酸铵追肥。经常摘心和修剪保持低矮、紧密的株形，高度一般控制在 10～15cm。

6. 园林应用

五色草植株低矮，叶色美丽，分枝性强，耐修剪，是布置模纹花坛和立体花坛的最佳材料，可用不同的色彩配置成各种花纹、图案、文字等平面或立体形象。还可用于花坛或花境边缘及岩石园点缀。

1.2.11　大花三色堇　*Viola tricolor* L. var. *hortensis* DC.

别名：蝴蝶花、鬼脸花、猫儿脸

科属：堇菜科，堇菜属

1. 形态特征

多年生草本，常作二年生栽培。株高15～30cm。茎多分枝，常倾卧地面。叶互生，基生叶卵圆形，茎生叶长卵圆形，叶缘具整齐的钝锯齿。托叶宿存，基部羽状深裂。花大，1～2朵生于叶腋；花瓣5，花朵外形近圆形，扁平开展；原种每花有黄、白、紫三色，新品种花色丰富，黄、白、紫、褐、红等单色或复色。花期4～6月（图4-1-11）。

图4-1-11　大花三色堇

2. 生态习性

原产欧洲，现世界各国广为栽培。喜光，稍耐半阴；喜凉爽、稍耐寒，忌炎热和雨涝；喜富含腐殖质、湿润的砂壤土，在贫瘠的土壤上生长不良，品种易退化。

3. 繁殖方法

播种繁殖。8月下旬至9月上旬播于露地苗床或早春温室盆播。发芽适温15～20℃左右，播后10d左右可发芽。从播种到开花需3～4个月。

4. 栽培管理要点

性强健，栽培管理简单。幼苗长出5～6片真叶时移植，移植时需带土团。秋播者10月下旬移入冷床保护越冬，翌年4月初定植园地，4月下旬即可开花。喜肥，生长期给予充足的水肥，则花大而多，花期长。品种间易天然杂交，留种植株应隔离，以防种质退化。种子以首批成熟的为好，成熟后极易散失，注意及时采收。

5. 园林应用

大花三色堇株丛低矮，花色瑰丽，花期较长，是布置春季花坛、花境、花钵的优良花卉，适宜作花径、草坪的镶边材料，还可盆栽或做切花。

1.2.12　金盏菊　*Calendula officinalis* L.

别名：金盏花、长春花

科属：菊科，金盏菊属

1. 形态特征

一二年生草本，多作二年生栽培。株高30～60cm，全株具毛。茎直立，有分枝。叶互生，长圆形至长圆状倒卵形，全缘或有不明显锯齿，基部稍抱茎。头状花序单生，直径5～10cm；舌状花单轮至多轮，黄色或橙黄色，结实；管状花黄色，不结实。花期4～6月

图 4-1-12 金盏菊

(图 4-1-12)。

2. 生态习性

原产南欧加那列群岛至伊朗一带，现世界各国广为栽培。喜阳光充足；喜冷凉、忌炎热，较耐寒，小苗能耐-9℃的低温；生长快，适应性强，耐干旱瘠薄；对土壤要求不严，但在疏松肥沃、排水良好的土壤上生长良好。

3. 繁殖方法

播种繁殖。秋播或春播。秋播一般在 9 月中旬进行，春播 2～3 月冷、温床或温室进行。发芽适温 21℃左右，播后 7～10d 发芽，3～4 个月可开花。

4. 栽培管理要点

金盏菊生长快，栽培容易，管理粗放。秋播者冷床保护越冬，翌年 4 月定植园地，5 月中下旬盛花。春播者初夏也可开花，但不如秋播的生长、开花良好。喜肥，生长期要保证肥水供应，氮、磷、钾配合使用。缺肥时，花小且多为单瓣，极易造成品种退化。越夏植株枯萎，秋凉时又可开花。

5. 园林应用

金盏菊花色鲜艳，花期长，春季开花较早，是布置春季花坛的主要材料，也可盆栽观赏或做切花。

1.2.13 雏菊 *Bellis perennis* L.

别名：春菊、延命草

科属：菊科，雏菊属

1. 形态特征

多年生草本，常作二年生栽培。株高 10～20cm，全株具毛。叶基生，长匙形或倒长卵形，基部渐狭，先端钝，微有齿。花葶自叶丛中抽出，头状花序单生，直径 3～5cm；舌状花一轮或多轮，具白、粉、红、撒金等色，管状花黄色。花期 4～6 月(图 4-1-13)。

2. 生态习性

原产西欧，现世界各国多有栽培。喜光，稍耐微阴；喜冷凉，较耐寒，可耐-4～-3℃的低温，但重瓣大花品种耐寒力较弱；不耐炎热，炎夏极易枯死；要求疏松肥沃、湿润、排水良好的砂质土壤。

3. 繁殖方法

播种为主。秋季 8～9 月进行，发芽适温 15～20℃

图 4-1-13 雏菊

左右，播后7～14d发芽。夏凉地区也可分株。

4. 栽培管理要点

秋播苗10月下旬移入冷床保护越冬，翌年4月初定植园地，4月下旬即可开花。雏菊极耐移植，大量开花时也可移栽。喜水、喜肥，生长期间要保证充足的水分供应，每周追施一次薄肥。老株夏季花后分株，加强肥水管理，秋季又可开花。

5. 园林应用

雏菊植株矮小，花色丰富，开花繁茂，是布置春季花坛、花境、花钵的好材料，也可盆栽观赏。

1.2.14 羽衣甘蓝 *Brassica oleracea* var. Acephala DC.

别名：叶牡丹

科属：十字花科，甘蓝属

1. 形态特征

二年生草本。株高20～30cm，不分枝，抽苔开花时可高达120cm。叶宽大匙形，光滑无毛，被白粉，外部叶片呈粉蓝绿色，边缘呈细波状皱；叶柄粗而有翼；内叶叶色极为丰富，有紫红、粉红、白、牙黄、黄绿等色。品种丰富，有圆叶、皱叶、裂叶等叶型（图4-1-14）。

2. 生态习性

原产西欧，现世界各国多有栽培。喜光照充足；较耐寒，喜凉爽气候；要求疏松肥沃、湿润的砂质土壤。极喜肥。

3. 繁殖方法

播种繁殖。发芽适温20～25℃左右，播后4～6d发芽，生长3个月即可观赏。“十一”用植株宜在6月中下旬播种。长江流域及其以南地区，多于8月播种，用于布置冬季花坛。

图4-1-14 羽衣甘蓝

4. 栽培管理要点

夏季高温期遮阳、降温、细致养护。生长期多施氮肥，但秋季心叶转色期应少施氮肥。叶片生长过分拥挤时，可适当剥除外部老叶，以利生长。幼苗需经低温春化才能开花结实，留种母株冷床保护越冬，翌春4月抽苔开花。不同品种的留种母株应隔离栽植，以免引起混杂退化。

5. 园林用途

羽衣甘蓝叶色艳丽、五彩缤纷，是布置秋季花坛的重要材料，也可盆栽观赏。

1.2.15 金鱼草 *Antirrhinum majus* L.

别名：龙口花、龙头花

科属：玄参科，金鱼草属

图 4-1-15 金鱼草

1. 形态特征

多年生草本，常作二年生栽培。株高 20～120cm。茎直立，基部木质化。叶对生或上部互生，叶片披针形至阔披针形，全缘。总状花序顶生，长 20～60cm，小花密生；花冠筒状唇形，基部膨大成囊状，上唇直立，2 裂，下唇 3 裂，开展。花色丰富，有白、黄、橙、粉、红、紫及复色。花期 5～7 月（图 4-1-15）。

园艺品种丰富，有露地栽培品种和温室栽培品种；有高型、中型和矮型品种；还有重瓣及四倍体品种等。

2. 生态习性

原产地中海沿岸及北非，现世界各地广为栽培。喜光，稍耐半阴；喜凉爽气候，较耐寒，不耐酷热；喜疏松肥沃、排水良好的土壤，稍耐石灰质土壤。

3. 繁殖方法

播种为主。北方寒冷地区通常 8～9 月播种，种子细小，好光，播后不必覆土，注意保湿，温度 15～20℃，8～10d 可发芽。也可早春播于冷床，9～10 月开花，但不如秋播生长发育好，且花期较短。优良品种及重瓣品种不易结实时可扦插，多于 6～7 月进行，2 周可生根。

4. 栽培管理要点

北方寒冷地区秋播苗冷床保护越冬。高、中型品种，主茎长至 4～5 节时摘心促分枝；切花栽培时，不摘心而要去除侧芽。喜肥，除栽植前施基肥外，生长期再施 1～2 次追肥。花后重剪，加强肥水管理，9～10 月还可再次开花。留种母株各品种间应隔离栽植，以免造成品种混杂。

5. 园林用途

金鱼草植株挺拔，花形奇特，花色丰富，具有较高的观赏价值。高、中型品种适宜做切花及花境栽植；中、矮型品种适宜布置花坛和盆栽观赏。

1.2.16 彩叶草 *Coleus blumei*

别名：锦紫苏、洋紫苏

科属：唇形科，鞘蕊花属

1. 形态特征

多年生草本，常作一二年生栽培。株高 30～80cm，全株有毛。茎四菱形，基部木质化。叶对生，卵形，叶缘具钝锯齿；叶面绿色，具黄、红、紫等色斑纹。总状花序顶生，小花上唇白色，下唇淡蓝色或带白色。花期 8～9 月（图 4-1-16）。

图 4-1-16 彩叶草

2. 生态习性

原产印度尼西亚的爪哇岛，现世界各国多有栽培。喜温暖湿润、阳光充足、通风良好的栽培环境。耐寒力弱，不能露地越冬；宜富含腐殖质、疏松肥沃、排水良好的砂质土壤，忌积水。

3. 繁殖方法

播种繁殖为主，温室内可随时播种，但多于2～3月进行，发芽适温21～24℃，10～12d发芽。种子好光性，播后不覆土。也可扦插，四季均可进行，在温度18～25℃条件下，1～2周可生根。

4. 栽培管理要点

彩叶草栽培容易，管理简单。生长期给予充足的光照，保持叶色鲜艳。经常浇水保持土壤湿润，但水量要控制，以防止植株徒长。苗期摘心可促进分枝，使株型丰满紧凑。以观叶为目的时，发现花穗尽早摘除，以免徒耗养分。室内盆栽时，冬季温室适宜温度20～25℃，最低温度不低于10℃，温度过低叶片变黄脱落。

5. 园林用途

彩叶草叶形多变，叶色绚丽，为优良的观叶植物。适宜布置夏、秋季花坛，也可盆栽观叶。

【技能训练】

实训一　露地花卉间苗、移栽、定植

一、目的要求

使学生掌握露地花卉间苗、移栽、定植的时间和操作技术。

二、材料用具

1. 材料。春播（或秋播）花卉的播种苗（一串红、万寿菊、矮牵牛、白日草等）、有机或无机肥料。

2. 用具。花铲、喷壶、铁锹等。

三、实训内容与操作过程

1. 间苗

播种苗长出1～2枚真叶时，拔除过密的幼苗，同时拔除混杂其间的其他种或品种的杂苗及杂草。间苗可分两次进行。操作时要小心，避免损伤留下的幼苗；间苗后及时灌一次水，使幼苗根系与土壤密接。

2. 移栽

（1）移栽时间。花苗长出4～5枚真叶时进行。过小操作不便，过大易伤根。

（2）移栽方法。包括起苗和栽植两个步骤。

起苗。裸根移栽的苗，将花苗带土掘起，然后将苗根附着的土块轻轻抖落，随即进行栽植；带土移栽的苗，先将幼苗四周的土铲开，然后从侧下方将苗掘出，保持完整的土球。

栽植。按一定的株行距挖穴，裸根苗将根系舒展于穴中，然后覆土，再将松土压实；带

土球苗填土于土球四周，再将土球四周的松土压实，避免将土球压碎。栽植深度与移栽前相同。

(3) 移栽后的管理。移栽完毕后，以喷壶充分灌水；若光照过强，还应适当遮阴。花苗恢复生长后进行常规管理即可。

3. 定植

将移栽过的花苗按绿化设计要求栽植到花坛、花境等应用地土壤中称为定植。

(1) 整地。定植前将栽植地土壤翻耕30cm，除去草根、石块及其他杂物。如土质太差则将上层30～40cm换以好土，土质贫瘠需施入有机肥。

(2) 栽植。方法同移栽。株行距以成龄花株冠幅互相衔接又不挤压为原则，一般较小的花苗20～30cm，较大的花苗30～40cm。栽植后立即浇一次透水，使花苗根系与土壤密接，提高成活率。

四、注意事项

(1) 幼苗移栽最好在无风的阴天或雨后空气湿度较高时进行。

(2) 土壤干燥时，在起苗前一天或半天将苗床浇一次水。

(3) 移栽时间以清晨或傍晚为好，切忌晴天中午移栽。

五、实训报告

写出几种花卉间苗、移栽的时间和方法步骤。

实训二　露地一二年生花卉管理

一、目的要求

使学生进一步熟悉本地区露地一二年生花卉种类，掌握露地一二年生花卉的栽培管理技术。

二、材料用具

1. 材料。本地区常见露地一二年生花卉，有机、无机肥料。

2. 用具。修枝剪、花铲、喷壶、铁锹等。

三、实训内容与操作过程

1. 浇水

(1) 时间。夏季早晨或傍晚，冬季中午前后进行。浇水量及灌水次数则因季节、土质、花卉种类不同而异。

(2) 方法。苗床、花坛等小面积的灌水可用喷壶、橡皮管引自来水进行；大面积先用抽水机抽水，根据具体情况采用畦灌、喷灌、滴灌等方法灌水。

2. 施肥

(1) 基肥。定植前将厩肥或堆肥等有机肥均匀地撒于土壤表面，然后翻入土中。肥料用量：113～225kg/100m^2，必要时再混入硝酸铵1.2kg、过磷酸钙2.5kg、氯化钾0.9kg。

(2) 追肥。营养生长期追施2～3次尿素、硝酸铵等氮肥，茎叶生长缓慢下来、花蕾形成前施用1～2次过磷酸钙、磷酸二氢钾等磷钾肥。各种化肥随水浇施，浓度控制在1%～3%。根外追肥浓度控制在0.1%～0.3%。施肥间隔期半月左右。也可使用复合花肥，按说明方法和浓度施用。

3. 摘心

需要摘心的一二年生花卉苗期摘心1～3次。适宜摘心的花卉有：万寿菊、一串红、百日草、半支莲、五色草、彩叶草、藿香蓟等。鸡冠花、凤仙花、三色堇等主茎上着花多且花径大或自然分枝能力强的种类不摘心。

4. 越冬防寒

北方寒冷地区，10月底至11月初将二年生花卉的小苗移入阳畦保护越冬。阳畦管理依天气而定：晴天9：00～16：00打开覆盖物，天冷时缩短打开时间，雪天不打开，并及时清扫覆盖物上的雪。次年3月底4月初将阳畦内的小苗移到露地。

四、实训报告

总结当地6～10种重点露地一二年生花卉的栽培管理要点。

【本章小结】

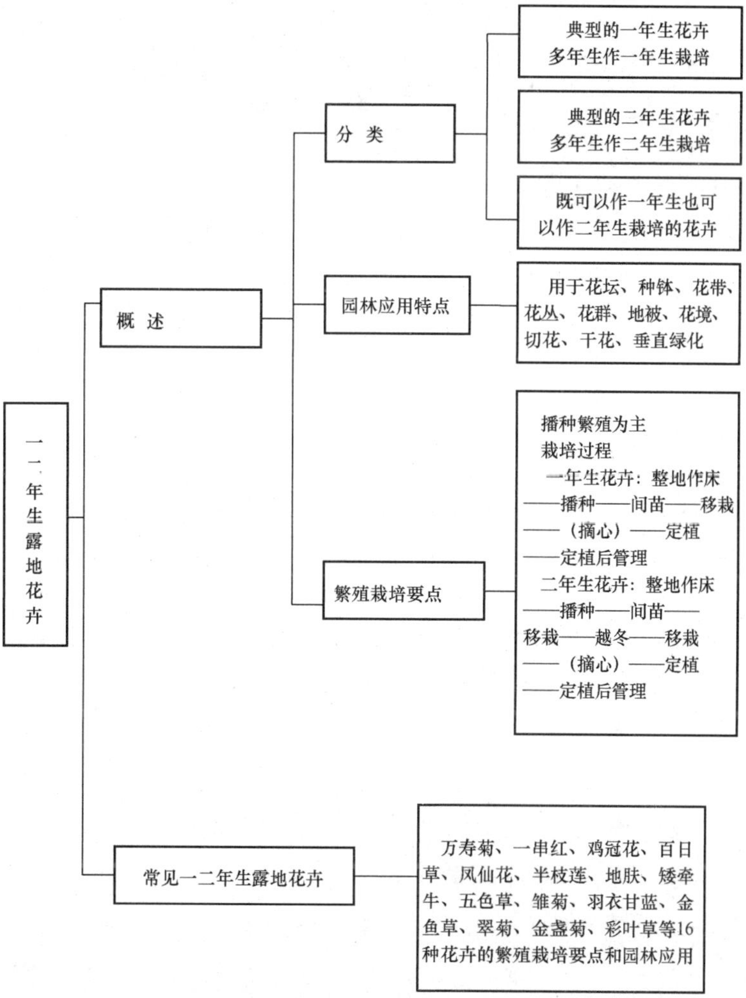

【复习思考题】

1. 一二年生花卉的含义是什么？包括哪些类型？
2. 本地区常见的一二年生花卉有哪些？其中哪些作一年生栽培？哪些作二年生栽培？
3. 一二年生花卉的园林应用特点有哪些？
4. 草花摘心的作用是什么？哪些一二年生花卉适宜摘心？
5. 简述一串红的栽培管理要点。
6. 简述五色草的繁殖方法和栽培管理要点。
7. 简述三色堇的栽培管理要点。

第2章 露地宿根花卉

【知识要点】 宿根花卉的含义及类型；常见宿根花卉的园林应用特点；常见宿根花卉的生态习性和繁殖栽培要点。

【学习目标】

知识目标：通过本章的学习，熟悉常见露地宿根花卉的繁殖方法和园林应用。

技能目标：能熟练识别常见的宿根花卉20种。

熟练进行宿根花卉的分株繁殖及日常养护管理。

能运用露地宿根花卉进行园林绿化布置。

2.1 露地宿根花卉概述

2.1.1 宿根花卉的含义

宿根花卉是指植株地下部分宿存越冬而不膨大，次年仍能继续萌芽开花，并可持续多年的草本花卉。

中国宿根花卉种质资源极为丰富，栽培历史悠久，特别是宿根花卉中的芍药、菊花、萱草等。宿根花卉由于它具有种类繁多，适应环境能力强，耐旱、耐寒、耐瘠薄土壤，病虫害少，繁殖容易，栽培简单，管理较粗放，成本低，见效快，群体功能强等特点，近几年来，在园林景观中得到广泛的应用。

2.1.2 宿根花卉园林应用特点

宿根花卉可以用于花境、花坛、种植钵、花带、花丛花群、地被、切花、垂直绿化。园林应用特点如下：

（1）在园林景观布置中，一次种植可多年观赏，使用方便而经济。

（2）大多数种类对环境条件要求不严，病虫害少，较耐粗放管理，只要依据季节和天气的变化，对其进行必要的水分管理即可正常开花。

（3）宿根花卉繁殖容易，可采用播种、扦插、分根等方法，只要掌握好繁殖季节和方法，就能使之成活。

（4）种类繁多，目前我国栽培的宿根花卉约有200多种，可以观花、观叶和观果。植株有高大直立的、有匍匐的、有攀缘的，在色彩上更是多种多样。适用于多种环境应用。

（5）群体功能强，宿根花卉单株种植时，观赏效果较差。但与其他植物材料进行合理搭配种植时，则可收到良好的效果。

（6）许多宿根花卉具有较强的净化环境与抗污染能力，或具有特异芳香与药用功能。是街道、工矿区、土壤瘠薄地美化的优良花卉。

（7）一些种类是重要的切花，对花卉产业发展起重要作用。

（8）园林设计布置中可由多种宿根花卉配置成宿根花卉专类园，或由同一种的不同品种组成专类园，也可与一二年生花卉配合布置花坛、花境、花带以及在灌木丛前点缀草地、镶边等，充分达到美化环境的目的。

2.1.3 宿根花卉的繁殖栽培要点

1. 繁殖要点

宿根花卉繁殖以营养繁殖为主，包括分株、扦插等。最普遍、简单的方法是分株。为了不影响开花，春季开花的种类应在秋季或初冬进行分株，如芍药、荷包牡丹；而夏秋开花的种类宜在早春萌芽前分株，如桔梗、萱草、宿根福禄考。还可以用根蘖、吸芽、走茎、匍匐茎繁殖。此外，有些花卉也可以采用扦插繁殖，如荷兰菊、紫菀等。有时为了育种和获得大量的植株也可采用播种繁殖，播种期因种而异，可秋播或春播。播种苗有的1～2年后开花，也有的要5～6年后才开花。

2. 栽培要点

宿根花卉的栽培管理与一二年生花卉的栽培管理有相似的地方，但由于其自身的特点，其应注重以下几方面。

宿根花卉根系强大，入土较深，种植前应深翻土壤。整地深度一般为40～50cm。当土壤下层混有砂砾，且表土为富含腐殖质的黏质土壤时花朵开得更大。种植宿根花卉应选排水良好之处，株行距约40～50cm。若播种繁殖，其幼苗喜腐殖质丰富的疏松土壤，而在第二年以后以黏质壤土为佳。因其一次种植后不用移植，可多年生长，因此在整地时应大量施入有机质肥料，以维持较长期的良好的土壤结构，以利宿根花卉的正常生长。

播种繁殖的宿根花卉，其育苗期应注意浇水、施肥、中耕除草等工作，定植后一般管理比较简单、粗放，施肥也可减少。但要使其生长茂盛，花多花大，最好在春季新芽抽出时施以追肥，花前、花后可再追肥一次。秋季叶枯时可在植株四周施以腐熟厩肥或堆肥。

宿根花卉与一二年生花卉相比，能耐干旱，适应环境的能力较强，浇水次数可少于一二年生花卉。但在其旺盛的生长期，仍需按照各种花卉的习性，给予适当的水分，在休眠前则应逐渐减少浇水。

宿根花卉修剪整形常用的措施有：①除芽，多用于花卉生长旺盛季节，将枝条上不需要的侧芽于基部摘除，如在培育标本菊时；②剥蕾，剥除侧蕾或过早发生之花蕾，如芍药、菊花的栽培过程中；③绑扎、立支柱、支架，此为防止倒伏或使株型美观所采取的措施，如栽培标本菊、悬崖菊、大立菊等时常用。大株的宿根花卉定植时，要进行根部修剪，将伤根、烂根和枯根剪去。

宿根花卉的耐寒性较一二年生花卉强，冬季，无论地上部分落叶的，还是常绿的，均处于休眠、半休眠状态。常绿宿根花卉，在南方可露地越冬，在北方应温室越冬。落叶宿根花卉，大多可露地越冬，其通常采用的措施有：①培土法，花卉的地上部分用土掩埋，翌春再清除泥土；②灌水法，如芍药，利用水有较大的热容量的性能，将需要保温的园地漫灌，而达到保温增湿的效果。大多数宿根花卉入冬前都可采用这种方法。除此之外，宿根花卉也可以采用覆盖法保护越冬。

2.2 常见露地宿根花卉栽培技术

2.2.1 菊花 *Dendranthema*×*grandiflorum*

别名：黄花、节花、秋菊、金蕊等

科属：菊科，菊属

1. 形态特征

多年生草本花卉，株高60～150cm。茎直立多分枝，小枝绿色或带灰褐，被灰色柔毛。单叶互生，有柄，边缘有缺刻状锯齿，托叶有或无，叶表有腺毛，分泌一种菊叶香气，叶形变化较大，常为识别品种依据之一。头状花序单生或数个聚生茎顶，花序直径2～30cm，花序边缘为舌状花，俗称“花瓣”，多为不孕花，中心为筒状花，俗称“花心”。花色丰富，有黄、白、红、紫、灰、绿等色，浓淡皆备。花期一般在10～12月，也有夏季、冬季及四季开花等不同生态型。瘦果细小褐色（图4-2-1）。

图4-2-1 菊花

2. 类型及品种

中国菊花是种间天然杂交而成的多倍体，经历代园艺学家精心选育而成，传至日本后，又掺入了日本若干野菊血统。菊花品种遍布全国各地，世界各国广为栽培。我国目前栽培的有观赏菊和药用菊两大类。药用菊有杭白菊、徽菊等。

菊花经长期栽培，品种十分丰富，园艺上的分类习惯，常按开花季节、花茎大小和花型变化等进行。

（1）按开花季节分类。

夏菊：花期6月至9月。中性日照。10℃左右花芽分化。

秋菊：花期10月中旬至11月下旬。花芽分化、花蕾生长、开花都要求短日照条件。15℃以上进行花芽分化。

寒菊：花期12月至翌年1月。花芽分化、花蕾生长、开花都要求短日照条件。15℃以上进行花芽分化，高于25℃，花芽分化缓慢，花蕾生长、开花受抑制。

四季菊：四季开花。花芽分化、花蕾生长要求中性日照，对温度要求不严。

（2）按花茎大小分类。

大菊系：花序直径10cm以上，一般用于标本菊的培养。

中菊系：花序直径6～10cm，多供花坛做切花及大立菊栽培。

小菊系：花序直径6cm以下，多用于悬崖菊、塔菊和露地栽培。

也有将花径 6cm 以上称为大菊系，6cm 以下均称为小菊系，而不另立中菊系。

(3) 按花型变化分类。

在大菊系中基本有五个瓣类，即平瓣、匙瓣、管瓣、桂瓣和畸瓣，瓣类下又进一步分为花型和亚型。如 1982 年 11 月在上海召开的全国菊花品种分类学术讨论会上，曾在 5 个瓣型下又分为 30 个花型和 13 个亚型。在小菊系统中基本有单瓣、复瓣（半重瓣）、龙眼（重瓣或蜂窝）和托桂几个类型。

(4) 依整枝方式和应用分类。

独本菊：一株一本一花。

立菊：一株多干数花。

大立菊：一株数百至数千朵花。

悬崖菊：通过整枝修剪，整个植株体成悬垂式。

嫁接菊：在一株的主干上嫁接各种花色的菊花。

案头菊：与独本菊相似但低矮，株高 20cm 左右，花朵硕大。

菊艺盆景：由菊花制作的桩景或盆景。

3. 原产地与习性

菊花原产我国，至今已有 2500 年以上的栽培历史。适应性很强，喜凉，较耐寒，生长适温 18～21℃，最高 32℃，最低 10℃，地下根茎耐低温极限一般为－10℃。喜充足阳光，但也稍耐阴。较耐干，最忌积涝。喜地势高燥、土层深厚、富含腐殖质、疏松肥沃而排水良好的砂壤土，在微酸性到中性的土壤中均能生长。忌连作。菊花为短日照花卉。

4. 繁殖技术

以扦插为主，也可用播种、嫁接、分株的方法繁殖。

扦插繁殖。嫩枝扦插为常用的繁殖方法。每年 4～6 月，取宿根萌芽条具 3～4 个节的嫩梢，长约 8～10cm 作插穗，仅顶端留 2～3 叶片，深度为播条的 1/3～1/2，3 周即可生根，生根 1 周后可以移植。还可用芽插繁殖，通常用根际萌发的脚芽进行扦插。在冬季 11～12 月菊花开花时，挖取长 8cm 左右的脚芽，要选芽头丰满、距植株较远的脚芽。选好后，剥去下部叶片，按株距 3～4cm、行距 4～5cm，进行扦插，保持 7～8℃室温，至次年 3 月中、下旬移栽，此法多用于大立菊、悬崖菊的培育。

嫁接繁殖。菊花嫁接多采用黄蒿（*Artemisia annua*）和青蒿（*A. apiacea*）作砧木。黄蒿的抗性比青蒿强，生长强健，而青蒿茎较高大，最宜嫁接塔菊。每年于 11～12 月从野外选取色质鲜嫩的健壮植株，挖回上盆，放在温室越冬或栽于露地苗床内，加强肥水管理，使其生长健壮，根系发达。嫁接时间为 3～6 月，多采用劈接法。砧木在离地面 7cm 处切断（也可以进行高接），切断处不宜太老。如发现髓心发白，表明已老化，不能用。接穗采用充实的顶梢，粗细最好与砧木相似，长约 5～6cm，只留顶上没有开展的顶叶 1～2 枚，茎部两边斜削成楔形，再将砧木在剪断处劈开相应的长度，然后嵌入接穗，用塑料薄膜绑住接口，松紧要适当。接后置于阴凉处，2～3 周后可除去缚扎物，并逐渐增加光照。

播种繁殖。一般用于培养新品种。将种子掺砂撒播于盆内，然后覆土、浸水。约 4～5d 后开始发芽，但出芽不整齐，全部出齐需 1 个月左右。发芽后要逐渐见阳光，并减少灌水。幼苗出现 2～4 真叶时，即可移植。

分株繁殖。菊花开花后根际发出多数蘖芽，每年11～12月或次年清明前将母株掘起，分成若干小株，适当修除基部老根，即可移栽。

5. 栽培管理要点

菊花的栽培因园艺菊造型不同、栽培目的不同，差别很大。现分述如下。

(1) 标本菊的栽培。一株只开一朵花，又称独本菊或品种菊。由于全株只开一朵花，花朵无论在色泽、瓣形及花型上都能充分表现出该品种的优良特性，因此在菊花品种展览中都采用独本菊形式。独本菊有多种整枝及栽培方法。现以北京地区为例，介绍如下。

冬存。秋末冬初时，在盆栽母株周围选健壮脚芽扦插育苗。多置于低温温室内，温度维持在0～10℃之间，作保养性养护。

春种。清明节前后分苗上盆，盆土用普通腐叶土，不加肥料。

夏定。7月中旬左右通过摘心、剥侧芽，促进脚芽生长。再从盆边生出的脚芽苗中选留一个发育健全、芽头丰满的苗，其余的除掉。待新芽长至10cm高时，换盆定植。定植时用加肥腐叶土换入20～24cm的盆中，并施入基肥。上盆时将新芽栽在花盆中央，老本斜在一旁，不需剪掉。新上盆的夏定苗第1次填土只填到花盆的1/2处。注意夏定不可过早或过晚，否则发育不良。

秋养。8月上旬以后，夏定的新株已经长成，可将老株齐土面剪掉。松土后，进行第2次填土，使新株再度发根，形成新老三段根。9月中旬花芽已全部形成并进入孕蕾阶段，此时秋风阵起，需加设裱杆。秋养过程中要经常追肥，每7d追施一次稀薄液肥，至花蕾透色前为止。10月上旬起要及时进行剥蕾，防止养分分散。为延长花期，可放入疏阴下，减少浇水，掌握干透浇透的原则。

(2) 大立菊的栽培。大立菊即一株着花可达数百朵乃至数千朵以上的巨型菊花。大菊和中菊中有些品种，不仅生长健壮、分枝性强，且根系发达、枝条软硬适中、易于整形，适于培养大立菊。培养一株大立菊要1～2年的时间，可用扦插法栽培。特大立菊则常用蒿苗嫁接。

通常于11月挖取菊花根部萌发的健壮脚芽，插于浅盆中，生根后移入口径25cm花盆中，冬季在低温温室中培养，多施基肥。待苗高20cm左右，有4、5片叶片时，开始摘心，摘心工作可以陆续进行5～7次，直至7月中下旬为止。逐渐换入大盆。每次摘心后要养成3～5个分枝，这样就可以养成数百个至上千个花头。为了便于造型，植株下部外围的花枝要少摘心一次，使枝展开阔。一般每次摘心后，可施用微量速效化肥催芽。夏季可在10d左右施用1次氮磷钾复合肥。7月下旬最后一次摘心后，施用充分腐熟的饼肥，间隔15d再施1次。9月中旬第二次追肥，9月下旬以后，每周追液肥1次，直至花蕾露色为止。

9月上旬移入缸盆或木盆中。立秋后加强水肥管理，经常除芽、剥蕾。为了使花朵分布均匀，要套上预制的竹箍，并用竹竿作支架，用细铅丝将蕾逐个进行缚扎固定，形成一个微凸的球面。当花蕾发育定型后，即开始标扎，使花朵整齐、均匀地排列在圆圈上。花蕾上架标扎时，使盆土稍干燥，不使枝叶水分过多，以免上架折断花枝。花蕾上架标扎工作最好在午后进行，此时枝叶含水少，柔软，易弯曲，易牵引。

(3) 悬崖菊的栽培。悬崖菊是小菊的一种整枝形式，仿效山野中野生小菊悬垂的自然姿态，经过人工栽培而固定下来。通常选用单瓣品种及分枝多、枝条细软、开花繁密的小花品种。

11月在室内扦插，生根后上盆。悬崖菊主枝不摘心。苗高40～50cm时，要用细竹竿绑扎主干，将主干作水平诱引。植株主干不断向前生长，逐级绑于竹竿上。侧枝长出时，依不同部位进行不同长度的摘心。基部侧枝要稍长，有9～10片叶时，留5～6片摘心。中部侧枝稍短，留3～4片摘心。顶部侧枝更短，仅留2～3片叶摘心。以后侧枝又生侧枝时，均在生出4～5片叶后留2～3片叶摘心。如此进行多次，以促进多分枝。最后一次摘心的时间在9月上、中旬。小菊有顶端花朵先开的习性，顺次向下部开放。上、下部位花蕾开花期相差10天，欲使花期一致，下部要先摘心10天，然后中部，再后上部。

小菊花花蕾形成在10月上旬，若为地栽悬崖菊，应在此时带土坨移入大龙盆中种植。掘起时不要碰碎土球。上盆后置阴处2～3d，每天喷水2次，可防止叶片萎蔫。花蕾显色后不能喷水，免使花朵腐烂。因为悬崖菊是用竹竿作水平诱引，主干横卧，所以在布置观赏时，宜在高处放置。拔掉竹竿后，主干成自然下垂之姿，甚为雄壮秀丽。

(4) 塔菊（“十样锦”）的栽培。塔菊通常是以黄蒿和白蒿为砧木嫁接的菊花。北京地区约在6月下旬至7月上旬进行。砧木主枝不截顶，养至3～5m高，并形成多数侧枝。将花期相近、大小相同的各不同花型、花色的菊花在侧枝上分层嫁接，均匀分布。开花时，五彩缤纷，因其愈往高处，花数愈少，层层上升如同宝塔，故称塔菊。

(5) 案头菊的栽培。案头菊实际上是一种矮化的独本菊，高仅20cm，可置于案头、厅堂，颇受人们喜爱。在培养过程中，需用矮壮素B_9（N-2甲胺基丁二酰胺酸）2%水溶液喷4～5次，以实现矮化。注意选择品种，宜选花大、花型丰满、叶片肥大舒展的矮形品种。

在8月25日前后选择嫩绿、茎粗壮、无腋芽萌发迹象、无病虫害侵染、长6～8cm的嫩梢，除去基部1～2片叶，插穗蘸取萘乙酸或吲哚丁酸粉剂后，扦插于沙或珍珠岩加草炭土的介质中。插后采用高湿全光育苗，生根后立即移栽，定植于小花盆中，栽后放在阴棚下，每天喷2～3次水，10d左右移至阳光充足、通风透光之地。此时或开始施用较淡的液肥，同时施用0.2%的尿素，隔天和水混合浇施一次，促使长叶。20d后，加入0.1%的磷酸二氢钾。同时可用同等浓度的磷酸二氢钾进行叶面喷肥。待现蕾后，加大肥水用量，追肥可用充分腐熟的花生麸，少量多次。

为了避免菊苗徒长，案头菊浇水不宜过多，保持表土湿润即可，浇水应在午前进行。午后菊花如出现略萎蔫不要着急，但要防止过度萎蔫，此时可进行叶面喷雾。案头菊一盆只开一朵花，因此只留主蕾，侧蕾全部摘除。要使菊花矮化，扦插成活后，即用激素进行处理，可用2%B_9水溶液，第一次在扦插成活后喷在顶部生长点；第二次在上盆一周后全株喷洒，以后每10d喷洒一次，至现蕾为止，喷洒时间以傍晚为好，以免产生药害。

菊花常见的病害有：菊花叶斑病和菊花白粉病。菊花叶斑病防治可在夏末开始每隔7～10d喷洒一次0.5%的波尔多液或70%代森锰锌400倍液。菊花白粉病防治，初病期喷洒36%甲基硫菌灵悬浮剂500倍液，严重时用25%敌力脱乳油4000倍液防治。

6. 园林应用

菊花是我国一种传统名花，花文化丰富，被赋予高洁品性，为世人称颂。它品种繁多，色彩丰富，花形各异，每年深秋，很多地方都要举办菊花展览会，供人观摩。盆栽标本菊可供人们欣赏品评，进行室内布置。菊花造型多种多样，可制作成大立菊、悬崖菊、塔菊、盆景等。切花可瓶插或制成花束、花篮等。近年来，开始发展地被菊，做开花地被使用。菊花还可食用及药用。菊花具有抗二氧化硫、氟化氢、氯化氢等有毒气体的功能，也是厂矿绿化的好材料。

2.2.2 芍药 *Paeonia lactiflora* Pall.

别名：将离、婪尾春、白芍、没骨花、余容

科属：芍药科，芍药属

1. 形态特征

根肉质、粗壮、纺锤形或长柱形。茎簇生，高 60～80cm，初生茎叶褐红色。二回三出复叶，小叶通常三深裂。花单花，具长梗，着生于茎顶或近顶端叶腋处；花单瓣或重瓣，原种花外轮萼片 5 片，绿色；花瓣 5～10 片，花色有白、黄、粉红、紫红等。蓇葖果 2～8 枚离生，每枚内有种子 1～5 粒。种子球形，黑褐色(图 4-2-2)。

图 4-2-2 芍药

2. 类型及品种

目前世界上芍药栽培品种已达千个。按花色分为黄色类、红色类、紫色类、绿色类和混色类。按开花早迟分为早花类和迟花类。按花型常分为单瓣类、千层类、楼子类和台阁类。

(1) 单瓣类。花瓣 1～3 轮，宽大，多圆形或长椭圆形，正常雄雌蕊。如紫玉奴、紫蝶等。

(2) 千层类。花瓣多轮，层层排列渐变小，无内外瓣，雄蕊仅生于雌蕊周围，不散生于花瓣之间，雌蕊正常或瓣化，全花扁平。

1) 荷花型。花瓣 4 轮以上，外形宽大，有正常雌雄蕊。如荷花红。

2) 菊花型。花瓣 6 轮以上，自外向内渐小，雄蕊数目减少，雌蕊退化为小形，心皮减少 2～3 枚或增多 10 枚以上。如红云映日。

3) 蔷薇型。花瓣极度增多，自外向内变小，雄蕊心皮消失。如白玉冰。

4) 千层台阁型。如大红袍。

(3) 楼子类。外瓣 1～3 轮，雄蕊瓣化，雌蕊正常或正常瓣化，花型扁平或逐渐高起。

1) 金蕊型。外瓣明显，花心变化大，花心金黄色。

2) 托桂型。外瓣明显，雄蕊成细长之花瓣。

3) 金环型。外瓣明显，雄蕊瓣化仅限于花心部分，在雄蕊瓣外，仅残留一圈正常雄蕊。

4) 皇冠型。雄蕊瓣化，中心部高出，雌蕊正常或部分瓣化，外瓣明显，雄蕊瓣中杂以完全雄蕊或不同程度的瓣化雄蕊。

5) 绣球型。雄蕊充分瓣化，长度与外瓣相等，外瓣比皇冠型小，花似球状。

(4) 台阁型。全花可区分为上方、下方两花，在两花之间可见到明显着色的雌蕊瓣化瓣或退化雌蕊，有时也出现完全雄蕊或退化雄蕊。

3. 产地与生态习性

原产我国北部、日本和西伯利亚地区。耐寒，健壮，适应性强，我国北方大部分为露地越冬；喜阳光充足，光线不足也可开花，但生长不良。忌夏季酷热。好肥，忌积水，要求土层深厚、湿润而排水良好的壤土；尤喜富含磷质有机肥的土壤。黏土、盐碱土都不宜栽种。开花期因地区不同略有差异，在4月下旬至6月上旬之间。

4. 繁殖技术

以分株为主，也可以播种和根插繁殖。

分株繁殖。即分根繁殖，此法可以保持品种特性。分根时间以秋季9月至10月上旬进行，若分株过迟，地温低会影响须根的生长。切忌春季分根，我国花农有"春分分芍药，到老不开花"的谚语。分株时将全株掘起，振落附土，根据新芽分布状况，切分成数份，每份需带新芽3～4个及粗根数条，切口涂以硫黄粉。芍药的粗根脆嫩易折断，新芽也易碰伤，要特别小心。一般花坛栽植，可3～5年分株1次。

播种繁殖。种子成熟后要随采随播，播种愈迟，发芽率愈低。也可与湿沙混匀，储藏于阴凉处，保持湿润，9月中下旬播种，秋季萌发幼根，翌年发芽，4～5年后开花。芍药有上胚轴休眠的习性，经低温处理可以打破休眠，播前可进行催芽。最适生根温度20℃，待胚根长出1～3cm时，放在4℃条件下处理40d，再将发芽的种子转到11℃条件下培养，子叶迅速伸长，长成正常的幼苗。

根插繁殖。秋季分株时，收集断根，切成5～10cm长的小段作为插条，插在已深翻平整好的苗床内，开沟深10～15cm，插后覆土5～10cm，浇透水。翌年春季可生根，生长发育成新株。

5. 栽培管理要点

芍药根系较深，栽培前土地应深耕，并充分施以基肥，如腐熟堆肥、厩肥、油粕及骨粉等。筑畦后栽植，株行距为：花坛70cm×90cm，花圃45cm×60cm。注意根系舒展，栽植深度要合适，过深芽不易出土，过浅植株根颈露出地面，不易成活。根颈覆土2～4cm为宜；覆土时应适当压实。

芍药喜湿润土壤，又稍耐干旱，但在花前保持湿润可使花大而色艳。此外早春出芽前后结合施肥浇一次透水；在11月中、下旬浇一次"冻水"，有利于越冬及保墒。芍药喜肥，除栽前充分施基肥外，根据芍药不同时期的需要，施肥期可分为3次。花显蕾后，绿叶全面展开，花蕾发育旺盛，此时需肥量大；花刚开过，花后孕芽，消耗养料很多，是整个生育过程中需要肥料最迫切的时期；为促进萌芽，需要在霜降后，结合封土施一次冬肥。施用肥料时，应注意氮、磷、钾三要素的结合，特别对含有丰富磷质的有机肥料，尤为重要。

开花前除去所有侧蕾，对于开花时易倒伏的品种应设立支柱。花后及时剪去残枝。

此外，在施肥、浇水后，应及时中耕除草，尤其在幼苗生长期更需要适时除草，加强管理，适度遮阴，幼苗才能健壮生长。

芍药生长过程中，易遭受红斑病、白绢病、白粉病及蛴螬、蚜虫、红蜘蛛等危害，必须注意病虫害的防治。

芍药红斑病的防治：应及时清理并烧毁枯枝落叶，及时摘除病叶，注意通风透光，增施磷钾肥。发病初期喷洒0.5%～1%等量式波尔多液或70%代森锰锌可湿性粉剂400倍液。

芍药白粉病的防治：应在秋季及时清除地面枯病枝叶，彻底销毁。防止栽植过密，以利通风。从芍药盛花期开始，每隔10～15d叶面喷洒75%百菌清可湿性粉剂800倍或腈菌唑可湿性粉剂3000倍，连续用药2～3次。

红蜘蛛防治：螨体侵叶盛期喷洒1.8%爱福丁乳油3000倍液，每周1次，连续3～4次。

6. 园林应用

芍药为我国传统名花，因其与牡丹外形相似而被称为“花相”。其适应性强，花期长，品种丰富，观赏效果胜于牡丹，是重要的露地宿根花卉。可布置芍药专类园；可筑台展现芍药色、香、韵特色；可作花镜、花带。我国古典园林中常将其置于假山湖畔来点缀景色。除地栽外，芍药还可盆栽或用做切花材料。芍药根经加工后即为“白芍”，为药材之成品。

2.2.3 萱草属 *Hemerocallis* L.

别名：忘忧草、黄花菜

科属：百合科，萱草属

1. 形态特征

根肥大呈肉质纺缍形。叶基生成丛，二列状，带状披针形，花茎高出叶丛，上部有分枝。花大，花冠呈长漏斗形，花被6片，长椭圆形，先端尖，分成内外两轮，每轮3片。花色橘红至橘黄色。蒴果背裂，内含少数黑色种子。原种单花期1天，花朵开放时间不同，有的朝开夕凋，有的夕开次日清晨凋谢，有的夕开次日午后凋谢（图4-2-3）。

图4-2-3 萱草

2. 常见栽培种

（1）萱草（*H. fulva*）。别名，忘忧草。株高60cm，花茎高可达120cm。具短根状茎及纺锤形膨大的肉质根。叶基生，长带形。花茎粗壮，着花6～12朵，盛开时花瓣裂片反卷。变种很多，千叶萱草（var. *kwanso*）：花重瓣，橘红色。长筒萱草（var. *disticha*）：花被管较细长，花色橘红色至淡粉红。玫瑰萱草（var. *rosra*）。斑花萱草（var. *maculata*）：花瓣内部有红紫色条纹。栽培广泛。

（2）大花萱草（*H. middendorfii*）。又名多倍体萱草，具短根状茎和肉质肥厚的纺锤状块根。叶基生，条形排成两列，长度、宽度依品种不同而有差别。花葶粗壮，螺旋状聚伞花序，着花数十朵，花冠漏斗状，单朵花仅开1天，但一花开完它花继放，花期长，花期在5～10月依品种不同而不同。耐寒性强，能抵抗−25℃的低温，可在华北、东北地区露地越冬。

现在园林中应用的萱草多为人工培育的多倍体大花萱草品种，花色丰富，除常见的黄色外，还有深金黄、绯红、淡粉、深玫瑰红、淡紫、深雪青色等。代表品种有：金娃娃、紫蝶、东方不败、红运、红宝、吉星等。

(3) 小黄花菜(*H. minor*)。原产中国北部、朝鲜及西伯利亚地区。植株小巧。根细索状。叶纤细，二列状基生。花茎高出叶丛，着花2～6朵；小花芳香，傍晚开放，次日中午凋谢。干花蕾可食。

(4) 黄花菜(*H. citrina*)。别名黄花、金针菜、柠檬萱草。原产中国长江及黄河流域。具纺锤形膨大的肉质根。叶2列状基生，带状。花茎稍长于叶，有分枝，着花可达30朵；花被淡黄色；花芳香，夜间开放，次日中午闭合。干花蕾可食。

3. 产地与生态习性

萱草原产我国中南部，各地园林多栽培，欧美近年栽培颇盛。性强健，耐寒力强，宿根在华北大部分地区可露地越冬，东北寒冷地区需埋土防寒。喜阳光，也耐半阴。对土壤要求不严，但以富含腐殖质、排水良好的砂质壤土为好。耐瘠薄和盐碱，也较耐旱。

4. 繁殖技术

以分株繁殖为主，春、秋两季均可进行。在秋季落叶后或早春萌芽前将老株挖起分栽，每丛带2～3个芽。栽植在施入堆肥的土壤中，次年夏季开花。一般3～5年分株1次。

扦插繁殖可剪取花茎上萌发的腋芽，按嫩枝扦插的方法繁殖。夏季在蔽阴的环境下，2周即可生根。

播种繁殖春、秋均可。春播时，头一年秋季将种子砂藏，播后发芽迅速而整齐；秋播时，9～10月露地播种，翌春发芽，实生苗一般2年开花。宜秋播，约1个月可出苗，冬季幼苗需覆盖防寒。播种苗培育2年后可开花。多倍体萱草可用播种、分根、扦插等方法繁殖，以播种最好，但需经人工授粉才结种子。

5. 栽培管理要点

萱草适应性强，在定植的3～5年内不需特殊管理，我国南北地区均可露地栽培。栽前要施入堆肥作基肥，栽植株行距50cm×50cm左右，每穴3～5株，并经常灌水，以保持湿润。在雨季应注意排水。每年施肥数次，入冬前施一次腐熟堆肥是十分必要的。要及时防治病虫，特别是蚜虫，危害较多，蚜虫发生期喷施25%灭蚜灵乳油500倍液，此外还要注意保护蚜茧蜂、食蚜蝇、草蛉、瓢虫等天敌。

如欲使其在国庆节仍能保持株形美观，枝叶碧绿，以提高观赏效果，可在7、8月份加强肥水管理，并追施1∶4的黑矾水，可收到显著效果。

6. 园林应用

萱草春天萌芽，叶丛美丽，花茎高出叶丛，花色艳丽，是优良的夏季园林花卉。可作花丛、花境或花坛边缘栽植。也可丛植于路旁、篱缘、树林边，能够很好地体现田野风光。同时还可作为切花。萱草的花蕾可食，采收后经蒸熟，干制，即为著名的“金针菜”。

2.2.4 穗花婆婆纳 *Veronica spicata*

科属：玄参科，婆婆纳属

1. 形态特征

玄参科多年生宿根花卉。植株直立，株高50cm，整株被毛。单叶对生，长圆形至窄卵状披针形，叶缘有细锯齿。总状花序，小花筒状，唇形花冠，着花密而向上，尖部稍弯，花葶长20cm，花色蓝紫为主，有白色、桃红、雪青、浅蓝等品种。花期6～9月。花后剪去残花，可延长花期。蒴果近肾形，稍扁，密被柔毛。种子舟状深凹，背面有波状纵皱纹（图4-2-4）。

图4-2-4　穗花婆婆纳

2. 产地与生态习性

穗花婆婆纳原产亚洲温带地区和北欧。喜温暖，耐寒性较强。4月上旬返青，始花期6月上旬，末花期到9月底，10月底枯萎。生长适温15～25℃，喜光，耐半阴，忌冬季湿涝。花期赏花，无花期赏叶，是一种良好的宿根花卉。它对水肥条件要求不高，但喜肥沃、深厚的土壤。

3. 繁殖技术

穗花婆婆纳可采用分株、播种繁殖，以分株为主。

播种繁殖。可用种子盆播或露地直接播种。盆播在3～4月进行，将盆装满培养土浸水后撒播，播后在上面覆盖一层细土，盖上玻璃。在20℃的温度条件下，约20d发芽。露地播种于4～5月进行，播种后需加水，并用塑料薄膜覆盖约30d可发芽。待苗长成后可定植于种植地。

分株繁殖。婆婆纳一般采用分株繁殖的方法。如果要使婆婆纳在8月开花，最佳的分株时间是在3月底到4月中旬，再晚会使花期延迟。

4. 栽培管理要点

缓苗期管理。由于分株，穗花婆婆纳受伤的根系恢复到原有的旺盛生长需要一定的时间，这段时间也叫做缓苗期。在缓苗期，要注意保持基质的湿润，分株3天后浇1次透水。在这段时间，最好不要进行施肥等方面的管理。大约3～5d后，就可以进行日常的管理了。

旺盛生长期的管理。在分株后1个半月到2个月左右，由于温度的不断升高，穗花婆婆纳开始进入了旺盛生长期。这时需要追加氮、磷、钾的配比为20∶10∶20的水溶性复合肥。由于枝叶多，蒸发量大，晴朗干燥的天气，注意浇水。穗花婆婆纳的初花期在五月中下旬。为了利于上花，在穗花婆婆纳即将进入花期时，要追加氮、磷、钾的配比为10∶30∶20的水溶性复合肥料，一般在花期前10～15d喷施。

六月份时，穗花婆婆纳进入盛花期，盛花期为25d。在花期时要特别注意保持基质湿润，尤其是盛花期，缺乏水分会缩短婆婆纳的花期。盛花期过后，婆婆纳就进入了末花期。

穗花婆婆纳为连续开花型，不断有新花开出的同时，也不断有先开的花败落。在婆婆纳进入末花期时要注意修剪。修剪尽量选在天气晴朗、干燥的上午进行。修剪时，在紧挨花枝上最后一朵花的基部，将花枝剪掉。

越冬管理。11月份，穗花婆婆纳根部以上的枝叶开始枯萎变黄，进入越冬期。在进入越冬期后，给穗花婆婆纳浇一次冻水。整个冬季不用再采取其他管理方法。等地面温度升到0℃以上，大约是早春3月初的时候，把婆婆纳根部以上枯萎变黄的部分剪掉，浇一次返青水，婆婆纳一年的生长期就又开始了。

病虫害防治。穗花婆婆纳抗性强，一般不发生病虫害，有时会感染白粉病，可于发病初期用 30%特富灵可湿性粉剂 1500 倍液，或 15%粉锈宁可湿性粉剂 1500 倍液，交替喷洒植株，每隔 7～10d 一次，连续 2～3 次。

5. 园林应用

穗花婆婆纳具有叶形美观、花期长、观赏价值高、抗逆境能力强、耐寒性强等特点。受到各地园林部门的高度重视，在园林景观设计中得到广泛的应用。穗花婆婆纳高性穗状的植株亭亭玉立，淡蓝色的花序典雅、神秘，花在盛花期有很好的宏观效果。可与其他植物材料配植成花坛或花境，丰富园林景观效果。穗花婆婆纳花序直立，花期长，也是很好的线条形蓝紫色系花材。

穗花婆婆纳栽培管理简单，成活率高，在炎热的夏季开花不断，对环境条件要求不严，病虫害较少，只要依季节和天气的变化，对其进行必要的肥水管理即可正常生长和开花结果。不需要经常修剪和精心护理，减少了人工养护花费的精力。具有很高的推广价值。

2.2.5 鼠尾草 *Salvia farinacea*

别名：洋苏草

科属：唇形科，鼠尾草属

1. 形态特征

鼠尾草为多年生草本植物。根系发达，丛生。茎直立，株高 30～50cm。分枝较多，枝近方形，有毛。叶对生，被白色绒毛，椭圆形，长 3～5cm，有叶柄，全缘或具钝锯齿，质地厚，叶面有折皱。花顶生，总状花序，长约 20～35cm，10～16 朵花密集，花色为蓝色、浅蓝紫色或灰白色；唇形花，上唇瓣小，下唇瓣大，花谢后萼宿存（图 4-2-5）。

图 4-2-5 鼠尾草

2. 产地与生态习性

喜温暖、湿润和阳光充足环境，耐寒性较强，可耐－15℃的低温，怕炎热干燥。有较强的耐旱性。一般土壤均可生长，日照充足通风好，排水良好的砂质壤土或土质深厚壤土为佳，有利生长。

3. 繁殖技术

可用播种和扦插、分株方法繁殖。

种子繁殖可春季或初秋播种，播种前用 50℃温水浸种，并需搅拌，保温 5min 后，待温度下降至 30℃时，用清水冲洗几遍，再放于 25～30℃的温度中催芽，能提高出苗率并早出苗。直播或育苗移栽均可。

扦插繁殖时，插条宜选择枝顶端不太嫩的茎梢，长度 5～8cm，保留上部 2～3 片叶，插于砂质土或珍珠岩的苗床中，深度 2.5～3cm。插后浇水，并覆盖塑料膜保湿，20～30d 发出新根后便可定植。

分株繁殖可在春季进行，分株时将母株挖起，从根茎处用利刀切开，另行栽种即可。

4. 栽培管理要点

地栽鼠尾草，干旱时适当灌溉，雨天必须及时排除积水。北方冬季宜将地上部收获后，入冬前浇一次冻水后培土，土厚约 20cm 或更高些以利安全越冬。翌春终霜后扒开土至平畦，浇水，使萌芽生长。华南地区则无需加覆盖都能安全在露地生长。

5. 园林应用

鼠尾草可大面积栽培，盛花之际，景观尤为柔美优雅。盆栽适用于花坛、花境和园林景点的布置。同时可点缀岩石旁林缘空隙地，显得幽静。摆放自然建筑物前和小庭院里，更觉典雅清幽。因适应性强，临水岸边也能种植，群植效果甚佳。适宜公园风景区、林缘坡地、草坪一隅、河湖岸边布置。

鼠尾草药用价值很高，法国南部有句古谚："家有鼠尾草，不用找医生。"早在中古时期，它的药用价值就为世人所熟悉，曾经被利用为治疗霍乱或赤痢的良药。在药效方面，除了具有防腐、抗菌、抗炎的效果外，在医药方面对抑制痉挛有一定疗效。还可以安定神经，改善多汗症。

2.2.6　落新妇属　*Astilbe*

别名：红升麻、虎麻、金猫儿

科属：虎耳草科，落新妇属

1. 形态特征

多年牛宿根草本，高 50～100cm。根状茎粗大，暗褐色，须根多数。茎直立。基生叶二至三回三出复叶，小叶卵状长圆形、菱状卵形或卵形，顶生小叶比侧生小叶大，基部楔形或微心形，先端渐尖，边缘有重锯齿，两面只沿叶脉疏生硬毛。顶生圆锥花序，苞片卵形，较花萼稍短；花萼 5 深裂，裂片卵形，花瓣 5，紫色，线形。园艺品种花色丰富，有紫色、紫红色、粉红色、白色等。花期 5～7 月（图4-2-6）。

2. 园林中常用种类

（1）落新妇（*A. chinensis*）。原产中国，在长江中下游及东北地区均有野生，朝鲜、俄罗斯也有分布。株高 50～90cm。地下有粗壮根状茎，须根多数。基生叶为二至三回三出羽状复叶，茎生叶小，边缘有重锯齿。圆锥花序 15～40cm，花序轴密被褐色卷曲长柔毛，花密集，花瓣淡紫色至紫红色，花期 7～8 月。

图 4-2-6　落新妇

（2）泡盛草（*A. japonica*）。又名日本落新妇，原产日本，各国均有栽培。株高 60cm。穗状花序呈圆锥花序式排列，长 5～20cm，小花白而美丽，花期 5～6 月。

（3）朝鲜落新妇（*A. koreana* Nakai.）。原产朝鲜。株高 50～60cm。叶一至二回羽状裂。

初花粉红色，盛花乳白色，花期6～7月。

（4）阿兰德落新妇（*A. arendsii* Arends.）。是德国的Georg Arends于1909～1955年利用原产中国的大卫氏落新妇（*A. davidii*）的多个杂交种培育出的一系列无性系，是目前市场上比较流行的落新妇品种。株高30～100cm。二至三回三出复叶。圆锥花序密集，长20～80cm，花有白、粉、紫红、红等多种颜色，夏季盛开。主要栽培品种有："*Fanal*"，株高60cm，花火红色，花期5～6月；"维纳斯"（*Venus*），株高15～20cm，基生叶二回三出复叶，小花粉红至粉白色，花朵芳香，花期5～7月；"*Gattleya*"，株高80～90cm，花淡粉色；"*Granat*"，花红色；"*Weisse Gloria*"，株高40～60cm，花白色。

3. 产地与生态习性

原生种约有20种，部分起源于东亚，我国原产7种，主要分布在华东、华中和西南，朝鲜和俄罗斯也有分布。喜半阴、潮湿而排水良好的环境。耐寒，喜疏松肥沃、富含腐殖质的酸性或中性土壤，轻碱地也能生长。酷暑时进入半休眠状态。适应性较强。

4. 繁殖技术

落新妇可用播种或分株繁殖。播种春、秋两季均可进行，分株一般在秋季进行。分株时将母株挖起，从根茎处用利刀切开，另行栽种即可。

5. 栽培管理要点

落新妇性耐寒，喜半阴及湿润环境。宜栽种在半阴处，栽前耕翻整平土地，并施入基肥。株行距以40～50cm为宜。春季施2～3次复合肥，生长季节保证充足的水分供应，保持根系活动层土壤湿润，否则叶片易萎蔫。春末及夏初要连续摘心2～3次，使植株矮壮，花序大，分枝多。若不想采种，要尽早剪去残花，促使新花序生长。晚秋可对落新妇进行促成栽培。先将健壮植株挖出，盆栽于事先准备好的培养土中，基质选用沙、腐殖土及有机肥的混合物。入冬后将植株放在3～5℃环境中，保持土壤湿润。次春在夜温10～16℃、日温14～22℃的环境中精心养护，10～14周即可开花。随着气温的升高，应加大浇水量，当叶片大量萌发出土时，更要大量浇水。当花序上的小花开始着色时，将夜温控制在10℃左右，可延长花序的开放时间。花后剪去残花，露地定植，使其继续生长复壮。同批植株不宜连年作促成栽培。

落新妇在高温高湿环境下易发生白粉病，可在发病初期进行药剂防治：选用腈菌唑800～1000倍液、杜邦福星800～1000倍液防治。

6. 园林应用

随着公众对绿化景观多样性要求的不断提高，在公共绿地中利用多年生宿根植物作园林地已成为时下新的流行趋势，落新妇作为地被植物在北美和欧洲各国应用比较广泛。落新妇花序紧密，呈火焰状，花色丰富、艳丽，有众多品种类型，在园林中，可用于花坛、花境和疏林下栽植。因其具耐阴喜湿特性，可作湿生花卉种植于溪边、林缘或庭院池塘边。还可做盆花或切花销售。

2.2.7 景天属 *Sedum*

科属：景天科，景天属

1. 形态特征

茎直立，斜上或下垂。叶对生至轮生。伞房花序密集，萼片5枚，绿色；花瓣4～5枚，雄蕊与花瓣同数或2倍。花朵为黄色、白色，还有粉、红、紫等色。

2. 类型及品种

（1）景天（*S. spectabile*）。又名八宝、蝎子草。原产中国，全国各地均有栽培。多年生肉质草本，株高30～50cm，地下茎肥厚。茎圆柱形而粗壮，稍木质化，直立而稍被白粉，全株呈淡绿色。叶对生至轮生，倒卵形，肉质扁平，中脉明显，上缘稍有波状齿。伞房花序密集，萼片5枚，绿色；花瓣5枚，披针形，花瓣淡红色；雄蕊10，排列为两轮，高出花瓣。蓇葖果，直立且靠拢。秋季开花，极繁茂（图4-2-7）。

图4-2-7　景天

另种白花蝎子草（*S. alborseum*）：亦称“景天”，花瓣白色，雌蕊淡红色，雄蕊与花瓣略等长，作盆栽观赏。

景天性耐寒，在华东及华北露地均可越冬。喜阳光及干燥通风处，忌水湿，对土壤要求不严。春季分株或生长季扦插繁殖，也可播种繁殖。勿使水肥过大，以免徒长，引起倒伏。常盆栽，供观赏。也可布置花坛、花境及用于镶边和岩石园。

（2）费莱（*S. kamtschaticum*）。又名金不换。多年生肉质草本。高15～40cm。根状茎粗而木质。茎斜伸，簇生，稍有棱。叶互生，间或对生；倒被针形至狭匙形，长2.5～5cm，端钝而基部渐狭，近上部边缘有钝锯齿，无柄。聚伞花序顶生，萼片5枚，披针形；花瓣5枚，橙黄色披针形；雄蕊10枚。我国河北、山西、陕西、内蒙等地均有分布。

费莱有较强的耐寒力；喜阳光充足，稍耐阴；宜排水良好的土壤；耐干旱。以分株、扦插繁殖为主，也可播种繁殖。春季发叶时呈球形，整齐美观，但长大后遇雨易倒伏，需及时修剪。全草入药。适宜丛植、花坛栽植及岩石园应用。

（3）景天三七（*S. aizoon*）。多年生草木。茎高30～80cm，直立，不分枝或少分枝，全株无毛。根状茎粗，近木质化。单叶互生，无柄，叶片广卵形至窄倒披针形，上缘具粗齿，下部全缘或带有乳头状物。聚伞花序密生，花瓣5枚，黄色；雄蕊10枚。蓇葖果，呈星芒状排列，黄色至红色。我国东北、西北、华北及长江流域均有分布。耐寒性强，华北地区可露地越冬。全草入药。园林中作花坛及切花应用。

（4）垂盆草（*S. sarmentosum*）。又名爬景天。多年生肉质草本，高10～30cm。茎纤细，匍匐或倾斜，整株植物光滑无毛，近地面部分的节容易生根。叶三片轮生，倒披针形至长圆形，先端尖。夏季开花，花小，黄色，无柄，疏松地排列在顶端呈二歧分出的聚伞花序。种子细小，卵圆形，有细乳头状突起，生长于山坡或岩石上。

垂盆草原产长江流域各省，广布于我国东北、华北以及日本和朝鲜。喜生于山坡潮湿处或路边、沟边。3～4月分根移植，适宜阴湿环境，土壤以肥沃的黑沙土最好。为预防夏季高温日晒，宜选适当的树行空间培育。是园林中较好的耐阴地被植物。全草入药。

3. 产地与生态习性

景天类以北温带为分布中心，因而多数种类具有一定耐寒性。喜光照，部分种类耐阴，对土质要求不严。中国有100多种，南北各省都有分布。本属主要野生于岩石地带，因此岩石的间断会影响其分布的连续性。同时由于地理条件的不同，形态和习性也有变化。

4. 繁殖技术

以扦插、分株为主，也可于早春进行播种。分株法于早春3月上旬，掘出老根切成数丛，另行栽植即可。

5. 栽培管理要点

露地栽培者，在春季3～4月间除去覆土，充分灌水即可萌发。生长期间适当追以液肥。盆栽者，在每年早春进行分盆，用肥沃的砂质壤土拌以粗砂，以利排水。雨季注意排水，以防植株倒伏。

6. 园林应用

景天属植物的株型都很丰满，花色艳丽，花期长，可配合各种花卉布置花坛、花镜，也可独立做镶边植物，种植花带、花篱等。株型直立、生长整齐的费菜、八宝景天、玫红八宝，不仅可做镶边植物和种植花带、花篱，还可在草坪中布置大型图案，亦可点缀岩石园，或进行行道容器装饰和庭院向阳处的容器装饰。垂盆草绿色期长，是园林中较好的耐阴地被植物，但因它的叶子质地肥厚、多汁、不耐践踏，故宜在封闭式绿地上或屋顶上种植，或可成片栽植作为护坡地被植物。景天属植物均可作为盆花养护，供观茎、观叶和观花。盆栽可供室内观赏，矮小种类供盆景中点缀用。亦可做切花。多数种类可入药。

2.2.8 宿根福禄考类 *Phlox*

别名：天蓝绣球，锥花福禄考

科属：花荵科，福禄考属

1. 形态特征

多年生宿根草本，茎直立或匍匐。叶全缘，对生或上部互生。聚伞花序或圆锥花序；花冠基部紧收成细管样喉部，端部平展；开花整齐一致。

2. 类型及品种

(1) 宿根福禄考（*P. paniculata*）。别名锥花福禄考、天蓝绣球。株高60～120cm，茎直立，不分枝。叶交互对生或上部叶子轮生，先端尖，边缘具硬毛。圆锥花序顶生，花朵密集；花冠高脚碟状，先端5裂，粉紫色；萼片狭细，裂片刺毛状。花色鲜艳具有很好的观赏性。园艺品种很多，花色有白、红紫、浅蓝（图4-2-8）。

图4-2-8 宿根福禄考

(2) 丛生福禄考（*P. subulata*）。植株成垫状，常绿。茎密集匍匐，基部稍木质化。叶锥形簇生，质硬。花具梗，花瓣倒心形，有深缺刻。耐热，耐寒，耐干燥。有很多变种，花色不同。适于作地被植株和模纹花坛。

(3) 福禄考（*P. nivalis*）。株被茸毛。茎低矮，匍匐呈垫状。叶锥状，长 2cm。花径约 25cm，花冠裂片全缘或有不整齐齿牙缘。外形与丛生福禄考相似。适用于模纹花坛。

3. 产地与生态习性

福禄考属植物约有 70 种，仅一种产自西伯利亚地区，其余均产自北美洲。性强健，耐寒；喜阳光充足；忌炎热多雨。喜石灰质壤土，但一般土壤也能生长。匍匐类福禄考尤其抗旱。

4. 繁殖技术

分株、扦插、播种均可。以早春或秋季分株繁殖为主。也可在春季扦插繁殖，新梢 6～9cm 时，取 3～6cm 作插穗，易生根。种子可以随采随播。实生苗花期、高矮差异大。

5. 栽培管理要点

春、秋皆可栽植，株距因品种而异，一般 40cm 左右。可摘心促分枝。生长期要保持土壤湿润，夏季不可积水。生长期可施 1～3 次追肥。花后适当修剪，促发新技，可以再次开花。宿根类 3～4 年进行分株更新，匍匐类 5～6 年分株更新。栽培管理的宿根福禄考宜生长在阳光充足、气候凉爽的环境条件下，栽培过程中必须保持良好的株行距，防止拥挤而影响株形及产生病虫害。如生长过密，可利用分株繁殖法进行疏苗。宿根福禄考枝叶繁茂，浇水、施肥时应避免污染叶面，以防枝叶腐烂。对肥料的要求不严，在整地时加施有机肥，每亩施入 500～1000kg。生长期可以适当施入少量氮肥及磷肥，长叶期以氮肥为主，开花期可喷施磷肥。发现杂草需人工清除，不要喷洒除草剂。

管理过程中注意防治福禄考斑枯病、福禄考白粉病、福禄考病毒病等。福禄考斑枯病防治：浇水时，尽量减少水飞溅到植株叶片上，春雨之前用 40%多硫胶悬剂 800 倍液、50%多菌灵可湿性粉剂 1000 倍液，夏季梅雨季节要重点防治，每隔 10～15d 喷药一次。白粉病防治：适当增施磷、钾肥，6～8 月喷施 2 次 0.5%～1.0%的磷酸二氢钾溶液，发病初期，每隔 7～10d，喷布 25%粉锈宁可湿性粉剂 1000 倍液，连续喷 2～3 次。

6. 园林应用

福禄考开花紧密，花色鲜艳，是优良的园林夏季花卉。宿根类可用于花境，成片种植可以形成良好的水平线条；一些种类扦插的整齐苗可用于花坛。匍匐类福禄考植株低矮，花大色艳，是优良的岩石园和毛毡花坛材料，在阳光充足处也可大面积丛植做地被，在林缘、草坪等处丛植或片植也很美丽。可做切花栽培。

2.2.9 鸢尾类 *Iris*

别名：蝴蝶花、铁扁担

科属：鸢尾科，鸢尾属

1. 形态特征

地下具短而粗的根状茎，坚硬匍匐多节，节间短、浅黄色。叶剑形，基部重叠互抱成二列，长 30～50cm，宽 3～4cm，革质。花梗从叶丛中抽出，单一或二分枝，高与叶等长，每梗顶部着花 1～4 朵；花构造独特，花从两个苞片组成的佛苞内抽出；花被片 6，外三片大，外弯或下垂，称为“垂瓣”，内 3 片较小，直立或呈拱形，称为“旗瓣”。是高度发达的虫媒花。蒴果长椭圆形，具 6 棱。花期 5 月。

2. 类型及品种

本属植物约200种以上，我国野生分布约45种，其生物学特性、生态要求也各有不同。

图4-2-9 德国鸢尾

(1) 德国鸢尾（*I. germanica*）。花大，径约14cm，园艺品种很多，有白、黄、淡红、紫等色，花期5～6月。喜阳光充足、排水良好而适度湿润的土壤，黏性石灰质土壤亦可栽培。根茎可提供芳香油。原产欧洲中南部，我国广泛栽培（图4-2-9）。

(2) 香根鸢尾（*I. pallida*）。花大，淡紫色，尚有白花品种。花期5月。根状茎可提取优质芳香油。原产南欧及西亚。

(3) 蝴蝶花（*I. japonica*）。花中等，径约6cm，花色淡紫，花期4～5月。喜阴湿环境，常群生于林缘。原产我国中部及日本。

(4) 花菖蒲（*I. kaempferi*）。又名玉蝉花。花大，径可达15cm，花色丰富，有黄、白、红、堇、紫等色，花期6～7月。耐寒，要求光照充足，喜湿，可栽培于浅水池，宜富含腐殖质丰富的酸性土。原产我国东北、日本及朝鲜，野生多分布于草甸沼泽。

(5) 黄菖蒲（*I. pseudacorus*）。花中大，鲜黄色，花期5～6月。喜水湿，宜腐殖质丰富的酸性土。原产欧洲及亚洲西部。

(6) 西伯利亚鸢尾（*I. sibricu*）。花径中等，紫蓝色，花期5～6月。耐寒喜湿，也耐旱。原产欧亚北部。

(7) 溪荪（*I. orientalis*）。花径中等，紫蓝、白或暗黄色，花期5月。喜湿，是常见的丛生性沼生鸢尾。原产于中国、日本及欧洲。

(8) 马蔺（*I. eusata*）。植株基部有红褐色的枯死纤维状叶鞘残留物。花小，淡蓝紫色，瓣窄。生沟边、草地，耐践踏。可作路旁、砂地地被植物，可减少水土流失。原产我国东北及日本、朝鲜。

3. 产地与生态习性

原产我国西南地区及陕西、江西、浙江各地，日本、缅甸皆有分布。园林广泛栽培。耐寒力强，根状茎在我国大部分地区可安全越冬。要求阳光充足，但也耐阴。3月新芽萌发，开花期5月。花芽分化在秋季进行。春季根茎先端顶芽生长开花，在顶芽两侧常发生数个侧芽，侧芽在春季生长后，形成新的根茎，并在秋季重新分化花芽，花芽开花后则顶芽死亡，侧芽继续形成花芽。

4. 繁殖技术

多采用分株繁殖。当根状茎长大时就可进行分株繁殖，可每隔2～4年进行一次，于春、秋两季或花后进行。分割根茎时，应使每块至少具有1个芽，最好有芽2～3个。大量繁殖时，可将分割的根茎扦插于20℃的湿砂中，促进根茎萌发不定芽。也可采用播种的方法繁殖。播种在种子成熟后立刻进行，播种后2～3年可开花。若种子成熟后（9月上旬）浸水

24h，再冷藏10d，播于冷床中，10月间即可发芽。

5. 栽培管理要点

分根后及时栽植，注意将根茎平放在土内，原来向下颜色发白的一面仍需向下，颜色发灰的一面向上，深度以原来深度为准，一般不超过5cm，覆土浇水即可。3月中旬浇返青水，同时进行土壤消毒和施基肥，以促进植株生长和新芽分化。生长期内需追肥2～3次，特别在8～9月形成花芽时，更要适当追肥，还要注意排水。花谢后及时剪掉花葶。鸢尾类花卉种类繁多，管理上要注意区别对待。在管理过程中注意防治鸢尾叶枯病，及时清除病残体，增加环境湿度，减少土壤含水量；发病初期喷洒70%代森锰锌可湿性粉剂400倍液防治。

6. 园林应用

鸢尾类植物种类丰富，品种繁多，株型高矮大小差异显著，花姿花色多变，生态适应性各异，是园林中的重要宿根花卉。主要应用于鸢尾专类园，也可在园林中丛植，布置花境、花坛镶边，点缀于水边溪流、池边湖畔，也可点缀岩石园。还是重要的地被植物与切花材料。

2.2.10 玉簪 *Hosta plantaginea* Aschers

别名：玉春棒、白萼、白鹤花

科属：百合科，玉簪属

1. 形态特征

百合科多年生宿根花卉。地下茎粗壮。叶基生成丛，卵形至心状卵形，长15～30cm，宽10～15cm，具长柄及明显的平行叶脉。花葶高出叶片，为顶生总状花序，着花9～15朵；花白色，管状漏斗形。因其花蕾如我国古代妇女插在发髻上的玉簪而得名。花期夏至秋，花极芳香，夜间开花（图4-2-10）。

2. 类型及品种

同属常见的栽培种有：

（1）狭叶玉簪（*H. lancifolia*）。又名水紫萼、日本玉簪。叶卵状披针形至披针形，花淡紫色，形较小。有白边和斑纹的变种。

（2）波叶玉簪（*H. undulata*）。又名皱叶玉簪、白萼、花叶玉簪。叶卵形，叶缘微波状，叶面有乳白色或白色纵纹。花淡紫色。

（3）紫萼（*H. ventricosa*）。又名紫花玉簪。叶阔卵形，叶柄边缘常下延呈翅状，花淡紫色。

3. 产地与生态习性

玉簪原产我国及日本。耐寒，耐旱，喜湿，耐阴，忌强烈日光照晒。最适于种在建筑物的墙边，大树浓阴下。土壤以肥沃湿润、排水良好为宜。

4. 繁殖技术

玉簪一般采用分株法繁殖。春季3～4月或秋季10～11

图4-2-10 玉簪

月均可进行。全部分株或局部分株均可。连根带芽分离，去除老根，栽于盆中或露地。适量浇水，也可播种繁殖。秋季果实成熟后趁爆裂之前采收种子，晒干后贮藏，到次年2～3月播于露地或盆中。实生苗3年后才能开花。近年来从国外引进了一些新的园艺品种，采用组织培养法繁殖，取花器、叶片做外植体均能获得成功，幼苗不仅生长快，并比播种苗开花提前。

5. 栽培管理要点

玉簪生性强健，栽培容易，不需要特殊管理。栽种前施足基肥。选蔽阴之地种植。生长期间应经常保持土壤湿润，在春季或开花前施1～2次追肥，叶浓绿并且夏季抽出的花亭较多且花大。夏季要注意多浇水并避免阳光直射，否则叶片发黄，叶缘焦枯。家庭盆栽玉簪，栽植不要过深，分株后缓苗期浇水不宜太多，否则烂根。一般每隔2～3年翻盆换土结合分株1次。玉簪易患叶斑病，夏末开始每隔7～10d喷洒1次0.5%波尔多液或70%代森锰锌400倍液防治。

6. 园林应用

玉簪花洁白如玉，晶莹素雅。喜阴，可在林下片植作地被应用；无花时宽大的叶子有很高的观赏价值。建筑北面种植，可以软化墙角的硬质感。近年已选育出矮生及观叶品种，多用于盆栽观赏或切花、切叶。嫩芽可食，全草入药，鲜花可提取芳香浸膏。

2.2.11 金光菊类 *Rudbeckia*

科属：菊科，金光菊属

1. 形态特征

茎直立。单叶或复叶，互生。头状花序顶生；外围舌状花瓣6～10枚，金黄色，有时基部带褐色，花心部分的筒状花呈黄绿至黑紫色，顶端有冠毛。果为瘦果。

2. 类型及品种

(1) 金光菊（*R. laciniata*）。又名太阳菊、裂叶金光菊。原产加拿大及美国。株高1.2～2.4m，茎多分枝，无毛或稍被短粗毛。基生叶呈羽状深裂，共有裂片5～7枚，茎上叶片互生，具3～5片深裂，边缘具稀锯齿。头状花序顶生，有长梗，着花一至数朵；外围舌状花瓣6～10枚，倒披针形，长约3cm左右，金黄色；花心部分的筒状花呈黄绿色。花期7～10月。果为瘦果。主要变种有重瓣金光菊（var. *hortensis*），花重瓣，开花极为繁茂。

(2) 黑心菊（*R. hybrida*）。园艺杂种。全株被粗糙硬毛。基生叶3～5浅裂，茎生叶互生，无柄，长椭圆形。舌状花单轮，黄色，管状花深褐色，半球形。瘦果细柱状，有光泽。是花境、花带、树群边缘的极好绿化材料。

图4-2-11 毛叶金光菊

(3) 毛叶金光菊（*R. hirta*）。原产北美。全株被粗毛。下部叶近匙形，叶柄有翼；上部叶披针形，全缘无柄。舌状花单轮，黄色，基部色深为褐红色，管状花紫黑色（图4-2-11）。

同属花卉还有舌状花为两色的种类，即上部黄色，基部为橙黄、棕红、橘黄色而与管状花不同色。如二色金光菊（*R. bicolor*）：

一年生花卉，高 30～60cm。全缘叶金光菊（*R. fulgida*）：高 30～60cm，花黄和橙黄色。齿叶金光菊（*R. speciosa*）：高 1m，花黄和橘黄色。

3. 产地与生态习性

原产于北美，在我国北方园林中栽培较多。耐寒性强，在我国北方入冬后宿根可在露地越冬。喜充足的阳光，也较耐阴，对土壤要求不严，但在疏松而排水良好的土壤上生长良好。

4. 繁殖技术

播种、扦插或分株繁殖。春、秋均可播种，可根据花期需要确定播种期。发芽适温10～15℃，2 周发芽。花坛用花，可用营养钵育苗，于花前定植即可。也可进行分株繁殖，春、秋皆可。多于早春掘出地下宿根分根繁殖，每株需带有顶芽 3～4 个，温暖地区也可在 10～11 月分根。还可自播繁衍。

5. 栽培管理要点

地栽的株行距保持 80cm 左右。3 月上旬，及时浇返青水。生长期适当追肥 1～2 次。也可盆栽，但需用加肥培养土上入大盆。夏季开花后可将花枝剪掉，秋季还可长出新的花枝再次开花。可利用播种期的不同控制花期，如秋季播种，翌年 6 月开花；4 月播种，7 月开花；6 月播种，8 月开花；7 月播种，10 月可开花。管理过程中注意防治金光菊白粉病。用 10%世高水溶性颗粒剂 1500 倍液，或 30%特富灵可湿性粉剂 1500 倍液，每隔 7～10d 喷洒一次，连续 3～4 次。

6. 园林应用

金光菊类风格粗放，耐炎热，花期长，株高不同，是夏季园林中常用花卉。可用于花境、花坛或自然式栽植。有的可以长成高大株丛，丛植屋前。管理粗放，在路边或林缘自然栽植效果也很好。又可做切花。叶可入药。

2.2.12 石竹属 *Dianthus*

科属：石竹科，石竹属

1. 形态特征

植株直立或呈垫状。茎节膨大，叶对生。花单生或为顶生聚伞花序及圆锥花序；萼管状，5 齿裂，下有苞片 2 至多枚，苞片成为分类学上的特征；花瓣 5、具爪。蒴果圆筒形至长椭圆形。

2. 类型及品种

本属中园艺化水平最高的是香石竹（*D. caryophyllus*），原产南欧及印度。1870 年后法国人将中国石竹（*D. chinensis*）与其杂交后培育出香气浓、四季开花的现代香石竹。英国的 AllWood 又以香石竹及常夏石竹（*D. plumarius*）为亲本而获得了奥尔沃德氏石竹（*D. allwoodii* Hort）等。因而石竹属是园艺品种极富变化的一属。

主要种类及品种：

（1）高山石竹（*D. alpinus*）。矮生多年生草本，高 5～10cm。叶绿色、具光泽、钝头；基生叶线状披针形，基部狭、有细齿牙；茎生叶 2～5 对。花单生，径 5～6cm，粉红色，喉部紫色具白色斑及环纹，无香气；花期 7～9 月。原产前苏联至地中海沿岸的欧洲高山地带。多用于花坛。

图 4-2-12 常夏石竹

(2) 常夏石竹 (*D. plumarius*)。宿根草本，高 30cm。茎蔓状簇生，上部有分枝，越年呈木质状，光滑而被白粉。叶厚，灰绿色，长线形。花 2～3 朵顶生枝端，喉部多具暗紫色斑纹，有芳香。本种极富变化，花色有紫、粉红至白色，单瓣、重瓣，斑纹及高度也有不同。花境、切花及岩石园应用。原产奥地利至西伯利亚，1573 年园艺化后多栽培应用（图 4-2-12）。

(3) 奥尔沃德氏石竹 (*D. allwoodii* Hort)：高 30～40cm。叶硬，丛生，叶面较宽。花色多样，花瓣全缘或有齿牙，有单瓣、重瓣等多数品种。多用于岩石园。

(4) 瞿麦 (*D. superbus*)。高 60cm，光滑而有分枝。数本丛生。叶对生，质软，线形至线状披针形，全缘，具 3～5 脉。花淡红或堇紫色，具芳香；花瓣具长爪，边缘丝状深裂；萼细长，圆筒状，萼筒基部有 2 对苞片；花期 7～8 月。原产欧洲及亚洲，我国多数省区均有分布。花坛及切花应用。

(5) 少女石竹 (*D. deltoides*)。又名西洋石竹。宿根草本，株高约 25cm。着花的茎直立、稍被毛；营养茎匍匐丛生。茎生叶密而簇生，线状披针形；基生叶倒卵状披针形。花茎上部分枝，花单生于茎端，具长梗；有紫、红、白等色，瓣缘呈齿状，有簇毛，喉部常有 “V” 形斑；具芳香；花期 6～9 月。原产英国、挪威及日本，园林中多栽培。

3. 产地与生态习性

本属植物约 300 种，分布于欧洲、亚洲、北非、美洲；我国约产 16 种，南北均产之。宿根石竹类喜凉爽，不耐炎热，喜光，喜肥沃、排水良好的土壤。喜高燥、通风，忌湿涝。

4. 繁殖技术

繁殖可用播种、分株及扦插法。春播或秋播于露地，寒冷地区可于春秋播于冷床或温床，大多数发芽适温 15～18℃，温度过高抑制萌发。幼苗通常经过 2 次移植后定植。分株繁殖多在 4 月进行。扦插法生根较好，可于春、秋季插于沙床中。

5. 栽培管理要点

栽植地以砂质土为好，排水不良则易生白绢病及立枯病。3 月上旬浇足返青水，同时进行土壤消毒，并施基肥。3～6 月为石竹生长期，每月应浇水 3～4 次，并及时中耕、除草和防治病虫害，如用 25%灭芽灵乳油 500 倍防治蚜虫，效果很好。并适时进行花后修剪。7～8 月正值雨季，应注意排水，以防止植株倒伏。

采用不同的播种期来调控花期，如欲使其“五一”开花，应于前一年 8 月底播种，翌年 4 月定植。欲使其“十一”开花，应于 4～5 月播种，出芽后，抹掉顶梢，加强管理，可于 9 月上蕾，国庆节开花。还可利用修剪，加强肥水管理，控制花期，如栽植的二年生石竹，5 月中旬开花后，进行修剪，去掉地上部，7～8 月注意排水，8 月 20 号左右加强肥水管理，国庆节期间可开花。

6. 园林应用

石竹属花卉，色若彩霞，带有清雅的微香，是传统的园林花卉。在坡地若成片栽植，可表现出野生的自然气息。常夏石竹、西洋石竹等矮生种类，枝蔓状丛生，枝叶纤细，开花繁茂，是优良的岩石园花卉材料，也是良好的镶边材料。瞿麦、香石竹等高型种类，轻盈美丽，可用于花坛、花境和岩石园。香石竹是重要的切花花卉。

2.2.13 耧斗菜类 *Aquilegia*

科属：毛茛科，耧斗菜属

1. 形态特征

多年生草本。茎直立，多分枝、整个植株具细柔毛。二至三回三出复叶，具长柄。花顶生或腋生，花形独特，花梗细弱，一茎多花，花朵下垂；花萼 5 片形如花瓣，花瓣基部呈长距，直生或弯曲，从花萼间伸向后方。花通常紫色，有时蓝白色，花期 5～6 月（图 4-2-13）。

图 4-2-13 耧斗菜

2. 类型及品种

目前栽培的多为园艺品种。

（1）耧斗菜（*A. vulgaris*）。别名西洋耧斗菜。茎直立，多分枝。二回三出复叶，具长柄，裂片浅而微圆。一茎着生多花，花瓣下垂，距与花瓣近等长、稍内弯。花有蓝、紫、红、粉、白等色。常见栽培种：大花种（var. *olympica*），花大，萼片暗紫或浅紫色，花瓣白色。重瓣种（var. *florepleno*），花重瓣，多种颜色。斑叶种（var. *vervaeneana*），叶片有黄斑。

（2）长距耧斗菜（*A. Longissima*）。原产北美。花大，有红、黄等色，萼片较长，花期 5～7 月。

（3）华北耧斗菜（*A. yabeana*）。原产华北各省。茎生叶较小，具长柄。花下垂而美丽，萼片与花同为紫色，距末端狭，内弯。

（4）加拿大耧斗菜（*A. canadensis*）。原产北美。叶黄绿色。花大，萼片红色，花瓣浅黄。

3. 产地与生态习性

原产欧洲。性强健，耐寒性强，华北及华东等地区均可露地越冬。不耐高温酷暑，若在林下半阴处生长良好，喜富含腐殖质、湿润和排水良好的砂壤土。在冬季最低气温不低于 5℃的地方，四季常青。

4. 繁殖技术

常用分株和播种繁殖。分株繁殖可在春、秋季萌芽前或落叶后进行，每株需带有新芽 3～5枚。也可用播种繁殖，春、秋季均能进行，播后要始终保持土壤湿润，1 个月左右可出苗。一般栽培种，其种子发芽温度适应性较强，20d 后出芽；而加拿大耧斗菜发芽适温为

15～20℃，温度过高则不发芽。发芽前应注意保持土壤湿润。

5. 栽培管理要点

幼苗经一次移栽后，10月左右定植，株行距30cm×40cm，栽植前整地施基肥。3月上旬浇返青水，并浇灌1%敌百虫液进行土壤消毒。忌涝，在排水良好的土壤中生长良好。春天可在全光条件下生长开花，夏季最好遮阴，否则叶色不好，呈半休眠状态。每年追肥1～2次。6～7月种子成熟，注意及时采收。老株3～4年挖出分株一次，否则生长衰退。也可进行盆栽，但每年需翻盆换土一次。管理过程中注意预防耧斗菜花叶病，重视科学施肥，重施有机肥，增施磷钾肥，忌偏施氮肥，以改善植株营养条件，提高其抗病性。播种前要进行土壤消毒，及时铲除田间杂草，清除传染源，及时消灭蚜虫，消灭传毒媒介。

6. 园林应用

耧斗菜品种繁多，是重要的春季园林花卉。植株高矮适中，叶形美丽，花形奇特。是花境的好材料。丛植、片植在林缘和疏林下，可以形成美丽的自然景观，表现群体美。可用于岩石园，也是切花材料。

2.2.14 蜀葵 *Althaea rosea* Cav.

别名：熟季花、端午锦、一丈红

科属：锦葵科，蜀葵属

1. 形态特征

茎直立，少分枝，株高可达3m，全株被柔毛。单叶互生，近圆形，叶面粗糙多皱，具3～7浅裂。花单生叶腋或聚生成总状花序，顶生，花大，小苞片6～9枚，花萼5裂，花瓣5枚呈紫红、淡红或白等色。分生果扁球形。花期7～9月（图4-2-14）。

2. 产地与生态习性

产于我国。喜光，耐半阴，耐寒，华北地区可露地越冬。不择土壤，花期5～10月，果熟期7～10月。对二氧化硫等有害气体具一定的抗性，能自播繁衍。

3. 繁殖技术

以播种繁殖为主，也可进行分株和扦插繁殖。多在秋季播种，播后1周可发芽，北方阳畦越冬；也可在春天露地直播。对特殊优良母株，也可用扦插、分株、嫁接法繁殖。扦插多采用基部萌发的侧枝，剪取8～10cm长，插于砂质土壤中，适时遮阴，直至发根。分株宜在花后进行，也可在秋末、早春进行。

图4-2-14 蜀葵

4. 栽培管理要点

幼苗经间苗、移植1次后，11月初定植园地，株距约50cm。定植宜早，使植株在寒潮来临前已形成分枝，增强抗寒力，又利于翌年长成较大的株丛。移植时宜多带土和趁苗小时进行，以便提高成活率。耐粗放管理。3～6 月每月灌水2～3 次。7～8 月雨水多时，要注意排水。9～11 月每月浇水一次。施肥最好于早春进行，多施底肥，以腐熟的有机肥或酱渣为好。土壤封冻前，剪除植株地上部分，并浇冻水。植株上常发生蜀葵锈病，春季和夏季于植株上喷洒波尔多液防治，播种前应进行种子消毒。

5. 园林应用

花色丰富，花大色艳，花期较长，株形高大，常作建筑物旁、墙角、空隙地以及林缘的绿化材料。是优良的花境材料，在其中作竖线条的花卉。植株易衰老，应注意及时更新，以免影响观赏效果。嫩叶和花瓣还可以食用，味道鲜美。花瓣中的紫色素，易溶于酒精及热水中，可用作食品及饮料的着色剂。茎皮纤维可代麻用，全草入药有清热凉血之效。

2.2.15 剪秋罗属 *Lychnis*

科属：石竹科，剪秋罗属

1. 形态特征

茎直立，具绵毛或伏毛。叶无柄，抱茎，全缘，对生。花单生或成簇；花萼稍膨大，有 10 条脉，10 齿裂，花瓣 5；原种主要是红色，杂交种有白、粉色；具狭爪，全缘或缺刻，具副花冠（或称鳞片）。

2. 类型及品种

（1）皱叶剪夏罗（*L. chalcedonica*）。又名皱叶剪秋罗。原产中国北部及高加索和西伯利亚地区。全株具柔毛。花密生茎顶，成圆球状聚伞花序，径可达 2.5cm；花瓣 5 枚，倒心型，喉部具 10 个鳞片。有淡粉红、深红、白色及重瓣品种。花期 6～9 月。

（2）大花剪秋罗（*L. fulgens*）。茎直立，全株被白色长毛，叶卵形至卵状长椭圆形。花 7～10朵簇生顶端，深红色；花瓣先端 2 深裂，顶端略具细齿，花期 7～8 月（图 4-2-15）。

（3）剪秋罗（*L. senno*）。原产中国及日本。茎直立，全株被细毛。叶两面具毛。聚伞花序顶生，花梗短，着花 1～7 朵；深红色，花瓣阔心脏形，具不规则的深浅裂及 2 鳞片。花期 7～8 月。

（4）丽春花（*L. haageana*）。是德国人用剪春罗（*L. coronata*）和大花剪秋罗（*L. fulgens*）杂交育成的。前者为中国特有种，后者原产西伯利亚及中国东北。此种稍具毛，多分枝，花瓣 2 深裂，各裂片又浅裂。花色较丰富。花期 6～8 月。

3. 产地与生态习性

原产北温带至寒带。性强健，耐寒；喜凉爽而湿润气候，要求日光充足又稍耐阴；忌土壤湿涝积水，在富含腐殖质的石灰质或石砾的土壤中生长更好。

图 4-2-15 大花剪秋罗

4. 繁殖技术

常用播种或分株繁殖。春播或秋播都可，但以秋播为好，种子发芽适温为 18～20℃，2～3 周发芽，次年可开花。春、秋均可分株繁殖。分株时根系易断，为加速繁殖也可将断根收集起来进行根插。

5. 栽培管理要点

生长期待植株长出7～8对叶时，留下3～4节摘心，可促分枝。生长期应保持水分充足。早春或花前适当追肥，花叶更茂盛。可采用调节播种期来控制花期，一般情况下，秋播的5月开花，春播的6月开花。利用花后修剪，可使植株二次开花。3～4年分株更新。注意防治剪秋罗叶斑病和剪秋罗锈病。叶斑病可用波尔多液防治。锈病可用50%多菌灵可湿性粉剂500倍液或25%粉锈宁可湿性粉剂2000倍液防治。

6. 园林应用

剪秋罗花瓣顶端中裂，似罗缎剪裂，秋日开花，故名剪秋罗。该类花卉花色鲜艳醒目，仪态出群，花序密集的种类可以用于花坛，也可在花境中独立欣赏。宜在石灰质砂壤土中生长，是岩石园的优良花卉。同时，它也是切花中的优良材料。

2.2.16 红花矾根 *Heuchera sanguinea*

别名：珊瑚钟

科属：虎耳草科，矾根属

1. 形态特征

多年生宿根花卉，全株密生细茸毛。叶基生，阔心脏形，波状缘，形似瓜叶；深绿色；在温暖地区常绿。圆锥花序，花茎细长，高出叶丛，上面疏生钟状小花。红色，两侧对称(图4-2-16)。

图4-2-16 红花矾根

2. 产地与生态习性

原产美国的亚利桑那州、新墨西哥州和墨西哥北部。自然生长在湿润多石的高山或悬崖旁。性耐寒，喜阳，且耐阴。在肥沃，排水良好，富含腐殖质的土壤上生长良好。

3. 繁殖技术

采用播种或分株方法繁殖。播种繁殖春、秋季均可进行，种子喜光，发芽适温20～25℃，2～3周萌发，次年开花。秋季也可用带叶柄的叶进行扦插。还可用组培和分株方法繁殖。

4. 栽培管理要点

定植地要向阳、排水良好。株距30cm，因为是浅根系，故不耐寒，生长期保持土壤湿润。花后剪去残花可延长花期。夏季和雨季注意通风。无明显的病虫害。养护管理简单。

5. 园林应用

矾根是新优地被植物，近几年来应用于花境和园林景观中，具有良好的观赏特性和景观效果。由于矾根有美丽的叶色和独特的叶形，因而逐渐受到广大种植者的喜爱。

2.2.17 桔梗 *Platycodon grandiflorus*

别名：六角荷、梗草、僧冠帽

科属：桔梗科，桔梗属

1. 形态特征

株高30～100cm。根肥大而多肉。枝铺散状，有乳汁。叶互生或轮生，缘有齿。顶生总状花序，着花数朵，含苞时花形如僧冠，开放后，径可达6cm以上；花色为蓝色，也有白色、浅雪青色，花期长。含苞未绽开之前，花瓣密合，六角状，酷似鼓鼓的小气球，被称为“中国气球”（图4-2-17）。

图4-2-17 桔梗

2. 类型及品种

有白花变种（var. *album*）、早花种（var. *praecox*）、晚花种（var. *autumnale*）、大花品种（var. *mariesii*），颜色自深紫至白色。其中又分高秆、矮生、半重瓣、斑纹等品种。

3. 产地与生态习性

原产中国、日本、朝鲜，我国各地均有栽培。性喜凉爽，但也能耐微阴，喜湿润，耐寒，要求含腐殖质丰富、排水良好的砂质壤土。自然界多生于山坡草丛间或沟旁。桔梗花雄性先熟，开花时已撒粉，经2～3d雌蕊才成熟，因此需与其他花授粉方可结实。

4. 繁殖技术

以播种繁殖为主，早春3月直播露地，种子发芽适温15～20℃，播后覆土0.5cm，保持湿润，15～20d发芽。也可用扦插或分株繁殖，春秋两季均可进行。

5. 栽培管理要点

直根性，不耐移植，最好采用直播。当株高5～7cm时，抹芽1～2次，以促分枝、多着花，提高观赏价值。正常花期6～7月，花后立即修剪，留干25～30cm，施酱渣肥，可国庆节开花。在早春3月浇返青水，结合土壤消毒喷1%敌百虫液，防治地下害虫。雨季注意排水，防止倒伏，可多进行抹芽，可使植株矮小、粗壮、株形美观，不倒伏。采种一般用第一次花后的种子，开过第二次花后的种子不饱满，发芽率低。11月上旬把地上部剪掉，并浇冻水。管理过程中注意防治桔梗立枯病。栽植之前要进行土壤消毒。苗期注意及时排水，注意通风，晴天要遮阴，以防土温过高灼伤苗木，造成伤口。对发病植株可喷洒75%百菌清可湿性粉剂800倍液或50%福美双可湿性粉剂500倍液对土壤进行浇灌灭菌。

6. 园林应用

桔梗花在含苞欲放时，恰似和尚帽，亦称“僧冠花”。花大，花期长，在自然界中多生长于山坡草丛间，有很强的田园气息。高型品种可用于花境，展示其优美华贵的花姿花色；中矮型品种可点缀岩石园，以其鲜艳的颜色增加岩石园的亮丽。亦可做切花或盆栽观赏，根可入药。

2.2.18 麦冬 *Ophiopogon japonicus*

别名：书带草、沿阶草

科属：百合科，沿阶草属

1. 形态特征

多年生常绿草本植物。须根较粗壮，根的顶端或中部常膨大成为纺锤状肉质小块。叶丛生于基部，狭线形，长10～30cm，宽因品种不同粗细有异。花茎常低于叶丛，稍弯垂，花淡紫色，总状花序，花期5～9月。果蓝色(图4-2-18)。

图4-2-18　麦冬

2. 产地与生态习性

麦冬喜温暖湿润、较阴蔽的环境。耐寒，忌强光和高温，宜在疏松、排水良好的砂质壤土中生长。

3. 繁殖技术

常用分株繁殖，每年4月将老株掘起，剪去上部叶片，保留下部5～7cm长，以2～3株丛植一穴，深6～8cm。每隔4～5年当植株拥挤时再分株。

4. 栽培管理要点

麦冬抗性强，既可生长在阳光下，也可在阴处生长，在阴湿处生长叶面有光泽。喜肥沃排水良好的土壤，但亦能耐瘠薄的土壤。在种植早期应增施肥料，可加快其生长，尽早覆盖地面。生长期施肥2～3次，并保持土壤湿润。适应性强，栽培管理简单。

5. 园林应用

麦冬适应性强，四季常青，是庭院中优良的边缘植物和地被植物。现已广泛用于广场、街道建草坪之用，又可盆栽观赏。还有一定的药用价值。

【技能训练】

实训　露地宿根花卉生产

一、目的要求

使学生进一步熟悉本地区露地宿根花卉的种类，掌握露地宿根花卉的栽培管理技术。

二、材料用具

1. 材料。本地区常见露地宿根花卉(萱草、玉簪、福禄考、景天等)，有机、无机肥料。

2. 用具。修枝剪、花铲、喷壶、铁锹等。

三、实训内容与操作过程

1. 整地施肥

选择土层深厚、肥沃的黏质壤土或壤土定植。栽前深耕土壤40～50cm，每100m^{2}施入腐熟厩肥或堆肥300～450kg，必要时再混入硝酸铵2.2kg、过磷酸钙5.0kg、氯化钾1.8kg。

2. 栽植

需分株的结合分株进行。

(1) 栽植时间。夏、秋季开花的种类为4～5月，春季开花的种类为9～10月，具体时间因当地气候而定。

(2) 栽植方法。挖穴栽植，株丛较小者如鸢尾、宿根福禄考等，株行距30～50cm；株丛较大者如芍药、萱草等，株行距50～100cm。栽植深度一般与根颈齐平。栽后浇1～2次透水。

3. 常规管理

枝叶出土后及时浇水，保持土壤湿润。春季开始生长后、开花前、开花后各施一次追肥，花期较长者开花期间适当给予追肥。浇施化肥浓度控制在1%～3%，叶面喷肥浓度控制在0.1%～0.3%。随时清除残花、病叶、枯枝枯叶及杂草。

4. 越冬管理

秋末枝叶枯萎后，自根际剪去地上部分。入冬前灌一次冻水防寒。耐寒性稍差的种类培土或覆盖过冬。

四、实训报告

总结当地3～5种重点露地宿根花卉的栽培管理方法。

【本章小结】

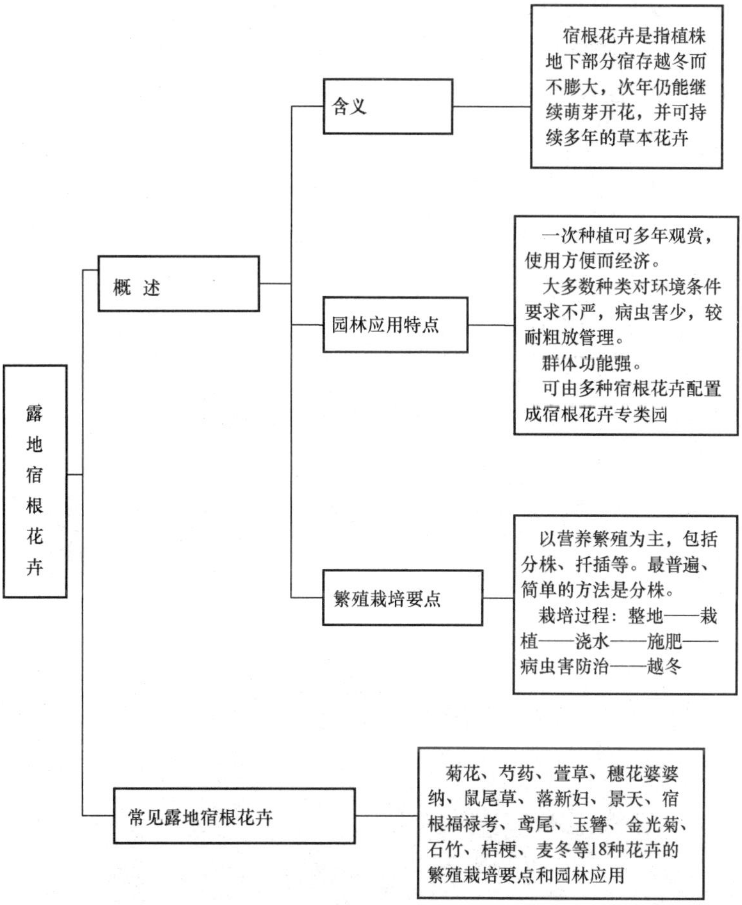

【复习思考题】

1. 简要说明露地宿根花卉在园林中的应用。
2. 宿根花卉的繁殖和栽培管理要点。
3. 调查所在地区的宿根花卉种类及园林应用情况，说明其繁殖、栽培要点。

第3章 球 根 花 卉

【知识要点】 球根花卉的含义及类型；常见球根花卉的园林应用特点；常见球根花卉的生态习性和繁殖栽培要点。

【学习目标】

知识目标：通过本章的学习，熟悉常见球根花卉的繁殖方法和园林应用。

技能目标：能熟练识别常见的球根花卉。能运用球根花卉进行园林绿化布置。

3.1 球根花卉概述

3.1.1 球根花卉的含义及类型

1. 含义

球根花卉是指具有膨大的根或地下茎的多年生草本花卉。全世界有3000多种球根花卉，经过上百年的人工培育，培育出成千上万个品种。

2. 类型

（1）按其在地下贮藏器官形状不同分类

1）球茎类。地下茎短缩膨大呈实心球状或扁球形，其上有环状的节，节上着生膜质鳞叶和侧芽；球茎基部常分生多数小球茎，称子球，可用于繁殖，如唐菖蒲、小苍兰、番红花等。

2）鳞茎类。地下部分由茎变态而成，呈圆盘状的鳞茎盘，其上着生多数肉质膨大的鳞叶，整体球状，又分有皮鳞茎和无皮鳞茎。有皮鳞茎外被干膜状鳞叶，肉质鳞叶层状着生，故又名层状鳞茎，如水仙及郁金香。无皮鳞茎则不包被膜状物肉质鳞叶片状，沿鳞茎中轴整齐抱合着生，又称片状鳞茎，如百合等。有皮鳞茎较耐干燥，不必保湿贮藏；而无皮鳞茎贮藏时，必须保持适度湿润。

3）块茎类。地下茎或地上茎膨大呈不规则实心块状或球状，上面具螺旋状排列的芽眼，无干膜质鳞叶。部分球根花卉可在块茎上方着生小块茎，常用之繁殖，如马蹄莲等；而仙客来、大岩桐、球根秋海棠等，不分生小块茎。

4）根茎类。地下茎呈根状膨大，具分枝，横向生长，而在地下分布较浅。如大花美人蕉、荷花等。

5）块根类。由不定根经异常的次生生长，增生大量薄壁组织而形成，其中贮藏大量养分。块根不能萌生不定芽，繁殖时须带有能发芽的根颈部，如大丽花和花毛茛等。

以上列举的鳞茎、球茎、块茎、根茎和块根等，在观赏园艺上，统称球根。

（2）按种植季节分类

1）春植球根花卉。原产热带、亚热带地区。生长期间喜温暖、湿润的条件，不耐寒。春天种植，夏秋开花，秋末、冬初地上的茎叶及地下的须根枯死，球根进入休眠，第二年春天重新萌芽生长。如唐菖蒲、大丽花、美人蕉、晚香玉等。

2）秋植球根花卉。原产温带。生长期间喜凉爽、湿润环境，耐寒力强，但不耐高温。秋天种植后，须根充分生长，顶芽萌发但不出土，入冬后生长全部停止，第二年春天迅速生长并开花。入夏地上部的茎叶枯死，地下球根进入休眠。如郁金香、风信子、石蒜、百合、球根鸢尾、番红花、花毛茛等。

3.1.2 园林应用特点

球根花卉种类繁多，花色艳丽，花期较长，栽培容易，适应性强，是园林布置中比较理想的一类植物材料。荷兰的郁金香、风信子，日本的麝香百合，中国的水仙和百合等，在世界广泛享有盛誉。

球根花卉大多数种类色彩艳丽丰富，观赏价值高，是园林中色彩的重要来源。

球根花卉花期易控制，整齐一致，只要球体大小一致，栽植条件、时间、方法一致，即可同时开花。

球根花卉常用于花坛、花境、岩石园、基础栽植、地被、美化水面（水生球根花卉）和点缀草坪等。又多是重要的切花花卉，每年有大量生产，如唐菖蒲、郁金香、小苍兰、百合、晚香玉等。还可盆栽，如仙客来、大岩桐、水仙、大丽花、朱顶红、球根秋海棠等。此外，部分球根花卉可提取香精、食用和药用等。因此，球根花卉的应用很值得重视，尤其中国原产的球根花卉，如百合、鸢尾类、贝母类、石蒜类等，应有重点地加以发展和应用。

3.1.3 球根花卉的繁殖栽培要点

1. 球根花卉的繁殖

(1) 有性繁殖。球根花卉的有性繁殖主要用于新品种的培育，另外用于营养繁殖率较低的球根花卉，如仙客来等，在商品生产中主要用播种繁殖。球根花卉的种子繁殖方法、条件及技术要求与一二年生花卉基本相同。

(2) 无性繁殖。无性繁殖方法在球根花卉繁殖中广泛应用，常见的有分球法、扦插法、组织培养法，以分球法最常用。

2. 栽培管理

在园林生产中球根花卉栽培过程一般为：整地——施肥——种植种球——生长期管理——采收——贮藏。

(1) 整地。整地深度可为40～50cm。球根花卉对土壤要求较严，大多数的球根花卉喜富含有机质的砂壤土或壤土，尤以下层土为排水好的砂砾土，而表土为深厚的砂质土壤最理想。排水差的地段，在30cm土层下加粗砂砾以提高排水力或用抬高种植床的方法。少数种类在潮湿、黏重的土壤上也能生长，如番红花属的一些种类。除个别外，大多数球根花卉适宜的土壤pH值为6～7，过高或过低都可能产生烂根。

为了控制病虫害，除了选择合适的土壤、实行轮作倒茬外，每年还要对土壤进行消毒。土壤消毒的方法有蒸汽消毒、土壤浸泡（淹水消毒）和药剂消毒3种。

蒸汽消毒。利用高温杀死有害微生物。很多病菌遇60℃高温30min即能致死，病毒要经过90℃高温处理10min，杂草种子需80℃高温处理10min。因此，球根花卉蒸汽消毒一般采用70～80℃高温处理60min的方法。

土壤浸泡（淹水消毒）。常在温室中采用土壤浸泡的方法进行消毒。在不种植球根花卉的季节，将土壤做成60～70cm宽的畦，灌水淹没，并覆盖塑料薄膜，2～3周后去膜耕地并检测土壤的pH值和电解质浓度。

药剂消毒。种植球根花卉的土壤每年的消毒方法是在土温至少为10～12℃时，喷洒剂量为15～30g/m^2的甲基溴化物于土中，然后用塑料薄膜覆盖，夏季3d，冷凉季节7～10d后，揭开薄膜等气味散尽后，等待播种。此外，为保证消毒彻底，在每茬花卉种植前可根据球根花卉种类选择适当的药剂再补充1～2次土壤消毒。消毒时杀菌剂与土壤充分混合并使药剂渗入土表下10～20cm。

（2）施肥。球根花卉喜磷肥，对钾肥需求量中等，对氮肥要求较少，追肥注意肥料比例。在土壤中施足基肥。磷肥对球根的充实及开花极为重要，常用骨粉配合作基肥。有机肥必须充分腐熟，否则易招致球根腐烂。

（3）栽植。球根花卉种植时间集中在春秋两个季节，一部分在春季3～5月，另一部分在秋季9～11月。

种植深度因种类或品种、种球大小、种植季节、土壤结构、栽培系统（地栽或盆栽）及生产目的的不同而有差异。大多数球根花卉覆土深度为种球最大直径的3倍（从球根的肩部到土壤表面），如唐菖蒲、百合属、美人蕉属、大丽花属、虎皮花属、马蹄莲属等；覆土到球根顶部的有：晚香玉属、百子莲属、球根秋海棠、石蒜等；将球根的1/3露出的有：朱顶红、仙客来。

种球大的种植深，相反则浅。夏季种植的较深，冬季较浅。在黏重土壤中种植，球根比在通常土壤中要浅2.5～5.0cm，反之，在砂性土中要深栽2.5～5.0cm。以种球生产为目的的应深栽，以切花生产为目的的可适当浅栽。盆栽球根花卉只观花，应浅栽。

（4）生长期管理。球根花卉大多根少而脆，断后不能再生新根，因此栽后于生长期间绝不可移植。其叶片大多数少或有定数，栽培中应注意保护，避免损伤。否则影响养分合成，不利于新球的生长，也影响开花和观赏。球根花卉大多不耐水涝，应作好排水工作，尤其在雨季。花后仍需加强水肥管理。

对于种球生产，应在蕾期或初花期将花蕾或花摘除，不使其开花，以减少养分消耗，利于地下球根的生长和充实。如果既生产切花又收获种球，应按切花采收期及时采收切花，以使养分尽快向下转移，而且在满足切花长度的前提下，尽可能多保留叶片，如唐菖蒲；对于枝叶稀少的种类，可在切花的同时保留一部分花梗，以充分利用它们的光合作用功能，如水仙。

花后正值新球成熟、充实之际，为了节省养分使球长好，应剪去残花和果实。花后仍需加强水肥管理，以使种球膨大充实。

（5）采收。球根花卉在停止生长，进入休眠后，大部分种类的球根，需要采收并进行贮藏。春植球根花卉为防冬季冻害，常于秋季采收贮藏越冬。秋植球根夏季休眠时，如留在土中，易因多雨湿热而腐烂，也需要采收贮藏。

球根采收，便于进行大小、优劣的分类，有利于合理繁殖和培育或供布置观赏、出售等用。在新球或子球增殖较多时，如不采收分离，会因拥挤而生长不良。发育不够充实的球根，采后置于较干燥、通风条件下，能促进后熟，否则在土中易腐烂、死亡。同时，采收后可将土地翻耕，加施基肥，有利于下一季的栽培，或在球根休眠期间栽种其他花卉。因此，在大规模的专业生产中，即使采收球根的工作量较大，仍需每年进行采收。在园林应用中，如地被覆盖、嵌花草坪、多年生花境及其他自然式布置时，有些适应性较强的球根花卉，可隔数年掘起和分栽一次。

采收应于生长停止，茎叶枯黄未脱落，土壤略湿润时进行。采收过早，养分尚未充分积聚于球根中，球根不够充实；采收过晚，茎叶枯萎脱落，不易确定土中球根的位置，采收时易损伤球根且子球易散失。以叶变黄 1/2～2/3 为采收适期。

采收时可掘起球根，除去过多的附土，并适当剪去地上部分。春植球根中的唐菖蒲、晚香玉可翻晒数天，使其充分干燥；大丽花、美人蕉等可阴干至外皮干燥，勿过干，勿使球根表面皱缩。大多数秋植球根，采收后不可置于炎日下暴晒，晾至外皮干燥即可。经晾晒或阴干的球根就可进行贮藏。

（6）贮藏。贮藏前应剔去病残球根。数量少而又名贵的球根，病斑不大时，可用刀将病部刮去，并涂上防腐剂或草木灰等。易受病害感染者，贮藏时最好混入药剂或先用硫酸铜等药液浸洗，消毒后再贮藏。

球根贮藏方法因种类不同而异。对于通风要求不高，球根需保持一定湿度的种类，可用微湿的锯末、细砂等，将球根堆藏或埋藏起来。量少可用盆、箱贮藏，量大可堆于室内地上或挖窖贮藏。块根、根茎、块茎类球根花卉中许多种类需要用此方法贮存，如美人蕉、大丽花、蕉藕、大岩桐等；无皮鳞茎，如百合类，少数有皮鳞茎，如玉帘属、雪滴花属，也要这样贮存。对于要求通风良好，充分干燥的球根，可于室内设架，铺以细铁丝网、苇帘等，还可以使用网兜悬挂，置于通风处。球茎花卉一般都可采用此法，如唐菖蒲、小苍兰；鳞茎类的大多数花卉也可以这样贮存，如水仙、风信子、郁金香、晚香玉、球根鸢尾等；少数块根及块茎，如花毛茛、银莲花、马蹄莲，也需要干存。

贮藏的环境条件，春植球根应保持室温 4～5℃，不可低于 0℃或高于 10℃。秋植球根花卉于夏季贮藏时，应使环境干燥和凉爽，室温在 20～25℃左右，切忌闷热潮湿。在贮藏过程中，必须防止鼠害及球根病虫害的传播，应经常检查。

（7）花期调节。为了使球根花卉根据市场的需求开花，以丰富节日和人们日常生活的需要，花期调节是栽培管理中非常重要的技术措施。花期的调节可通过控制温度、光照等植物生长发育的环境因素，调节土壤水分、养分等栽培条件及外施生长调节剂来实现。

3.2 常见球根花卉栽培技术

3.2.1 郁金香 *Tulipa gesneriana* L.

别名：旱荷花

科属：百合科，郁金香属

1. 形态特征

多年生草本。株高 25～60cm。鳞茎圆锥形而一侧扁平，径约 2～3cm；外被淡黄至棕褐色皮膜，鳞片2～5片。茎叶光滑，叶3～5枚带状披针形至卵状披针形。花单生茎顶，大形直立杯状，花色有洋红色、鲜黄至紫红色，花被6枚离生。花色有红、粉红、白、黄、橙、紫、蓝、绿、黑或复色。种植期10～12月，开花期3月下旬至5月（图4-3-1）。

图4-3-1 郁金香

2. 生态习性

郁金香适宜冬季温暖湿润、夏季凉爽稍干燥、向阳或半阴的环境。耐寒性强，冬季最低温度为8℃时就可生长。喜欢富含腐殖质、肥沃而排水良好的砂质壤土。郁金香为秋植球根，即秋季末开始萌发，早春开花，初夏开始进入休眠。生长适温15～18℃，低于5℃生长停止。茎叶生长有两次高峰，第一次出现在种植后，第二次出现在翌年年初。开花前3周为茎叶生长旺盛期，到开花期茎叶停止生长。花芽分化在休眠期进行，分化适温20～23℃。鳞茎寿命1年，新老球每年演替1次，母株在当年开花并形成新球及子球，以后便干枯消失。

3. 繁殖技术

郁金香以分球繁殖为主，通常1个母球能生成1～3个新球及4～6个子球。6月上旬，将休眠鳞茎掘起，按大小分级贮藏，到11月上、中旬分别栽种。较大的鳞茎翌春开花，较小的鳞茎多数需继续培养1～2年后开花。

育种时采用种子繁殖。种子不休眠，但发芽需要7～9℃低温，10℃以上发芽延缓，25℃以上不发芽，播种后40～45d发芽，从发芽到收获小球需135d左右。

4. 栽培管理要点

栽培郁金香要选择充实饱满、花芽分化良好的鳞茎。露地栽培时选择避风向阳的地点及疏松肥沃的土壤，先深耕整地，施足基肥，种植深度以鳞茎高的2倍为宜。不要过深，否则不易分球且常引致腐烂；但栽植过浅，易受冻害和旱害。栽植行距15cm，株距视球的大小而定，为5～15cm不等。栽后适当浇水，促使生根。北方寒冷地区冬季应适当加以覆盖有助于秋冬季根系生长和翌年开花。早春化冻前应及早除去覆盖物。切花时不要损伤叶片，以免影响球根的充实。生产鳞茎时，则应摘除花朵不使其结实，以免影响球根的肥大。初夏茎叶枯黄时掘起鳞茎，剪除茎叶，在通风阴凉处晾2～3d，然后放到20～23℃适温下贮藏，温度过高，花芽分化会受到抑制或出现退化现象。

盆栽多用于促成栽培。要用深盆，施足基肥，排水要好。秋季上盆，选充实肥大的鳞茎，盆径17～20cm，每盆栽4～5个球，盆土不需压实，鳞茎顶部和土面平齐即可。灌透水后将盆放在冷床中，经8～10周低温处理。根系充分生长而芽开始萌动时，移入温室半阴处，保持室温5～10℃，温度不可过高，否则蕾、叶小，随茎叶生长，可向叶面喷水增加空气湿度。显蕾前移到阳光下，使室温增高为15～18℃，追肥数次后，可在元旦开花。若使其在春节开花，可相应延迟移入温室时间。

郁金香常见病害有郁金香灰霉病，危害郁金香叶、花及鳞茎。郁金香灰霉病主要以预防为主，避免连作；严格进行土壤及种球消毒；在种植前用0.3%～0.4%硫酸铜浸泡鳞茎30min，也可用2%甲醛液浸泡30min，冲洗干净后晾干栽植。生长期可用50%灭霉灵可湿性粉剂800倍液，或28%灰霉克可湿性粉剂800倍液，每10d喷1次，喷3～4次。

5. 园林应用

郁金香是世界著名花卉。刚劲挺拔的花茎从秀丽素雅的叶丛中伸出，顶托着一个酒杯似的花朵，花大而色繁，如成片栽植，花开时绚丽夺目，呈现一片春光明媚的景象。矮生品种适于布置花坛，鲜艳夺目。高茎品种适于做切花和配置花境，也可丛植于草坪边缘。中矮品种适于盆栽，点缀室内环境，增添室内欢乐气氛。也常与枝叶繁茂的二年生草花配置。

3.2.2 风信子 *Hyacinthus orientalis* L.

别名：洋水仙、五色水仙

科属：百合科，风信子属

1. 形态特征

百合科为多年生草本。鳞茎球形或扁球形，外被有光泽的皮膜，其色常与花色有关，有紫蓝、粉或白色。叶基生，4～6枚，带状披针形，端圆钝，质肥厚，有光泽，上有凹沟。花茎高40cm左右，中空，总状花序密生其上部，着花6～20朵；花斜伸或下垂、钟状，茎部膨大，裂片端部向外反卷。花有紫、白、红、黄、粉、蓝等色，深浅不一；还有重瓣、大花、早花和多倍体等品种。多数园艺品种有香气（图4-3-2）。

图4-3-2 风信子

2. 生态习性

风信子喜夏季冷晾湿润、冬季温暖、阳光充足的环境。鳞茎有夏季休眠习性，秋冬生根，早春萌发新芽，3月开花，6月上旬植株枯萎。风信子在生长过程中，鳞茎在2～6℃低温时根系生长最好。芽萌动适温为5～10℃，叶片生长适温为10～12℃，现蕾开花期温度为15～18℃最有利。鳞茎的贮藏温度为20～28℃，最适温度为25℃，对花芽分化最为理想。要求排水良好、肥沃疏松的砂质壤土。耐寒性强，冬季可耐-30℃低温。日照长短对开花无明显影响。

3. 繁殖技术

风信子以分球繁殖为主。母球栽植1年后分生1～2个子球，子球繁殖后第3年开花。风信子自然分球率低，为提高繁殖率，可采用对母鳞茎的刻伤处理促使愈伤组织发生不定芽，增加子球的数量。刻伤时期在鳞茎挖出，阴干，并经25℃贮藏30d待花芽形成后进行。刻伤前将母球浸泡在0.1%的汞溶液中，10min后取出洗净，干燥后即可进行刻伤。扇形挖切是用一种特殊的匙形刀把鳞茎茎盘切成凹形，再向鳞茎中心作十字形切入，切割时从鳞茎基部向顶芽深入，形成十字形。在伤口愈合期间保持相对湿度100%，保持温度21℃，或放入低湿的培养箱使之产生愈伤组织，当鳞片茎部膨大时，温度逐渐升高到30℃，相对湿度保持85%，3个月后在切伤部分形成很多小鳞茎，小鳞茎培养3～4年后开花。

育种时用种子繁殖，秋播翌年早春发芽，实生苗培养4～5年开花。

4. 栽培管理要点

(1) 露地栽培。选择排水良好、疏松肥沃的中性砂质壤土，种前进行土壤消毒。然后将土壤深翻30cm左右，施足基肥，基肥可使用腐叶土、骨粉等。在9～10月栽种，种植深度10cm，株行距15cm×15cm。种完立即浇一次透水。入冬后畦面覆盖一层有机肥保温、保湿，第二年2～3月新芽出土，3月下旬至4月上旬抽序开花。在现蕾前后各施1次液体速效磷、钾肥。6月下旬，地上部位枯萎，及时将鳞茎掘起，置通风处风干，剔除病球，在阴凉干燥处贮藏，待秋季再进行种植。

(2) 盆栽。入冬前选择合适的花盆，以腐叶土、园土、泥炭、河沙等作基质，将鳞茎种于盆中，不浇水，放置室外。经过2个月的低温，再移入室内，保持室温20℃，并适当浇水，使土壤保持湿润即可。出苗后移到阳光充足的地方，追施液体速效肥1～2次，50～60d后即可开花。也可在种植前先将鳞茎放在5℃环境中低温处理30～40d后再种植在盆中，在室温条件下，50～60d后也可开花。

风信子常见病害有：黄腐病、软腐病、病毒病等。防治方法：首先应选健壮的鳞茎，已发病地区避免连作，用福尔马林进行土壤消毒，生长期可喷洒72%农用链霉素可溶性粉剂1000倍液。

5. 园林应用

风信子花序端庄，色彩绚丽，在光洁鲜嫩的绿叶衬托下，恬静典雅，是早春开花的著名球根花卉之一，也是重要的盆花种类。只是由于气候条件关系，风信子在我国许多地方常退化，植株矮小，花朵变劣，鳞茎萎缩，不易栽植，目前从国外引种的不多，现仅用于公园露地栽植和盆栽观赏、水养或做切花观赏。

3.2.3 大丽花 *Dahlia pinnata* Cav.

别名：大理花、天竺牡丹、西番莲、地瓜花

科属：菊科，大丽花属

1. 形态特征

大丽花多年生草本，株高40～150cm。地下部分具粗大纺锤状肉质块根。茎中空，直立或横卧。叶对生，1～2回羽状分裂，裂片卵形或椭圆形，边缘具粗钝锯齿，总柄微带翅状。头状花序具总长梗、顶生，其大小、色彩及形状因品种不同而富于变化；外周为舌状花，一般中性或雌性，中央为筒状花，两性。总苞两轮，内轮薄膜质，鳞片状，外轮小，多呈叶状。花期6～10月。瘦果黑色，长椭圆形或倒卵形，扁平状（图4-3-3）。

图4-3-3 大丽花

2. 生态习性

大丽花原产墨西哥高原海拔1500m以上地带，既不耐寒又畏酷暑，喜干燥凉爽、阳光充足、通风良好的环境，且每年需要有一段低温时期进行休眠。对温度要求不严，3～35℃都能生长，但以10～25℃生长最为适宜。土壤以富含腐殖质和排水良好的砂质壤土为宜。大丽花为春植球根花卉，是短日照植物。春天萌芽生长，夏末秋初气温渐凉、日照渐短时进行花芽分化并开花，直到秋末经霜后，地上部分凋萎而停止生长，冬季进入休眠。通常10～12h在短日照条件下促进开花和花芽发育，长日照条件下促进分枝，增加开花数量，但延迟花的形成。

3. 繁殖方法

大丽花可以采用播种、嫁接、扦插、分割块根法繁殖，但以分株和扦插繁殖为主。

分株繁殖在春季进行，取出贮藏的块根，将每一块根及附着生于根颈上的芽一起切割下来，没有芽的不能栽植。若根颈上发芽点不明显或不易辨认时，应先催芽，待发出芽后，再切割栽植。切口用草木灰或细干土涂抹，以防腐烂，浇水保持土壤湿润，15～20d即可萌芽。

扦插繁殖一年四季均可进行，但以春、夏、秋三季为佳。不同季节选取不同部位作插穗：早春采取块根根颈部产生的不定芽；5～6月采取植株的顶芽、侧芽和腋芽，长5～6cm；秋后采取越夏后长出的枝条，每一插条上带有2个茎节。插床保持白天20～25℃、夜间15～18℃，插后30d插条可萌发新根，再过10～15d新根长到4～5cm时，就可移到盆中栽植。春插苗不仅成活率高，而且经一个生长季生长，当年即可开花。

4. 栽培管理要点

(1) 露地栽培管理。

栽植。地栽大丽花应选择背风向阳、排水良好的高燥地（高床）进行栽培。大丽花喜肥，宜于秋季深翻，施足基肥。春季晚霜后栽植，深度为根颈低于土面5cm左右，株距视品种而异，一般1m左右，矮小者40～50cm。

施肥。喜肥但忌浓肥或生肥。苗期每隔10～15d施一次稀薄液肥，促进幼苗生长。在生长旺盛期，每周追施1次速效磷、钾为主的有机肥，再适当添加一些尿素、硫酸亚铁等（质量浓度为0.1%～0.5%）。花蕾透色后，加施5%过磷酸钙，促使花色艳丽。

整形。植株长至30～40cm时，须设立支架，以免茎叶折断。小花品种，苗高15cm时打顶，使植株矮壮，多开花。留取一定数量的健壮分枝，通常为4～5枝，将多余的侧芽、侧枝去掉，使养分集中供给。花蕾出现后，进行选蕾、定蕾，留下一定数量的花蕾，摘除副蕾。花后及时摘掉残花，可延长花期。

块根贮藏。冬季地上部分枯萎后，留10cm根颈，剪去枝叶，掘起块根，晾1～2d，使表面见干后，存入3～5℃冷室砂藏。第二年春可萌芽、抽枝开花。

(2) 盆栽。

大丽花盆栽，宜选用扦插苗，以低矮中小花品种为好。扦插苗生根后即可上盆，盆土配制以底肥充足、土质松软、排水良好为原则，通常由腐叶土、园土以及沙土按比例混合配制。

盆栽大丽花的修剪整形视观赏要求而定，有独本和多本两种方式，方法与露地栽培基本相同。浇水严加控制，掌握不干不浇、浇则浇透的原则。秋后，剪除地上部分茎叶后，可将原盆放置贮藏。

常见病虫害有大丽花白粉病和花叶病，大丽花白粉病的防治方法是：冬季清除病落叶及病株残体集中深埋或烧毁；田间栽培不宜过密，注意通风透光；发病初期喷药防治，药剂可选用70%甲基托布津700倍液，20%三唑酮1500倍液，36%甲基硫菌灵悬浮剂500倍液或40%福星乳油7000倍液等。大丽花花叶病的防治：发现病株及时拔除销毁；防治传播媒介蚜虫。

5. 园林应用

大丽花为国内外常见花卉之一，花色艳丽，花形多变，品种极其丰富，应用范围较广，宜作花坛、花境及庭前栽植；矮生品种最宜盆栽观赏；高型品种宜做切花，是花篮、花圈和花束制作的理想材料。

3.2.4 美人蕉属 *Canna*

别名：红蕉、宽心姜、爆米花

科属：美人蕉科，美人蕉属

1. 形态特征

具粗壮肉质根状茎，地上茎肉质，不分枝。叶片宽大，广椭圆形，绿色或红褐色，互生，全缘。总状花序，自茎顶抽出，每花序有花10余朵；两性，萼片3枚，苞片状；花瓣3片，绿色或红色，萼片状；雄蕊5枚瓣化，为主要观赏部分，其中3枚呈卵状披针形，1枚翻卷为唇瓣，另1枚具单室的花药；雌蕊也瓣化，形似扁棒状。瓣化雄蕊的颜色有鲜红、橙黄，或有橘黄色斑点。蒴果球形，种子黑色，种皮坚硬（图4-3-4）。

2. 类型及品种

美人蕉科仅有美人蕉一属植物，约50种，目前园艺上栽培的美人蕉大多数为杂交种及混交群体。主要种类有：

（1）大花美人蕉（*C. generalis*）。别名法国美人蕉、红艳蕉。为法国美人蕉系统的总称，主要由美人蕉杂交改良而来。为目前广泛栽培种，也是最艳丽的一类。株高约1.5m，一般茎叶均被白粉；叶大，阔椭圆形。花较大，有深红、橙红、黄、乳白色等。

（2）蕉藕（*C. edulis*）。别名食用美人蕉，姜芋。植株粗壮高大，约2～3m，茎紫红色，叶背及叶缘晕紫色。花期8～10月，但在我国大部分地区不开花。

（3）美人蕉（*C. indica*）。别名小花美人蕉、小芭蕉。株高1～1.3m，茎叶绿而光滑。花小，着花少，红色。

（4）黄花美人蕉（*C.* var. *flaccida*）。别名柔瓣美人蕉。株高1.2～1.5m，茎绿色；叶片长圆状披针形。花大而柔软，向下反卷，淡黄色。

图4-3-4 美人蕉

(5) 紫叶美人蕉（*C. warscewiezii*）。别名红叶美人蕉。株高1～1.2m，茎叶均紫褐色并具白粉。总苞褐色，花大，红色。

3. 生态习性

原产热带美洲，我国各地普遍栽培。生长健壮，性喜温暖、向阳的环境，不耐寒，早霜开始地上部分即枯萎。在华南亚热带地区为常绿植物，新老植株自然更迭，四季生长开花，无休眠。长江流域，凡土壤不结冻的地区，冬季落叶后根茎可在土层中越冬，但宜加覆盖物防寒保护。北方需将根茎放在0℃以上的室内贮藏。畏强风，栽植在背风地方。对土壤要求不严，但在土层深厚而疏松肥沃、通透性能良好的沙壤土中生长特别好，耐湿但忌积水。

4. 繁殖技术

通常以分割根茎繁殖为主，将根茎切离，每丛保留2～3个芽，切口涂以草木灰防腐。在北方为了使其提早开花，多在3月初将冬藏的根茎分割，每3～4株用素沙上盆假植，放在中温室内催芽，经常保持盆土湿润，室温在18℃以上，4月中旬根颈萌发，5月上旬成苗即可脱盆整坨定植花坛。

美人蕉也可播种繁殖。美人蕉的种皮坚硬，播种前可用砂纸搓磨把表皮磨薄，放25～30℃的温水中浸泡一昼夜，2～3周即可发芽，定植后当年即可开花。

5. 栽培管理要点

美人蕉适应性广，不择土壤，但要施足基肥。每年3～4月挖穴栽植，栽植深度8～10cm。开花前施2～3次追肥，经常保持土壤湿润。开花后将花茎及时剪去，以免消耗养分，并促使新茎抽出，开花连续不断。长江以南，根茎可以露地越冬，霜后剪去地上部枯萎枝，穴施基肥后，覆盖植株上方，以备安全越冬。翌春萌芽前清除覆盖材料，以利新芽出土。经2～3年挖出重新栽植。长江以北在秋季经霜后，茎叶大部分枯黄后将地下茎掘起，适当干燥后，砂藏于冷室或埋藏于高燥不结冰处，翌年春暖挖出分栽。

美人蕉病害有花叶病，防治方法可用40%乐果乳油1000倍液喷杀蚜虫，以防继续传毒蔓延病害。防治蕉锈病：用65%福美锌400倍液，每隔1周喷1次，共3～4次，或喷0.3度石硫合剂1次，或20%粉锈宁乳剂2000～3000倍液1次，注意交替使用，可以减轻病情。防治黑斑病：发病时定期喷50%托布津500～800倍液或65%代森锌500倍液。

6. 园林应用

美人蕉茎叶繁茂，花大且色彩艳丽，宜作花境背景或在花坛中心栽植，也可成丛或成带状种植在林缘、草地边缘。还可用于基础栽植，遮挡建筑死角。可成片自然式栽植或作室内盆栽装饰。它还可净化空气，对有害气体二氧化硫、氯气、氟具有良好的抗性。

3.2.5 水仙 *Narcissus tazetta* L. var. *chinensis* Roem.

别名：水仙花、金盏银台、天蒜、凌波仙子

科属：石蒜科，水仙属

1. 形态特征

为多年生草本。地下部分具肥大的鳞茎，球状鳞茎由鳞茎盘及肥厚的肉质鳞片组成，卵形或球形，具长颈。叶基生，叶片翠绿色，质软而厚，带状线形或近圆柱状，多数排成互生二列状。花单生或多朵呈伞形花序，下具膜质总苞；花葶直立，圆筒状或扁圆筒状，中空，高

20～30cm；花多为黄色、白色；花被片6，基部联合成不同深浅的筒状，花被筒淡绿色，花被裂片乳白色，副花冠浅杯状，鹅黄色。花被中央有杯状或喇叭状的副冠，其形状、长短、大小以及色泽均因种而异，也是分类的依据（图4-3-5）。

图4-3-5 水仙

2. 类型及品种

中国水仙主要有两品系：

（1）单瓣型（金盏银台）。花单瓣，白色，花被6裂，中心有一金黄色环状副冠，浅杯状，花期2～3月。产于浙江沿海岛屿和福建沿海。现福建漳州和上海崇明有大量栽培，远销国内外。

（2）重瓣型（玉玲珑）。花重瓣，白色，花瓣褶皱，无杯状幅冠。花姿美丽，但香味稍逊于单瓣。

另外还根据产地分为漳州水仙和崇明水仙。

园林中常见栽培的同属种类有：

（1）喇叭水仙（*N. pseudo-narcissus*）。别名洋水仙、漏斗水仙。鳞茎球形，叶扁平线形，长20～30cm，宽1.4～1.6cm，灰绿色，光滑。花单生，大型，淡黄色，径约5cm；副冠约与花被片等长。花期2～3月。本种有许多园艺品种，有宽叶和窄叶品种，有花被白色、副冠黄色或花被副冠全为黄色的。

（2）仙客来水仙（*N. cyclamineus*）。叶狭线性，背隆起呈龙骨状。植株矮小。花2～3朵聚生，形小而下垂或侧生；花黄色，花被片自基部极度向后卷曲；副花冠与花被片等长，鲜黄色，边缘具不规则锯齿。

3. 生态习性

水仙性喜温暖湿润气候及阳光充足的地方，忌炎热高温，喜水湿，较耐寒。水仙为秋植球根花卉，具有秋冬生长，早春开花并贮藏养分，夏季休眠的习性。休眠期进行花芽分化。

生长适温为10～20℃，可耐0℃低温。对土壤要求不高，除重黏土及砂砾地外均可生长，但以土层深厚、肥沃、湿润而排水良好的黏质壤土最好。

4. 繁殖技术

以分球繁殖为主，将母株自然分生的小鳞茎分离下来做种球，另行栽植培养。为培育新品种可采用播种繁殖，种子成熟后于秋季播种，翌春出苗，待夏季叶片枯黄后挖出小球，秋季再栽植。另外也可用组织培养法获得大量种苗和无菌球。

5. 栽培管理要点

生产栽培有旱地栽培法与灌水栽培法两种。

上海崇明采用旱地栽培法。选背风向阳的地方在立秋后施足基肥，深耕耙平后作出高垄，在垄上开沟种植。生长期追施1～2次液肥，养护管理粗放。夏季叶片枯黄后将球茎挖出，贮藏于通风阴凉处。

福建漳州采用灌水栽培法。9月下旬到10月上旬先在溶耕后的田面上作出高40cm、宽120cm的高畦。多施基肥，畦四周挖深30cm的灌水沟。一年生小鳞茎可用撒播法，2～3年生鳞茎用开沟条植法。由于水仙的叶片是向两侧伸展的，注意排球时鳞茎上芽的扁平面与沟平行，株距可较小，约10～20cm，行距较大，为30～40cm，以使有充足空间为沟深10cm左右，鳞茎顶部向上摆入沟内，覆土不要太深，栽后浇液肥，肥干后浸水灌溉，使水分自底部渗透畦面。隔1～2月再于床面覆稻草，草的两端垂入水沟，保持床面经常湿润。一般1～2年生球10～15d施肥一次，3年生球每周施追肥一次。

漳州水仙主要是培养大球，每球有4～7个花芽。为使球大花多，第3年栽培前数日要先行种球阉割。水仙的侧芽均在主芽的两侧，呈一直线排列。阉割时将球两侧割开，挖去侧芽，勿伤茎盘，保留主芽，使养分集中。再经1年的栽培，形成以主芽为中心的膨大鳞茎，和数个侧生的小鳞茎，构成笔架形姿态，花多，叶厚。

二三年生鳞茎栽培后，当年冬季主芽常开花，可留下花基1/3处剪下做切花，避免鳞茎养分消耗，继续培养大球。

6月以后，待地上部分枯萎后掘起。鳞茎掘起后去掉叶片和须根。在鳞茎盘处抹上护根泥，保护脚芽不脱落，晒到贮藏所需要的干燥程度后，即可贮藏。

10月份进入分级包装上市销售阶段，用竹篓包装，一篓装进20只球的，为20庄，另外还有30庄、40庄、50庄。

室内观赏栽培常用水养法，多于10月下旬选大而饱满的鳞茎，将水仙球的外皮和干枯的根去掉。先将鳞茎放入清水中浸泡一夜，洗去黏液，然后用小石子固定，水养于浅盆中，置于阳光充足环境中，室温12～20℃条件下，4～5个星期即可开花。水养期间，每隔1～2d换清水一次，换水冲洗时注意不要伤根。开花后最好放在室温10～12℃地方，花期可延长半个月，如果室温超过20℃，水仙花开放时间会缩短，而且叶片会徒长，倒伏。

水仙鳞茎经雕刻等艺术加工，可产生各种生动的造型，提高观赏价值，并能使开花期提早。雕刻形式多样，基本分为笔架水仙及蟹爪水仙两种。笔架水仙即将球纵切，使鳞茎内排列的花芽利于抽生。而蟹爪水仙，是在雕刻时刻伤叶或花梗的一侧，未受伤部位与受伤部位生长不平衡，即形成卷曲。不管是笔架水仙或蟹爪水仙，在刻伤后，均需浸水1～2日，将其黏液浸泡干净，以免凝固在球体上，使球变黑、腐烂。然后进行水养。

水仙病虫害有大褐斑病、病毒病、基腐病、线虫病、刺足根螨、蓟马及灰条球根蝇等。大褐斑病发生在叶片中部和边缘，病重时叶片像火烧似的，漳州花农称为“火团病”。用0.5%甲醛浸泡30min或用65%代森锰锌300倍浸泡15min，可减初次侵染菌源。从水仙萌发到开花期末，用75%百菌清600倍液或50%克菌丹500倍液，每10d一次，交替使用。水仙线虫病，危害叶及鳞茎。要加强检疫，种球可用40%甲醛120倍液浸蘸。还可用热处理除线虫，45℃温水浸泡10～15min，55～57℃温水处理3～5min。

6. 园林应用

水仙是我国十大传统名花之一。有“凌波仙子”之称。植株低矮，花姿雅致，芳香，叶清秀，是早春重要的园林植物。散植于庭院一角，或布置于花台、草地，清雅宜人。水仙也可以水养，将其摆放在书房或几案上，严冬中散发淡淡清香，令人心旷神怡。水仙也可做切花供应。鳞茎可入药，捣烂敷治痈肿。其花可提取香精，为高级香精原料。漳州水仙球大花多，闻名世界；崇明水仙开花适时，可加工造型，销售均遍及全国，并行销国际市场。

3.2.6 花毛茛 *Ranunculus asiaticus* L.

别名：芹菜花、波斯毛茛、陆莲花

科属：毛茛科，毛茛属

1. 形态特征

多年生草本，株高20～40cm。地下块根纺锤形，常数个聚生于根颈部，长约2cm，粗不及1cm。地上茎细而长，分枝少，高约30cm，被柔毛。叶片2型，基生叶阔卵形，3出羽状裂，裂片椭圆形，缘有齿，具长柄；茎生叶无柄，二回三出羽状细裂，无柄。花单生枝顶，花瓣平展，多为上下两层，每层8枚。花色有白、粉、黄、红、紫等色，花期4～5月（图4-3-6）。

图4-3-6 花毛茛

2. 生态习性

花毛茛原产欧洲东南部和亚洲西南部。喜凉爽和半阴的环境。不耐寒，畏霜冻，长江中下游地区露地能越冬。宜种植于排水好、肥沃的砂壤土。喜湿润，怕积水和干旱。6月后块根进入休眠期。

3. 繁殖技术

常用分株和播种繁殖。分株繁殖于9--10月进行，分割带根颈的块根，覆土宜浅，将根颈埋住即可。也可秋季用种子播种，播前种子处于10℃左右的低温下催芽，约经20d发芽，播入苗床，一般次年便能开花。

4. 栽培管理要点

无论地栽或盆栽应选择无阳光直射，通风良好的半阴环境。秋季块根栽植前先用40%福尔马林1000倍液冲洗灭菌，株行距20cm×20cm。早春干旱应适当浇水，植株进入旺盛生长期要加强肥水管理，保持土壤湿润，但忌积水，否则易导致黄叶，生长期如果高温高湿，容易引起植株徒长、黄叶和茎基病腐。花前追施1～2次肥料，花后再施肥1次。花前土壤偏干为好，花后剪去残花，以利块根的发育。夏季高温季节，植株进入休眠，可将块根挖起，与砂混合后，放通风干燥处保持稍干贮藏，至秋季栽培。

主要病害有根腐病，虫害有根蛆、潜叶蝇。根腐病防治用50%苯来特可湿性粉剂1000倍液浇灌。潜叶蝇选用50%潜蝇灵可湿性粉剂2000倍液喷杀。

5. 园林应用

花毛茛花朵鲜艳，花色丰富，花有单瓣、重瓣。在园林中地栽布置花坛、花带、花境、林缘、草坪角隅；也可做切花栽培；还可盆栽观赏；瓶插装饰环境。

3.2.7 晚香玉 *Polianthes tuberosa* L.

别名：夜来香、月下香

科属：石蒜科，晚香玉属

1. 形态特征

多年生草本。地下具圆锥状球根，上部为鳞茎，下部为块茎。地上茎直立不分枝。叶细长带状；叶2片，基生叶簇生，叶片带状披针形，先端尖，稍肉质；茎生叶互生，稀疏，愈向上愈小呈苞片状。总状花序顶生，明显高于叶丛，成对着花10～32朵，自下向上逐渐开放，芳香。花被筒细长，先端6裂，白色。花期8～10月。蒴果卵形，多不孕育（图4-3-7）。

图4-3-7 晚香玉

2. 生态习性

原产墨西哥，我国各地有栽培。喜光，喜温暖湿润环境，不耐寒。在热带和亚热带地区无休眠期，一年四季都可开花，其他地区则冬季落叶休眠。一般栽培不结实，11月下旬霜后地上部枯萎，生长期8个月左右。对土壤要求不严，以黏质土壤为宜，耐盐碱，砂土不易生长。对土壤湿度反应较敏感，喜肥沃、潮湿而不积水的土壤，干旱时，叶边上卷，花蕾皱缩，难以开放。

3. 繁殖技术

多采用分球繁殖，于11月下旬地上部枯萎后挖出地下茎，除去萎缩老球，一般每丛可分出5～6个成熟球和10～30个子球，晾干后贮藏室内干燥处。4月将越冬球根分栽于园地，繁殖前取出冬季贮存的母球，将母球周围着生的子球取下，用冷水浸泡一夜。基部直径达3cm的鳞茎当年能开花，其他小鳞茎需掰开分别种植再培育1～2年，发育成大球才能开花。植球后需20多天鳞茎才萌芽抽叶。播种繁殖常用于培育新品种，种子发芽温度25～30℃。

4. 栽培管理要点

分球栽植前深翻园地，施足基肥。一般于4月栽种球茎，深5～6cm，株距25～30cm，栽种深度应掌握“深长球、浅抽莛”的原则，深栽有利于块茎的生长，浅栽有利于开花，所以栽种当年开花的大球一般以覆土后使整个顶芽露出土面为宜，若是培养当年不能开花的小球，覆土应厚些。栽后浇一次透水。晚香玉喜肥，但又不宜施肥过多，否则易引起叶片徒长，开花减少。除基肥外，一般在萌芽出土后，花茎抽生，以及孕蕾期各施一次稀薄液肥。常用2%三元复合肥（尿素、过磷酸钙、硫酸钾按1∶10∶3的质量比）溶液浇根。同时用多元微肥500倍液或磷酸二氢钾600倍液喷叶。孕蕾后期宜增施一次含磷较多的速效肥料，施后要浇水，松土，以利于花蕾吸收。花谢后仍需加强肥水管理，促进新的块茎生长和花芽形成。

花后入秋，剪除残花有利于球根的发育。深秋叶片枯萎，掘出鳞茎，晒干表皮，置干燥温暖处越冬。

盆栽一般在11月下旬栽种。然后置于温室中，在温度保持18℃的条件下，可提前在4～5月开花。如促成栽培，需有高温温室的条件。10月将球根栽入温室，保持25℃的高温，并注意通风和追肥，春节前即可开花。切花在采收时应在花序基部开始开花时就剪取，瓶插时间可达10d左右。

晚香玉病害主要有炭疽病。可用75%甲基托布津可湿性粉剂1000倍液，80%炭疽福美可湿性粉剂600倍液，75%百菌清可湿性粉剂700倍液等喷雾防治。平时可选配质量比1∶1∶200倍波尔多液进行防治。为害晚香玉的害虫种类较多，二斑叶螨及蓟马为害较大，可用清源保和乐斯苯防治。

5. 园林应用

晚香玉花序长，是花境中优良竖线条花卉，花期长而自然，丛植或散植于石旁、路旁、草坪周围、花灌丛间，柔和视觉效果，渲染宁静的气氛。其花朵白色，夜晚开放，芳香宜人，宜布置夏秋季的夜游园；也可做切花材料，与其他花材配制花束、花篮或组插瓶花。

3.2.8 石蒜 *Lycoris radiata* Hort.

别名：蟑螂花、龙爪花、红花石蒜

科属：石蒜科，石蒜属

1. 形态特征

多年生草本。鳞茎近球形，直径2～4cm，鳞茎皮膜质，褐色或黑褐色。秋季花茎枯萎后即出叶，叶片狭带状，顶端钝，深绿色，中间有粉绿带，全缘。花茎高30～60cm，伞形花序顶生，有花4～7朵；花红色，花被片6，2轮排列，狭状披针形，边缘皱缩波浪状并反卷；花被筒绿色，长约5mm，副花冠由花丝间离生的鳞片组成；雄蕊6枚，着生于花被管喉部；花丝丝状，显著伸出花被外，较花被裂片长1倍，花药丁字着生；雌蕊1枚，花柱细长，长于雄蕊，柱头小，头状。蒴果扁卵圆形，通常具三棱，室背开裂；种子近球形，黑色。花期7～9月，果期10月（图4-3-8）。

2. 类型及品种

石蒜的花型有百合花型、萱草型、龙爪型等多种；花色有白、乳白、浅丁香紫、紫红、深红、玫瑰红、麦秆黄、橙黄等，还有带条纹或彩晕的品种。常见的品种有红艳欲滴、花瓣卷曲的红花石蒜，娇黄明丽、花姿洒脱的黄花石蒜，优雅可人的长筒石蒜，素洁清秀的夏水仙等。

变种有白花石蒜（var. *alba*），矮小石蒜（var. *pumila*）。

3. 生态习性

在自然界多野生于山林阴湿处及河岸边，由此可见石蒜喜半阴湿润环境。耐寒。土壤以排水良好、肥沃的砂质壤土及石灰质壤上生长良好。能稍耐盐碱土。

4. 繁殖技术

采用分球法繁殖，入夏叶片枯黄后将地下鳞茎掘起掰开重新栽植。鳞茎不宜每年采收，一般3～4年掘起分栽一次。

图4-3-8 石蒜

5. 栽培管理要点

秋季将园地深翻，施足基肥。栽植鳞茎种球宜浅栽，其上覆土约1cm，球顶刚入土即可。株行距20cm×30cm。春季萌发新叶时需要保持土壤湿润，5～6月叶枯后少浇水。7～8月花期前加施磷、钾肥1次，可促花茎粗壮，花大色艳。生长期应松土、除草，保持土壤湿润又不积水，雨季要防涝，达到雨停地干的要求。盆栽土壤需排水好，不积水，免致鳞茎腐烂。花朵萎谢后剪除花葶，减少养分的消耗。鳞茎露地越冬。

石蒜常见病虫害有炭疽病和腐烂病危害。防治方法：鳞茎栽植前用0.3%硫酸铜溶液浸泡30min，用水冲净，晾干后种植。发病初期用50%苯来特2500倍液喷洒。

6. 园林应用

园林中可做林下地被花卉，花境丛植或山石间自然式栽植。因其开花时光叶，所以应与其他较耐阴的草本植物搭配为好。除此也可供盆栽、水养、切花等用。

【技能训练】

实训　露地球根花卉生产

一、目的要求

使学生进一步熟悉本地区露地球根花卉的种类，掌握露地球根花卉的栽培管理技术。

二、材料用具

1. 材料。本地区常见露地球根花卉（大丽花、美人蕉、鸢尾、唐菖蒲、百合），有机、无机肥料。

2. 用具。修枝剪、花铲、喷壶、铁锹等。

三、实训内容及操作过程

1. 整地施肥

选择背风向阳、土层深厚、肥沃的砂质土壤或土壤定植。栽前深耕土壤40～50cm，每$100m^2$施入腐熟厩肥或堆肥300～450kg，必要时再混入硝酸铵2.2kg、过磷酸钙5.0kg、氯化钾1.8kg。

2. 栽植

需分球的结合分球进行。

（1）栽植时间。秋植球根9～10月，春植球根4～5月，具体时间因当地气候而定。

（2）栽植方法。较小的球根如郁金香开沟栽植，株行距20～30cm；较大的球根如美人蕉、大丽花挖穴栽植，株行距60～100cm。栽植深度通常为球高的3倍（即覆土厚度约为球高的2倍）。栽后浇一次透水。

3. 常规管理

枝叶出土后及时浇水，保持土壤湿润。叶片快速生长期和显蕾初期各追一次稀薄液肥，花期较长者开花期间再追肥2～3次。浇施化肥浓度控制在1%～3%，叶面喷肥浓度控制在0.1%～0.3%。花后剪去残花，减少养分消耗，以利于新球和子球充实。

4. 球根采收与贮藏

（1）秋植球根水仙、郁金香等初夏茎叶枯黄时掘起球根，去除附土，阴干后用网兜悬挂或摊放于室内设架子上。保持室内干燥、凉爽，室温不超过25℃。切忌闷热、潮湿。

（2）春植球根美人蕉、大丽花等秋季地上部分茎叶枯黄后掘出球根，去除附土，适当干燥后球间填充干沙或锯末装入花盆、木箱或堆放于室内，室温保持5℃左右（不低于0℃或高于10℃），即可安全越冬。

四、实训报告

总结当地3～5种重点露地球根花卉的栽培管理方法。

【本章小结】

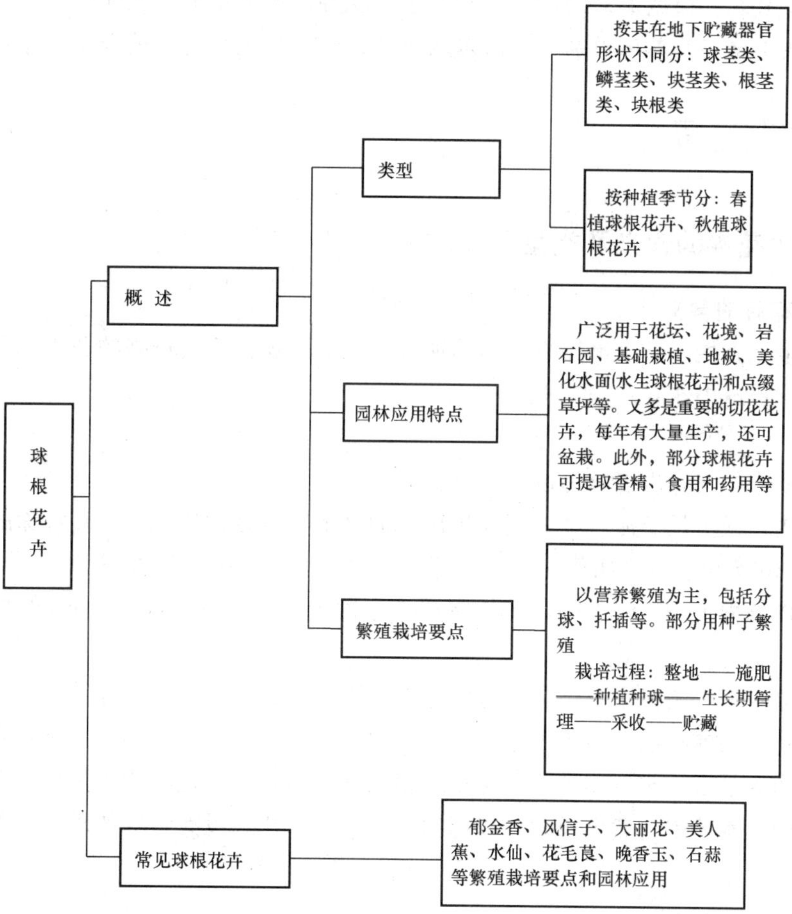

【复习思考题】

1. 球根花卉按其在地下贮藏器官形状不同可分为哪几类，各有何特点，并举例说明。
2. 球根花卉可以采用哪些方法繁殖，举例说明。
3. 试述春植球根和秋植球根的异同点。
4. 结合实例说明球根花卉的花期调节技术。
5. 列举6种常见球根花卉，说明它们的主要生态习性、繁殖方法、栽培管理要点和园林应用。

第4章 水 生 花 卉

【知识要点】 水生花卉的含义及类型；常见水生花卉的园林应用特点；常见水生花卉的生态习性和繁殖栽培要点。

【学习目标】

知识目标： 通过本章的学习，掌握水生花卉的生产技术与操作规程。

技能目标： 能熟练识别常见的水生花卉；能运用水生花卉进行园林绿化布置。

4.1 水生花卉概述

4.1.1 水生花卉的含义及类型

1. 水生花卉的含义

园林水生花卉指生长于水体中、沼泽地、湿地上，观赏价值较高的花卉，包括一年生花卉、宿根花卉、球根花卉。

2. 类型

园林水体中的花卉可以分为以下几类：

挺水植物：根生长于泥土中，茎叶挺出水面之上，包括沼生到1.5m水深的植物，栽培中一般是80cm水深以下。如荷花、千屈菜、水生鸢尾、香蒲、菖蒲等。

浮水植物：根生长于泥土中，叶片漂浮于水面上，包括水深1.5～3m的植物。如睡莲类、萍蓬草、王莲、芡实等。

漂浮植物：根生长于水中，植物体漂浮在水面上。如凤眼莲、浮萍等。

沉水植物：根或根状茎生于泥中，植物体生于水下，不露出水面。如金鱼藻等。

园林中作为景观的水生花卉主要是挺水植物和浮水植物，也使用少量漂浮花卉。沉水植物在园林中的大水体中自然生长，可以起净化水质的作用，没有特殊要求，一般不专门栽植这类植物。

4.1.2 水生花卉的园林应用特点

水生花卉在现代城市园林造景中，是必不可少的材料。常栽植于湖岸、各种水体中作为主景或配景。水生花卉不仅具有较高的观赏价值，更重要的是它还能吸收水中的污染物对水体起净化作用，是水体天然的净化器。

水生植物景观能够给人一种清新、舒畅的感觉，不仅可以观叶、品姿、赏花，还能欣赏映照在水中的倒影，令人浮想联翩。另外，水生植物也是营造野趣的上好材料，在河岸密植芦苇林、大片的香蒲、慈姑、水葱、浮萍能使水景野趣盎然。

早在20世纪70年代，园林学家就注意到水生植物在净化水体中的作用，并开始巧妙地应用于园林以治理污水。近30年来，我国对东湖、巢湖、太湖、洪湖、白洋淀等淡水湖泊的富营养化控制和人工湿地生态恢复的大量研究证明，水生植物可以吸附水中的营养物质及其他元素，增加水体中的氧气含量，抑制有害藻类的大量繁殖，遏制底泥营养盐向水中的再释放，以利于水体的生态平衡。近年来兴起的人工湿地系统，正是水生植物生态价值的最好体现，人工湿地景观已成为城市中极富自然情趣的景观。

水生花卉不仅具有观赏价值而且还有很高的食用价值和药用价值。芡实、菱角、莼菜、香蒲、慈姑等，除了绿化水体环境外，还是十分著名的食用蔬菜，且具有药效和保健作用。

4.1.3 水生花卉的繁殖栽培要点

1. 繁殖要点

水生花卉多采用分生繁殖，有时亦采用播种法。分株一般在春季萌芽前进行。播种法应用较少，大多数水生花卉种子干燥后即丧失发芽能力，成熟后即行播种，或贮在水中。

2. 栽培要点

栽培基质。栽植水生花卉的池塘，最好选用池底有丰富的腐草烂叶沉积，并为黏质土壤。盆栽用土也以富含腐殖质的泥塘土配一般栽培用土，使之成为黏质土壤。

种植深度。不同水生花卉对水深的要求不同，同一种花卉对水深的要求一般随着生长要求不断加深，旺盛生长期达到最深水位。

越冬管理。耐寒种类直接栽植在池中或水边，冬季不需特殊保护，休眠期对水深浅要求不严；半耐寒种类直接种在水中，初冬结冰前提高水位，使花卉根系在冰冻层下过冬；盆栽沉入水中的，入冬前取出，倒掉积水，连盆一起放在冷室中过冬，保持土壤湿润即可；不耐寒的种类要盆栽，冬天移入温室过冬；特别不耐寒的种类，大部分在温室中栽培，夏季温暖时可以放在室外水体中观赏。

水质。清洁的水体有益于水生花卉的生长发育，水生植物对水体的净化能力是有限的。水体静止容易滋生大量藻类，水质变浑浊，小范围内可用硫酸铜除去；较大范围可利用生物拮抗，放养金鱼藻等藻类或河蚌等软体动物。

防止鱼食。为防止鱼类噬食水生花卉，常在水中围以铅丝网，上缘稍露出水面即可，以免影响观瞻。

4.2 常见水生花卉栽培技术

4.2.1 荷花 *Nelumbo nucifera*

别名：莲花、水芙蓉、藕

科属：睡莲科，莲属

1. 形态特征

荷花为多年生宿根水生花卉。原产我国，栽培历史悠久，是我国十大传统名花之一。荷叶呈盾状圆形，具14～21条辐射状叶脉，叶径可达70cm，全缘；叶面绿色，表面有蜡粉，不湿水；叶柄侧生刚刺。最早从顶芽长出的叶，形小、柄细，浮于水面称钱叶，之后，顶芽

图 4-4-1 荷花

向前长出细长根茎，称“藕鞭”。最早从藕鞭节上长出的叶叫浮叶。后来从藕节上长出的叶较大，叶柄也粗，立出水面，称为立叶。地下茎膨大横生于泥中，称藕。地下茎有节和节间，节上环生不定根并抽生叶和花，同时萌发侧芽。花单生于花梗的顶端，有单瓣和重瓣之分，花色各异，有粉红、白、淡绿、深红及间色等；花径大小因品种而异，在10～30cm之间。花期6～9月，单花期3～4d。花谢后膨大的花托称莲蓬，上有3～30个莲室，每个莲室形成一个小坚果，俗称莲子。果熟期9～10月，成熟时果皮青绿色，老熟时变为深蓝色，干时坚固（图4-4-1）。

2. 种类及品种

根据用途不同可分为藕莲、子莲和花莲三大系统。

根据花和植株的大小可分为大花莲类和碗莲类。

根据花型可分为单瓣类、复瓣类、重瓣类、重台阁类（台阁型）。

根据花色可分为白莲、红莲、粉莲、黄莲、洒金莲等。

3. 产地及生态习性

荷花原产我国温带地区，具有喜水、喜温、喜光的习性。对温度要求较严格，水温冬天不能低于5℃；一般8～10℃开始萌芽，14℃时抽生地下茎，同时长出幼小的“钱叶”，18～21℃开始抽生“立叶”，在23～30℃时加速生长，抽出立叶和花梗并开花。荷花生长期要求充足的阳光，喜肥，要求含有丰富腐殖质的肥沃壤土，以pH值为6.5～7.0最宜，土壤酸度过大或土壤过于疏松，均不利于生长发育。

荷花最怕水淹没荷叶，因为荷叶表面有许多气孔，它与叶柄和地下根茎的气腔相通，并依靠气孔吸收氧气供整个植株体用。荷花怕狂风吹袭，叶柄折断后，水进入气腔会引起植株腐烂死亡。

4. 繁殖技术

荷花可用播种繁殖和分株繁殖，园林应用中多采用分株繁殖，可当年开花。

分株繁殖。分株繁殖选用主藕2～3节或用子藕作母本。分栽时选用的种藕必须具有完整无损的顶芽，否则不易成活，分栽时间以4月中旬藕的顶芽开始萌发时最为适宜，过早易受冻害，过迟顶芽萌发，钱叶易折断，影响成活。

播种繁殖。播种繁殖需选用充分成熟的莲子，播种前必须先“破头”，即用锉将莲子凹进去的一端锉伤一小口，露出种皮。将破头莲子投入温水中浸泡一昼夜，使种子充分吸胀后再播于泥水盆中，温度保持在20℃左右，经1周便发芽，长出2片小叶时便可单株栽植。若池塘直播，也要先破头，然后撒播在水深10～15cm的池塘泥中，1周后萌发，1个月后浮叶出水成苗。实生苗一般2年可开花。

5. 栽培管理要点

荷花栽培因品种特性和栽植场地环境，分为池塘栽植、缸（盆）植和盆栽沉水等。

（1）池塘栽植。栽植前应先放干塘水，施入厩肥、绿肥、饼肥作基肥，耙平翻细，再灌水，将种藕“藏头露尾”状平栽于淤泥浅层，行距150cm左右，株距80cm左右。栽后不立即灌水，待3～5d后泥面出现龟裂时再灌少量水，生长早期水位不宜深，以15cm左右为宜，以后逐渐加深，夏季生长旺盛期水位为50～60cm，立秋后再适当降低水位，以利藕的生长，水位最深不过100cm。入冬前剪除枯叶把水位加深到100cm，北方地区应更深一些，防池泥冻结。

（2）盆（缸）植。盆缸栽植宜选用适合盆栽的观赏品种。场地应地势平坦，背风向阳，栽植容器选用深50cm、内径60cm左右的桶式花盆或花缸，缸盆中填入富含腐殖质的肥沃湖塘泥，泥量占缸盆深1/3～1/2，加腐熟的豆饼肥、人粪尿或猪粪作基肥，与塘泥充分搅拌成稀泥状。一般每缸栽1～2支种藕。栽两支者顶芽要顺向，沿缸边栽下。刚栽时宜浅水，深2cm以利提高土温，促进种藕萌发。浮叶长出后，随着浮叶的生长逐渐加水，最后可放水满盆面。夏季水分蒸发快每隔2～3d加1次水，在清晨加水为好。出现立叶后可追施1次腐熟的饼肥水。平时注意清除烂叶污物。秋末降温后，剪除残枝，清除杂物，倒出大部分水，仅留1cm深，将缸移入室内，也可挖出种藕放室内越冬，室温保持3～5℃即可。

（3）盆栽沉水。栽培方法同缸栽，不同之处在于生长季将盆浸入水中培养，生长初期水面距盆面10～15cm，生长旺期水面距盆面20～30cm。

荷花常见的病虫害有袋蛾、蚜虫、斜纹夜蛾等，可用人工捕捉或喷洒10%虫除尽2000～2500倍液防治。常见斑枯病、斑点病等，病害可用2.5%的睛菌唑乳油300倍液或甲基托布津原粉早晚喷洒在荷叶上，可收到70%的效果。

6. 园林应用

荷花碧叶如盖，花朵娇媚高洁，是园林水景中造景的主要材料，可以在大水面上片植，形成“接天莲叶无穷碧，映日荷花别样红”的壮丽景观；一般小水面可以丛植。也可盆栽或缸栽布置庭院。荷花本性纯洁，花叶清丽，清香四溢，因其出污泥而不染，迎朝阳而不畏的高贵气节，深受文人墨客及大众的喜爱，被誉为“君子花”，通过赏荷陶冶人们的性情。荷花不仅是良好的观赏材料，也是重要的经济作物。荷花全身皆宝，叶、梗、蒂、节、莲蓬、花蕊、花瓣均可入药。莲藕、莲子是营养丰富的食品。所以除观赏栽培外，常常进行大面积的生产栽培。

4.2.2 睡莲属 *Nymphaea*

别名：子午莲

科属：睡莲科，睡莲属

1. 形态特征

睡莲为多年生浮叶型水生草本植物。根状茎横生于淤泥中。叶丛生并浮于水面，圆形或卵圆形，基部近戟形，全缘；叶正面浓绿有光泽，叶背面暗紫色；叶柄细长而柔软，因而使叶片浮于水面。花单朵顶生，浮于水面或略高于水面，花瓣8～15枚，有黄、白、粉红、紫红等色；雄蕊多数。花期6～9月，果熟期7～10月。果实含种子数个，种子外有冻状物包裹，果实成熟后在水中开裂，种子沉入水底越冬（图4-4-2）。

2. 种类及品种

全属近40～50种，我国有7种，目前栽培的园艺品种有150余个。依据耐寒性将睡莲分为耐寒和不耐寒两大类。

图 4-4-2 睡莲

(1) 不耐寒睡莲。也称热带睡莲，睡莲属内约有 45%的种可在热带或亚热带露地种植。叶缘波状或有明显锯齿，在大缺刻的顶端与叶柄之间有时生出小植株，称为胎生，这种现象只发生于热带睡莲。主要种有下述几类：

黄绿睡莲（*N. flayovirens*）：花星状，白色，花径约 15～20cm，极香，白天开花。原产墨西哥、秘鲁、巴西等地。

墨西哥睡莲（*N. mexicana*）：花鲜黄色，花径 10cm，清香，原产美国南部及墨西哥。本种不耐水深。

大睡莲（*N. gigantea*）：花天蓝色，花径 30～38cm，白天开花，原产澳大利亚及新几内亚。

埃及白睡莲（*N. lotus*）：最古老的栽培品种，花白色，花径 12～25cm，夜间开花至次日中午闭合。原产埃及、中非、西非、马达加斯加等。

印度红花睡莲（*N. rubra*）：花深红色，花径 12～25cm，夜间开花至次日中午闭合。原产印度。

(2) 耐寒睡莲。在睡莲属中半数以上的种可耐霜冻而根部不致死亡，称为耐寒睡莲。叶片圆形或近圆形，叶片上大缺刻与叶柄基部距离小于 1cm。花朵浮在水面上开花，授粉后沉入水中，全部品种均在白天开花，下午或傍晚闭合。

香睡莲（*N. odorata*）：花白色，花径 3.6～12cm，上午开放，午后关闭，极香。原产北美。

子午莲（*N. tetragona*）：叶小而圆，表面绿色，背面暗红色，花白色，花径 2～7.5cm，每天下午开放到傍晚。

白睡莲（*N. alba*）：花白色，花径 12～15cm，花瓣 16～24 枚，成 2～3 轮排列，有香味，夏季开花，终日开放。原产欧洲，是目前栽培最广的种类。

3. 产地及生态习性

睡莲属植物原产北非和东南亚的热带地区或北非和欧洲的温带和寒带地区。喜阳光充足、空气湿润、通风良好和水质清洁的环境。较耐寒，长江流域可在露地水池中越冬。对土壤要求不严，但需富含腐殖质的黏质土，pH 值为 6～8。生长期间要求水的深度在 30～60cm 之间，最深不得超过 80cm。

4. 繁殖技术

分株繁殖。睡莲常采用分株法繁殖，通常在春季晚霜后进行。于 3～4 月间将根状茎挖出，选带有饱满新芽的根茎切成 10cm 左右的段，随即平栽在塘泥中。

播种繁殖。睡莲果实在水中成熟，种子常沉入水中泥底，因此必须从泥底捞取种子（也可在花后用布袋套头以收集种子）。种子捞出后，仍须放水中贮存。一旦种子干燥，即失去萌芽能力，故种子捞出后应随即播种。通常盆播，播前浸入25～30℃的水中催芽，每天换水，盆土距盆口4cm，播后将盆浸入水中或盆中放水至盆口。温度以25～30℃为宜，不耐寒类约10～20d发芽，翌年即可开花，耐寒类常需1～3个月才能发芽。

5. 栽培管理要点

睡莲可盆栽或池栽。大面积种植时，可直接栽于池内淤泥中；小面积栽植时，先将睡莲栽植在缸（盆）里，再将缸置放池内，也可在水池中砌种植台或挖种植穴。睡莲根茎段的栽植深度不能过深，顶芽朝上，其深度与土面平齐即可。栽后稍晒太阳即可注入浅水，待气温升高新芽萌动后，再逐渐加深水位。生长期水位不宜超过40cm，越冬时水位可深至80cm。睡莲不宜栽植在水流过急、水位过深的位置。必须是阳光充足、空气流通的环境，否则水面易生苔藻，使生长衰弱而不开花。

睡莲施肥多采用基肥，缸栽睡莲要先填大半缸塘泥，施入少量含磷、钾丰富的腐熟基肥拌匀，然后栽植。生长期间适时追肥，花前追肥，将磷酸二氢钾用带韧性的纸包好，一包5g，每缸2包，包上可扎小孔数个。沿盆壁塞入根茎下，半月一次，连施3～4次。

6. 园林应用

睡莲飘逸悠闲，花色丰富，花型小巧，体态可人，在现代园林水景中是重要的浮水花卉，我国大江南北的庭园水景中常栽植各色睡莲，或盆栽，或池栽，供人观赏。睡莲中的微型品种，可用于布置居室，将其栽在考究的小盆中，配以精致典雅的盆架，置于恰当的位置，与室内的其他装饰相映成趣，使人赏心悦目。睡莲的根能吸收水中的铅、汞、苯酚等有毒物质，是难得的净化水体的植物材料，因此在城市水体净化、绿化、美化建设中备受重视。

睡莲自古以来就与人们的文化生活密切相关。古埃及视其为太阳的象征和神圣之花，上至历代王朝的加冕仪式，下至民间的壁画和雕刻工艺品，都把它当作供品和装饰品，渗入了人们对睡莲的情思，并留下了许多动人的传说。现在睡莲被选为泰国的国花。

4.2.3 王莲 *Victora amazonica*

别名：亚马逊王莲

科属：睡莲科，王莲属

1. 生态特征

睡莲科多年生浮叶植物，多作一年生栽培。地下部分具直立的根状短茎和发达的不定须根，白色。王莲是水生有花植物中叶片最大的植物，其初生叶呈针状，长到2～3片叶呈矛状，至4～5片叶时呈戟形，长出6～10片叶时呈椭圆形至圆形，到11片叶后叶缘上翘呈盘状，叶缘直立，叶片圆形，像圆盘浮在水面，直径可达2m以上，叶面光滑，绿色略带微红，有皱褶，背面紫红色，叶柄绿色，长2～4m，叶子背面和叶柄有许多坚硬的刺，叶脉为放射网状。每叶片可承重数十千克。王莲的花很大，单生，直径25～40cm，有4片绿褐色的萼片，呈卵状三角形，外面全部长有刺；花瓣数目很多，呈倒卵形，长10～22cm；雄蕊多数，花丝扁平，长8～10mm；子房下部长着密密麻麻的粗刺。王莲的花期为夏或秋季，傍晚伸出水面开放，甚芳香，第一天白色，有白兰花香气，次日逐渐闭合，傍晚再次开放，花瓣变为淡红色至深红色，第3d闭合并沉入水中。王莲9月前后结果，浆果呈球形，种子黑色。种子含丰富淀粉，可供食用（图4-4-3）。

图 4-4-3　王莲

2. 产地及生态习性

王莲原产南美，株丛大，叶片更新快。要求在高温、高湿、阳光和土壤养分充足和水体清洁的环境中生长发育。通常要求水温 30～35℃，低于 20℃停止生长。温度降至 10℃，植株则枯萎死亡。空气湿度以 80%为宜。王莲喜肥，尤以有机肥为宜。

3. 繁殖技术

王莲的繁殖常用播种法，当年冬春播种的王莲，春季就能下水定植，夏季就可以开花。王莲的种子在 10 月中旬成熟，采集后洗净并用清水贮藏。长江中下游地区于 4 月上旬用 25～28℃加温进行室内催芽，可将种子放在培养皿中，加水深 2.5～3.0cm，每天换水一次，播种后 1 周发芽。种子发芽后待长出第 2 幼叶的芽时即可移入盛有淤泥的培养皿中，待长出 2 片叶，移栽到花盆中。6 月上旬幼苗 6～7 片叶时可定植露地水池内。

4. 栽培管理要点

王莲喜肥沃深厚的污泥，但不喜过深的水。栽培水池内的污泥，需深 50cm 以上，水深以不超 1m 较为适宜。种植时施足厩肥或饼肥，发叶开花期，施追肥 1～2 次，入秋后即应停止施肥。王莲喜光，栽培水面应有充足阳光，人工栽培的关键技术是越冬防寒。我国海南省南部，可在露地安全过冬，西双版纳和雷州半岛等热带地区，一般年份，均需简易防寒，方可在露地越冬。其余华南的广大地区，天然水面不宜栽培，只宜种植在人工建筑的水池内。

王莲的主要虫害有斜纹夜蛾和蚜虫。斜纹夜蛾的防治可用 0.6%灭虫灵乳油 1000 倍液喷洒。而蚜虫则用净叶宝Ⅱ号 1500 倍液或 20%绿保素 2500 倍液喷洒防治。幼苗定植期要预防鱼类啃食。

5. 园林应用

王莲以巨大优美的盘叶和美丽浓香的花朵而著称。观叶期 150d，观花期 90d，若将王莲与荷花、睡莲等水生植物搭配布置，将形成一个完美、独特的水体景观，让人难以忘怀。如今王莲已是现代园林水景中必不可少的观赏植物，也是城市花卉展览中必备的珍贵花卉，既具很有高的观赏价值，又能净化水体。家庭中的小型水池同样可以配植大型单株，具多个叶盘，孤植于小水体，有很好的观赏效果。其种子含丰富的淀粉可食用，有“水中玉米”之称。

4.2.4　雨久花　*Monochoria korsakowii*

别名：水白菜、蓝鸟花

科属：雨久花科，雨久花属

1. 形态特征

雨久花科一年生挺水花卉。茎直立，高 50～90cm。叶片广心形或卵状心形，先端渐尖，基部心形；基生叶具长柄，茎生叶叶柄渐短，基部扩大成鞘，抱茎。总状花序再聚成圆锥花序，花蓝色，花被离生。蒴果卵形。花期 7～9 月（图 4-4-4）。

图 4-4-4 雨久花

2. 产地及生态习性

原产中国东部和北部。适应性强，喜光耐半阴，喜水湿环境，不耐寒。常生长于池塘、湖边及沼泽地等浅水处。生长期在 180d 左右，10℃以下地上部枯萎，地下部分能在江南地区室外越冬。

3. 繁殖技术

雨久花采用播种方法繁殖后代，因适应性强，常在生长环境中自播繁衍，不需管理。

4. 栽培管理要点

露地栽培在每年 4～5 月进行，在池塘、湖边或沼泽地中以株行距 25cm 左右进行栽植，当年即可生长。盆栽可将幼苗直接栽入盛满腐殖土或塘泥的盆中，栽植后灌满清水。生长发育期保持浅水栽培，并及时清除杂草；花期追施钾肥，施肥的深度应在泥面下 5～10cm。

5. 园林应用

雨久花因其花大而美丽，叶色翠绿而有光泽，在园林水景布置中常与其他水生观赏植物搭配使用，是一种美丽的水生花卉，亦可盆栽观赏。

4.2.5 千屈菜 *Lythrum salicaria*

别名：水枝柳、水柳、对叶莲

科属：千屈菜科，千屈菜属

1. 形态特征

千屈菜为多年生挺水植物，株高 1m 左右。地下根茎粗硬，地上茎直立，四棱形，多分枝。单叶对生或轮生，披针形，基部广心形，全缘。穗状花序顶生；小花多数密集，紫红色，花瓣 6 片。花期 7～9 月。蒴果卵形包于宿存萼内（图 4-4-5）。

图 4-4-5 千屈菜

2. 类型及品种

千屈菜有 3 个主要变种：

紫花千屈菜（var. *atropurpureum* Hort.）：花穗大，花深紫色。

大花千屈菜（var. *roseum superbum* Hort）：花穗大，花暗紫红色。

毛叶千屈菜（var. *tomentosum* DC.）：全株有白毛。

3. 产地及生态习性

原产于欧、亚两洲的温带，广布全球，我国南北各省均有野生。性喜强光、潮湿以及通风良好的环境。尤喜水湿，通常在浅水中生长最好，也可露地旱栽，但要求土壤湿润。耐寒性强，在我国南北各地均可露地越冬。

对土壤要求不严。

4. 繁殖方法

以分株繁殖为主，也可用播种、扦插方法繁殖。分株繁殖春、秋季均可分栽，将母株丛挖起，切分数芽为一丛，另行栽植即可。扦插可于夏季 6～7 月间进行，选充实健壮枝条，嫩枝扦插，及时遮阴，1 个月左右可生根。播种繁殖宜在春季进行，盆播或地床条播，经常保持土壤湿润，在 15～20℃下，经 10d 左右即可出苗。

5. 栽培管理要点

千屈菜可露地栽培或在水池、水边栽植，养护管理简便，仅需冬季剪除枯枝，任其自然越冬。

盆栽时，应选用肥沃土壤并施足基肥。在花穗抽出前经常保持盆土湿润而不积水为宜，花将开放前可逐渐使盆面积水，并保持水深 5～10cm，这样可使花穗多而长，开花繁茂。生长期间应将盆放置阳光充足、通风良好处，冬天将枯枝剪除，放入冷室或放背风向阳处越冬。

6. 园林应用

千屈菜株丛整齐清秀，花色淡雅，姿态娟秀洒脱，花期长。水边浅处成片种植，不仅可以衬托睡莲、荷花等的艳姿，同时也可遮挡单调的驳岸，对水面和岸上的景观起到协调的作用。丛植岸边也很美丽。也可作花境背景材料和盆栽观赏等。

4.2.6 萍蓬草 *Nupahar pumilum*

别名：萍蓬莲、黄金莲、水栗

科属：睡莲科，萍蓬草属

1. 形态特征

多年生浮水植物。根茎肥大，呈块状，横卧泥中。叶伸出或浮出水面，广卵形，长 8～17cm，宽 5～12cm，先端圆钝，基部开裂，裂深约为全叶的 1/3；表面亮绿色，背面紫红色，密被柔毛。花单生叶腋，伸出水面；萼片 5 枚，倒卵形、楔形，黄色，花瓣状。花期 5～7 月(图 4-4-6)。

图 4-4-6 萍蓬草

2. 产地及生态习性

原产北半球寒带，我国东北、华北、华南均有分布。喜土壤深厚，耐寒，华北地区能露地水下越冬；喜阳光充足，又耐热；喜生于清水池沼、湖泊及河流等浅水处。对土壤要求不严，以土质肥沃略带黏性为好。适宜水深 30～60cm，最深不宜超过 1m。生长适宜温度为 15～32℃，温度降至 12℃以下停止生长。

3. 繁殖技术

通常用种子或分株繁殖，方法同一般水生植物。

4. 栽培管理要点

养护管理简单。华东地区可露地水下越冬，北方冬季需要保护，休眠期温度保持 0～5℃即可，保留 5cm 水层。

5. 园林应用

萍蓬草初夏开放，叶亮绿，金黄娇嫩的花朵从水中伸出，小巧而艳丽，是夏季水景园的重要花卉。可以片植或丛植，也可盆栽装点庭院。一般小池以 3～5 株散植于亭、榭边或桥头，有如“晓来一朵烟波上，似画真妃出浴时”，花虽小，但淡雅飘逸，饶有情趣。其种子、根茎均可食用和入药。

4.2.7 荇菜 *Nymphoides peltate*

别名：水荷叶、大紫背浮萍、水镜草

科属：龙胆科，荇菜属

1. 形态特征

多年生漂浮植物。枝条有长枝和短枝两种类型，长枝匍匐于水底，如横走茎；短枝从长枝的节处长出。叶柄长度变化大，叶卵形，上表面绿色，边缘具紫黑色斑块，下表面紫色，基部深裂成心形。伞形花序腋生，小花黄色（图 4-4-7）。

2. 产地及生态习性

荇菜广布于我国华东、西南、华北、东北、西北及台湾等地，日本、俄罗斯也有分布。对环境适应性强，耐寒，强健，常野生于湖泊、池塘净水或缓流中。对土壤要求不严，以土质肥沃略带黏质的土壤为宜。生长适温 15～30℃，低于 10℃停止生长。能耐低温，但不耐严寒。冬季来临，植株极易冻死。

3. 繁殖技术

多用分株和扦插法繁殖。分株于每年 3 月份将生长较密的株丛分割成小块另植。扦插繁殖也容易成活，它的节茎上都可生根，生长期取枝 2～4 节，插于浅水中，2 周后生根。

图 4-4-7 荇菜

4. 栽培管理要点

荇菜在水池中种植，水深以 40cm 左右较为合适，盆栽水深 10cm 左右即可。以普通塘泥作基质，不宜太肥，否则枝叶茂盛，开花反而稀少。如叶发黄时，可在盆中埋入少量复合肥或化肥片。平时保持充足阳光，盆中不得缺水，不然也很容易干枯。但应注意生长后期疏去大部分成熟的果实，不使其发育，以免泛滥成灾。

5. 园林应用

荇菜叶小而翠绿，黄色小花覆盖水面很美丽，在园林水景中大片种植可形成“水行牵风翠带长”的景观。荇菜与荷花伴生，微风吹来，花颤叶移，姿态万端。在造景中，还要注意荇菜的动态美，留有足够的空间。

4.2.8 石菖蒲 *Acorus gramineus*

别名：山菖蒲、药菖蒲、水剑草、香菖蒲

科属：天南星科，菖蒲属

1. 形态特征

多年生挺水草本植物，株高 30～40cm，全株具香气。硬质的根状茎横走，多分枝。叶剑状条形，两列状密生于短茎上，全缘，先端惭尖，有光泽，中脉不明显。4～5 月开花，花茎叶状，扁三棱形，肉穗花序，花小而密生，花绿色，无观赏价值。佛焰苞与花序等长。浆果肉质，倒卵圆形（图 4-4-8）。

图 4-4-8 石菖蒲

2. 产地及生态习性

原产中国及日本，越南和印度也有分布。喜阴湿环境，在郁密度较大的树下也能生长，但不耐阳光暴晒，否则叶片会变黄。不耐干旱。稍耐寒，在长江流域可露地生长。在华北地区则变为宿根花卉，地上部分枯死，根茎在土壤中越冬。

3. 繁殖技术

通常在 9～10 月进行分株种植，即除去枯黄老叶后，将植株分为 5～10 个分蘖的小株，然后种植浇水。株行距 30cm 左右，一二年可长成茂密的植株。

4. 栽培管理要点

露地栽培，选择湿地或浅水处，按 15cm×15cm 的株行距进行丛植，栽培的形状、图案，要与周围的植物搭配协调好，否则影响植物的生长发育与观赏效果。盆栽时，选择各自需要的大小盆，装入培养土，中间挖穴植入，但生长点（芽）要露出泥土表面，栽植后保持土壤湿润（1～3cm 的水深）。生长期应保持湿润，定植到孕穗前需及时除草，并结合除草进行追肥，一般 2～3 次。初期追施氮肥，抽穗开花前追施磷、钾肥，施肥要施入泥中（泥表面以下 5cm 左右）。越冬时，地上部分枯枝残叶要清除，并集中烧掉。盆栽每两年要分栽一次，池栽 3 年左右分栽一次。

5. 园林应用

石菖蒲株丛矮小，叶色深绿光亮，揉搓具芳香，耐践踏，是良好的林下阴湿地环境的地被观赏植物。又可适应在水池中造景，“菖蒲伴泉”是一种传统的配置方式。还可入药，有开窍、豁痰、理气、活血、散风、去湿之功效。

【本章小结】

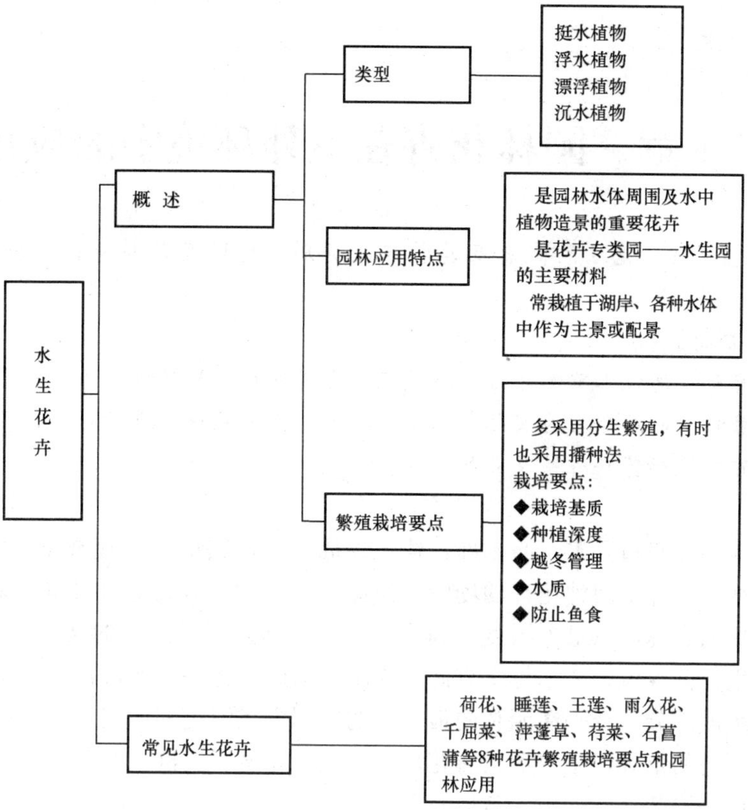

【复习思考题】

1. 当地有哪些水生花卉？各属于哪一类？
2. 与陆生花卉相比，水生花卉有哪些共同特点？
3. 介绍一种水生花卉的繁殖及栽培技术。
4. 比较荷花和睡莲的生物学特性、种子贮藏方法、繁殖方法、栽培技术。
5. 叙述荷花的生长习性。

第5篇　园林花卉应用

第1章　园林花卉在室外环境中的应用

【知识要点】　花坛的概念及其特点、类别；花境及其特点；花坛的设计和施工。

【学习目标】

知识目标：通过本章的学习掌握花坛、花境的花卉种植设计原则和要求。

技能目标：能结合当地实际，选择适合本地生长的花卉进行花坛、花境的种植设计。能熟练进行花卉种植及养护管理。

在园林绿地中除栽植乔木、灌木外，建筑物周围、道路两旁、疏林下、空旷地、坡地、水面、块状隙地等，都是栽种花卉的场所。使花卉在园林中构成花团锦簇、绿草如茵、荷香拂水、空气清新的意境，以最大限度地利用空间来达到人们对园林的文化娱乐、体育活动、环境保护、卫生保健、风景艺术等多方面的要求。为此，花卉和地被植物等是园林绿地重要的不可缺少的组成部分。花卉在园林中最常见的应用方式即是利用其丰富的色彩、变化的形态等来布置出不同的景观，主要形式有花坛、花境、花丛、花群以及花台等，而一些蔓生性的草本花卉又可用以装饰柱、廊、篱以及棚架等。

1.1　花坛

1.1.1　花坛的概念

花坛是一种比较特殊的园林绿地，具有一定的几何图形的栽植床，床内布置各种色彩艳丽或纹样优美的花卉，以体现其色彩美或图案美的园林应用形式。

通常床面高出地面或中央高四周略低的缓曲面；边缘为砖石、水泥或栏杆等结构，也有镶嵌其他装饰性的材料。花坛一般设计在广场和道路的中央或道路的两侧，建筑物前后等人流较多的地段。布置同一花坛可由1～3种花卉组成，种类不宜过多，要求图样简洁、轮廓鲜明、色彩明快。常选用植株低矮、生长整齐、花期集中并一致、花朵繁茂、色彩鲜艳、管理方便的花卉。

1.1.2　花坛的类别

1. 按其表现形式分类

(1) 盛花花坛。以色彩美为其表现主题，又称花丛式花坛。这种花坛不宜采用复杂的图案，但要求图案轮廓鲜明、对比度强。盛花花坛着重观赏开花时草花群体所展现出的华丽鲜艳的色彩，因此必须选用花期一致、花期较长、高矮一致、开花整齐、色彩艳丽的花卉。

（2）模纹花坛。以精细的图案为表现主题，又称图案式花坛、毛毡花坛、镶嵌式花坛等。是利用不同色彩的观叶或花、叶兼美的植物，组成华丽的图案、纹样或文字等主题的花坛。

2. 按其形态分类

（1）立体花坛。是指运用一年生或多年生小灌木或草本植物种植在二维或三维的立体构架上，形成植物艺术造型，是一种园艺技术和园艺艺术的综合展示。它通过各种不尽相同的植物特性，神奇地表现和传达各种信息、形象，同时立体花坛作品表面的植物覆盖率至少要达到 80%。

（2）平面花坛。在传统意义上讲是依附于地面的花坛，在平面上构成图案，按构图形式分为规则式、自然式、混合式。

3. 按其运用方式分类

（1）独立式花坛。为单个花坛或多个花坛紧密结合而成。大多作为局部构图的中心，一般布置在轴线的焦点、道路交叉口或大型建筑前的广场上。

（2）组合式花坛。又称花坛群，是由多个花坛组成的不可分割的整体。组合式花坛与独立式花坛的区别在于组成花坛群的各个花坛之间在空间上是分割的，一般用道路或草地连接，游人可以自由进入。组合式花坛用花量大，造价高，管理费工，因而只在重要地段、重要场合使用。

（3）带状花坛。长为宽的 3 倍以上，在道路、广场、草坪的中央或两侧，划分成若干段落，有节奏地简单重复布置。

1.1.3　花坛设计与施工

1. 花坛设计

花坛在环境中可作为主景，也可作为配景。形式与色彩的多样性决定了它在设计上也有广泛的选择性。花坛的设计首先应使其风格、体量、形状诸方面与周围环境相协调，其次才是花坛自身的特色。例如在民族风格的建筑前设计花坛，应选择具有中国传统风格的图案纹样和形式；在现代风格的建筑物前可设计有时代感的一些抽象图案，形式力求新颖。在此基础上再考虑花坛自身的特色。

花坛的体量、大小也应与花坛设置的广场、出入口及周围建筑的高低成比例，一般不应超过广场面积的 1/3，不小于 1/5。出入口设置花坛以既美观又不妨碍游人路线为原则，在高度上不可遮住出入口视线。花坛的外部轮廓也应与建筑物边线、相邻的路边和广场的形状协调一致。色彩应与所在环境有所区别，既起到醒目和装饰作用，又与环境协调，融于环境之中，形成整体美。

（1）盛花花坛的设计

1）植物选择。以观花草本为主体，可以是一二年生花卉，也可用多年生球根或宿根花卉。可适当选用少量常绿、色叶及观花小灌木作辅助材料。

一二年生花卉是花坛的主要材料，其种类繁多，色彩丰富，成本较低。球根花卉也是盛花花坛的优良材料，色彩艳丽，开花整齐，但成本较高。适合作花坛的花卉应株丛紧密、着花繁茂，理想的植物材料在盛花时应完全覆盖枝叶，要求花期较长，开放一致，至少保持一个季节的观赏期。如为球根花卉，要求栽植后开花期一致。花色明亮鲜艳，有丰富的色彩幅度变化，纯色搭配及组合较复色混植更为理想，更能体现色彩美。不同种花卉群体配合时，除考虑花色外，也要考虑花的质感相协调才能获得较好的效果。植株高度依种类不同而异，但以选用10～40cm的矮性品种为宜。此外要移植容易，缓苗较快。

2）色彩设计。盛花花坛表现的主题是花卉群体的色彩美，因此在色彩设计上要精心选择不同花色的花卉进行巧妙搭配。一般要求色彩鲜明、艳丽。如果有台座，花坛色彩还要与台座的颜色相协调。

盛花花坛常用的配色方法有：

①对比色应用。这种配色较活泼而明快，深色调的对比较强烈，给人兴奋感，浅色调的对比配合效果较理想，对比不那么强烈，柔和而又鲜明。如堇紫色＋浅黄色（堇紫色三色堇＋黄色三色堇、藿香蓟＋黄早菊、荷兰菊＋黄早菊＋紫鸡冠＋黄早菊），橙色＋蓝紫色（金盏菊＋雏菊、金盏菊＋三色堇），绿色＋红色（扫帚草＋星红鸡冠）等。

②暖色调应用。类似色或暖色调花卉搭配，色彩不鲜明时可加白色以调剂，并提高花坛明亮度。这种配色鲜艳、热烈而庄重，在大型花坛中常用。如红＋黄或红＋白＋黄（黄早菊＋白早菊＋一串红或一品红、金盏菊或黄三色堇＋白雏菊或白色三色堇＋红色美女樱）。

③同色调应用。这种配色不常用，适用于小面积花坛及花坛组，起装饰作用，不作主景。如白色建筑前用纯红色的花，或由单纯红色、黄色或紫红色单色花组成的花坛组。

色彩设计中还要注意其他一些问题：

①一个花坛配色不宜太多。一般花坛2～3种颜色，大型花坛4～5种足矣。配色多而复杂难以表现群体的花色效果，显得杂乱。

②在花坛色彩搭配中注意颜色对人的视觉及心理的影响。如暖色调给人在面积上有扩张感，而冷色则有收缩感，因此设计各色彩的花纹宽窄、面积大小要有所考虑。例如。为了达到视觉上的大小相等，冷色用的比例要相对大些才能达到设计意图。

③花坛的色彩要和它的作用相结合考虑。装饰性花坛、节日花坛要与环境相区别，组织交通用的花坛要醒目，而基础花坛应与主体相配合，起到烘托主体的作用，不可过分艳丽，以免喧宾夺主。

④花卉色彩不同于调色板上的色彩，需要在实践中对花卉的色彩仔细观察才能正确应用。同为红色的花卉，如天竺葵、一串红、一品红等，在明度上有差别，分别与黄早菊配用，效果不同，一品红红色较稳重，一串红较鲜明，而天竺葵较艳丽，后两种花卉直接与黄菊配合，也有明快的效果，而一品红与黄菊中加入白色的花卉才会有较好的效果。同样，黄、紫、粉等各色花在不同花卉中明度、饱和度都不相同，仅据书中文字描述的花色是不够的。也可用盛花花坛形式组成文字图案，这种情况下用浅色（如黄、白）作底色，用深色（如红、粉）作文字，效果较好。

3）图案设计。外部轮廓主要是几何图形或几何图形的组合。花坛大小要适度，在平面上过大在视觉上会引起变形。一般观赏轴线以8～10m为度。现代建筑的外形富于多样化、曲线化，在外形多变的建筑物前设置花坛，可用流线或折线构成外轮廓，对称、拟对称或自然式均可，以求与环境协调，内部图案要简洁，轮廓明显。忌在有限的面积上设计繁琐的图案。要求有大色块的效果，一个花坛即使用色很少，但图案复杂则花色分散，不易体现整体效果。

盛花花坛可以是某一季节观赏，如春季花坛、夏季花坛等，至少保持一个季节内有较好的观赏效果。但设计时可同时提出多季观赏的实施方案，可用同一图案更换花材，也可另设方案，一个季节花坛景观结束后立即更换下季材料，完成花坛季相交替。

（2）模纹花坛的设计

模纹花坛主要表现植物群体形成的华丽纹样，要求图案纹样精美细致，有长期的稳定性，可供较长时间观赏。

1）植物选择。植物的高度和形状对模纹花坛纹样表现有密切关系，是选择材料的重要依据。低矮细密的植物才能形成精美细致的华丽图案。典型的模纹花坛材料如五色草类及矮黄杨都符合下述要求。

①以生长缓慢的多年生植物为主，如红绿草、白草、尖叶红叶苋等。一二年生草花生长速度不同，图案不易稳定，可选用草花的扦插、播种苗及植株低矮的花卉作图案的点缀，前者如紫菀类、孔雀草、矮串红、四季秋海棠等，后者有香雪球、雏菊、半支莲、三色堇等，但把它们布置成图案主体则观赏期相对较短，一般不使用。

②以枝叶细小，株丛紧密，萌蘖性强，耐修剪的观叶植物为主。通过修剪可使图案纹样清晰，并维持较长的观赏期。枝叶粗大的材料不易形成精美的纹样，在小面积花坛上尤不适用。观花植物花期短，不耐修剪，若使用少量作点缀，也以植物株低矮、花小而密者效果为佳。植株矮小或通过修剪可控制在5～10cm高，耐移植，易栽培，缓苗快的材料为佳。

2）色彩设计。模纹花坛的色彩设计应以图案纹样为依据，用植物的色彩突出纹样，使之清晰而精美。如选用五色草中红色的小叶红或紫褐色小叶黑与绿色的小叶绿描出各种花纹，为使之更清晰还可以用白绿色的白草种在两种不同色草的界限上，突出纹样的轮廓。

3）图案设计。模纹花坛以突出内部纹样华丽为主，因而植床的外轮廓以线条简洁为宜，可参考盛花花坛中较简单的外形图案。面积不易过大，尤其是平面花坛，面积过大在视觉上易造成图案变形的弊病。

内部纹样可较盛花花坛精细复杂些。但点缀及纹样不可过于窄细。以红绿草类为例，不可窄于5cm，一般草本花卉以能栽植2株为限。设计条纹过窄则难于表现图案，纹样粗宽色彩才会鲜明，使图案清晰。

内部图案可选择的内容广泛，如仿照某些工艺品的花纹、卷云等，设计成毯状花纹；用文字或文字与纹样组合构成图案，如国旗、国徽、会徽等，设计要严格符合比例，不可改动，周边可用纹样装饰，用材也要整齐，使图案精细，多设置于庄严的场所；名人肖像，设计及施工均较严格，植物材料也要精选，从而真实体现名人形象，多布置在纪念性园地；也可选用花篮、花瓶、建筑小品、各种动物、花草、乐器等图案或造型，可以是装饰性，也可以有象征意义；此外还可利用一些机器构件如电动马达等与模纹图案共同组成有实用价值的各种计时器。常见的有日晷花坛、时钟花坛及日历花坛等。

①日晷花坛：设置在公园、广场有充分阳光照射的草地或广场上，用毛毡花坛组成日晷的底盘，在底盘的南方立一倾斜的指针，在晴天时指针的投影可从早7时至下午5时指出正确时间。

②时钟花坛：用植物材料作时钟表盘，中心安置电动时钟，指针高出花坛之上，可正确指示时间，设在斜坡上观赏效果好。

③日历花坛：用植物材料组成“年”“月”“日”或“星期”等字样，中间留出空间，用其他材料制成具体的数字填于空位，每日更换。日历花坛也宜设于斜坡上。

(3) 立体花坛的设计

1) 标牌花坛。标牌花坛以东、西两向观赏效果好，南向光照过强，影响视觉，北向逆光，纹样暗淡，装饰效果差。也可设在道路转角处，以观赏角度适宜为准。有两种方法，其一用五色苋等观叶植物为表现字体及纹样的材料，栽种在15cm×40cm×70cm的扁平塑料箱内。完成整体的设计后，每箱依照设计图案中所涉及的部分扦插植物材料，各箱拼组在一起则构成总体图样。之后，把塑料箱依图案固定在竖起（可垂直，也可斜面）的钢木架上，形成立面景观。其二是以盛花花坛的材料为主，表现字体或色彩，多为盆栽或直接种在架子内。架子为台阶式则一面观为主，架子呈圆台或棱台样阶式可作四面观。设计时要考虑阶梯间的宽度及梯间高差，阶梯高差小形成的花坛表面较细密。用钢架或砖及木板构成架子，然后花盆依图案设计摆放其上，或栽植于种植槽式阶梯架内，形成立面景观。

设计立体花坛时要注意高度与环境协调。种植箱式可较高，台阶式不易过高。除个别场合利用立体花坛作屏障外，一般应在人的视觉观赏范围之内。此外，高度要与花坛面积成比例。以四面观圆形花坛为例，一般高为花坛直径的1/6～1/4较好。设计时还应注意各种形式的立面花坛不应露出架子及种植箱或花盆，充分展示植物材料的色彩或组成的图案。此外还要考虑实施的可能性及安全性，如钢木架的承重及安全问题等。

2) 造型花坛。造型物的形象依环境及花坛主题来设计，可为花篮、花瓶、动物、图徽及建筑小品等，色彩应与环境的格调、气氛相吻合，比例也要与环境协调。运用毛毡花坛的手法完成造型物，常用的植物材料，如五色草类及小菊花。为施工布置方便，可在造型物下面安装有轮子的可移动基座。

2. 花坛设计图绘制

运用小钢笔墨线、水粉、水彩、彩笔等绘制均可。

(1) 环境总平面图。应标出花坛所在环境的道路、建筑边界线、广场及绿地等，并绘出花坛平面轮廓。依面积大小有别，通常可使用1∶100或1∶1000的比例。

(2) 花坛平面图。应表明花坛的图案纹样及所用植物材料。如果用水彩或水粉表现，则按所设计的花色上色，或用写意手法渲染。绘出花坛的图案后，用阿拉伯数字或符号在图上依纹样使用的花卉从花坛内部向外依次编号，并与图旁的植物材料表相对应，表内项目包括花卉的中文名、拉丁学名、株高、花色、花期、用花量等。以便于阅图。若花坛用花随季节变化需要换，也应在平面图及材料表中予以绘制或说明。

(3) 立面效果图。用来展示及说明花坛的效果及景观。花坛中某些局部，如造型物等细部必要时需绘出立面放大图，其比例及尺寸应准确，为制作及施工提供可靠数据。立体台阶式花坛还可给出阶梯架的侧剖面图。

(4) 设计说明书。简述花坛的主题、构思，并说明设计图中难以表现的内容，文字宜简练，也可附在花坛设计图纸内。对植物材料的要求，包括育苗计划、用苗量的计算（见表5-1-1）、育苗方法、起苗、运苗及定植要求，以及花坛建立后的一些养护管理要求。上述各图可布置在同一图纸上，注意图纸布图的整体效果。也可把设计说明书另列出来。

$$\text{A种花卉用株数}=\frac{\text{栽植面积}}{\text{株距}\times\text{行距}}=\frac{1\text{m}^2}{\text{株距}\times\text{行距}}\times\text{所占花坛面积}$$

$$=1\text{m}^2\text{所栽株数}\times\text{花坛中占的总面积}$$

公式中株行距以冠幅大小为依据，不露地面为准。

实际用苗量算出后，要根据花圃及施工的条件留出 5%～15%的耗损量。花坛总用苗量的计算：(A＋A×5%～15%)＋(B＋B×5%～15%)＋……

表 5-1-1　　花卉材料用苗量参考表

花卉名称	株数/m^2	花卉名称	株数/m^2
五色草类（*Alteronanthera sp.*）	400～500	凤仙花（*Impatiens barsamina*）	16
雏菊（*Bellis perennis*）	36	半支莲（*Portulaca grandiflora*）	36
金盏菊（*Calendula officinalis*）	36	一串红（*Saluia splendens*）	9
鸡冠花（*Celosis argentea*）	25	三色堇（*Viola rticolor*）	36
早菊（*Dendronthema*×*grandiflora*）	9		

注：①此表不包括耗损量。②花卉因生长状态及育苗方法不同，花苗质量常有差别，应依具体情况做适当修正。

3. 花坛植物种植施工

（1）平面式花坛种植施工

1）整地翻耕。花卉栽培的土壤必须深厚、肥沃、疏松。因而在种植前，一定要先整地，一般应深翻 30～40cm，除去草根、石头及其他杂物。如果栽植深根性花木，还要翻耕更深一些。如土质较差，则应将表层更换好土（30cm 表土）。根据需要，施加适量肥性好而又持久的已腐熟的有机肥作为基肥。

平面花坛，不一定呈水平状，它的形状也可以随地形、位置、环境自由处理成各种简单的几何形状，并带有一定的排水坡度。平面花坛有单面观赏和多面观赏等多种形式。

一般采用青砖、红砖、石块或水泥预制作砌边，也有用草坪植物铺边的。有条件的还可以采用绿篱及低矮植物（如葱兰、麦冬）以及用矮栏杆围边以保护花坛免受人为破坏。

2）定点放线。一般根据图纸规定，直接用皮尺量好实际距离，用点线做出明显的标记。如花坛面积较大，可改用方格法放线。

放线时，要注意先后顺序，避免踩坏已做好的标志。

3）起苗栽植。裸根苗应随起随栽，起苗应尽量注意保持根系完整。

掘带土花苗，如花圃畦地干燥，应事先灌浇苗地。起苗时要注意保持根部土球完整，根系丰满。如苗床土质过于松散，可用手轻轻捏实。掘起后，最好于阴凉处置放 1～2 天，再运往栽植。这样做，既可以防止花苗土球松散，又可缓苗，有利其成活。

盆栽花苗栽植时，最好将盆退下，但应注意保证盆土不松散。

平面花坛由于管理粗放，除采用幼苗直接移栽外，也可以在花坛内直接播种。出苗后，应及时进行间苗管理。同时应根据需要，适当施用追肥，追肥后应及时浇水。球根花卉，不可施用未经充分腐熟的有机肥料，否则会造成球根腐烂。

（2）模纹式花坛种植施工。模纹式花坛又称“图案式花坛”。由于花费人工，一般均设在重点地区，种植施工应注意以下几点。

1）整地翻耕。除按照平面花坛的要求进行外，由于它的平整要求比一般花坛高，为了防止花坛出现下沉和不均匀现象，在施工时应增加一二次镇压。

2）上顶子。模纹式花坛的中心多数栽种苏铁、龙舌兰及其他球形盆栽植物，也有在中心地带布置高低层次不同的盆栽植物，称之为“上顶子”。

3）定点放线。上顶子的盆栽植物种好后，应将其他的花坛面积翻耕均匀，耙平，然后按图纸的纹样精确地进行放线。一般先将花坛表面等分为若干份，再分块按照图纸花纹，用白色细沙，撒在所划的花纹线上。也有用铅丝、胶合板等制成纹样，再在它的地表面上打样。

4）栽草。模纹花坛的主体材料常为五色草。栽草一般按照图案花纹先里后外，先左后右，先栽主要纹样，逐次进行。如花坛面积大，栽草困难，可搭搁板或扣匣子，操作人员踩在搁板或木匣子上栽草。栽种时可先用木槌子插眼，再将草插入眼内用手按实。要求做面平、线直，与纹样要求相符。为了强调浮雕效果，施工人员事先用土做出形来，再把草栽到起鼓处，则会形成起伏状。株行距离视五色草的大小而定，一般白草的株行距离为3～4cm，小叶红草、绿草的株行距离为4～5cm，大叶红草的株行距离为5～6cm。平均种植密度为每平方米栽草250～280株。最窄的纹样栽白草不少于3行，绿草、小叶红、黑草不少于2行。花坛镶边植物火绒子、香雪球栽植距离为20～30cm。

5）修剪和浇水。修剪是保证植物花纹好坏的关键。草栽好后可先进行1次修剪，将草压平，以后每隔15～20d修剪1次。有两种剪草法：一种为平剪，纹样和文字都剪平，顶部略高一些，边缘略低；另一种为浮雕形，纹样修剪成浮雕状，即中间草高于两边。

浇水除栽好后浇1次透水外，以后应每天早晚各喷水1次。

(3) 立体花坛种植施工。立体花坛就是用砖、木、竹、泥等制成骨架，再用花卉布置外形，使之成为兽、鸟、花瓶、花篮等立体形状的花坛形式。种植施工有以下几点。

1）立架造型。外形结构一般应根据设计构图，先用建筑材料制作大体相似的骨架外形，外面包以泥土，并用蒲包或草将泥固定。有时也可以用木棍作中柱，固定地上，然后再用竹条、铅丝等扎成立架，再外包泥土及蒲包。

2）栽花。立体花坛的主体花卉材料，一般多采用五色草布置，所栽小草由蒲包的缝隙中插进去。插入之前，先用铁器钻一小孔，插入时草根要舒展，然后用土填满缝隙，并用手压实，栽植的顺序一般由上向下，株行距离可参考模纹式花坛。为防止植株向上弯曲，应及时修剪，并经常整理外形。

花瓶式的瓶口或花篮式的篮口，可以布置一些开放的鲜花。花体花坛的基床四周应布置一些草本花卉或模纹式花坛。

立体花坛应每天喷水，一般情况下每天喷水2次，天气炎热干旱则应多喷几次。每次喷水要细，防止冲刷。

4. 花坛的养护及换花

花卉在园林应用中必须有合理的养护并定期更换，才能生长良好和充分发挥其观赏效果。主要归纳为下列几项工作。

(1) 栽植与更换。作为重点美化而布置的一二年生花卉，全年需进行多次更换，才可保持其鲜艳夺目的色彩。必须事先根据设计要求进行育苗，至含蕾待放时移栽花坛，花后给予清除更换。

华东地区的园林，花坛布置至少应于4～11月间保持良好的观赏效果，为此需要更换花卉7～8次；如采用观赏期较长的花卉，至少要更换5次。有些蔓性或植株铺散的花卉，因苗株长大后难移栽，另有一些是需直播的花卉，都应先盆栽培育，至可供观赏时脱盆植于花坛。近年国外普遍使用纸盆及半硬塑料盆，这对更换工作带来了很大的方便。但园林中应用一二年生花卉作重点美化，其育苗、更换及辅助工作等还是非常费工的，不宜大量运用。

球根花卉按种类不同，分别于春季或秋季栽植。由于球根花卉不宜在生长期移植或花落后即掘起，所以对栽植初期植株幼小或枝叶稀少种类的株行间，应配植一二年生花卉，用以覆盖土面并以其枝叶或花朵来衬托球根花卉，是相互有益的。适应性较强的球根花卉在自然式布置种植时，不需每年采收。郁金香可隔2年、水仙隔3年、石蒜类及百合类隔3～4年掘起分栽一次。在作规则式布置时可每年掘起更新。

宿根花卉，包括大多数岩生及水生花卉，常在春季或秋季分株栽植，根据各论中所述的生长习性不同，可2～3年或5～6年分栽一次。

地被植物大部分为宿根性，要求较粗放。其中属一二年生的如选材合适，一般不需较多的管理，可让其自播繁衍，只在种类比例失调时，进行补播或移栽小苗即可。

（2）土壤要求与施肥。普通园土适合多数花卉生长，对过劣的或工业污染的土壤（及有特殊要求的花卉），需要换入新土（客土）或施肥改良。对于多年生花卉的施肥，通常是在分株栽植时作基肥施入；一二年生花卉主要在圃地培育时施肥，移至花坛仅供短期观赏，一般不再施肥；对长期生长于花坛中的植物追液肥1～2次。

（3）修剪与整理。在圃地培育的草花，一般很少进行修剪，而在园林布置时，要使花容整洁，花色清新，修剪是一项不可忽视的工作。要经常将残花、果实（观花者如不使其结实，往往可显著延长花期）及枯枝黄叶剪除；毛毡花坛需要经常修剪，才能保持清晰的图案与适宜的高度；对易倒伏的花卉需设支柱；其他宿根花卉、地被植物在秋冬茎叶枯黄后要及时清理或刈除；需要防寒覆盖的可利用这些干枝叶覆盖，但应防止病虫害藏匿及注意田园卫生。

1.2 花境设计

1.2.1 花境的概念

花境是一种带状自然式的花卉布置形式，以树丛、林带、绿篱或建筑物作背景，常由几种花卉自然块状混合配植而成，表现花卉自然散布生长的景观。花境的边缘常依环境的变化而变化，可以是自然曲线，也可以是直线。

1.2.2 花境类型

1. 从设计形式上分，花境主要有三类。

（1）单面观赏花境。这是传统的花境形式，多临近道路设置，花境常以建筑物、矮墙、树丛、绿篱等为背景，前面为低矮的边缘植物，整体前低后高，供一面观赏。

（2）双面观赏花境。这种花境没有背景，多设置在草坪上或树丛间，植物种植是中间高两侧低，供两面观赏。

（3）对应式花境。在园路的两侧、草坪中央或建筑物周围设置相对应的两个花境，这两个花境呈左右二列式。在设计上统一考虑，作为一组景观，多采用拟对称的手法，以求产生相应的节奏和变化。

2. 从植物选材上分，花境可分为：

(1) 宿根花卉花境。花境全部由可露地过冬的宿根花卉组成。

(2) 混合式花境。花境种植材料以耐寒的宿根花卉为主，配置少量的花灌木、球根花卉或一二年生花卉。这种花境季相分明，色彩丰富，多见应用。

(3) 专类花卉花境。由同一属不同种类或同一种不同品种植物为主要种植材料的花境。做专类花境用的宿根花卉要求花期、株形、花色等有较丰富的变化，从而体现花境的特点，如百合类花境、鸢尾类花境、菊花类花境等。

1.2.3 花境设置位置

花境可设置在公园、风景区、街心绿地、家庭花园及林阴路旁。它是一种带状布置方式，适合周边设置，可创造出较大的空间，也可充分利用园林绿地中的带状地段。它是一种半自然式的种植方式，因而极适合布置在园林中建筑、道路、绿篱等人工构筑物与自然环境之间，起到由人工到自然的过渡作用。园林绿地中花境可设置在以下位置。

(1) 建筑物墙基前设置的花境。形体小巧，色彩明快的建筑物前，花境可起到基础种植的作用，软化建筑的硬线条，连接周围的自然风景。1～3 层的低矮建筑物前装饰效果较好。围墙、栅栏、篱笆及坡地的挡土墙前也可设花境。

(2) 立脚点路旁可设置花境。园林中游园步道边适合设置花境；若在道路尽头有雕塑、喷泉等园林小品，可在道路两边设置花境。在边界物设置单面观花境，既有隔离作用又有好的美化装饰效果。通常在花境前再设置园路或草坪，供人欣赏花境。

(3) 绿地中较长的植篱、树墙前可设置花境。在绿色的植篱、树墙前设置花境效果最佳。绿色的背景使花境色彩充分表现，而花境又活化了单调的绿篱、绿墙。

(4) 宽阔的草坪上、树丛间可设置花境。在这种绿地空间适宜设置双面观赏的花境，可丰富景观，组织游览路线。通常在花境两侧辟出游步道，以便观赏。

(5) 宿根园、家庭花园中可设置花境。在面积较小的花园中，花境可周边布置，这是花境最常用的布置方式。依具体环境可设计成单面观赏、双面观赏或对应式花境。

1.2.4 花境设计

1. 植床设计

花境的种植床是带状的。单面观赏花境的后边缘线多采用直线，前边缘可为直线或自由曲线。两面观赏花境的边缘线基本平行，可以是直线，也可以是流畅的自由曲线。

(1) 花境的朝向要求。对应式花境要求长轴沿南北方向展开，以使左右两个花境光照均匀从而达到设计构想。其他花境可自由选择方向。但要注意到花境朝向不同，光照条件不同，因此在选择植物时要根据花境的具体位置有所考虑。

(2) 花境大小的选择取决于环境空间的大小。通常花境的长轴长度不限，但为管理方便及体现植物布置的节奏、韵律感，可以把过长的植床为几段，每段长度不超过 20cm 为宜。段与段之间可留 1～3m 的间歇地段，设置坐椅或其他园林小品。

(3) 花境的宽度有一定要求。就花境自身装饰效果及观赏者视觉要求出发，花境应有适当的宽度。过窄不易体现群落的景观，过宽超过视觉鉴赏范围而造成浪费，也给管理造成困难。通常，混合花境、双面观赏花境较宿根花境及单面观花境宽些。下述各类花境的适宜宽度可供设计时参考：单面观混合花境 4～5m；单面观宿根花境 2～3m；双面观花境 4～6m。在家庭小花园中花境可设置 1～1.5m，一般不超过院宽的 1/4。较宽的单面观花境的种植床与背景之间可留出 70～80cm 的小路，以便于管理，又有通风作用，并能防止做背景的树和灌木根系侵扰花卉。

(4) 种植床要求。种植床依环境土壤条件及装饰要求可设计成平床或高床，并且应有 2%～4%的排水坡度。一般讲，土质好、排水力强的土壤，设置于绿篱、树墙前及草坪边缘的花境宜用平床，床面后部稍高，前缘与道路或草坪相平。这种花境给人整洁感。在排水差的土质上，阶地挡土墙前的花境，为了与背景协调，要用 30～40cm 高的高床，边缘用不规则的石块镶边，使花境具有粗犷风格；若使用蔓性植物覆盖边缘石，又会形成柔和的自然感。

2. 背景设计

单面观花境需要背景。花境的背景依设置场所不同而异。较理想的背景是绿色的树墙或高篱。用建筑物的墙基及各种栅栏做背景也可，以绿色或白色为宜。如果背景的颜色或质地不理想，可在背景前选种高大的绿色观叶植物或攀缘植物，形成绿色屏障，再设置花境。

背景是花境的组成部分之一，可与花境有一定距离，也可不留距离。总之设计时应从整体考虑。

3. 边缘设计

花境边缘不仅确定了花境的种植范围，也便于前面的草坪修剪和园路清扫工作。高床边缘可用自然的石块、砖头、碎瓦、木条等垒砌而成。平床多用低矮植物镶边，以 15～20cm 高为宜，可用同种植物，也可用不同植物，以后者更近自然。若花境前面为园路，边缘分明、整齐，还可以在花境边缘与环境分界处挖 20cm 宽、40～50cm 深的沟，填充金属或塑料条板，防止边缘植物侵入路面或草坪。

4. 种植设计

(1) 植物选择。全面了解植物的生态习性，并正确选择适宜材料是种植设计成功的根本保证。在诸多的生态因子中，光照和温度的要求是最主要的。植物应在当地能露地越冬。在花境中背景及高大材料可形成局部的半阴环境，这些位置宜选用耐阴植物。此外，如对土质、水肥的要求可在施工中和以后管理上逐步满足，则应根据观赏特性选择植物，因为花卉的观赏特征对形成花境的景观起决定作用。种植设计正是把植物的株形、株高、花期、花色、质地等主要观赏特点进行艺术性地组合和搭配，创造出优美的群落景观。选择植物应注意以下几个方面。

1) 以在当地能露地越冬，不需特殊管理的宿根花卉为主，兼顾一些小灌木及球根和一二年生花卉。

2) 花卉有较长的花期，且花期能分散于各季节。花序有差异，有水平线条与竖直线条的交差。花色丰富多彩。

3) 有较高的观赏价值，如芳香植物、花形独特的花卉、花叶均美的材料、观叶植物等，某些禾本科植物也可选用。但一般不选用斑叶植物，因它们很难与花色调和。

(2) 色彩设计。花境的色彩主要由植物的花色来体现，植物的叶色，尤其是少量观叶植物的叶色也是不可忽视的。

宿根花卉是色彩丰富的一类植物，加上适当选用一些球根及一二年生花卉，使得色彩更加丰富，在花境的色彩设计中可以巧妙地利用不同的花色来创造空间或景观效果。如把冷色占优势的植物群放在花境后部，在视觉上有加大花境深度、增加宽度之感；在狭小的环境中用冷色调组成花境，有空间扩大感。在平面花色设计上，如有冷暖两色的两丛花，且它们都具有相似的株形、质地及花序时，由于冷色有收缩感，若使这两丛花的面积或体积相当，则应适当扩大冷色花的种植面积。利用花色还可产生冷、暖的心里感觉，花境的夏季景观应使用冷色调的蓝紫色系花，给人带来凉意；而早春或秋天用暖色的红、橙色系花卉组成花境，可给人暖意。在安静休息区设置花境宜多用使用暖色调的花。

花境色彩设计中主要有四种基本配色方法。

1）单色系设计。这种配色法不常用，只为强调某一环境的某种色调或一些特殊需要时才使用。

2）类似色设计。这种配色法常用于强调季节的色彩特征时使用，如早春的鹅黄色，秋天的金黄色等。有浪漫的格调，但应注意与环境协调。

3）补色设计。多用于花境的局部配色，使色彩鲜明、艳丽。

4）多色设计。这是花境中常用的方法，使花具有鲜艳、热烈的气氛。但应注意依花境大小选择花色数量，若在较小的花境上使用过多的色彩反而会产生杂乱感。

花境的色彩设计中还应注意，色彩设计不是独立的，而必须与周围的环境色彩相协调，与季节相吻合。开花植物（花色）应散布在整个花境中，避免局部配色很好，但整个花境观赏效果差。

较大的花境在色彩设计时，可把选用花卉的花色用水彩涂在其种植位置止，然后取透明纸罩在平面种植图上，抄出某季节开花花卉的花色，检查其分布情况及配色效果，可据此修改，直到使花境的花色配置及分布合理为止。

(3) 季相设计。花境的季相变化是它的特征之一。理想的花境应四季有景可观，寒冷地区可做到三季有景。

花境的季相是通过种植设计实现的。利用花期、花色及各季节所具有的代表性植物来创造季相景观。如早春的报春、夏日的福禄考、秋天的菊花等。植物的花期和色彩是表现季相的主要因素，花境中开花植物应连接不断，以保证各季的观赏效果。花境在某一季节中，开花植物应散布在整个花境内，以保证花境的整体效果。

(4) 立面设计。花境要有较好的立面观赏效果，应充分体现群落的美观，使植株高低错落有致，花色层次分明。立面设计应充分利用植株的株形、株高、花序及植株的质感，创造出丰富美观的立面景观。

1）植株高度。宿根花卉依种类不同，高度变化极大，从几厘米到两三米，可供充分选择。花境的立面安排原则一般是前低后高，在实际应用中高低植物可有穿插，以不遮挡视线，实现景观效果为准。

2）株形与花序。株形与花序是与花境景观效果相关的另两个重要因子。结合花相构成的整体外形，可把植物分成水平型、直线型及独特形三大类。水平型植株圆浑，开花较密集，多为单花顶生或各类伞形花序，开花时形成水平方向的色块，如八宝、蓍草、金光菊等。直线型植株耸直，多为顶生总状花序或穗状花序，形成明显的竖线条，如火炬花、一枝黄花、飞燕草、蛇鞭菊等。独特花形兼有水平及竖向效果，如鸢尾类、大花葱、石蒜等。花境在立面设计上最好有这三大类植物的外形比较，尤其是平面与竖向结合的景观效果更应突出。

3）植株的质感。不同质感的植物搭配时要尽量做到协调。粗质地的植物显得近，细质地的植物显得远等特点在设计中也可利用。

立面设计除了从景观角度出发外，还应注意植物的习性，才能维持生态的稳定性。

（5）平面设计。平面种植采用自然块状混植方式，每块为一组花丛，各花丛大小有变化。一般花后叶丛景观较差的植物面积宜小些。为使开花植物分布均匀，又不因种类过多造成杂乱，可把主花材植物分为数丛种在花境不同位置。可在花后叶丛景观差的植株前方配植其他花卉给予弥补。使用少量球根花卉或一二年生草花时，应注意该种植区的材料轮换，以保持较长的观赏期。

1.2.5　设计图绘制

花境设计图可用小钢笔墨线图，也可用水彩、水粉画方式绘制。

1. 花境位置图

用平面图表示，标出花境周围环境，如建筑物、道路、草坪及花境所在位置。依环境大小可选用1∶500～1∶100的比例绘制。

2. 花境平面图

绘出花境边缘线、背景和内部种植区域，以流畅曲线表示，避免出现死角，以求接近种植物后的自然状态。在种植区内编号或直接注明植物，编号后需附植物材料表，包括植物名称、株高、花期、花色等。可选用1∶100～1∶50的比例绘制。

3. 花境立面效果图

可以一季景观为例绘制，也可分别绘出各季景观。选用1∶200～1∶100的比例皆可。

1.2.6　施工及养护管理

1. 整床放线

花境施工完成后可多年应用，因此需有良好的土壤。对土质差的地段应换土，但要注意表层肥土及生土要分别放置，然后依次恢复原状。通常混合式花境土壤需深翻60cm左右，筛出石块，距床面40cm处混入腐熟的堆肥，再把表土填回，然后整平床面，稍加镇压。

按平面图纸用白粉或沙在植床内放线，对有特殊土壤要求的植物，可在种植中采用局部换土的措施。要求排水好的植物可在种植区土壤下层添加石砾。对某些根蘖性过强，易侵扰其他花卉的植物，要在种植区边挖沟，埋入石头、瓦砾、金属条等进行隔离。

2. 栽植及养护管理

通常按设计方案进行育苗，然后栽入花境。栽植密度以植株覆盖床为限。若栽种小苗，则可种植密些，花前再适当疏苗；若栽植成苗，则应按设计密度栽好。栽后保持土壤湿度，直到成活。

花境种植后，随时间推移会出现局部生长过密或稀疏的现象，需及时调整，以保证其景观效果。早春或晚秋可更新植物（如分株或补栽），并把秋末盖在地面的落叶及经腐熟的堆肥施入土壤。管理中注意灌溉和中耕除草。混合式花境中花灌木应及时修剪，花期过后及时去除残花等。

花境实际上是一种人工群落，只有精心养护管理才能保持较好的景观。一般花境可保持3～5年的景观效果。

1.3 花台

花台是一种明显高出地面的小型花坛。花台四周用砖、石、混凝土等堆砌作台座，其内填入土壤，栽植花卉，一般面积较小。常在广场、庭园的中央应用，或设计在建筑物的正面或两侧。花台的配植形式可分为两类。

整齐式布置。其选材与花坛相似，由于面积较小，一个花台内通常只选用一种花卉，除一二年生花卉及宿根、球根花卉外，木本花卉中的牡丹、月季、杜鹃花、迎春、金钟、凤尾竹等也常被选用。由于花台高出地面，所以选用株形低矮、枝繁叶茂并下垂的花卉如矮牵牛、美女樱、天门冬、书带草等较为相宜。

盆景式布置。把整个花台视为一个大型的盆景，按制作盆景的造型艺术进行配置花卉。常以松、竹、梅、杜鹃花、牡丹等为主要植物材料，配饰以山石、小草等。构图不着重色彩的华丽，而以艺术造型和意境取胜。这类花台的台座也常按盆景盆座的要求而设计。

1.4 篱垣及棚架

篱垣、棚架等，利用蔓性花卉可以迅速将其绿化、美化，蔓性花卉还可点缀门楣、窗格和围墙。由于草本蔓性花卉茎十分纤细、花果艳丽，装饰性强，其垂直绿化和美化效果可以超过藤本植物。有时用钢管、木材做骨架，经草本蔓性花卉的攀缘生长，能形成大型的动物形象，如长颈鹿、金鱼、大象，或形成太阳伞等，待蔓性花草布满篱、架后，细叶茸茸、繁花点点，甚为生动有趣，适宜设置在儿童活动场所。草本蔓性花卉有牵牛、茑萝、香豌豆、风船葛、小葫芦等，这类花卉质轻，不会将篱、架压歪压倒。有些棚架和透空花廊，可考虑用木本攀缘花卉来布置，如紫藤、凌霄、络石、蔷薇、木香、猕猴桃、葡萄等，它们经多年生长后能布满棚架，有良好的观赏和蔽阴效果。特别应该提出的是攀缘类月季，具有较高的观赏性，月季可以构成高大的花柱，也可以培育成铺天盖地的花屏障；既可弯成弧形做拱门，也可以依着木架形成花廊或花凉棚，已在园林中广泛地应用。

1.5 水面绿化

水生花卉可以绿化、美化池塘、湖泊等水域，也可装点小型水池；还有些适宜于沼泽地或低湿地栽植。栽培各种水生花卉可使园林景色更加丰富多彩，同时还起着净化水质、保持水面洁净、控制有害藻类的生长等作用。

根据不同的环境条件及景观要求，对水生花卉的选择有所不同。如沼泽地和低湿地带常栽培千屈菜、香蒲、石菖蒲等。处于静水状态的池、塘宜栽睡莲、王莲。水深1m左右水流缓慢的地方可栽植荷花，水深超过1m的湖塘多栽植萍蓬草、凤眼莲等。如果水很深，不宜栽植水生植物，可按要求筑砌栽植槽，或用缸、盆栽入花卉成活后，沉入水中再进一步培育，以达到美化水面的目的。

1.6　垂直绿化

垂直绿化又称立体绿化，是在园林的立面空间进行绿化装饰的一种园林形式。

垂直绿化是在提倡向建筑要绿地、见缝插绿的城市园林化进程中盛行起来的。因此，垂直绿化常见于用蔓性攀缘类花卉对建筑或一些建筑小品的立面进行绿化。这种绿化形式不仅可以装点枯燥、僵硬的墙体，还可以起到保温、降温及增加空气湿度的作用。值得注意的是，对于一些外观奇特的建筑或建筑的正立面要保证其观赏性时，不可滥用垂直绿化。

为了营造丰富的园林景观，在园林中还可以充分利用蔓性植物构成篱栅、棚架、花洞和花廊。这些结构不但可以起掩蔽、防护和点缀作用，还能给游人提供纳凉和休息的场所。

垂直绿化的植物材料种类很多，草花由于重量较轻，适宜在篱栅、棚架作立体布置，常用的蔓生草花有牵牛花、茑萝、香豌豆、小葫芦等，也有的结合经济效益栽种丝瓜、苦瓜等。

【技能训练】

实训一　节日用花调查

一、目的要求

使学生了解当地“五一”、“十一”等节日花卉应用情况及应用水平。

二、材料用具

1. 材料。当地公园及街道绿地中的花卉植物。

2. 用具。皮尺、钢卷尺、铅笔、笔记本。

三、方法步骤

1. 分小组调查市内各大公园及主要街道绿地节日用花的主要形式及所用花卉种类。

2. 草测2～3例有代表性的花坛，区分花坛、花境的类型，熟悉花坛、花境的特点和所用植物种类。

四、实训报告

1. 总结节日花卉的主要应用形式，整理所用花卉植物种类名录。

2. 绘出所测花坛的平面图。

3. 分析当地节日花卉应用水平，指出存在的问题及改进方法。

实训二　花坛设计

一、目的要求

使学生熟悉花坛的特点及其在园林中的应用，掌握花坛设计的基本方法。

二、材料用具

1. 材料。A3图纸。

2. 用具。铅笔、直尺、圆规。

三、方法步骤

1. 教师多媒体展示、讲解花坛的类型和特点。

2. 学生设计某处“五一”或“十一”花坛，花材自选。

设计基本要求：

(1) 一个花坛的配色不宜太多，一般花坛为2～3种，大型花坛为4～5种。

(2) 每个花坛所用花卉的花期要相同，且花期要与季节相符。

(3) 同一花坛所用花卉的株高由内而外或由后往前要依次降低。

四、实训报告

每人按要求完成一个“五一”花坛或一个“十一”花坛的设计图（平面图），注明花卉种类、花色、种植间距及每种花卉的用花量。

实训三　花坛种植施工

一、目的要求

使学生掌握花坛种植施工的基本方法。

二、材料用具

1. 材料。设计要求的花卉成品苗，厩肥、堆肥等有机肥。

2. 用具。皮尺、钢卷尺、手推车、铁锹、花铲等。

三、方法步骤

1. 翻整土地

将栽植地翻耕30cm，除去草根、石块及其他杂物。如土质太差则换以好土，土质贫瘠则施足基肥。肥料用量：厩肥或堆肥113～225kg/100m^2。

2. 放样

将花坛设计图的轮廓线按比例画到花坛种植地的土表。模纹花坛的连续图案可按图案单元用铅丝制成模板，再按模板纹样逐个放样。

3. 种植

(1) 种植顺序。单面观赏花坛由后向前种，四面观赏花坛由内向外种；模纹花坛先栽图案纹样，后栽底衬。

(2) 种植方法。选择生长健壮、整齐的花苗，除去枯叶、残花，按品字形种植在花坛内。种植间距以植株大小或设计要求决定。一般中等大小的花苗间距20cm左右，较大的花苗间距30cm左右。

(3) 种植要求。种植深度适宜，排列均匀整齐，不同品种界限分明，图案清晰；单面观赏花坛后高前低，四周观赏花坛中间高外围低。

(4) 场地清理。花坛种植完毕后，进行场地清理，并立即浇一次透水，使花苗根系与土壤密接，提高成活率。

四、实训报告

记录花坛种植方法和要求。

【本章小结】

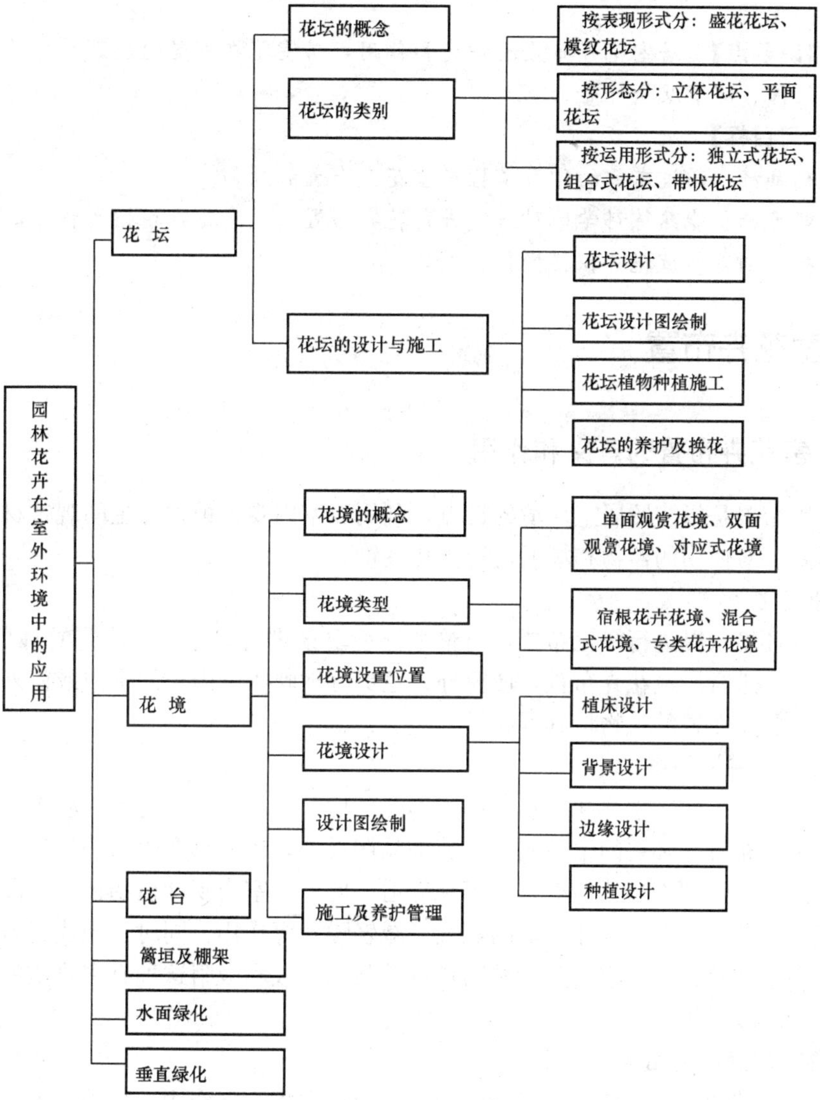

【复习思考题】

1. 举例说明花坛的种类有哪些？
2. 花坛设计应遵循哪些原则？
3. 何为花境？花境与花坛有哪些主要区别？
4. 设计花境时，植物材料选择应注意哪几个问题？

第2章　园林花卉在室内环境中的应用

【知识要点】 居室花卉布置的意义和作用，居室花卉布置的原则和操作。花卉租摆的条件、环节及操作等。

【学习目标】

知识目标：通过本章的学习掌握居室花卉布置的原则。

技能目标：能熟练科学地对居室进行花卉布置。熟悉花卉租摆的程序，会制定花卉租摆计划，尝试花卉租摆操作。

2.1　居室花卉布置

2.1.1　居室花卉布置的意义和作用

居室花卉布置是指按照居室环境的特点，利用以室内观叶植物为主的观赏材料，结合人们的生活需要，对使用的器物和场所进行美化装饰。

1. 装饰美化

根据室内环境状况进行绿化布置，对整个环境要素进行安排，以取得总体的美化效果。经过艺术处理，进行居室花卉布置，使窗外景色更好地映入室内，而室内或窗外环境中的不悦目部分则可利用布置的植物将其屏蔽。

2. 改善室内生活环境

人们的生活、工作、学习和休息等都离不开环境，环境的质量对人们心理、生理起着重要的作用。室内布置除必要的生活用品及装饰品摆设外，还应具有生命的气息和情趣，居室花卉布置能使人享受到大自然的美感，感到舒适。此外，室内观叶植物枝叶有滞留尘埃、吸收生活废气、释放和补充对人体有益的氧气、减轻噪音等作用。同时，现代建筑装饰多采用各种对人们有害的涂料，而室内观叶植物具有较强的吸收和吸附这种有害物质的能力，可减轻人为造成的环境污染。

3. 改善室内空间的结构

在室内环境美化中，花卉布置对空间的构造也可发挥一定作用。如根据人们生活活动需要，运用成排的植物可将室内空间进行分隔；格架上攀缘的藤本植物可以成为分隔空间的绿色屏风，同时又将不同的空间有机地联系起来。此外，室内房间如有难以利用的角隅（即“死角”），可以选择适宜的室内观叶植物来填充，以弥补房间的空虚感，还能起到装饰作用。运用植物本身的大小、高矮可以调整空间的比例感，充分提高室内有限空间的利用率。

2.1.2　居室花卉布置的基本原则

1. 美学原则

美学原则是居室花卉布置的重要原则。如果没有美感就根本谈不上装饰。因此，必须依照美学的原理，通过艺术设计，明确主题，合理布局，分清层次，协调形状和色彩，才能收到清新明朗的艺术效果，使绿化布置很自然地与装饰艺术联系在一起。为体现居室花卉布置的艺术美，必须通过一定的形式，使其体现构图合理、色彩协调、形式谐和。

（1）构图合理。构图是将不同形状、色泽的物体按照美学的观念组成一个和谐的景观。构图是装饰工作的关键问题，在装饰布置时必须注意两个方面：其一是布置均衡，以保持稳定感和安定感；其二是比例合适，体现真实感和舒适感。

布置均衡包括对称均衡和不对称均衡两种形式。人们在居室花卉布置时习惯于对称的均衡，如在走道两边、会场两侧等摆上同样品种和同一规格的花卉，显得规则整齐、庄重严肃。与对称均衡相反的是不对称均衡。如在客厅沙发的一侧摆上一盆较大的植物，另一侧摆上一盆较矮的植物，同时在其近邻花架上摆上一盆悬垂花卉。这种布置虽然不对称，但却给人以协调感，视觉上认为二者重量相当，仍可视为均衡。这种绿化布置显得轻松活泼，富于雅趣。

比例合适，指的是植物的形态、规格等要与所摆设的场所大小、位置相配套。居室花卉布置犹如美术家创作一幅静物立体画，如果比例恰当就有真实感，否则就会弄巧成拙。比如空间大的位置可选用大型植株及大叶品种，以利于植物与空间的协调；小型居室或茶几案头只能摆设矮小植株或小盆花木，这样会显得优雅得体。

掌握布置均衡和比例合适这两个基本点，就可以有目的地进行居室花卉布置的构图组织，实现装饰艺术的创作，做到立意明确、构图新颖、组织合理，使室内观赏植物虽在斗室之中，却能“隐现无穷之态，招摇不尽之春”。

（2）色彩协调。色彩对人的视觉是一个十分醒目且敏感的因素，在居室花卉布置艺术中有举足轻重的作用。

居室花卉布置的形式要根据室内的色彩状况而定。如以叶色深沉的室内观叶植物或颜色艳丽的花卉作布置时，背景底色宜用淡色调或亮色调，以突出布置的立体感；居室光线不足、底色较深时，宜选用色彩鲜艳或淡绿色、黄白色的浅色花卉，以便取得理想的衬托效果。陈设的花卉也应与家具色彩相互衬托。如清新淡雅的花卉摆在底色较深的柜台、案头上可以提高花卉色彩的明亮度，使人精神振奋。

此外，居室花卉色彩的选配还要随季节变化以及布置用途不同而作必要的调整。

（3）形式谐和。植物姿色形态是居室花卉布置的第一特性，它将给人以深刻印象。在进行居室花卉布置时，要依据各种植物的各自姿色形态，选择合适的摆设形式和位置，同时注意与其配套的花盆、器具和饰物间搭配谐调，力求做到和谐相宜。如悬垂花卉宜置于高台花架、柜橱或吊挂高处，让其自然悬垂；色彩斑斓的植物宜置于低矮的台架上，以便于欣赏其艳丽的色彩；直立、规则植物宜摆在视线集中的位置；空间较大的中心位置可以摆设丰满、匀称的植物，必要时还可采用群体布置，将高大植物与其他矮生品种摆设在一起，以突出布置效果。

2. 实用原则

居室花卉布置必须符合功能的要求，要实用。所以，要根据绿化布置场所的性质和功能要求，从实际出发，做到花卉布置美学效果与实用效果的高度统一。如书房，是读书和写作的场所，应以摆设清秀典雅的绿色植物为主，以创造一个安宁、优雅、静穆的环境，使人在学习间隙举目张望时，让绿色调节视力，缓和疲劳，起到镇静悦目的功效，而不宜摆设色彩鲜艳的花卉。

3. 经济原则

居室花卉布置除要注意美学原则和实用原则外，还要求花卉布置的方式经济可行，而且能保持长久。设计布置时要根据室内结构、建筑装修和室内配套器物的水平，选配合乎经济水平的档次和格调，使室内“软装修”与“硬装修”相谐调。同时要根据室内环境特点及用途选择相应的室内观赏植物及装饰器物，使装饰效果能保持较长时间。

2.1.3 居室花卉布置的植物选择

在室内进行花卉布置，首先需要考虑到居室的一些特殊生态条件。

室内，相对来说是一个较封闭的空间。在这个空间里，造就了一个人工小气候环境。其生态条件有特殊性，即室内环境光照较室外弱，且多为散射光或人工照明光，缺乏太阳直射光；室温较稳定，较室外温差变化小，而且可能有冷暖空调调节；室内空气较干燥，湿度较室外低；室内二氧化碳浓度较大气略高，通风透气性较差。

作为居室花卉布置的植物材料，除部分采用观花、盆景植物外，大量采用的则是室内观叶植物。这是由环境的生态特点和室内观叶植物的特性所决定的。所以了解这些植物材料的观赏性和生态习性显得非常重要。同时要两方面兼顾，才能使美学和生态学得到统一，观叶植物的观赏特点见表 5-2-1。

表 5-2-1　观叶植物的观赏特点

观赏特点	观叶植物举例
自然美	春羽、海芋、花叶艳山姜、棕竹、蕨类、巴西铁、荷兰铁等
色彩美	变叶木、竹芋类、万年青类
图案性美	马拉巴栗、美丽针葵、鸭脚木、凤梨、龟背竹
形状美	琴叶喜林芋、散尾葵、龟背竹、麒麟掌、变叶木
垂性美	吊兰、吊竹梅、常春藤、白粉藤、文竹
攀附性美	黄金葛、心叶喜林芋、绿宝石、鹿角蕨

2.1.4 居室花卉布置的主要形式

居室花卉布置方式除要根据植物材料的形态、大小、色彩及生态习性外，还要依据室内空间的大小、光线的强弱和季节变化，以及气氛而定。其装饰方法和形式多样，主要有陈列式、攀附式、悬垂式、壁挂式、栽植式及迷你型观叶植物花卉布置等。

1. 陈列式花卉布置

陈列式是居室花卉布置最常用和最普通的装饰方式，包括点式、线式和片式三种。其中以点式最为常见，即将盆栽植物置于桌面、茶几、柜角、窗台及墙角，或在室内高空悬挂，构成绿色视点。线式和片式是将一组盆栽植物摆放成一条线或组织成自由式、规则式的片状图形，起到组织室内空间，区分室内不同用途场所的作用，或与家具结合，起到划分范围的作用。几盆或几十盆组成的片状摆放，可形成一个花坛，产生群体效应，同时可突出中心植物的主题。

采用陈列式花卉布置，主要应考虑陈列的方式、方法和使用的器具是否符合装饰要求。传统的素烧盆及陶质釉盆仍然是目前主要的种植器具。至于近年来出现的表面镀仿金、仿铜的金属容器及各种颜色的玻璃缸套盆则与豪华的西式装饰相协调。总之，器具的表面装饰要视室内环境的色彩和质感及装饰情调而定。

2. 攀附式花卉布置

大厅和餐厅等室内某些区域需要分割时，常采用带攀附植物进行隔离，或用某种带条形或图案花纹的栅栏再附以攀附植物隔离。攀附材料在形状、色彩等方面要协调，以使室内空间分割合理、协调，而且实用。

3. 悬垂吊挂式花卉布置

在室内较大的空间内，结合天花板、灯具，在窗前、墙角、家具旁吊放有一定体量的阴生悬垂植物，可改善室内人工建筑的生硬线条造成的枯燥单调感，营造生动活泼的空间立体美感，并且还可充分利用空间。这种装饰要使用一定设施如塑料吊盆，使之与环境有机结合，以取得意外的装饰效果。

4. 壁挂式花卉布置

室内墙壁的美化绿化，也深受人们的欢迎。壁挂式花卉布置有挂壁悬垂法、挂壁摆设法、嵌壁法和开窗法。预先在墙上设置局部凹凸不平的墙面和壁洞，供放置盆栽植物；或在靠墙地面放置花盆，或砌种植槽，然后种上攀附植物，使其沿墙面生长，形成室内局部绿色的空间；或在墙壁上设立支架，在不占用地的情况下放置花盆，以丰富空间。采用这种装饰方法时，应考虑植物的姿态和色彩。以悬垂攀附植物材料最为常用，其他类型植物材料也常使用。

5. 栽植式花卉布置

这种装饰方法多用于室内花园及室内大厅堂有充分空间的场所。栽植时，多采用自然式，即平面聚散相依、疏密有致，并使乔灌木及草本植物和地被植物组成层次，注重姿态、色彩的协调搭配，适当注意采用室内观叶植物的色彩来丰富景观画面；同时考虑与山石、水景组合成景，模拟大自然的景观，给人以回归大自然的美感。

2.2　花卉租摆

2.2.1　花卉租摆内涵

花卉租摆是以租赁的方式，通过摆放、养护、调换等过程，保证花卉植物在客户的工作生活环境、公共环境始终保持常绿、常开、常果等最佳观赏状态的一种经营方式。花卉租摆不仅省去了企事业单位和个人养护花卉的麻烦，而且专业化、集约化的经营，使花卉租摆公司能以低廉的价格便可出租高档花卉，符合现代人快节奏的生活节拍和崇尚自然的理念。花卉租摆业必将随着我国社会经济的快速发展而走进千家万户，为花卉业的发展注入新的活力。

2.2.2　花卉租摆具体操作方法及要求

1. 花卉租摆条件

（1）从事花卉租摆业必须要有一支技术精湛的专业队伍，这些专业人员要有过硬的养护管理技术，掌握花卉的生长习性，对花卉病虫害要有正确的判断和防治知识，以便随时解决租摆过程中花卉出现的各种问题。

（2）从事花卉租摆业必须要有一个规模较大、养护管理先进、花卉种类丰富的基地。一般委托租摆花卉的单位，如商场、银行、宾馆、饭店、写字楼、家庭等的花卉租摆环境与植物生长的自然环境有较大差别，大多数摆放环境光照弱、通风不良、昼夜温差小的地方，尤其是夏季和冬季使用空调和暖气，使室内干燥，这些都会给植物的生长带来不利影响，容易导致花卉枯萎甚至死亡。花卉摆放一段时间后可更换下来送回养护基地，经过精心养护，使之恢复到健康美观的状态。更换时间根据花卉品种及摆放环境的不同有较大差异。

2. 花卉租摆操作过程

(1) 签订协议。花卉租摆双方应就租摆种类、租摆时间、租摆效果、租摆费等问题签订合同协议，对双方所承担的责任和任务加以明确。

(2) 租摆设计。包括针对客户个性需求进行的花卉材料设计、花卉租摆方式设计和对特殊环境要求下的花卉租摆设计。视具体情况作出设计图或文字说明材料，如有的大型租摆项目还要制作方案效果图使设计方案直观易懂。

(3) 材料准备。根据租摆设计，选择株型美观、色泽好、生长健壮、无病虫害的花卉材料及合适的花盆容器；修剪黄叶，擦拭叶片，使花卉整体保持洁净；节假日及庆典等时期为烘托气氛还可对花盆进行装饰。

(4) 包装运输。将花卉进行必要的包装、装车并运送到指定地点。

(5) 现场摆放。按设计要求将花卉摆放到位，以呈现花卉最佳观赏效果。

(6) 日常养护。包括浇水、保持叶面清洁、修剪黄叶、定期施肥、预防病虫害发生。

(7) 定期检查。检查花卉的观赏状态、生长情况，并对养护人员的养护服务水平进行监督考核。

(8) 更换植物。按照花卉生长状况或合同条款进行定期更换。

(9) 信息反馈。租摆公司负责人与租摆单位及时沟通，对租摆花卉的绿化效果进行调查并改善；对换回的花卉精心养护使其复壮（图 5-2-1）。

3. 花卉租摆材料选择

在进行花卉租摆时，所用花卉与环境的协调程度直接影响到花卉的美化效果。进行花卉租摆要充分考虑花卉的生理特性及观赏性，根据不同的环境选择合适的花卉进行布置，同时要加强管理，保证租摆效果。租摆材料的选择是关键，材料选择好，布置效果好，而且可以延长更换周期，降低劳动强度，减少运输次数，从而降低成本。在选择具体花卉时，主要从三个方面来考虑。

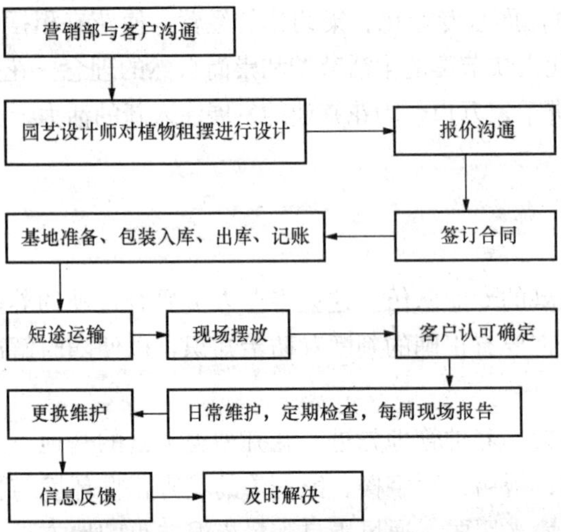

图 5-2-1 花卉租摆流程图

(1) 植物的耐阴性。除节日及重大活动需要在室外布置外，一般要求长期租摆的客户都是室内摆设，因此选择耐阴性的花卉尤为重要。耐阴的花卉主要有万年青、绿萝、巴西木、吊兰、荷兰铁、散尾葵、马拉巴栗、棕竹、苏铁、一叶兰、君子兰、龟背竹等。

(2) 植物的观赏性。室内租摆以观叶植物为主，它们叶形、叶色、叶质各具不同观赏效果。叶的形状、大小千变万化，形成各种不同视觉效果，具有不同的观赏性。棕榈、蒲葵叶呈掌状，叶较大，使人产生朴素之感；椰子类叶大，羽状叶给人以轻快洒脱之感，具有热带情调。叶片质地不同，观赏效果也不同，如榕树、橡皮树的叶片具革质，叶色浓绿，给人厚重感觉；纸质、膜质叶片呈半透明状，给人恬静之感；粗糙多毛的叶片则富有野趣。叶色的变化同样丰富多彩，有绿叶、红叶、斑叶、双色叶等。总之，只有真正了解花卉的观赏性，才能灵活运用。

（3）现场调查。在进行花卉租摆时要对现场进行全面调查，对租摆空间的环境条件有大致的了解，设计人员应先设计出一个摆放方案，不仅要使花卉的生活习性与环境相适应，还要使所选花卉植株大小、形态及其寓意与摆放的场合和谐，给人以愉悦之感。

4. 花卉租摆管理

（1）租摆植物选择准备。在花卉基地起运植物时，应选无病虫害、生长健壮、旺盛的植株，用湿布抹去叶面灰尘，剪去枯叶黄叶。一般用泥盆栽培的花卉都要有套盆，用以遮蔽原来植株容器的不雅部分，达到更佳的观赏效果。

（2）摆放过程中的管理。包括水的管理和清洁管理。花卉植物若不能及时补充水分很容易出现萎蔫、黄叶现象，尤其是在冬、夏季有空调设备的地方，植株很容易失水，除向根部浇水外，必要时还应往叶面喷水，保持一定湿度。用水时，水质也要注意。此外，管理人员还应经常用湿布轻抹叶面灰尘使其清洁。经常观察植株，及时剪除黄叶、枯叶，对明显呈病态有碍观赏效果的植株及时撤回养护基地养护。由于施肥喷药容易产生异味，对环境造成污染，所以在植物摆放期间一般不喷药施肥，可根据植株需要在养护基地进行处理。

（3）换回植株的养护管理。植株换回后要精心养护，使之能够早日恢复健壮。先剪掉枯叶、黄叶再松土施肥，最后保护性地喷 1 次杀菌灭虫药剂，然后进行正常管理。

2.2.3　部分场所的花卉租摆方案

1. 公司、企业花卉租摆

（1）环境特点。在办公室里植物摆放的空间会受到一些局限，室内温度适宜，在 24℃左右，但昼夜温差变化小容易使植物抗性降低，空气质量相对较差，空气流通也相对较差，不同位置的光照差别较大，人员流动多。

（2）摆放建议。办公室内的植物布置，除了美化作用外，空气净化作用也很重要。由于电脑、显示器等办公设备的增多，辐射增加，所以采用一些对空气净化作用大、观赏性强的植物尤为重要，如绿萝、绿霸王等植物。另外，由于空间的限制，采用垂吊植物也可增加绿化的层次感。推荐植物：吊兰、吊绿萝、巴西木、荷兰铁、棕竹、散尾葵、鱼尾葵、国王椰子、绿萝、马拉巴栗等。植物生长与周边环境条件的关系十分密切，植物生长过程中所需条件，温度、光照、空气、水分、土壤等在办公环境中不能一一达到其所需的要求，但合理的摆放位置和恰当的植物挑选可以解决温度、光照和空气的需求，水分、土壤和肥料就需要专业的园艺公司人员来解决。

2. 商业场所花卉租摆

（1）环境特点。植物摆放的空间较大，温度适宜，一般在 25℃左右，昼夜温差变化不大，通风不太好，阳光较差，但光照较好。

（2）摆放建议。不同摆放位置应注意植物对光线的要求，喜欢光而较高大的植物应尽可能摆在大堂入口，如铁树、五针松等；较耐阴的植物可以放在电梯口等角落位置，如棕竹、绿萝、鸭掌木、富贵竹等。推荐植物：大型盆景（五针松、罗汗松、苏铁等）、散尾葵、鱼尾葵、国王椰子、马拉巴栗、棕竹、鸭掌木、富贵竹、紫背竹芋等。

3. 办公室（写字楼）植物租摆

（1）环境特点。植物摆放的空间不大，温度适宜，一般在25℃左右，昼夜温差变化小，空气质量一般，不同位置的光照差别较大，人员流动多。

（2）摆放建议。办公室内的植物布置，除了美化作用外，空气净化作用也很重要。由于电脑等办公设备的增多，辐射也增加了，所以因采用一些对空气净化作用大的植物尤为重要，比如黄金葛、金琥等植物。推荐植物：绿萝、吊绿萝、巴西木、吊兰、荷兰铁、散尾葵、鱼尾葵、国王椰子、马拉巴栗、棕竹等。

4. 会场租摆

会场布置分许多种，如圣诞、国庆、中秋等节日晚会，以及公司员工大会、欢迎外宾、年会等。不同的场合对于会场布置的要求也不一样。良好的会场布置会让整个会议拥有非常好的气氛，可以让人们在踏入会场的一瞬间就融入到会议的主题中。

最常见的是非节日的普通布置，这类布置一般多采用鲜花和绿色植物的合理搭配，一般采用一些高大植物摆在主席台的背后作为背景，例如棕竹，散尾葵等，然后用些小盆植物或花卉放在主席台的下方作为呼应，常用的植物有一叶兰、一品红、鸭脚木等。另外在会场四周合理的摆放植物也是不错的选择，常用的植物有马拉巴栗、巴西木、绿萝等。鲜花的布置也在会场布置里起到画龙点睛的作用。例如在会场入口插一盆较大的迎宾花卉和在主席台及宾客的座位上摆放一盆插花，效果不言而喻。

在会场布置时切合会议的主题也很关键，例如圣诞节可以加上一棵高大的圣诞树和一些圣诞花，在配合一些精美的彩带和气球，整个会场也会很有气氛的。

5. 医院租摆

（1）环境特点。植物摆放的空间大，温度适宜，一般在25℃左右，昼夜温差变化小，空气质量较差，不同位置的光照差别较大，人员流动多。

（2）摆放建议。医院内的植物布置，除了美化作用外，空气净化作用也很重要。由于医院内的病人很多，所以，应采用一些高大、空气净化作用强的植物，特别要注意的是不能选用那些枝叶坚硬，叶子较尖的植物，避免碰着孩子和老人。还有也不要用一些花粉较多的植物，避免影响病人。建议植物：绿萝、巴西木、吊兰、散尾葵、鱼尾葵、国王椰子、马拉巴栗、棕竹等。

【技能训练】

实训　制定花卉租摆计划

一、目的要求

使学生掌握大型会议会场、宾馆饭店等花卉租摆场所盆花装饰的基本技术。

二、材料用具

1. 材料。适宜室内装饰的各类应时盆花（足量）。

2. 用具。皮尺、钢卷尺、铅笔、笔记本。

三、方法步骤

1. 设计租摆方案

根据租摆场所的环境设计花卉租摆的具体方案。包括所用的花卉种类、规格、数量、摆放位置等。如大型会议会场的主席台、舞台的前沿和背景、宾馆饭店的大堂等处摆放花卉的种类、规格、数量等。

2. 实地摆放

根据设计方案选择适宜的盆花，在模拟场所进行实地摆放，摆放过程中根据具体情况反复调整，以达到最佳装饰效果。

四、实训报告

1. 整理会场、宾馆花卉租摆的设计方案。

2. 找出所拟计划的不足之处，并提出改进意见。

【本章小结】

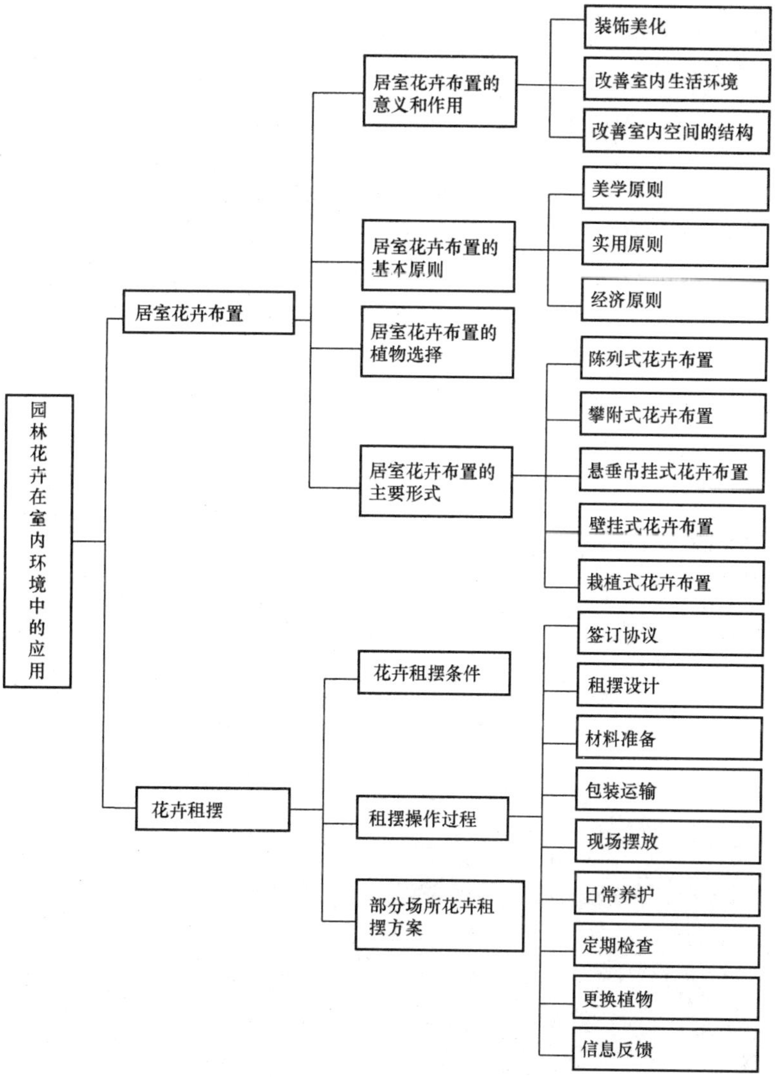

【复习思考题】

1. 居室花卉植物材料的选择应注意什么问题？
2. 居室花卉布置的形式有哪几种？
3. 简述花卉租摆内涵。
4. 如何根据租摆场所选择材料？
5. 花卉租摆操作过程有哪些？
6. 花卉租摆如何管理？

附录　花卉园艺工国家职业标准

第一部分　花卉园艺工技术等级标准（试行）

一、职业定义

从事花圃、园林的土壤耕整和改良；花房、温室修装和管理；花卉（包括草坪）育种、育苗、栽培管理、收获贮藏、采后处理等。

二、适用范围

公园、苗圃、花卉场、育种中心、园艺公司。

三、技术等级线

初、中、高。

初级花卉园艺工

一、知识要求

1. 了解种植花卉、草坪的意义及花卉园艺工的工作内容。
2. 认识常见花卉种类 120 种，了解它们的形态构造特征。
3. 熟悉培植花卉、草及苗木的常用工具、机具、器械。
4. 了解土壤的种类、性能，掌握培养土的配制。
5. 懂得常见花卉和草坪的繁殖和栽培管理方法。
6. 了解肥料的种类和作用，并掌握施用的方法。
7. 了解常见花卉病虫害的种类及其防治方法。
8. 了解常见花卉对水分、温度、光照等的要求。

二、技能要求

1. 独立地进行露地花卉、盆栽花卉、温室花卉的一般生产操作及管理工作。
2. 掌握常见花卉的播种（包括土壤与种子消毒、催芽等）、扦插（包括插穗的采选、剪切分级和处理等）、嫁接移植（换床）及贮藏等操作技术。
3. 熟练使用常用花卉工具及其保养。
4. 进行花卉培养土的制作。
5. 在中、高级工指导下进行合理施肥，并正确使用农药防治本地区花卉上常见的病虫害。
6. 会进行花卉和草坪的水分、温度、光照的管理。

中级花卉园艺工

一、知识要求

1. 识别花卉种类 250 种以上。
2. 掌握主要花卉的植物学特性及其生活条件。

3. 懂得花卉繁殖方法的理论知识并懂得防止品种退化、改良花卉品种及人工育种的一般理论和方法。

4. 掌握建立中、小型花圃的知识和盆景制作的原理及插花的基本理论。

5. 掌握土壤肥料学的理论知识，掌握土壤的性质和花卉对土壤的要求，进一步改良土壤。熟悉无土培养的原理和应用方法。

6. 懂得花卉病虫害综合防治的理论知识。

7. 不断地了解、熟悉国内外使用先进工具、机具的原理；了解国内外花卉工作的新技术、新动态。

8. 掌握主要进出口花卉的培育方法，了解国家动植物检疫的一般常识。

二、技能要求

1. 解决花卉培植上的技术问题，能定向培育花卉。

2. 能根据花卉生长发育阶段，采取有效措施，达到提前和推迟花期的目的。

3. 因地制宜开展花卉良种繁育试验及物候观察，并分析试验情况，提出改进技术措施。

4. 能熟悉地进行花卉的修剪、整形和造型操作的艺术加工。

5. 对花卉的病虫害能主动地采取综合的防治措施，并达到理想效果。

6. 掌握无土培养的技能。

7. 应用国内外先进的花卉生产技术，使用先进的生产工具和机具进行花卉培植。

8. 收集整理和总结花卉良种繁殖、育苗、养护等经验。

9. 能对中级工进行技术指导。

第二部分　花卉园艺工鉴定规范

初级花卉园艺工鉴定规范

一、适用对象

在鲜切花、盆花生产基地和园林、城市园林、公园、自然保护区、园艺场、盆景园、企事业单位、花圃、花木公司、花店、花卉良种繁殖基地等从事花卉栽培、花卉经营（包括种子经营）、花卉育苗、良种繁育等生产、科研辅助人员。

二、申报条件

1. 文化程度：初中毕业。

2. 见习期满者。

3. 身体状况：健康。

三、考生与考评员比例

1. 理论知识考评：20∶1。

2. 实际操作考评：10∶1。

四、鉴定方式

1. 理论知识：笔试，90 分钟，满分为 100 分，60 分为及格。

2. 操作技能：按实际需要确定，不超过 4 小时，满分为 100 分，60 分为及格。

五、鉴定场地和设备

按考核要求确定。

表 1　　初级花卉园艺工理论知识考评内容鉴定

项　目	鉴定范围	鉴定内容	鉴定比重	备注
知识要求			100	
基本知识	1. 植物及植物生理	1. 植物的形态 2. 植物的温、光反应 3. 植物的生育与生育时期 4. 植物对营养的吸收与利用	8	
	2. 土壤与肥料	1. 土壤组成、分类及结构 2. 土壤肥力因素 3. 土壤 pH 值的测定及调节 4. 肥料的性质和使用的基本知识	8	
	3. 植物保护	1. 病虫基本知识 2. 当地常见花卉植物的主要病虫 3. 病虫害防治的基本方法 4. 常用农药的剂型及使用方法	6	
	4. 气象	1. 本地区气候基本特征 2. 二十四节气和物候	3	
专业知识	1. 花圃、园林土壤的耕翻、整理	1. 土壤耕翻、作畦技术 2. 培养土的成分及配制	10	
	2. 花卉的分类与识别	1. 花卉的分类方法 2. 当地常见的 120 种花卉植物	12	
	3. 花卉的繁育方法	1. 花卉的有性繁殖——种子繁殖 2. 花卉的无性繁殖——扦插、压条、分株等 3. 促进插穗生根的方法	12	
	4. 花卉的栽培方法	1. 常见盆栽花卉的栽培方法 2. 常见切花的栽培方法 3. 草坪及地被植物栽培方法	15	
	5. 花卉产品处理及应用	1. 切花的采收及采后处理 2. 花卉产品的应用常识	8	
	6. 园艺设施的选型及利用	1. 主要园艺设施在花卉栽培中的应用 2. 园艺常规生产设施的使用与维护 3. 设施内温度、湿度、光照等因子的控制	8	
相关知识	1. 园艺材料	1. 薄膜种类及特点 2. 遮阴网的规格及使用	6	
	2. 园艺花卉概论	1. 种植花卉、草坪的意义 2. 花卉园艺工的工作内容	4	

表 2　　初级花卉园艺工实际操作考评内容

<table>
<tr><th>项　目</th><th>鉴定范围</th><th>鉴定内容</th><th>鉴定比重</th><th>备注</th></tr>
<tr><td>技能要求</td><td></td><td></td><td>100</td><td></td></tr>
<tr><td rowspan="2">初级操作技能</td><td>1. 园艺设施的使用与维护</td><td>大棚、温室等设施的使用及维护</td><td>5</td><td rowspan="3">根据考试要求确定的时间和有关条件，确定具体的鉴定内容，能按技术要求按时完成者得满分</td></tr>
<tr><td>2. 栽培技术</td><td>1. 土壤耕翻、整地作畦
2. 培养土壤的配制与土壤的消毒
3. 花卉的简易繁殖
4. 常见花卉及草坪的整形、修剪
5. 花卉上盆、换盆和翻盆
6. 种子（种球等）的采收、处理及贮藏
7. 常病虫害防治
8. 农药使用
9. 肥料使用</td><td>90</td></tr>
<tr><td>工具设备的使用和维护</td><td>常用工具、器具的使用和维护</td><td>1. 整地、修剪等工具的使用及维护
2. 常用机具的使用</td><td>5</td></tr>
<tr><td>安全及其他</td><td>安全生产</td><td>1. 合理安全使用农药
2. 合理安全使用机具和电气设备</td><td></td><td></td></tr>
</table>

中级花卉园艺工鉴定规范

一、适用对象

在鲜切花、盆花生产基地和园林、城市园林、公园、自然保护区、园艺场、盆景园、企事业单位、花圃、花木公司、花店、花卉良种繁育基地等从事花卉栽培、花卉经营（包括种子经营）、花卉育苗、良种繁育等生产、科研辅助人员。

二、申报条件

1. 文化程度：初中毕业。
2. 持有初级技术等级证书一年以上者。
3. 应届中等职业学校或以上毕业者可直接申报。
4. 身体状况：健康。

三、考生与考员比例

1. 理论知识考评：20∶1。
2. 实际操作考评：8∶1。

四、鉴定方式

1. 理论知识：笔试，120 分钟，满分为 100 分，60 分为及格。
2. 操作技能：按实际需要确定，时间不超过 4 小时，满分为 100 分，60 分为及格。

五、鉴定场地和设备

按考评要求确定。

表 3　　中级花卉园艺工理论知识考评内容

项　目	鉴定范围	鉴定内容	鉴定比重	备注
知识要求			100	
基本知识	1. 植物及植物生理	1. 植物器官、组织及其功能 2. 植物生育规律 3. 温、光、水、肥、气等因子对植物生育的影响	8	
	2. 土壤与肥料	1. 当地土壤的性质及改良方法 2. 常用肥料的性质及使用方法 3. 植物营养知识及营养液配制、调节	9	
	3. 植物保护	1. 病虫基本知识 2. 本地主要病、虫、杂草种类及防治 3. 常用农药的性能及使用方法	8	
专业知识	1. 花圃、园林土壤的耕翻、整理及改良	1. 园艺植物对土壤的要求 2. 无土栽培知识	10	
	2. 花卉的分类与识别	1. 花卉分类基本知识 2. 当地常见的 180 种花卉植物	10	
	3. 花卉的繁育技术	1. 育种一般常识 2. 国内外引种的一般程序 3. 花卉繁育的常用方法	10	
	4. 花卉的栽培方式及栽培技术	1. 盆花的盆栽技术及肥水管理 2. 切花生产技术及肥水管理 3. 其他观赏植物的管理技术 4. 花卉的促成、延缓栽培技术 5. 花卉及草坪先进生产工艺流程	20	
	5. 花卉产品应用形式及养护	1. 盆花的陈设及养护 2. 切花的采收、保鲜及应用 3. 一般花坛的设计及布置 4. 草坪修剪及养护	10	
相关知识	1. 相关法规	1. 国家有关发展花卉业的产业政策 2.《进出境动植物检疫法》中花卉进出口有关的内容	5	
	2. 园艺材料	1. 覆盖材料的特点和选用 2. 生产用盆钵的种类及特点	5	
	3. 工作能力	1. 具有一定的工作组织能力 2. 建立田间档案 3. 指导初级工进行生产作业	5	

表4　　中级花卉园艺工实际操作考评内容

项　目	鉴定范围	鉴定内容	鉴定比重	备注
技能要求			100	
中级操作技能	1. 园艺设施的选型、利用与维护	1. 装配和维护一般园艺设施 2. 调整园艺设施内环境因子	20	根据考试要求确定的时间和有关条件，确定具体的鉴定内容，能按技术要求按时完成者得满分
	2. 栽培技术	1. 花卉种植和控制花期的栽培 2. 花卉良种繁育 3. 各种花卉及草坪的修剪和整形 4. 根据花卉生长发育状况进行合理肥水管理和病虫防治等	45	
	3. 设计和制作	1. 一般花坛的设计和施工 2. 制作花篮、花束 3. 会场的花卉布置	25	
工具设备的使用和维护	常用园艺器具的使用、维修和保养	1. 花卉园艺常用器具的使用 2. 园艺工具的一般排故、维修和保养 3. 草坪机械的使用和保护	10	
安全及其他	安全文明操作	1. 严格执行国家有关产业政策 2. 文明作业、消除事故隐患		

高级花卉园艺工鉴定规范

一、适用对象

在鲜切花、盆花生产基地和园林、城市园林、公园、自然保护区、园艺场、盆景园、企事业单位、花圃、花木公司、花店、花卉良种繁育基地等从事花卉栽培、花卉经营（包括种子经营）、花卉育苗、良种繁育等生产、科研辅助人员。

二、申报条件

1. 文化程度：高中毕业或中等职业学校毕业。

2. 持有中级技术等级证书两年以上者。

3. 身体状况：健康。

三、考生与考员比例

1. 理论知识考评：20∶1。

2. 实际操作考评：5∶1。

四、鉴定方式

1. 理论知识：笔试，120分钟，满分为100分，60分为及格。

2. 操作技能：按实际需要确定，时间不超过4小时，满分为100分，60分为及格。

五、鉴定场地和设备

按考评要求确定。

表 5　　高级花卉园艺工理论知识考评内容

项　目	鉴定范围	鉴定内容	鉴定比重	备注
知识要求			100	
基本知识	1. 植物生理	1. 植物代谢规律及其应用 2. 植物激素机理及其应用 3. 植物生态学的基本知识	8	
	2. 土壤与肥料	1. 本地区土壤种类、土壤肥力因素对花卉生产的影响 2. 花卉新型肥料的作用机理及其使用方法	6	
	3. 植物保护	1. 病虫害发生发展的一般规律及其防治方法 2. 新农药的选择和试用	6	
	4. 气象知识	1. 本地区主要气象因子的变化规律 2. 灾害性天气预防措施	5	
专业知识	1. 土壤改良	1. 保护地土壤盐渍化防治 2. 盆瘠土壤的改良	10	
	2. 花卉的分类与识别	1. 常见的 250 种花卉植物 2. 主要花卉的目、科、属 3. 花卉标本制作的常用方法	10	
	3. 良种繁育	1. 遗传常识及常规育种方法 2. 组织培养 3. 花卉引种驯化及良种繁殖的基础知识	12	
	4. 花卉的栽培技术	1. 花卉促成、延缓栽培原理 2. 中、小型花圃、育苗场建立的技术要求 3. 盆景制作基础知识 4. 花卉病虫害综合防治的基本知识	20	
	5. 花卉产品应用	1. 艺术插花知识 2. 盆花室内装饰和养护知识 3. 花卉室外造景知识	13	
相关知识	1. 机具、肥料、农药	国内外花卉生产常用设备、机具、生产资料的作用等知识	4	
	2. 植物检疫	1. 植物检疫条例 2. 植物检疫基本知识	3	
	3. 其他	1. 国内外花卉商品信息 2. 花文化知识 3. 具有发现、分析、解决问题的能力 4. 具有指导初、中级工的能力	3	

表6　高级花卉园艺工实际操作考评内容

项　目	鉴定范围	鉴定内容	鉴定比重	备注
技能要求			100	
高级操作技能	1. 栽培技术	1. 花期促控 2. 树木、花卉整套修剪和造型 3. 花卉无土栽培 4. 花卉病虫害诊断及防治	45	根据考试要求确定的时间和有关条件，确定具体的鉴定内容，能按技术要求按时完成者得满分
	2. 育种技术	1. 花卉常规育种和杂交制种 2. 新品种引种及试种 3. 花卉组织培养	35	
	3. 产品应用	1. 艺术插花 2. 按室内装饰和室外造景设计要求进行布置和施工	15	
工具使用	工具使用和维修	花卉生产机具和设备设施的使用及维护	5	
安全及其他	安全文明操作	1. 严格执行国家有关产业政策 2. 文明作业、消除事故隐患		

参考文献

[1] 曹春英. 花卉栽培［M］. 北京：中国农业出版社，2001.
[2] 张树宝. 花卉生产技术［M］. 重庆：重庆大学出版社，2006.
[3] 魏岩. 园林植物栽培与养护［M］. 北京：中国科学技术出版社，2005.
[4] 朱加平. 园林植物栽培养护［M］. 北京：中国农业出版社，2001.
[5] 俞禄生. 园林苗圃［M］. 北京：中国农业出版社，2003.
[6] 张彦平. 设施园艺［M］. 北京：中国农业出版社，2003.
[7] 陆自强. 观赏植物昆虫［M］. 北京：中国农业出版社，1995.
[8] 屠予钦. 农药科学使用指南［M］. 北京：金盾出版社，1993.
[9] 王振君. 英中对照农药名称［M］. 北京：化学工业出版社.
[10]（英）克里斯托夫·布里克尔. 世界园林植物与花卉百科全书［M］. 杨秋生，李振宁，译. 郑州：河南科学技术出版社，2005.
[11] 王秀娟，张兴. 园林植物栽培技术［M］. 北京：化学工业出版社，2007.
[12] 刘燕. 园林花卉［M］. 北京：中国林业出版社，2003.
[13] 北京林业大学园林系花卉教研组. 花卉学［M］. 北京：中国林业出版社，1990.
[14] 罗镪. 花卉生产技术［M］. 北京：高等教育出版社，2005.
[15] 芦建国，杨艳容. 园林花卉［M］. 北京：中国林业出版社，2006.
[16] 朱迎迎. 花卉装饰技术［M］. 北京：高等教育出版社，2005.
[17] 刘永齐. 园林技术专业实训技能操作与考核标准［M］. 北京：中国科学技术出版社，2008.
[18] 陈俊愉，程绪珂. 中国花经［M］. 上海：上海文化出版社，1990.
[19] 陈俊愉，刘师汉，等：园林花卉［M］. 上海：上海科学技术出版社，1980.
[20] 姬君兆，黄玲燕. 花卉栽培学讲义［M］. 北京：中国林业出版社，1985.
[21] 夏春森，刘忠阳，等. 细说名新盆花 194 种［M］. 北京：中国农业出版社，2001.
[22] 杜莹秋. 宿根花卉的栽培与应用［M］. 北京：中国林业出版社，2002.
[23] 徐公天. 园林植物病虫害彩色图谱［M］. 北京：中国农业出版社，2003.
[24] 邱强，李贵宝，等. 花卉病虫原色图谱［M］. 北京：中国建材工业出版社，2001.
[25] 康亮. 园林花卉学［M］. 北京：中国建筑工业出版社，1999.
[26] 刘庆华，王奎玲. 花卉栽培学［M］. 北京：中央广播电视出版社，2001.
[27] 谢国文，园林花卉［M］. 北京：中国农业科学技术出版社，2002.
[28] 康亮，园林花卉学［M］. 北京：中国建筑工业出版社，1999.
[29] 鲁涤非. 花卉学［M］. 北京：中国农业出版社，1998.
[30] 韦三立. 观赏植物花期控制［M］. 北京：中国农业出版社，1996.
[31] 赵兰勇. 商品花卉生产与经营［M］. 北京：中国农业出版社，1999.
[32] 谢国文. 园林花卉学［M］. 北京：中国农业科学技术出版社，2005.
[33] 张彦萍. 设施园艺［M］. 北京：中国农业出版社，2003.
[34] 袁爱梅. 设施农业［M］. 郑州：中原农民出版社，2000.
[35] 王华芳. 花卉无土栽培［M］. 北京：金盾出版社，1997.
[36] 蒋卫杰. 蔬菜无土栽培技术［M］. 北京：金盾出版社，1998.

[37] 劳动和社会保障部教材办公室．花卉工［M］．北京：中国劳动社会保障出版社，2006.
[38] 国家林业局职业技能鉴定指导中心，中国花卉协会．二级花卉园艺师培训教程［M］．北京，中国林业出版社.